计算机应用基础

——非电子信息类专业适用(零起点)

李焕春　万继平　王　颖　主　编

许晓萍　苏　希　张菁楠　张伟敬　副主编

清华大学出版社

北京

内容简介

本书以“信息处理过程”为主线，按照信息的获取、加工、处理、存储、表达、展示、发布、加密、评价的过程进行讲解，注重融入产业文化、“信息处理”核心能力，使课程彰显更多的科学精神和人文精神，体现了人才的信息处理能力培养的规律。本书以 Windows 7 和 Office 2010 为主要工具，内容分为信息科技与信息素养、信息处理与数字化、人机信息沟通与管理、网络技术与信息安全、图文信息处理技术、信息的统计与分析、多媒体信息处理、信息的展示与发布 8 个单元。每个单元中理论部分教学采用“案例导入”模式，实践教学采用“任务导入”模式，使学生在学习时更有针对性，增强其学习兴趣，提高其学习效率，做到“目标先行、任务明确”“知识服务技能”“技能支撑行动”“评估检验成效”。

本书可作为高等职业院校和高等专科院校非电子信息类专业零基础学生学习“计算机应用基础”课程的教学用书，也可作为成人高等院校、各类培训、计算机从业人员和爱好者的参考用书。

图书在版编目(CIP)数据

计算机应用基础/李焕春，万继平，王颖主编.—北京：清华大学出版社，2018(2021.12 重印)
非电子信息类专业适用：零起点
ISBN 978-7-302-50847-2

Ⅰ.①计… Ⅱ.①李… ②万… ③王… Ⅲ.①电子计算机－高等学校－教材 Ⅳ.①TP3

中国版本图书馆 CIP 数据核字(2018)第 178551 号

责任编辑：张龙卿
封面设计：徐日强
责任校对：赵琳爽
责任印制：杨 艳

出版发行：清华大学出版社
网 址：http://www.tup.com.cn，http://www.wqbook.com
地 址：北京清华大学学研大厦 A 座 **邮 编**：100084
社 总 机：010-62770175 **邮 购**：010-62786544
投稿与读者服务：010-62776969，c-service@tup.tsinghua.edu.cn
质量反馈：010-62772015，zhiliang@tup.tsinghua.edu.cn
课件下载：http://www.tup.com.cn，010-83470410
印 装 者：北京鑫海金澳胶印有限公司
经 销：全国新华书店
开 本：185mm×260mm **印 张**：21.25 **字 数**：487 千字
版 次：2018 年 9 月第 1 版 **印 次**：2021 年 12 月第 7 次印刷
定 价：59.00 元

产品编号：081098-02

高等职业教育计算机应用基础课程体系配套教材

编审委员会

序 言

21世纪初叶，人类已经进入信息社会时代。掌握信息技术、学会利用信息资源已成为现代人必备的基本技能。在“互联网＋”和创新创业、共享发展成为显著时代特征的当今，计算机是信息处理的核心工具之一，掌握其基本知识、学会其基本操作、领略其基本文化，是当代大学生的一门必修课；同时，计算机也成为一种思维工具，互联网时代的主要思维模式理应成为学生必备的基本思维能力。随着时代的发展，目前高职公共基础课“计算机应用基础”课程的内容早已超越单纯的计算机基础操作，内容呈现模块化特征，科学精神与人文精神的渗透、思维模式的培养成为一种趋势。各高校广大计算机基础教学工作者所达成的共识：计算机基础教育应该将文化教育、素质教育和技术技能教育融为一体，同时应厘清高职计算机应用基础课程的课程价值、功能定位、开发理念、开发目标。因此，编制适应新形势需要的课程标准和对应的配套教材就显得十分紧迫。

本系列教材就是依托清华大学出版社承担的中国职业技术教育学会第四届理事会2016—2017年科研项目《高等职业教育计算机公共基础课改革与课程标准建设的实践研究》所编制的一整套新体系教材。另外，本系列教材编审委员会组织有关专家研发了高职高专《计算机公共基础课程体系》和《计算机应用基础课程标准》等教学文件。现将教材开发的有关情况说明如下。

一、教材目标的实现

高职计算机应用基础课程不仅是学生学好专业技能和专业知识的保障，也是学生在技术技能型人才道路上持续发展的需要，它同时承担着传承社会文化、培养学生的社会适应能力、服务于学生职业生涯发展的重任。

计算机应用基础课程采取“基础＋实训＋数字课程平台”的体系结构

来开发配套的教材，以便供不同起点的学生选用，以期最终达到一致性课程目标的要求。

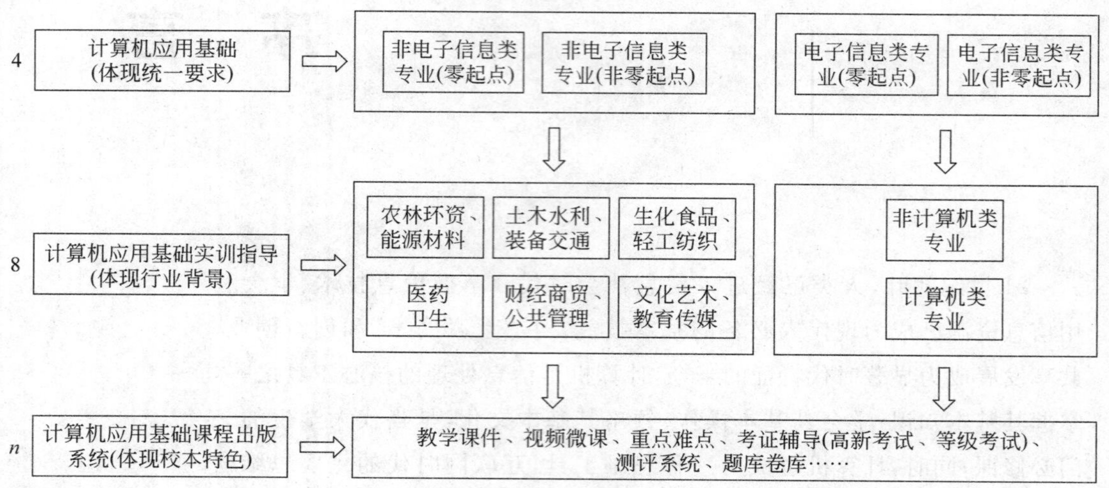

(1) 计算机应用基础教材的编写目标：既考虑高职院校计算机应用基础课程改革的方向，又考虑教学实施的实际可能性，要能够确保体现教材的技能性、人文性和职业性。计算机应用基础教材旨在介绍计算机基础知识，提高学生的计算机应用能力，培养学生的信息素养，使学生在今后的职业生涯中能够自觉地应用计算机技术进行高效的学习和工作。计算机应用基础课程是融文化教育、素质教育、技术技能教育为一体的一门高职公共基础课程，要体现计算思维、信息化观念、信息素养、终身学习和核心能力培养等现代信息文化与职业教育改革发展新理念。教材开发要应与课程的要求相统一。

(2) 计算机应用基础实训教材的编写目标：作为计算机应用基础教材的配套辅导教材，其功能定位具有多重性：一是可以作为上机实习指导手册，重在培养学生的学习兴趣，强化学生的计算机应用技能；二是可以作为学生的学习辅导手册，作为计算机应用基础课程的配套教材，为计算机基础和专业不同的学生提供不同的选择；三是作为职业技能鉴定(考证)辅导材料，书中按照证书考核要求选编了经典题型，以便帮助学生做好考前辅导；四是不同专业的学生可以学习到本专业的实用案例，因为实训教材按教育部颁布的专业目录中的专业大类组合分为8种版本，从而为不同专业的学生学习提供了有针对性的实训内容和操作技能。

二、教材内容的创新

(1) 课题组重新进行了高职院校非计算机专业学生的应知、应会、工作案例(典型工作任务)的企业调查和学情分析。按照达到高职高专层次对学生计算机能力的要求来选择和组织内容，并使之明显区别于高中阶段课程。

(2) 根据学生将来专业学习和职业工作的实际情况，适当介绍了计算机技术的新知识、新技能、新技术，如大数据、人工智能等。同时借鉴国外信息技术类优秀教材的编写经验，做到课程内容既具有先进性，又兼顾学生专业发展能力的培养，并做到职业教育与学生的终身学习对接。

(3) 采取知识零起点、技能略高于零起点的定位，对基本操作和基础知识进行讲解。在技能操作上特别强调“规范化并符合工业生产要求的操作能力”，要求所选案例来自生产实践一线，尽量避免脱离实际的案例。

(4) 计算机应用基础教材的案例主要来自我们的日常生活和师生的共同经验，来自核心能力培养所需要的通用案例。计算机应用基础实训教材则增加了适合相关专业及符合职业技能的案例。

三、教材内容的组织

(1) 教材以信息的获取、加工、处理、存储、表达、展示、发布、加密、评价等为主线。同时，注重融入产业文化、“信息处理”等核心能力，使课程具备更多的科学精神和人文精神。

(2) 对于理论性较强的章节，本书采用“案例导入”的模式，先展示计算机技术的应用实例，然后用浅显的语言介绍基本理论，并对易混淆概念进行澄清。在最后进行适当的教学设计对相关知识进行巩固复习。

(3) 对于实践性较强的章节，本书采用“任务导入”的模式，先提出一个需要用计算机完成的实际工作任务，然后围绕完成任务所需要的知识、技能进行介绍，有利于增强学生的学习兴趣，提高其学习效率，做到“目标先行、任务明确”“知识服务技能”“技能支撑行动”“评估检验成效”。

(4) 实训教材与主教材一一对应，同样分为 8 个单元，每个单元均由能力自测、学习指南、实验指导、习题精解答、综合任务和考证辅导六大模块组成。

四、考核评价机制

教材引入了先进的第三方评价机制。根据知识、技能要求，探索和借鉴新的评价模式，覆盖全国计算机等级考试(NCRE)2018 版考试大纲的要求、全国计算机信息高新技术考试(NIIT)有关模块的要求。

五、配套实用的数字教学资源

教材编者努力创新教材呈现形式，推进教材的立体化建设。本系列教材除提供配套的教学课件和相关素材外，还利用清华大学出版社现有的数字出版平台，逐步提供课程的数字化配套资源，内容包括视频微课、考证辅导(包括高新考试、等级考试)、测评系统、题库卷库等资源，全面支持学生技能的提升，满足学生个性化、多元化职业学习的需求。

本系列教材由清华大学出版社主持编写，来自教育部、工业和信息化部、人力资源和社会保障部、企业用人单位的有关专家从不同方面给予了指导。

希望本丛书的出版，能为我国高等职业院校计算机公共基础课程的改革提供有益的尝试和解决方案。

编　者

2018 年 7 月

前　言

在国家信息化发展的进程中，计算机应用基础扮演了越来越重要的角色。计算机作为信息处理的核心工具，掌握其基本知识，学会其基本操作，领略其基本文化，必然成为当代大学生的一门必修课。计算机的应用水平已经成为衡量当今大学生专业素质和能力的重要标志之一，也成为学习其他计算机相关技术课程的基础课。新一代大学生也对大学计算机应用基础课程教学提出了更新、更高、更具体的要求。

本册计算机应用基础教材作为清华大学出版社主持编写的计算机应用基础系列教材中的一本，主要是针对非电子信息类专业零起点学生。本书编写以“信息处理过程”为主线，以 Windows 7 和 Office 2010 为主要工具，内容共包含 8 个单元：信息科技与信息素养、信息处理与数字化、人机信息沟通与管理、网络技术与信息安全、图文信息处理技术、信息的统计与分析、多媒体信息处理、信息的展示与发布。本书特色如下。

(1) 兼顾终身学习的要求，达到既定的教学目标。

本书的编写采取知识零起点、技能略高于零起点的定位，使学生比较全面系统地掌握计算机的基础知识和基本应用技能，注重培养学生的职业核心能力、实际动手能力、分析问题和解决问题的能力以及终身学习与可持续性发展能力。使学生逐步养成实事求是的科学态度和严谨的工作作风。

(2) 以“信息处理过程”为主线，优化教材的结构。

本书的编写以“信息处理过程”为主线，引导学生从信息处理过程出发，即信息的获取、加工、处理、存储、表达、展示、发布、加密、评价的过程，对课程内容进行重组，合理利用信息处理方法，培养学生具备较强的信息处理能力和较高的信息素养。

(3) 以“计算思维培养”为导向，调整教材的内容。

根据以“计算思维培养”为导向的新一轮计算机基础教育课程改革的思路，教材删除了陈旧、过时的内容，简化了难懂的概念，着力体现“四新”，即计算机技术的新知识、新技能、新产品、新技术。并且教材理论性较强的内容采用"案例导入"模式,实践性较强的内容采用"任务导入"模式,系统性地将知识点和技能点融入案例或任务中。通过这种更加灵活、更容易接受的方式,潜移默化地将知识和技能传授给学生,激发学生的学习兴趣,提高学生学习时的针对性和主动性。

(4) 运用互联网思维,推进立体化教材建设。

本书除提供配套的教学课件和文字图片等素材外,还提供了教学视频、考证辅导等丰富的计算机辅助教学资源,对教材的呈现形式进行了创新,从而推进立体化教材的建设。

本书由北京政法职业学院李焕春、天津轻工职业技术学院万继平、枣庄科技职业学院王颖担任主编,无锡城市职业技术学院许晓萍、北京劳动保障职业学院苏希、天津轻工职业技术学院张菁楠和张伟敬担任副主编。其中,第 1 单元和第 6 单元由王颖编写;第 2 单元和第 3 单元由万继平、张菁楠和张伟敬编写;第 4 单元和第 5 单元由李焕春编写;第 7 单元由苏希编写;第 8 单元由许晓萍编写。本书在编写过程中得到了计算机业界、职业教育领域、企业行业专家的指导,在此表示诚挚的感谢!

由于编者的学识水平有限,书中难免存在不足之处,恳请读者批评指正。

编　者

2018 年 7 月

目 录

第1单元　信息科技与信息素养

单元学习目标

- 了解信息技术的内涵。
- 了解计算机的概念、特点及应用。
- 掌握计算机系统的组成与性能指标。
- 能进行计算机各部件及电源系统的连接。
- 能进行计算机的组装和检测，并评价其性能指标。
- 了解信息化法律法规。

20世纪后半叶，伴随着信息技术，尤其是计算机技术、网络技术的迅速发展，信息资源以前所未有的广度和深度被社会所认识、开发和利用，信息技术的应用渗透到了社会的各个领域，人类开始向信息社会迈进。

21世纪初，信息技术继续飞速发展，信息容量极度膨胀，准确、迅速地收集、整理、加工、传递、存储、发布信息，就成为人们在工作和生活中最基本的技能之一。由于对信息处理技能的要求具有跨职业的特征，因此，掌握信息技术在美国被认为是21世纪的基本生存技能，在欧洲许多国家被认为是"核心技能"之一。

温故才能知新。对于信息技术的基本知识，许多同学可能已经有所了解。但是，信息的本质是什么？信息技术发展的前景如何？我们如何利用信息技术进行信息处理与交流？如何正确认识信息技术与社会的关系？对于这些问题，大家未必了解。在大学阶段重新提起"信息"和"信息技术"等基本概念的时候，它具有了更多的内容、更高的理论层次、更全面的角度。所以，在学习本单元内容时，对已经学过的内容不要草率对待，要认真复习、总结、提高。

需要指出的是，信息技术和计算机技术不是同义词，本书虽然讲解的是计算机应用基础，但我们对其他信息技术也要做必要的了解。

1.1　信息与信息处理

【导入案例】

中国的技能强国之路

世界技能大赛由世界技能组织举办，被誉为"技能奥林匹克"，是世界技能组织成员展示和交流职业技能的重要平台。2017 年 10 月在第 44 届世界技能大赛上中国代表团参加了全部 47 个比赛项目,获得了 15 枚金牌、7 枚银牌、8 枚铜牌和 12 个优胜奖,取得了中国参加世界技能大赛以来的最好成绩。中国以 15 枚金牌列金牌榜首位,并获得"阿尔伯特·维达"大奖。

在某次活动中,小林被安排收集"中国的技能强国之路"的有关信息。他被要求收集中国代表团参加世界技能大赛情况及获奖情况,并进行分析和展示。小林经过一番思索,设计了如下步骤。

第一步:查阅世界技能大赛相关书籍,了解世界技能大赛的开展情况。

第二步:通过互联网收集中国代表团参加世界技能大赛获奖情况。

第三步:把收集到的信息进行整理,完成中国代表团参加历届技能大赛的奖牌数量统计表,并分析奖牌数量有哪些变化(撰写 Word 文档)。

第四步:利用 Excel 表格制作中国代表团参加历届技能大赛奖牌变化趋势折线图和柱状图,清晰地展示奖牌数量的变化趋势,并分析产生这一变化趋势的原因(撰写 Word 文档)。

第五步:把制作好的中国代表团参加技能大赛奖牌变化趋势折线图和柱状图、分析文档通过电子邮件发给指导教师。指导教师在文档中进行批注后,将修改意见返回给小林。

第六步:小林以上述的 Word 文档、Excel 文档为基础,再上网选取图片、音乐等多媒体素材,制作成演示文稿,在会上进行演示,并通过微信等社交媒体与同学们分享。

【分析】

这个案例说明了信息处理的基本步骤。小林通过计算机等信息工具,按照明确信息需求和目的、收集与获取信息、整理与分析信息、编排与展示信息、传递与交流信息的步骤来完成这个任务。

上述案例展示了我们工作、学习中十分熟悉的场景和一项基本技能——信息处理。为了掌握信息处理的技能,必须先了解什么是信息,分清信息与数据、知识、情报等概念的区别,在此基础上了解信息处理的标准化步骤(本节中将要介绍的"七步处理法")。最后,我们要具备合理选择信息技术的能力。

1.1.1 了解信息处理的过程

1. 信息与信息社会

1）信息的概念

目前,在报纸、广播、电视等大众传播媒体中经常会出现许多与"信息"相关的词语,如信息系统、信息检索、信息处理等。

信息作为一个科学的术语,1928 年由哈特莱(Haltley)在其《信息传输》一文中首次提出:"信息是指有新内容、新知识的消息",即"消息是信息的载体,信息是包含在各种消息(语言、文字、图像、信号)中的抽象量",从而实现了信息在概念上的突破。

1948 年,美国数学家、信息论创始人香农(Shannon)在其《通信的数学理论》这一重要论文中提出,信息是人们对事物了解不确定性的减少或消除,是两次不确定性之差,并给出了信息的数学表达式,奠定了信息论的基础。信息是用来消除随机不定性的东西,是确定性的增加。

1950 年,美国数学家、控制论创始人维纳(Wiener)指出,信息是“我们在适应外部世界、控制外部世界的过程中,同外部世界交换内容的名称”,并明确了信息是区别于物质与能量的第三类资源。

我国学者钟义信指出,“信息是事物运动的状态和方式”。

迄今为止,信息存在着诸多定义,我们还无法找到一个统一的定义。以下定义较常用。

信息是指以声音、文字、图像、动画、气味等方式所表示的实际内容,是事物现象及其属性标识的集合,是人们关心的事情的消息或知识,是由有意义的符号组成的。

信息具有可识别性、可度量性、可转换性、可存储性、可处理性、可传递性、可压缩性、可时效性、可共享性等特征。

说到信息,人们往往会想到与之相近的一些词汇,如数据、知识、情报等,这些概念既有联系又有区别。

(1) 数据(data)。数据是对客观事物的性质、状态以及相互关系等进行记载的物理符号或是这些物理符号的组合。它是可以记录下来并能够被鉴别的符号,这些符号本身没有意义。

(2) 知识(knowledge)。知识是以某种方式把一个或多个信息关联在一起的信息结构,是人的主观世界对于客观世界规律性的概括和总结。如“苹果”是信息,“每天吃一个苹果有利于健康”是知识。

(3) 情报(intelligence)。情报是激活了、活化了的知识,是为特定目的服务的信息。如在收集有关苹果的信息时,所获得的有关苹果新品种种植培育的信息就可以称为情报。一切情报都是为满足特定需求的,这是情报的本质属性。离开特定需求,也就没有情报。

2) 信息的媒介

媒介是介于信息活动中信源与信宿之间的“中间物”,是承载信息符号的物质载体。从人类信息传播的发展历程来看,信息媒介大致可分为 6 个阶段,即亲身传播时代媒介、口头语言时代媒介、文字书写时代媒介、印刷时代媒介、大众传播时代媒介、网络传播时代媒介。

3) 信息社会

信息社会也称为信息化社会,是指脱离农业和工业化社会后,信息起主导作用的社会。

早在 1959 年,美国哈佛大学社会学家丹尼尔·贝尔就着手探讨信息社会问题,并首次提出了“后工业社会”的概念。著名管理学家彼得·德鲁克从社会劳动力结构变化趋势的分析中预言“知识劳动者”将取代“体力劳动者”成为社会劳动的主体,并提出了“知识社会”的概念。

1963 年,日本社会学家梅倬忠夫的《信息产业论》首次提出了“信息社会”的概念。

当今社会,信息极其丰富,信息量剧增。据统计,20 世纪 40 年代以来所生产和积累的信息量超过了此前人类创造的所有信息量之和。60 年代信息总量约为 72 万亿字符,

80 年代信息量超过 500 万亿字符,而 1995 年的全球总信息量是 1985 年的 2400 倍。现在,一天的信息总量就相当于 1985 年全年的 6.5 倍。

【知识卡片】

信息社会指数

信息社会指数(Information Society Index, ISI)是国际数据公司(International Data Company, IDC)于 20 世纪 90 年代中期创建的信息社会评价体系。该评价体系包括通信基础设施、计算机基础设施、社会基础、网络基础设施 4 个一级要素,它们都侧重对信息基础设施水平的评价。此体系用于测量各国接入和消化信息与信息技术的能力,测量信息能力和财富,评价各国相对其他国家的水平。IDC 信息社会评价指标体系包括以下几个方面。

(1) 通信基础设施:有线/卫星覆盖率、移动电话拥有量、传真机拥有量、收音机拥有量等。

(2) 计算机基础设施:软硬件费用比、PC 联网比例、教育用 PC 数、家庭用 PC 数。

(3) 社会基础:公民自由、新闻出版自由、报纸发行量、高等教育人数比重、中等教育人数比重。

(4) 网络基础设施:电子商务、Internet 主机数、Internet 供应商、Internet 家庭用户、Internet 商务用户。

2. 信息处理的概念及目的

1) 信息处理的概念

可以说,信息处理是人类认识自然、认识世界、认识社会的基本生活方式,自从人类出现以来,信息处理就一直伴随着人类发展的进步脚步,从来都没有停止过。信息处理就是对信息的接收、存储、转化和发布等。

2) 信息处理的目的

信息处理的目的主要是提高有效性、提高抗干扰性、改善主观感觉的效果、对信息进行识别和分类、分离和选择信息。

3. 信息处理的步骤

信息处理的全过程一般包括以下 7 个步骤(即“七步处理法”)。

(1) 明确需求与目的。信息处理过程的首要任务就是明确信息的需求与目的,如此才能快速准确地确定信息收集的范围和方法,并设计相应的分析方法和策略,得到有效的信息。在这一过程中,要树立敏锐的信息意识。

(2) 收集与获取信息。信息收集与获取是信息处理的关键一步,那么如何才能快速准确地收集到所需的信息呢?这要求我们不但要使用先进的信息搜集工具,还要拓宽信息的搜索渠道,这些都是有效搜集信息的保障。随着互联网的广度和深度越来越大,信息量越来越多,人们收集和获取信息的难度并没有随之减少,相反,海量的信息更加大了人们在信息收集和获取过程中的难度。

(3) 整理与分析信息。信息的形式是多种多样的,对于收集到的原始信息,能否进行系统的整理和分析是信息处理成败的关键。信息的整理与分析包括对收集来的信息进行去伪存真、去粗存精、由表及里、由此及彼的加工过程。在这个过程中,要根据特定需要,对相关信息进行深层次的思维加工和分析研究,形成有助于问题解决的新的、增值的信息产品,最终为不同层次的决策服务。要从信息的处理和分析中获得更有价值、更有利于信息需求方使用的增值信息。

信息的整理一般包括形式整理和内容整理。形式整理基本上不涉及信息的具体内容,而是凭借某一外在依据对使用不同方法,由不同人员经过不同渠道收集而来的分散的、零星的,彼此没有内在联系,在形式上也是多种多样的原始信息进行分门别类的整理,是一种粗线条的信息初级组织。内容整理主要是指对信息资料的分类、数据的汇总、观点的归纳和总结等,主要包括分类整理、数据整理和观点整理。在整理的过程中,还要对信息的可靠性、先进性、适用性进行鉴别。

信息的分析是一项综合性很强的思维活动,需要运用各种方法、手段将获得的经过整理加工的信息进行定量或定性的分析,得出结论。

(4) 编排与展示信息。信息编排与展示是将整理与分析好的信息根据接受方的需求,采用书写、绘画、录制、电子处理等多种手段,以作品的形式呈现给最终用户的行为。它是信息处理的目标之一,强调信息作品的展示效果。好的信息展示效果,能够让信息的接收方快速、准确甚至愉悦地接收到信息,否则会出现迟缓、模糊以及厌恶的感觉,这会直接影响信息接收方后续的决策行为。

(5) 传递与交流信息。信息传递是指人们通过声音、文字、图像等多种媒介相互通信的过程。信息传递主要分为传统传递和现代传递两种方式。传统传递主要是指依靠人自身或信息实物载体进行传递,常见的传递方式有口头传递、邮驿制度、飞鸽传书、烽火及漂流瓶等。现代传递是指利用现代通信手段进行的信息的数字化传递,常见的传递方式有电报、广播电视、电话、电子新闻板、电子邮件、博客、网站等。

(6) 存储信息与确保信息安全。信息存储是指将信息以某种方式保存在存储空间或介质上。它强调的是可用性,即当有信息需求时,能够很容易地找到目标,而且能够快速地将其取出。信息存储是信息处理过程中非常重要的环节。没有信息存储,就不能充分利用收集、加工所获的信息,同时还要耗费人力、物力来重新收集、加工。有了信息存储,就可以保证随用随取,为信息的多次重复使用创造条件,从而大大降低信息成本。信息的存储方式会直接影响信息查找的效率,好的信息存储方式应该具有清晰的存储结构和方便查找的信息提供机制。另外,信息的存储还应当考虑信息存在什么介质上比较合适。例如,专利信息应当保存在磁盘或光盘上,以便于联机检索和查询。

信息安全是指采用必要的措施来保证信息不出现丢失或被窃听、篡改、侵权等不安全事件发生的行为。随着科技的进步,信息的新型存储方式给我们带来便利的同时,也带来了很多安全隐患,因此保护信息的安全就显得尤为重要。

(7) 利用信息进行决策。决策是指为了达到一定目标,以现有信息为依据,采用科学的方法和手段,在若干种可供选择的方案中选定最优方案的行为。决策是信息处理的一个关键环节,是对前序信息处理工作的总结和升华,也是使信息增值的一种重要方式。正确的决策是成功的关键,是继续开展后续工作的保障。

此外,对信息决策的结果进行评价,并通过反馈指导决策的行为。任何决策都不能保证百分之百的准确,我们不但要从成功中总结经验,更要从失败中吸取教训,这对决策者来说都是同样宝贵的财富。

【知识卡片】

信息传递

信息传递研究的是什么人、说什么、用什么方式说、通过什么途径说、达到什么目的。信息传递程序中有3个基本环节。

环节1:传达人为了把信息传达给接收人,必须把信息译出,成为接收人所能懂得的语言或图像等。

环节2:接收人要把信息转化为自己所能理解的解释。

环节3:接收人对信息的反应,要再传递给传达人,称为反馈。

决　策

决策是人们对事物的评价与选择,其相关理论方法建立在人类认知活动的基础之上,反映了人们分析事物和处理事物的思辨过程。因此,决策常常依赖于决策者的判断信息,常见的形式有判断矩阵和决策矩阵。由于决策环境的不确定性,决策者往往采用区间数、模糊数和语言变量等不确定形式来表达判断与决策信息。

【思考与练习】

1. 围绕"信息和信息处理怎样影响我们的生活"思考生活中典型的信息处理案例。

2. 了解信息社会的五大规律(有人将摩尔定律、梅特卡夫定律、扰乱定律、吉尔德定律、雅虎法则称为信息社会的五大定律)。

3. 信息与人类的关系有哪些?

4. 试讨论是不是任何一个信息处理过程都包含7个步骤。如果可以不全部包含,哪些步骤可以省略?请举例说明。

1.1.2 信息素养的养成

信息素养(information literacy)是信息社会公民的整体素养的重要组成部分,是衡量一个人信息化的重要标志。1974年,美国信息产业协会主席保罗·译考斯基首先提出了信息素养的概念,并将其定义为"利用大量的信息工具及主要信源使问题得到解答的技术和技能",后来又将其解释为"人们在解答问题时利用信息的技术和技能"。

美国图书馆学会(American Library Association, ALA)1989年会议界定信息素养应包括4项能力:确认、评估、寻获和使用(to identify, to evaluate, to locate and to use)。

1996年,美国学院和学校协会南部委员会认定信息素养的标准定义:"具有确定、评价和利用信息，成为独立的终身学习者的能力。”

因为，概括来说，信息素养是指在信息社会应具备的信息意识、信息交流和获取、运用信息的能力。具体地说，信息素养包括信息意识和信息处理能力两个方面。

1. 信息意识

1）信息意识的概念

知识经济时代是信息大爆炸的时代，信息是否能被利用，取决于人们对信息的态度，即取决于一个人的信息意识，而不是仅仅信息本身所拥有的价值。

(1) 信息意识是人们捕捉、判断、整理和利用信息的意识，即人脑作为高级神经系统在生理上对信息具有兴奋性，同时，人脑有特有的兴奋点去促进信息的转化及利用。从生理的角度看，它是人脑的机能，是人类所特有的对客观现实的反映。所以，信息意识是人对各个具体的事物信息的认识，是人从信息角度对万事万物的认识，即对信息个别的认识。

(2) 信息意识是对信息与信息价值所特有的感知力、感悟力和较强的亲和力，即对信息所特有的自觉反映。信息意识是一种心理上的潜意识，信息过多会降低人们对信息的敏感度。人们对信息的饥饿心理需求越强，意识就越明确，自觉性、能动性就越大。

(3) 信息意识是对现代技术的快速认知力。在信息社会里，信息技术的迅速发展，尤其是计算机技术、通信技术和互联网技术的发展及其结合形成了信息基础设施，因此人们很大程度上依赖信息技术来获得信息。

2）信息意识培养的要求

信息意识的培养，特别是大学生信息意识的培养，主要有以下几个方面的要求。

(1) 能够准确地确立信息问题。这是指能将学习、生活当中的实际问题、某一项任务或科学研究课题等转变为能够被现有的信息资源系统或其他人所理解和“应答”的信息问题。

(2) 能够高效地获取所需要的信息。获取信息是确立信息问题和制订计划后的重要环节。获取信息的技能至少包括传统的图书馆技能、信息检索技能、计算机技能、社会调查能力及各种科学探究方法等。

(3) 能批判性地评价信息及其来源。批判性思维和评价能力几乎在信息活动的各个环节产生作用，主要包括对信息问题的评价和调整、对信息来源的评价和调整、对信息获取方式与策略的评价和调整、对信息的评价和筛选。

(4) 能够有效地分析与综合利用信息，产生新的观点、计划和作品，并通过各种表达形式与他人交流信息成果。这是指要能够对筛选的信息进行分析和综合，概括出中心思想，得出新的结论或观点，与自身的知识体系整合，产生个体的新知识或人类的新知识，并灵活运用写作技能、多媒体信息技术等将其充分表达出来，有效地与他人交流信息成果。

(5) 懂得有关信息技术的使用所产生的经济、法律和社会问题，并能在获取和使用信息中遵守法律与公德。这是指在获取、使用和交流信息以及使用信息技术时，能够辩证地看待言论自由与审核制度，懂得尊重信息作者的知识产权，遵守基本的信息安全法规，理解和维护信息社会的各项道德规范。

2. 信息处理能力

1）信息处理能力的概念

信息处理能力是指人们有效利用信息设备和信息技术，获取信息、加工处理信息以及创造新信息的能力。具体地说，信息处理能力是指人们通过各种方法和技术查找、获取、分析和整理信息资源，以文本、数据、图像和多媒体等形式为媒介，对信息进行组织、传递和展示的能力。

信息处理能力是人们在解决问题时利用信息的技术和技能，主要表现获取识别信息的能力、使用信息工具的能力、加工处理信息的能力和创造传递新信息的能力4个方面。

2）信息处理能力的基本要求

具有良好的信息处理能力要善于收集有效信息、正确整合信息资源、科学加工与运用信息和始终恪守信息道德。

【知识卡片】

有信息素养的人具有以下七大特征。

(1) 具有独立的学习能力。

(2) 具有完成信息过程的能力。

(3) 能利用不同信息技术和系统。

(4) 具有促进信息利用的内在化价值。

(5) 拥有关于信息实际的充分知识。

(6) 能批判性地处理信息。

(7) 具有个人信息风格。

【知识卡片】

信息能力：创建学习的伙伴

美国图书馆协会和美国教育传播与技术协会1998年在《信息能力：创建学习的伙伴》一书中，提出了信息素养教育的3个部分、9条标准、29项具体指标。

第1部分　信息素养

标准一：有信息素养的学生能够有效和高效地获取信息

- 指标1：认识到对信息的需求
- 指标2：认识到准确完整的信息是进行智力决策的基础
- 指标3：基于信息需求而形成问题
- 指标4：确定各种潜在的信息资源
- 指标5：发展和使用查找信息的成功策略

标准二：有信息素养的学生能批判性地评价信息

- 指标6：确定信息准确性、相关性和完整性

- 指标7：区分事实、观点和意见
- 指标8：确定不准确信息和误导信息
- 指标9：选择适合目前的难题和问题的信息

标准三：有信息素养的学生能有效地、创造性地使用信息

- 指标10：为实际应用而组织信息
- 指标11：把新信息整合到自己的知识储备中
- 指标12：在分析问题和解决问题中应用信息
- 指标13：用适当的形式制造和交流信息

第2部分　独立学习

标准四：具备独立学习能力的学生有信息素养，并能探求与个人兴趣有关的信息

- 指标14：查询与个人兴趣相关的各种信息，如职业信息、社团活动、卫生保健和娱乐信息
- 指标15：设计、开发、评价与个人兴趣有关的信息产品、资源

标准五：具备独立学习能力的学生有信息素养，并能欣赏和评价文献与其他创造性信息产品

- 指标16：成为一个有能力和自觉的阅读者
- 指标17：在各种形式的创造新信息产品中获得有意义的信息
- 指标18：开发各种形式的创造性信息产品

第3部分　社会责任

标准六：具备独立学习能力的学生有信息素养，并能力争在信息查询和知识的产生中做得最好

- 指标19：评估个人信息查询过程和结果的质量
- 指标20：设计策略修正、改进和更新自我生成的知识

标准七：对学习团体和社会做出积极贡献的学生具有信息素养，并能认识到信息对民主社会的重要性

- 指标21：从不同资源、背景、学科和文化中查询信息
- 指标22：尊重平等存取信息的原则

标准八：对学习团体和社会做出积极贡献的学生具有信息素养，并能实践与信息和信息技术相关的合乎道德的行为

- 指标23：尊重智力自由的原则
- 指标24：尊重知识产权
- 指标25：负责任地使用信息技术

标准九：对学习团体和社会做出积极贡献的学生具有信息素养，并能积极参与小组的活动来探究和产生信息

- 指标26：与他人共享知识和信息
- 指标27：尊重他人的想法和背景，承认他人的贡献
- 指标28：通过面对面或技术手段与他人合作，以确定信息问题并寻找解决方法

• 指标 29：通过面对面或技术手段与他人合作，来设计、开发和评价信息产品和解决方法

【思考与练习】

1. 每年的高校招聘高峰期，都会有铺天盖地的招聘信息，如何快速准确地辨别真假信息以避免上当受骗？

2. 如果你的朋友通过 QQ 或微信向你借钱，你会第一时间借钱给朋友吗？

3. 高校学生应该具有哪些信息素养？如何进行培养？

4. 国内外信息素养评价标准主要有哪些？结合国内外的信息素养评价标准，对自身的信息素养水平进行评价。

5. 在撰写论文或在报告中引用他人观点时，或者在网络上转载他人文章或照片时，应如何进行标注？

1.2 信息技术及其发展趋势

【导入案例】

马斯克“星链计划”开启卫星 Wi-Fi

“硅谷钢铁侠”马斯克成立的 Space X 公司，于 2018 年 2 月 22 日发射了目前全世界载重最大的猎鹰 9 号(Falcon 9)火箭(如图 1-1 所示)，将 Microsat-2a 和 Microsat-2b 两颗卫星送上了太空，而这两颗卫星，将会是“星链计划”的开端。该公司在 2019 年到 2024 年的 6 年时间内，利用猎鹰 9 号可回收火箭，分别将 4425 颗卫星送到轨道平面。全世界都将覆盖卫星 Wi-Fi 信号。按照“星链计划”的规划，搭建完成后每个用户能够分到的宽带网速是 1Gbps，为全球客户提供高速宽带的互联网服务。

图 1-1 马斯克与目前全世界载重最大的猎鹰 9 号火箭

埃隆·马斯克(Elon Musk)于 1971 年 6 月 28 日出生于南非的行政首都比勒陀利

亚，拥有加拿大和美国双重国籍，是一位企业家、工程师、慈善家，现任美国太空探索技术公司(Space X)CEO兼CTO、特斯拉汽车公司CEO兼产品架构师、太阳城公司(Solar City)董事会主席。

马斯克本科毕业于宾夕法尼亚大学，获经济学和物理学双学位。1995年至2000年，马斯克与合伙人先后创办了三家公司，分别是在线内容出版软件Zip2、电子支付X.com、国际贸易支付工具PayPal。2002年6月，马斯克投资1亿美元创办了美国太空探索技术公司，出任首席执行官兼首席技术官。2004年，马斯克向特斯拉汽车公司投资630万美元，出任该公司董事长。2006年，马斯克投资1000万美元与合伙人联合创办了光伏发电企业——太阳城公司。

2012年5月31日，马斯克旗下公司Space X的“龙”太空舱成功与国际空间站对接后返回地球，开启了太空运载的私人运营时代。

2013年3月12日，Space X成功发射并回收可重复利用火箭，搭载飞船与国际空间站成功对接。这是史上第一次由私人公司发射火箭。2015年12月21日，猎鹰9号火箭首次实现发射、回收全过程，同时也是人类第一个可实现一级火箭回收的轨道飞行器。

马斯克完成了私人公司发射火箭的壮举，与此同时他造出了全世界最好的电动汽车。此前，他打造出世界上最大的网络支付平台。马斯克是Space X、特斯拉汽车及PayPal三家公司的创始人，他远远地将世界甩在了身后。

马斯克的一切项目，都是为火星殖民这个最终目标而服务的。

火星的大气密度只有地球的1%，而且火星大气中严重缺乏氧气，因此使用内燃机的交通工具在火星上是无法工作的，所以需要电动汽车，于是特斯拉诞生了。

火星上缺乏氧气，所以任何石化燃料在火星上都无法燃烧。在火星的自然环境中，不可能存在液态水，燃烧水发电也就无从谈起，所以必须要用太阳能发电，于是有了Solar City。

去火星首先要有廉价的火箭发射技术，于是可回收火箭必须得有，然后就有了Falcon 9。然而Falcon 9和Falcon Heavy都无法承担火星发射任务，所以必须有更大的火箭，于是就有了Big Falcon Rocket(BFR)。只是有了火箭还不够，得拥有载入航天能力才行，所以就有了“龙飞船”。

因为火星上的大气压只有地球的1%，所以地球上的火车是无法直接拿到火星上使用的，必须有能够在低大气压环境下运行的火车，于是便有了Hyperloop。

到了火星之后，与地球的通信连接也是大问题，还有火星内部的通信问题也必须解决，所以就必须有跨行星级别的通信网络，于是便有了星链。星链的激光通信技术，未来可用于地球到火星的中继卫星之间的通信。而在火星上，初期不可能为火星建造庞大的地面基站或者地面光纤网络，那么建设一个覆盖整个火星的星链系统也是必需的。

此外，人类要在火星上生存，以人类的血肉之躯永远不可能适应火星的环境，只有机器人才能彻底适应火星环境，于是就有了Neuralink。

【思考】

上述的案例中，使用了哪些信息技术？你能分析出来吗？

1.2.1 认识信息技术

随着人类社会的不断发展,信息将成为未来社会的核心资源,信息与信息技术将推动人类社会现有生产关系发生变革,并促进未来国家的核心竞争力发生变化。人们在“知识经济”的大潮中,掌握必要的信息技术,学会“数字化生存”,遵循“信息道德”与“信息伦理”,已经成为信息化社会的必需。

1. 信息技术的定义及发展

1) 信息技术

信息技术主要是信息的获取、加工(处理)、传递、存储、表示和应用等技术。所谓现代信息技术,是指基于微电子技术、计算机技术及通信技术而发展起来的能高速、大容量进行信息收集、加工、处理、传递和储存等一系列活动的高新技术。

关于信息技术的内涵也有多个层次,从C(计算机)、C&C(计算机和通信)到3C(计算机、通信、控制),都是狭义上的信息技术。

广义层次上,信息技术被定义为“信息技术包括感测技术、通信技术、智能技术和控制技术”。智能技术借助于计算机软硬件的发展,在信息技术中已经处于核心地位。因此,计算机技术是信息技术的重要组成部分,信息的获取、加工、传递、存储、表示和应用等都离不开计算机的应用。

2) 5次信息技术革命

迄今为止,人类已经经历了5次信息技术革命(以下简称信息革命),每次信息革命都是一次信息处理工具上的重大创新。

(1) 第一次信息革命是语言的应用,语言的产生距今3万～5万年,语言是人类思维的工具,也是人类区别于其他高级动物的本质特征。同时,语言也是信息的载体,人类通过语言将大脑中存储的信息进行交流和传播,促进了人类文明的进程。

(2) 第二次信息革命是文字的应用,距今大约3500年。文字的发明,使得人类存储和传播信息的方式取得了重大的突破,信息超越了时间和地域的局限性,得以延续久远。

(3) 第三次信息革命是印刷技术的应用,距今大约1000年(我国在公元1040年、欧洲在公元1451年开始使用印刷技术),印刷技术的广泛应用使得书籍和报刊成为信息存储和传播的重要媒介,有力地促进了人类文明的进步。

(4) 第四次信息革命是电报、电话、广播、电视的发明和普及应用,起源于19世纪40年代。这些发明创造使得信息的传递手段发生了根本性的变革,大大加快了信息的传播速度,使得信息得以迅速传遍全球。

(5) 第五次信息革命是计算机的普及应用及计算机和现代通信技术的结合,起源于20世纪60年代。近50多年来,在计算机技术的支持下,微波通信、卫星通信、移动电话通信、综合业务数字网、国际互联网等通信技术,以及通信数字化、有线传输光纤化、广播电视和互联网融合等技术都得到了迅速发展。

2. 信息技术简介

当前，人类在社会活动过程中能够利用信息技术充分、高水平、高效率、全面、均衡地收集与使用各种形式的信息，现有的信息技术大致可以归纳为以下几个方面。

1）信息存储技术

目前，信息存储已经能够满足用户大容量、高密度、低成本、小型化的多重需求。在磁存储技术方面，采用了一系列先进的工艺和技术，提高硬磁盘的存储密度与磁盘的性能，磁存储进展达到了惊人的速度。在缩微存储方面，利用微缩传真系统可以远距离、快速传输微缩信息。在光存储方面，有了可供用户写入信息的一次写入光盘、可反复擦写光盘与微缩存储的复合系统能相互补充，各自扬长避短。

2）信息输入/输出技术

信息输入/输出技术与信息输入/输出设备能够满足人们多样化的需求，如字符识别、语音识别、手写体汉字识别、激光打印、激光照排、计算机输入/输出微缩胶片等一系列先进的技术与设备加快了计算机输入/输出技术，提高了输入/输出质量。

3）信息加工技术

信息加工处理与信息研究实现了自动化和智能化，如文字处理、编辑排版、自动索引、自动分类、机器翻译、机编文摘以及各类专家系统与人工智能系统等。

4）信息检索技术

信息检索与存取已经实现高速化与信息化，计算机检索系统与计算机检索网络已遍及全国。国内已具有视频、数据、文字、电视之类远程静态图文检索系统，每年还有近千个数据库加入联机系统。

5）通信技术

现代化通信技术主要包括卫星通信、微波通信、光导纤维（简称光纤）通信、公用数据传输网络、综合业务数字网、电缆电视技术等。通信技术已经实现网络化，并解决了信息容量大、远距离、高质量的传递问题，不但传递速度快，而且降低了成本。

6）信息综合技术

各类信息技术的综合化与一体化，形成了以主导技术为核心的技术群。各类信息技术，尤其是计算机技术处理与通信技术的结合，推动了信息工作现代化的高速发展。

3. 信息技术的特征

许多信息技术方面的专家对信息技术的特征做了归纳和描述，但令人遗憾的是他们的观点难以统一，存在着较大的差异。综合归纳起来，信息技术作为一个独立的技术门类，具有信息数字化、网络化、高速化、智能化和个人化的特征。

【思考与练习】

1. 人们进行信息交流的手段越来越丰富，不但可以通过手机通话、发送短信，还可以使用互联网收发电子邮件，发表看法，进行在线讨论，甚至现在还可以通过网络视频功能进行远程可视通话。从信息交流手段的变化体验信息技术的应用以及对日常生活的影响。

2. 举例说明信息技术在通信服务、医疗保健、工业生产中的应用。

3. 信息技术对人类的影响,其主流是积极的,但一些负面影响也是客观存在的,请思考信息技术对人类有哪些消极影响。

1.2.2 了解信息技术的发展潮流

目前,信息技术的发展呈现高速大容量、综合集成、网络化的趋势,因此信息技术专家通常将发展趋势描述为“大数据、云计算”。下面就信息技术发展中的一些热点领域做简单介绍。

1. 物联网技术

物联网的概念是在无线传感器网络的基础上发展起来的,它是继计算机、Internet 与移动通信网之后的又一次信息产业浪潮,是一个全新的技术领域,给信息技术和通信带来了广阔的新市场。

1) 物联网的定义与核心技术

物联网(internet of things,IoT)是指通过各种信息传感设备,如射频识别(RFID)装置、传感器节点、GPS、激光扫描器、嵌入式通信模块、摄像头等组成的传感网络,将各种获取的信息经由 Internet,到达集中化的信息处理与应用平台,为用户提供智能化的解决方案,形成一个感知、传输、处理、回归应用的完整闭环。物联网的主要技术架构如图 1-2 所示。主要分为感知层、网络传输层、中间件与应用服务层。

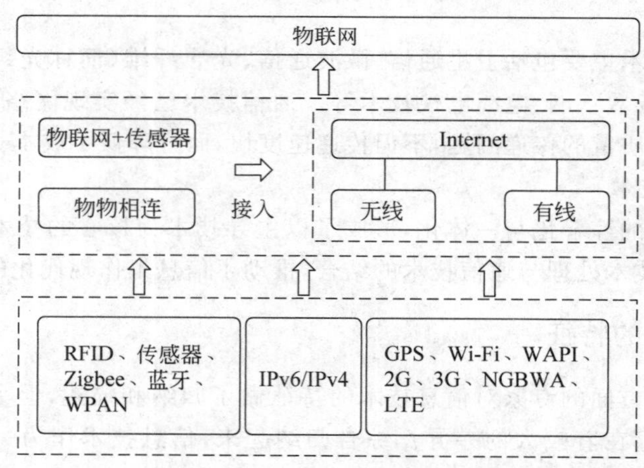

图 1-2 物联网的主要技术架构

2) “智慧地球”与“感知中国”

2009 年 1 月,奥巴马就任美国总统后,与美国工商业领袖举行了一次“圆桌会议”,作为仅有的两名代表之一,IBM 首席执行官彭明盛首次提出“智慧地球”这一概念,建议新政府投资新一代的智慧型基础设施。当年,美国将新能源和物联网列为振兴经济的两大重点。

2009 年 8 月，时任国务院总理温家宝在视察中科院无锡物联网产业研究所时，对于物联网应用也提出了一些看法和要求。自温总理提出“感知中国”以来，物联网被正式列为国家五大新兴战略性产业之一，写入“政府工作报告”。随后，物联网在中国受到了全社会极大地关注。

3）物联网的应用

物联网的应用非常丰富，在公共安全领域、城市运行管理领域、生态环境领域、农业领域、医疗卫生领域、文化领域都有众多成功的应用。如在生态环境领域，通过智能感知并传输信息，在大气和土壤治理、森林和水资源保护、应对气候变化和自然灾害中，物联网可以发挥巨大的作用，帮助改善生存环境。在医疗卫生领域，物联网可用于医疗监管、药品监管、医疗电子档案管理、血浆的采集监控等。为病人监护、远程医疗、残障人员救助提供支持，为弱势人群提供及时温暖的关怀。

2. 云计算技术

云计算技术最早起源于 1983 年，Sun 公司当时敏锐地提出“网络是计算机”。2006 年 3 月，亚马逊（Amazon）公司推出弹性计算云（elastic compute cloud，EC2）服务。2006 年 8 月 9 日，Google 首席执行官埃里克·施密特（Eric Schmidt）在搜索引擎大会（圣何塞，2006）首次提出“云计算”的概念。

1）云计算的定义

狭义的云计算是指信息技术基础设施的交互和使用模式，指通过网络以按需、易扩展的方式获得所需资源；广义的云计算是指服务的交互和使用模式，指通过网络以按需、易扩展的方式获得所需服务。云计算的核心思想是将大量用网络连接的计算资源统一管理和调度，构成一个计算资源池向用户提供按需服务。提供资源的网络被称为“云”。“云”中的资源在使用者看来是可以无限扩展的，并且可以随时获取，按需使用，随时扩展，按使用付费。

云计算的概念模型如图 1-3 所示。用户通过各种终端设备接入网络，而网络的另一端就是一个云集群，计算能力和存储能力都集中在这个云集群中。

2）云计算的优势

（1）云计算提供了可靠、安全的数据存储中心，用户不用再担心数据丢失、计算机病毒入侵等问题。因为在“云”的另一端，有全世界很专业的团队帮助用户管理信息，有全世界先进的数据中心帮助用户保存数据。同时，严格的权限管理策略可以帮助用户放心地与用户指定的人共享数据。

（2）云计算对用户端的设备要求很低，使用起来也很方便。用户只要有一台可以上网的计算机和浏览器，在浏览器中输入 URL，即可尽情享受云计算带来的无限乐趣。

（3）云计算为用户使用网络提供了无限多的可能，为存储和管理数据提供了无限多的空间，也为人们完成各类应用提供了无限强大的计算能力。

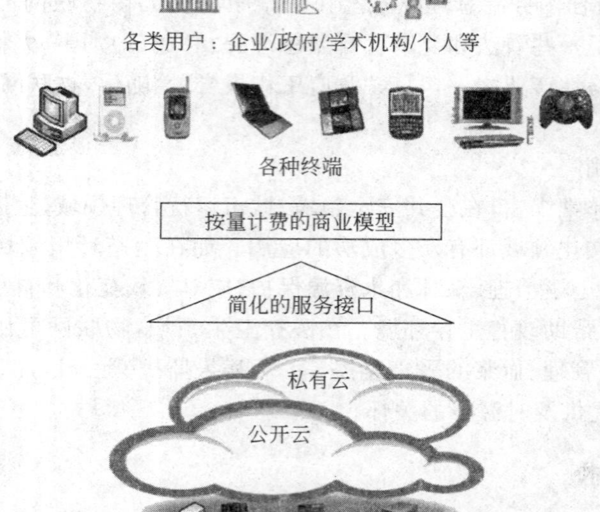

图 1-3　云计算的概念模型

3. 大数据技术

大数据作为继云计算、物联网之后IT行业又一颠覆性的技术，大数据无处不在，包括金融、汽车、零售、餐饮、电信、能源、政务、医疗、体育、娱乐等在内的社会各行各业，都融入了大数据的印迹，大数据对人类的社会生产和生活必将产生重大而深远的影响。

1) 大数据的概念

大数据(big data)是指无法在一定时间范围内用常规软件工具进行捕捉、管理和处理的数据集合，是需要新处理模式才能具有更强的决策力、洞察发现力和流程优化能力的海量、高增长率和多样化的信息资产。大数据技术是以数据为本质的新一代革命性的信息技术，在数据挖掘过程中，能够带动理念、模式、技术及应用实践的创新。

2) 大数据技术

大数据主要有数据采集、数据存储、数据管理和数据分析与挖掘技术等。

3) 大数据的特点

首先要从"大"入手，"大"是指数据规模，大数据的起始计量单位至少是P(1000个T)、E(100万个T)或Z(10亿个T)。大数据同过去的海量数据有所区别，其基本特征可以用5个V来总结(Volume、Variety、Value、Velocity和Veracity，即体量大、多样性、价值密度低、速度快、准确性高)。

4. 人工智能

"人工智能"一词最初是在1956年Dartmouth学会上提出的。从那以后，研究者们发展了众多理论和原理，人工智能的概念也随之扩展。人工智能从诞生以来，理论和技术日益成熟，应用领域也不断扩大，可以设想，未来人工智能带来的科技产品，将会是人类智慧的"容器"。

1）人工智能的概念

人工智能(artificial intelligence，AI)是研究、开发用于模拟、延伸和扩展人的智能的理论、方法、技术及应用系统的一门新的技术科学。

2）人工智能的研究领域

人工智能是计算机科学的一个分支，其研究目标是了解智能的实质，并生产出一种新的能以人类智能相似的方式做出反应的智能机器，该领域的研究包括机器人、语言识别、图像识别、自然语言处理和专家系统等。人工智能是对人的意识、思维的信息过程的模拟。人工智能不是人的智能，但能像人那样思考，也可能超过人的智能。

3）人工智能技术应用领域

人工智能虽然是一门很年轻的新兴学科，但其应用的领域却十广泛，包括问题求解、模式识别、符号运算、自然语言理解、智能检索、机器证明、专家系统、机器人学等几个方面，人工智能技术正在发挥着特殊而重要的作用。

【思考与练习】

1. 什么是物联网？物联网核心技术有哪些？物联网技术可以应用在哪些领域？
2. 什么是云计算？云计算技术可以应用在哪些领域？通过收集信息，了解云计算服务商的发展规划。
3. 大数据技术可以应用在哪些领域？举例说明。
4. 人工智能技术对人们生活的影响有哪些？举例说明。

1.3　计算机技术与常识

【导入案例】

中兴事件

2018年4月16日，美国商务部以中兴通讯公司违反美国对伊朗制裁条款为由激活拒绝令，未来7年禁止美国公司向中兴通讯公司销售零部件、商品、软件和技术。4月17日，美国联邦通信委员会宣布将禁止移动运营商使用联邦补贴购买中国企业生产的任何电信设备。7月12日中兴通讯公司额外支付10亿美元罚款，并在第三方托管账户存放4亿美元，更换董事会和管理层，同时允许美国方面挑选人员进入中兴通讯公司(以下简称中兴)的合规团队后，美国商务部宣布取消了近三个月来禁止美国供应商与中兴进行商业往来的禁令。

中兴事件背后是中国在半导体产业上比美国的全面落后。"中国芯"不可避免地成了很多人关注的重点。在5G领域里，中兴作为无线通信基站的供应商，其应用的基带芯片和射频芯片都采购自美国公司；而在手机业务上，中兴高端智能手机的处理器芯片也来自美国高通公司。总体而言,断掉芯片供应,中兴库存芯片数量只能维持1～2个月的订单量,而之后,中兴的业务将陷入停滞状态。目前在国内中低端芯片领域,中国的企业已经具备了一定的技术及产品基础,但是在处理器、存储器等高端芯片领域,国内芯片产品基本不存在竞争优势。自从中兴事件以后,坊间悄然掀起一股芯片研发热潮,除了中兴表示要加大核心芯片研发投入之外,阿里巴巴也宣布收购中天微系统来布局AI芯片行业,格力电器董事长董明珠也表示"做芯片要坚定不移",并宣布格力空调明年用自己的芯片。

【分析】

芯片,又称为微电路(microcircuit)、微芯片(microchip)、集成电路(integrated circuit,IC),是指内含集成电路的硅片,体积很小,常常是计算机或其他电子设备的一部分。在计算机中,如果把中央处理器CPU比喻为整台计算机系统的心脏,那么主板上的芯片组就是整个身体的躯干。对于主板而言,芯片组几乎决定了这块主板的功能,进而影响整个计算机系统性能的发挥。芯片组是主板的灵魂。

1.3.1 全面理解计算机的概念

1. 计算机的定义与特点

1）定义

顾名思义,"计算机"(computer)是一种计算的机器,由一系列电子器件组成。现在我们所讲的计算机是现代电子计算机的简称,它不同于以往的任何计算工具,它可以对数字、文字、颜色、声音、图形、图像等各种形式的数据进行加工处理。因此可以说,计算机是一种能按照事先存储的程序,自动、高速地进行大量数值计算和各种信息处理的现代化智能电子设备。

2）特点

计算机一般具有以下特点:运行速度快、精确度高、存储容量大,具有记忆能力、自动运行能力和一定逻辑判断能力。

计算机的记忆能力通过存储器系统来实现。计算机可以存储大量的数据,或把事先编好的程序也存储起来,也可以把运行过程中的各种中间数据保存下来。微型计算机的内存储器可达到上百兆。通过外部存储器,设置虚拟存储管理技术,使计算机的信息处理能力几乎达到无限。

计算机能够自动连续执行事先编制的程序,这是它最突出的优点,也是与其他计算工具的本质区别。用户无须操作和干预程序的运行。

2. 计算机的分类

计算机的种类很多,从不同的角度可以对计算机进行不同的分类,具体分类如下。

1）按照其处理能力分类

按照计算机综合处理能力分类,计算机通常可分为巨型计算机、大型计算机、小型计算机、微型计算机等几类。

(1) 巨型计算机(super computer)。巨型计算机也称超级计算机,是计算机中功能最强、运算速度最快、存储容量最大的一类,多用于国家高科技领域和尖端技术研究,是一个国家科研实力的体现,它对国家安全、经济和社会发展具有举足轻重的意义,是国家科技发展水平和综合国力的重要标志。现有的超级计算机运算速度大都可以达到每秒一太(trillion,万亿)次以上。

(2) 大型计算机(mainframe computer)。它的规模次于巨型计算机,其体积庞大、价格昂贵,能够同时为成百上千的用户处理数据。大型计算机一般应用于企业或政府部门,能为大量数据提供集中式存储、处理和管理。大型计算机有比较完善的指令系统和丰富的外部设备,主要用于计算机网络和大型计算中心,当对可靠性、数据安全性和集中式控制要求很高时,大型计算机仍是最佳选择。

(3) 小型计算机(miniframe computer)。它比大型计算机成本低,维护也较容易。它的用途广泛,既可用于科学计算和数据处理,也可用于生产过程自动控制和数据采集及分析处理等。

(4) 微型计算机(micro computer)。微型计算机也称个人计算机(personal computer,PC),采用微处理器、半导体存储器和输入/输出(I/O)接口等芯片结构,体积小、价格低、灵活性好、使用方便,是目前所见到的和使用最广泛的计算机。微型计算机又可分为台式计算机、便携式计算机(笔记本电脑)、平板电脑等。

需要说明的是,当前国际上比较流行的划分方法是把计算机划分为巨型计算机、小巨型计算机(小巨型计算机又称为桌上型超级计算机,是 20 世纪 80 年代出现的新机种,在技术上采用高性能的微处理器组成并行多处理器系统,使巨型计算机小型化)、大型计算机、小型计算机、工作站和微型计算机 6 类。其中,微型计算机的使用最为普及,而且在微型计算机上开发的软件也最为丰富。现微型计算机已广泛渗透到家庭和社会的各个领域。

2) 按照其工作模式分类

按照其工作模式分类,计算机可分为服务器和工作站两类。

(1) 服务器。这是一种可供网络用户共享的、高性能的计算机。服务器一般具有大容量的存储设备和丰富的外部设备,运行网络操作系统时要求较高的运行速度。服务器上的资源可供网络用户共享。

(2) 工作站。工作站属于高档微型计算机,其独到之处就是易于联网,配有大容量存储设备、大屏幕显示器,特别适合于 CAD/CAM 和办公自动化。

3. 计算机的应用领域

计算机诞生至今的 70 多年时间里,其发展非常迅速,已经深入各个领域。

1) 科学与工程计算

科学与工程计算是指计算机应用于完成科学研究和工程技术中所提出的数学问题(数值计算)。科学与工程计算是计算机最早的应用,也是人们设计计算机的初衷。迄今为止,虽然计算机在其他方面的应用不断加强,但它仍然是科学与工程计算的最佳工具。

例如,科学计算在大气科学研究中占有相当重要的地位。在 20 世纪 20 年代初,天气预报方程即已基本建立起来,但只有在电子计算机出现以后,尤其是超大规模的并行计算机诞生后,数值天气预报才成为可能。如今,世界各国都普遍采用了这一方法。美国和欧洲联合预报中心已建立了5～10天的逐天天气形式的中期数值预报业务。

2)信息管理

信息管理主要是指非数值形式的数据处理,包括对数据资料的收集、存储、加工、分类、排序、检索、发布等一系列工作,传输和处理的信息有文字、图形、声音、图像等各种类型。信息管理包括办公自动化、企业管理、情报检索、报刊编排处理等,其特点是要处理的原始数据量大,而算术运算较简单,有大量的逻辑运算与判断,结果要求以表格或文件形式存储、输出。信息管理是计算机应用最广泛的领域。

信息管理最典型的应用实例是图书馆自动化管理。现在国内外大学图书馆都已实现了自动化管理,几百万册图书、期刊、杂志的目录信息存储在计算机中,成千上万的读者信息也存储在计算机中,读者可以很方便地在任何地方检索某个图书馆的藏书情况。现在只要连入互联网的计算机,都可以快速查到牛津大学图书馆、美国国会图书馆的藏书情况。

3)电子商务

电子商务技术(technical of electronic commerce)是利用计算机技术、网络技术和远程通信技术,实现整个商品交易过程中的电子化、数字化和网络化。人们不再是面对面的、看着实实在在的货物、纸介质的单据(包括现金)进行买卖交易。而是通过网络,通过网上琳琅满目的商品信息、完善的物流配送系统和方便安全的资金结算系统进行交易(买卖)。

4)人工智能

人工智能(artificial intelligence)是相对于人类智能而言的,也称"机器智能"或"模拟智能"。它是指用人工的方法在机器(计算机)上实现的智能,通过用计算机模拟人脑的智能行为,如看、听、说和思维,使机器可以完成具有类似于人的行为。

人工智能既是计算机当前的重要应用领域,也是今后计算机发展的主要方向。人工智能应用中所要研究和解决的问题难度很大,均是需要进行判断及推理的智能性问题,因此,人工智能是计算机在更高层次上的应用。

5)计算机辅助设计与制造

计算机辅助设计是利用计算机的计算、逻辑判断等功能,帮助人们进行产品设计和工程技术设计。在设计中,可通过人机交互更改设计和布局,反复迭代设计直至满意为止。它能使设计过程逐步趋向自动化,大大缩短了设计周期,增强产品在市场上的竞争力,同时也可节省人力和物力,降低成本,提高产品质量。计算机辅助设计和辅助制造结合起来可直接把CAD设计的产品加工出来。

【实例】

人机大战

1988年,卡耐基梅隆大学的高才生许峰雄制造出了国际象棋计算机"深思"(Deep

Thought)，并一举战胜了世界名将丹麦棋手本特·拉尔森。一年之后，博士毕业的许峰雄受聘于 IBM，并在大学同学的帮助下于 1995 年研制出了计算机“深蓝”(Deep Blue)。1996 年 2 月，“深蓝”以 2：4 输给当时的国际象棋世界冠军俄罗斯人卡斯帕罗夫。但 15 个月后的 1997 年 5 月，经过改进的“深蓝”[此时也称为“更深的蓝”(Deeper Blue)]终以 3.5：2.5 战胜了卡斯帕罗夫。这场胜利也成为人工智能和超级计算机发展的重要标志。

如今，“深蓝”与卡斯帕罗夫的人机大战已经过去了 20 多年，当年比赛的主角之一卡斯帕罗夫已经退役从政，而“深蓝”也已经在博物馆里安了家。

计算机辅助技术包括计算机辅助设计(computer aided design，CAD)、计算机辅助制造(computer aided manufacturing，CAM)、计算机辅助测试(computer aided testing，CAT)、计算机集成制造系统(computer integrated manufacturing system，CIMS)、计算机辅助教育(computer based education，CBE)等系统。

计算机辅助教育是计算机在教育领域中的应用，包括计算机辅助教学(computer aided instruction，CAI)、计算机辅助管理教学(computer managed instruction，CMI)。

【思考与练习】

1. 中国在超级计算机方面发展迅速，查找资料，了解目前中国有哪些超级计算机，分别应用在什么领域。

2. 智能手机是否是计算机？计算器为什么不是计算机？

1.3.2　了解计算机的发展

1. “理想计算机”的提出

1936 年，英国科学家阿兰·麦席森·图灵(Alan Mathison Turing)(图 1-4)发表了著名的关于“理想计算机”的论文，后人称为图灵机(Turing Machine，TM)。图灵机由 3 部分组成：一条带子、一个读写头和一个控制装置。图灵机理论不但解决了数理逻辑的一个基础理论问题，而且证明了通用数字计算机是可能被制造出来的。一般认为，现代计算机的基本概念源于图灵，为纪念图灵对计算机的贡献，美国计算机博物馆于 1966 年设立了“图灵奖”。

图 1-4　阿兰·麦席森·图灵

2. 电子计算机的诞生

推动计算工具不断开发和升级的最重要因素是社会的需求。20 世纪，社会的发展和科学技术的进步对新的计算工具提出了更高的需求，军事和战争的需要是一个重要的因素。随着第二次世界大战的爆发，各国科学研究的主要精力都转向为军事服务。为了设计更先进的武器，提高计算工具的计算速度和精度成为人们开发新型计算工具的突破口。

真正具有现代意义的计算机于1946年2月15日,在美国宾夕法尼亚大学,由物理学家约翰·莫奇勒(John W. Mauchly)博士和电气工程师普雷斯波·埃克特(J. Prespen Eckert)领导的研制小组为精确测算炮弹的弹道特性而制成。它是世界上第一台真正能自动运行的电子数字计算机,名称为ENIAC(electronic numerical integrator and computer,电子数字积分计算机),如图1-5所示。其主要元器件是电子管,每秒钟能完成5000次加法、300多次乘法运算,比当时最快的计算工具快300倍。该机器使用了1500个继电器、18800个电子管,占地170m²,重30多吨,功耗达150kW,耗资40万美元。

图1-5　通用数字电子计算机ENIAC

用ENIAC计算题目时,首先要根据题目的计算步骤预先编好一条条指令,再按指令连接好外部电路,然后启动机器,使其自动运行并输出结果。当要计算另一个题目时,必须重复进行上述工作,所以只有少数专家才能使用。尽管这是ENIAC的明显弱点,但它使过去借助机械的分析机需7～20h才能计算一条弹道的工作时间缩短到30s,使科学家们从庞大的计算量中解放出来。ENIAC的问世标志着电子计算机时代的到来,它的出现具有划时代的意义。

图1-6　冯·诺依曼

在ENIAC的研制过程中,由美籍匈牙利数学家冯·诺依曼(John von Neumann)(图1-6)总结并提出两点改进意见:一是计算机内部直接采用二进制数进行计算;二是将指令和数据存储起来,由程序控制计算机自动执行。这对后来计算机的设计有决定性的影响,特别是确定计算机的结构,采用存储程序及二进制编码等,至今仍为电子计算机设计者所遵循。

3. 计算机的代际划分

从第一台电子计算机诞生到现在,计算机技术以前所未有的速度迅猛发展,经历了大型计算机阶段和微型计算机及网络阶段。对于传统的大型计算机,通常根据计算机所采用的电子元器件不同而划分为电子管计算机,晶体管计算机,集成电路计算机和大规模、超大规模集成电路计算机四代,见表1-1。

表 1-1　计算机发展的 4 个阶段

	第一代	第二代	第三代	第四代
年代	1946—1957 年	1958—1964 年	1965—1971 年	1972 年至今
主要电子元器件	电子管	晶体管	中小规模集成电路	大规模和超大规模集成电路
内存储器	汞延迟线	磁心存储器	半导体存储器	半导体存储器
外存储器	纸带、卡片、磁带和磁鼓	磁盘、磁带	磁盘、磁带	磁盘、光盘等大容量存储器
处理速度(指令数/s)	几千～几万条	几十万条	几百万条	上亿条
代表机型	UNIVAC-Ⅰ	IBM-7000 系列机	IBM-360 系列机	IBM 的 4300 系列机、3080 系列机、3090 系列机和 900 系列机

电子管和晶体管如图 1-7 及图 1-8 所示，都是电子技术上常用的元器件。电子管是早期计算机的主要元器件，后来，由于晶体管具有能耗低、体积小的特点，它逐渐代替了电子管，成为组成计算机的主要元器件。

图 1-7　电子管

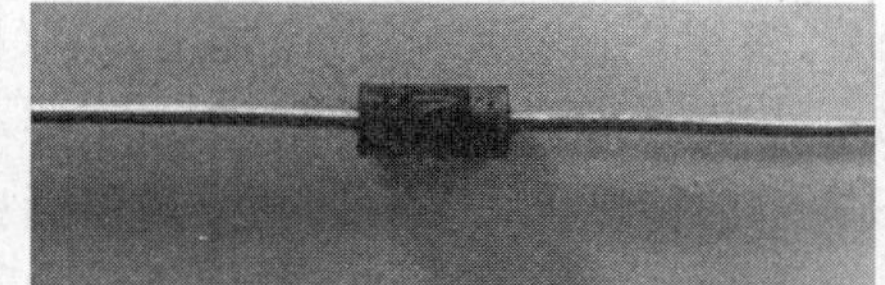

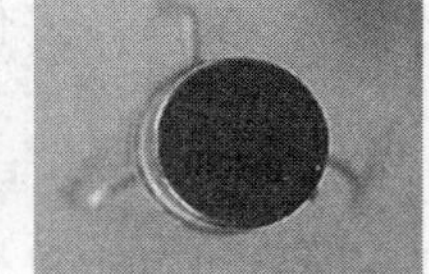

图 1-8　晶体二极管和晶体三极管

由于电子技术的进一步发展，出现了集成电路(图 1-9)，更大限度地节省了能耗、减小了体积、降低了制造成本、提高了可靠性。后来，又出现了集成化程度更高的大规模集成电路(图 1-10)和超大规模集成电路。

图 1-9　集成电路

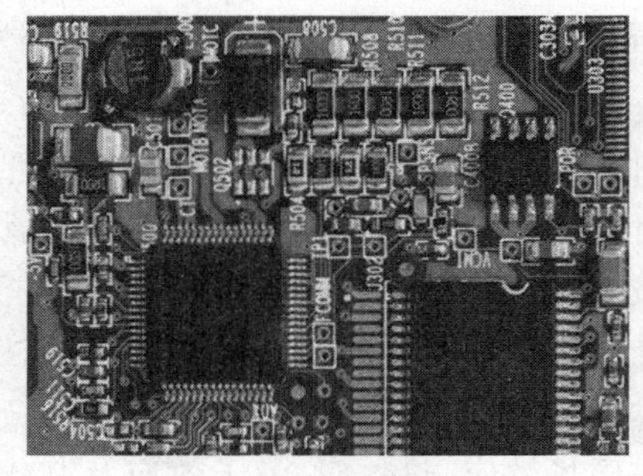

图 1-10　大规模集成电路

4. 微型计算机的产生与发展

微型计算机简称微机。微机是计算机发展到第四代的产物,也是计算机发展里程中的一个重要转折点。从第一台计算机 ENIAC 诞生到 20 世纪 70 年代初,计算机一直向巨型化方向发展。所谓巨型化,是指计算速度和存储容量不断提高。从 20 世纪 70 年代初期起,计算机又向微型化方向发展。所谓微型化,是指计算机的体积和价格大幅度降低。个人计算机的出现就是计算机微型化的典型产物。

昂贵而庞大的计算机演变为适合个人使用的 PC,应当归功于超大规模集成电路的迅猛发展。PC 所具有的强大的处理信息的功能来源于它有一个被称为微处理器的大规模集成电路。微处理器包含了运算器和控制器。世界上第一个通用微处理器 Intel 4004 于 1971 年问世,被称为第一代微处理器。按今天的标准衡量,它处理信息的能力非常低,但正是这个看起来非常原始的芯片改变了人类的生活。4004 微处理器包含了 2300 个晶体管,支持 45 条指令,工作频率为 1MHz,尺寸规格为 3～4mm。尽管它体积小,但计算性能远远超过 ENIAC。

世界上第一台微型计算机 Altair 8800 是 1975 年 4 月由一家名为 Altair 的公司推出的,它采用 Zilog 公司的 Z80 芯片作为微处理器。

PC 真正的雏形应该是苹果机,它是由苹果(Apple)公司的创始人——史蒂夫·保罗·乔布斯(Steven Paul Jobs)和他的同伴在一个车库里组装出来的。这两个普通的年轻人坚信电子计算机能够大众化、平民化,他们的理想是制造普通人都买得起的 PC。

IBM 公司在 1981 年推出了首台个人计算机 IBM PC,1984 年又推出了更先进的 IBM PC/AT,它支持多任务、多用户,并增加了网络能力,可联网 1000 台 PC。

微型计算机在诞生之初就配置了操作系统,之后操作系统也在不断发展。在 20 世纪 70 年代中期到 80 年代早期,微型计算机上运行的一般是单用户单任务操作系统,80 年代以后到 90 年代初,微机操作系统开始支持单用户多任务和分时操作。近年来,微型计算机操作系统得到了进一步发展,以 Windows、UNIX、Linux、Solaris、MacOS 等为代表的新一代操作系统都已具有多用户和多任务、虚拟存储管理、网络通信支持、数据库支持、多媒体支持、应用编程接口支持、图形用户界面等功能。

5. 未来的计算机

随着计算机科学技术的迅猛发展,前 4 代计算机的时代划分规则在新形势下已经不再适合。

21 世纪,计算机已经向着巨型化、微型化、网络化、智能化、多媒体化的方向发展。与此同时,科学家还在研究突破"冯·诺依曼"体系的非"冯式"计算机,不过这项研究尚未取得突破。

计算机中最基本的元器件是芯片,芯片制造技术的不断进步是 70 多年来推动计算机技术发展的最根本的动力之一。然而,以硅为基础的芯片制造技术的发展不是无限的,由于存在磁场效应、热效应、量子效应及制作上的困难,当线宽低于 0.1nm 以后,就必须开拓新的制造技术。光计算机、生物计算机、分子计算机、量子计算机是未来的 4 种发展方向。

【思考与练习】

1. 查找资料,了解中国计算机发展历史。
2. 查找资料,了解未来计算机的发展方向。

1.3.3 了解计算机的结构与工作原理

1. 计算机(微机)系统

一个完整的计算机系统是由硬件系统和软件系统两部分组成的。硬件是组成计算机的物质实体,是人们能看见的部件,如主机、显示器、键盘、鼠标等。软件是各种程序、数据及其相关的文档(如用户使用说明书)的集合。计算机硬件系统和软件系统共同构造了一个完整的系统,两者相辅相成,缺一不可。

根据冯·诺依曼结构,计算机硬件系统由运算器、控制器、存储器、输入设备和输出设备 5 个基本部分组成,它们与各类总线共同组成计算机硬件系统,如图 1-11 所示。

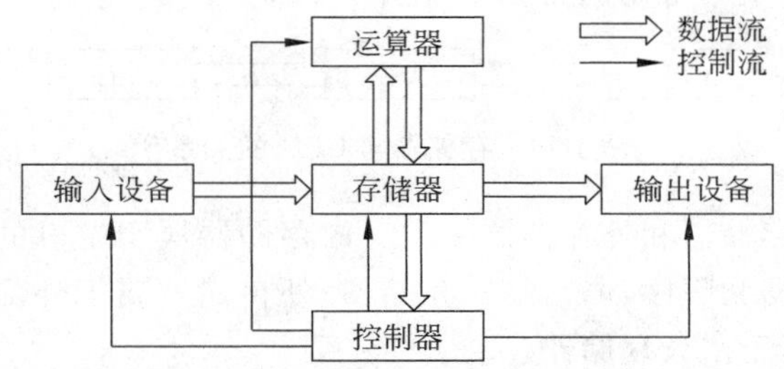

图 1-11 计算机硬件系统的逻辑结构

作为计算机中的一类,微型计算机系统也是由硬件系统和软件系统两部分组成。其基本组成如图 1-12 所示。

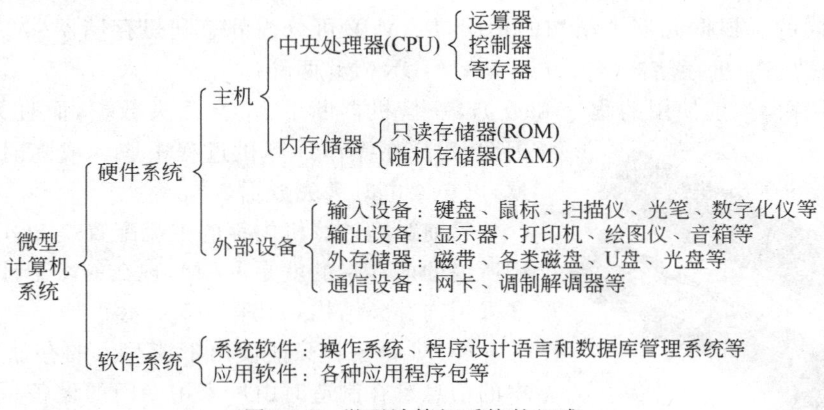

图 1-12 微型计算机系统的组成

2. 微机硬件介绍

1) 中央处理器

在微机中,控制器和运算器通常被集成在一块芯片上,一起组成中央处理器(central processing unit,CPU)。CPU 的主要功能是从内存中取指令,解释并执行指令。它是计算机的核心部件,其性能常常代表整台计算机的整体性能水平。

CPU 的运行速度通常用主频来表示,主频即 CPU 的时钟频率(clock speed),简单地说,也就是 CPU 的内部工作频率(内频)。一般来说,主频越高,CPU 的速度就越快,性能也就越好。CPU 的主要生产厂商有 Intel 公司和 AMD 公司等。从外表上看,CPU 是一块采用超大规模集成电路制成的芯片,图 1-13 所示为 Intel 公司生产的一款 CPU。

图 1-13　CPU 的外观

2) 存储器

存储器的主要功能是存放程序和数据。程序是计算机操作的依据,数据是计算机操作的对象。

存储器与 CPU 的关系可用图 1-14 来表示。

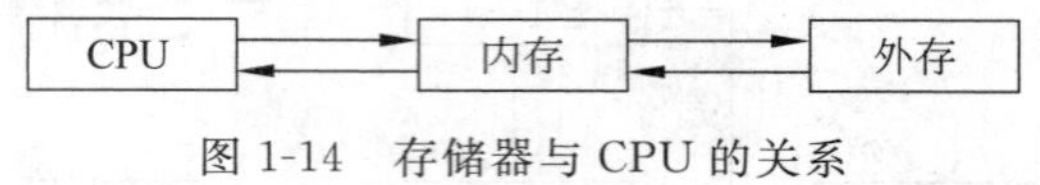

图 1-14　存储器与 CPU 的关系

存储器可分为内存储器和外存储器两类。内存储器属于主机的一部分,用于存放系统当前正在执行的数据和程序,属于临时存储器;外存储器属于外部设备,用于存放暂时不用的数据和程序,属于永久存储器。

(1) 内存储器。内存储器简称内存,又称主存储器。内存按其工作方式可分为随机存储器(random access memory,RAM)和只读存储器(read only memory,ROM)两类。

RAM 在计算机工作时,既可从中读出信息,也可随时写入信息,所以 RAM 是一种在计算机正常工作时可读/写的存储器。在 RAM 中,以任意次序读/写任意存储单元所用时间是相同的。根据元器件结构的不同,RAM 又可分为静态随机存储器(static RAM,SARM)和动态随机存储器(dynamic RAM,DRAM)两种。

RAM 存储当前使用的程序和数据,一旦机器断电,就会丢失数据,而且无法恢复。因此,用户在操作计算机过程中应养成随时存盘的习惯,以免断电时丢失数据。

目前微型计算机内存的主流配置是 8GB。通常人们所说的内存指的就是 RAM,现在的微型计算机主板多采用内存条结构,如图 1-15 所示。

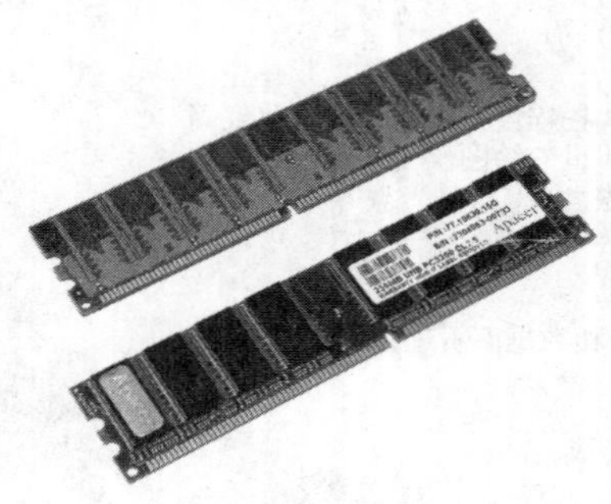
图 1-15　内存条

ROM 是一种只能读出不能写入的存储器。ROM 中的信息是在制造时由厂家用专门的设备一次性写入的,一般用来存放固定不变重复执行的程序,ROM 中的内容是永久性的,即使关机或断电也不会消失。

(2) 外存储器。外存储器简称外存,又称辅助存储器,大都采用磁性和光学材料制成。与内存相比,外存的特点是存储容量大,价格较低,而且在断电的情况下也可以长期保存信息,所以称为永久性存储器,缺点是存取速度比内存慢。常见的外存有以下几种。

① 硬盘。硬盘一般固定在主机机箱内,是计算机中容量最大、最重要的外部存储设备,如图 1-16 所示。硬盘是计算机系统的数据存储中心,计算机运行时使用的程序和数据绝大部分都存储在硬盘上,无论 CPU 和内存的速度有多快,如果硬盘的速度不够快,势必会形成制约整机速度的瓶颈。因此,一块高品质、大容量、高转速的硬盘是一台高性能计算机不可或缺的。

② 移动硬盘。由于硬盘一般固定在机箱中,不易携带,所以出现了移动硬盘。移动硬盘具有容量大,携带、使用方便,单位存储成本低,安全性、可靠性高,兼容性好,读/写速度快等特点,受到越来越多人的青睐。

③ 光盘。光盘是 20 世纪 70 年代发展起来的一种新型信息存储设备,CD 是英文 compact disc 的缩写,意思是高密度盘,即光盘。

④ U 盘。U 盘即 USB 盘(图 1-17),也叫 Flash 存储器(flash memory),是一种新型的移动存储设备,具有容量大、体积小、存取快捷、携带方便、即插即用等许多传统移动存储设备无法替代的优点,是目前市场上主流的便携式移动存储设备。U 盘的容量从几 GB 到几百 GB 不等。

图 1-16　硬盘

图 1-17　U 盘

3) 主板

主板(mainboard)或母板(motherboard)是连接 CPU、内存、各种适配器(如声卡、显卡等)和外设的中心枢纽。图 1-18 所示为主板的结构。

CPU 插槽是安装 CPU 的地方。内存插槽是内存条的"安身"之处。电源插槽用于连接主机电源,给主板、键盘和所有接口卡(如显卡、声卡、网卡等)供电。IDE 插槽用于连接 IDE 硬盘和 IDE 光驱,需使用专用的 IDE 连线,一般主板上都有两个 IDE 插槽,分别标注为 IDE1 和 IDE2(也有的主板分别标注为 Primary 和 Secondary)。PCI(周边设备互联)插槽是安装 PCI 适配卡的地方,一般用于连接声卡、网卡、电视卡等。PCI-E(显卡)插槽为新一代的显卡专用插槽,专门用于安装 PCI-E 显卡。

4) 输入设备

输入设备用来接收用户输入的原始数据和程序,将它们转变为计算机可以识别的形

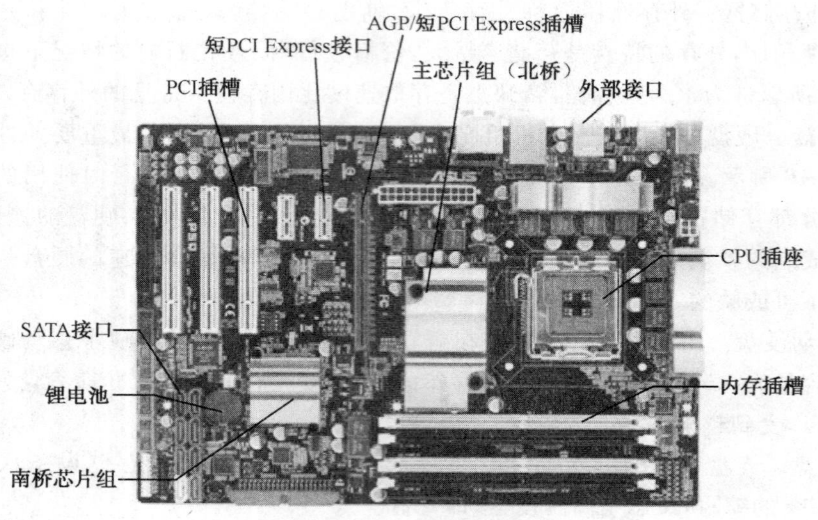

图 1-18　主板的结构

式(二进制)并存放到内存中。目前常用的输入设备有键盘、鼠标、扫描仪、触摸屏、光笔、数字化仪、传声器(俗称麦克风)、磁卡读入机、条形码阅读机、数码照相机和视频摄像机等。

(1) 键盘。键盘是计算机的标准输入设备,用户可以通过键盘输入命令和数据。在键盘内部有专门的控制电路,当用户按键盘上的按键时,键盘内部的控制电路就会产生一个相应的二进制代码,并把这个代码传入计算机。目前常用的标准键盘有 101 键和 104 键两种。

(2) 鼠标。鼠标(之所以叫作鼠标,是因为它的外形很像一只老鼠,它的英文名叫 mouse,就是老鼠之意)也是人机对话的基本输入设备。鼠标使用起来比键盘更加灵活、方便。鼠标与主机的接口有串行接口(serial port)、USB 和 PS/2 3 种。

(3) 扫描仪。扫描仪(scanner)是一种通过捕获图像并将之转换成计算机可以显示、编辑、存储和输出的文体格式的数字化输入设备,如图 1-19 所示。扫描仪对照片、文本页面、图纸、美术图画、照片底片,甚至纺织品、标牌面板、印制板样品等三维对象都可以进行扫描,提取和将原始的线条、图形、文字、照片、平面实物转换成计算机可以编辑的信息。

(4) 触摸屏。触摸屏是一种附加在显示器上的辅助输入设备,如图 1-20 所示。利用这种技术,用户只要用手指轻轻地触碰计算机显示屏上的图符或文字就能实现对主机的操作,从而使人机交互更为直接、快捷。这种技术大大方便了那些不懂计算机操作的用户。

5) 输出设备

输出设备用以将计算机处理后的结果信息,转换成外界能够识别和使用的数字、字符、声音、图像、图形等信息形式。常用的输出设备有显示器、打印机和绘图仪、影像输出系统、语音输出系统、磁记录设备等。有些设备既可以作为输入设备,也可以作为输出设备,如硬盘和磁带机等。

图 1-19　扫描仪

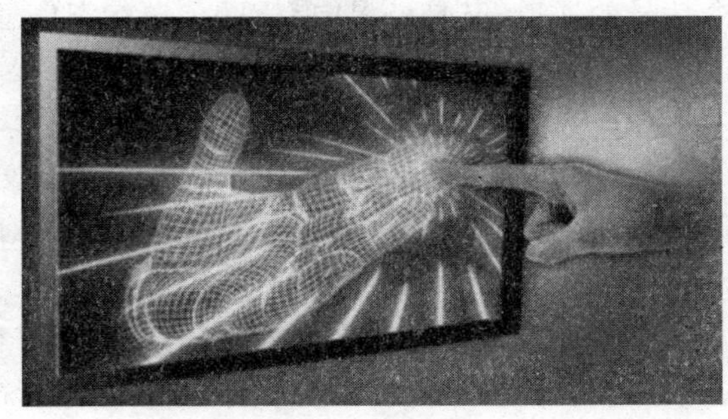
图 1-20　触摸屏

(1) 显示器。显示器是微型计算机基本的输出设备。显示器按其工作原理分为许多类型,比较常见的有阴极射线管显示器(CRT)、液晶显示器(LCD)、等离子体显示器(PDP)、真空荧光显示器(VFD)等。家用市场中目前主流是液晶显示器。

(2) 显示卡。显示效果的好坏除了受显示器技术技能的影响外,还取决于显示卡的性能。显示卡全称为显示接口卡(video card 或 graphics card),又称为显示适配器(video adapter),可简称为显卡,是个人计算机最基本的组成部分之一。

显卡的基本作用就是控制计算机的图形输出,将计算机系统所需要的显示信息进行转换,让显示器正确显示。常见的显卡图形芯片供应商主要包括 AMD(超威半导体)和 NVIDIA(英伟达)两家。

通常显卡是以插卡的形式安装在计算机主板的扩展槽中,或集成在主板或者 CPU 上,目前使用的显卡都是 VGA 显卡。

如果购买的 CPU 或者主板已经集成了显卡,则不需要单独再购买显卡。现在,独立显卡主要分为两类,一类是专门为游戏设计的娱乐显卡;另一类则是用于绘图和 3D 渲染的专业显卡。

(3) 打印机。打印机也是计算机系统的重要输出设备之一,它的作用是把计算机中的信息打印在纸张或其他介质上。目前常见的打印机有针式打印机、喷墨打印机和激光打印机等几种。

6) 总线

计算机总线是一组连接各个部件的公共通信线。计算机中的各个部件是通过总线相连的,因此各个部件间的通信关系变成面向总线的单一关系。总线是一组物理导线,并非一根。根据总线上传送的信息不同,总线可分为地址总线、数据总线和控制总线。

(1) 地址总线。地址总线传送地址信息。地址是识别信息存放位置的编号,内存的每个存储单元及 I/O 接口中不同的设备都有各自不同的地址。地址总线是 CPU 向内存和 I/O 接口传送地址信息的通道,是自 CPU 向外传输的单向总线。

(2) 数据总线。数据总线传送系统中的数据或指令。数据总线是双向总线,一方面作为 CPU 向内存和 I/O 接口传送数据的通道;另一方面是内存和 I/O 接口向 CPU 传送数据的通道。数据总线的宽度与 CPU 的字长有关。

(3) 控制总线。控制总线传送控制信号。控制总线是 CPU 向内存和 I/O 接口发出命令信号的通道,又是外界向 CPU 传送状态信息的通道。

3. 计算机的软件系统

计算机软件是指计算机系统中的程序及其文档。程序是计算任务的处理对象和处理规则的描述。计算机软件根据其功能和面向的对象,分为系统软件和应用软件两大类。

1) 系统软件

系统软件是指控制计算机的运行,管理计算机的各种资源,并为应用软件提供支持和服务的一类软件。常用的系统软件包括操作系统、程序设计语言和数据库管理系统(database management system,DBMS)等。

(1) 操作系统。操作系统是为了对计算机系统的硬件资源和软件资源进行控制与有效管理,合理地组织计算机的工作流程,以充分发挥计算机系统的工作效率和方便用户使用计算机而配置的一种系统软件。操作系统是操作现代计算机必不可少的最基本、最核心、最重要的系统软件,其他任何软件都必须在操作系统的支持下才能运行。目前在微型计算机上,常用的操作系统有 Windows XP、Windows 7 以及 Linux。

(2) 程序设计语言。为了让计算机按照人的意图进行工作,人们通过编写程序提交给计算机执行,编写程序的过程称为程序设计,编写程序所采用的语言就是程序设计语言。计算机程序设计语言通常有机器语言、汇编语言和高级语言等几类。

① 机器语言(machine language)。这是计算机唯一能够识别并能直接执行的二进制代码指令,但用机器语言编写程序是十分烦琐的,且写出的程序可读性很差。

② 汇编语言(assemble language)。汇编语言不再使用二进制代码,而是使用比较容易识别和记忆的符号,所以人们又称汇编语言为助记符语言。将汇编语言翻译成机器语言的处理程序称为"汇编程序"。

③ 高级语言(advanced language)。高级语言接近于自然语言,不依赖于机器,通用性好。目前常有的高级语言有 C++ 、Java 等面向对象的语言。用高级语言编写的源程序同汇编语言一样,也需要用翻译的方法把它的源程序翻译成目标程序才可以被计算机直接执行。高级语言翻译成目标程序的方法有解释和编译两种。"解释"即将程序逐条翻译成目标代码,翻译一条,执行一条,不产生全部的目标代码,运行速度较慢;"编译"即将程序全部翻译成目标代码后再提交执行,运行速度较快。

(3) 数据库管理系统。数据库管理系统是用于管理数据库的软件系统。DBMS 为各类用户或有关的应用程序提供了访问与使用数据库的方法,其中包括建立数据库、存储、查询、检索、恢复、权限控制、增加、修改、删除、统计、汇总和排序分类等各种手段。目前比较流行的 DBMS 有 Access、Oracle、Sybase、DB2 和 SQL Server 等。

2) 应用软件

应用软件是为了解决计算机应用中的实际问题而编制的程序,包括商品化的通用软件(如办公软件)和实用软件(如压缩工具软件),也包括用户自己编制的各种应用程序。

4. 计算机的工作原理——存储程序控制

"存储程序控制"原理是 1946 年由美籍匈牙利数学家冯·诺依曼提出的,所以又称为

“冯・诺依曼原理”。该原理确立了现代计算机的基本组成的工作方式，直到现在，计算机的设计与制造依然沿用着冯・诺依曼体系结构。

1）存储程序控制原理的基本内容

（1）采用二进制形式表示数据和指令。

（2）将程序（数据和指令序列）预先存放在主存储器中（程序存储），使计算机在工作时能够自动高速地从存储器中取出指令，并加以执行（程序控制）。

（3）由运算器、控制器、存储器、输入设备、输出设备五大基本部件组成计算机硬件体系结构。

2）计算机工作过程

（1）将程序和数据通过输入设备送入存储器。

（2）启动运行后，计算机从存储器中取出程序指令送到控制器去识别，分析该指令要做什么事。

（3）控制器根据指令的含义发出相应的命令（如加法、减法），将存储单元中存放的操作数据取出送往运算器进行运算，再把运算结果送回存储器指定的单元中。

（4）当运算任务完成后，就可以根据指令将结果通过输出设备输出。

【思考与练习】

1. 请设计一个微机硬件配置表，将其中所使用的硬件的主要性能参数记录下来。
2. 请叙述存储程序的工作原理和计算机的工作过程。
3. 请思考：为什么计算机中只放置了“加法器”，而没有“减法器”或“乘法器”？

1.4　信息化法律法规与行为规范

【导入案例】

Facebook 数据泄露事件

2018 年 3 月 16 日，Facebook 宣布暂时封杀两家裙带机构：SCL（Strategic Communication Laboratories）和剑桥分析公司（Cambridge Analytica）。理由是他们违反了公司在数据收集和保存上的政策。3 月 18 日，爆出剑桥分析公司对 Facebook 的数据使用是“不道德的实验”。剑桥分析公司被指在未经用户同意的情况下，利用在 Facebook 上获得的 5000 万用户的个人资料数据来创建档案，并在 2016 年总统大选期间针对这些人进行定向宣传。3 月 19 日，受到丑闻影响，Facebook 股价应声大跌 7%，市值缩水 360 多亿美元，扎克伯格也因此损失了 60 多亿美元的股票价值。同日（3.19），欧盟、美国、英国纷纷抨击 Facebook 和剑桥分析公司。例如，欧洲议会主席塔亚尼表示，欧盟议员将调查逾 5000 万名 Facebook 用户的数据是否被不当使用。

3 月 20 日，联邦贸易委员会（FTC）也正在就数据泄露事件对 Facebook 进行调查。

【分析】

数据在不同主体间的传输与流转是大数据时代互联网产业发展的必然,数据的传输与流转带来了安全管理方面的巨大挑战,如何确保数据在境内外安全高效地传输和使用,是全球互联网企业乃至部分国家共同需要面对的难题。

1.4.1 了解信息化法律法规体系

本部分介绍信息化法律法规建设的情况。我国从20世纪80年代初开始逐渐建立了有关信息技术、信息网络、信息社会的知识产权保护等方面的法律法规,在国家、部门、地方行政机构等各种层次上已经制定和颁布了各种涉及信息活动方面的法律。简要介绍如下。

1. 原有的法律法规

这些法律中,有许多是针对传统的信息技术和信息工具所制定的法律,如《中华人民共和国统计法》《中华人民共和国商标法》《中华人民共和国专利法》《中华人民共和国著作权法》《中华人民共和国档案法》《中华人民共和国测绘法》《中华人民共和国会计法》《中华人民共和国审计法》《中华人民共和国公司法》《中华人民共和国广告法》《中华人民共和国反不正当竞争法》《关于禁止有偿新闻的若干规定》《外国记者和外国常驻新闻机构管理条例》等。这些法律对信息的采集、公开、传播等做出了明确的规定。

2. 根据信息化需求修改相关法律

根据信息化发展提出的新需求,对《中华人民共和国刑法》《中华人民共和国合同法》《中华人民共和国海关法》等法律进行了修订。这些法律文件的调整范围包括信息网络服务、信息网络安全、信息权利、电子交易等多个方面。

3. 促进电子商务、电子政务健康发展的法规

2004年8月28日,全国人民代表大会通过了《中华人民共和国电子签名法》,于2005年4月1日正式实施。该法填补了我国电子交易立法方面的空白,是促进我国信息化的一部基础性法律。与《中华人民共和国电子签名法》配套的部门规章《电子认证服务管理办法》也于2005年4月1日同时实施。该办法规定了电子认证服务许可证的发放和管理、电子认证服务行为规范、暂停或者终止电子认证服务的处置、电子签名认证证书的格式和安全保障措施、监督管理和对违法行为的处罚等内容。

2008年,国务院颁布实施了《中华人民共和国政府信息公开条例》,其中第十五条规定,“行政机关应当将主动公开的政府信息,通过政府公报、政府网站、新闻发布会以及报刊、广播、电视等便于公众知晓的方式公开”。

4. 规范信息网络服务的法规

在信息网络服务领域,针对信息网络接入服务、互联网信息服务以及互联网上网服

务，均已制定了行政法规予以规范。

1997 年 5 月 20 日公布实施的《国际联网管理暂行规定》是规范我国互联网国际联网和接入服务最主要的法律性文件。

2000 年 9 月 25 日公布实施了《互联网信息服务管理办法》。2001 年 4 月 3 日，国务院办公厅发布《关于进一步加强互联网上网服务营业场所管理的通知》。

2002 年 8 月，《中国互联网络域名管理办法》出台。2004 年 11 月，原信息产业部在此基础上修订并公布了新办法，修订后的管理办法自 2004 年 12 月 20 日正式实施。

2010 年，原国家工商行政管理总局颁布了《网络商品交易及有关服务行为管理暂行办法》，这是我国第一部规范网络商品交易及有关服务行为的行政规章。

2014 年，原国家工商行政管理总局废止了上述暂行办法，颁布了《网络交易管理办法》，自 2014 年 3 月 15 日起施行。《网络交易管理办法》指出，网络交易中，通过博客、微博等网络社交载体提供宣传推广服务、评论商品或者服务并因此取得酬劳的，应当如实披露其性质，避免消费者产生误解。

5. 保障信息网络安全的法规

1994 年 2 月 18 日颁布的《中华人民共和国计算机信息系统安全保护条例》是我国专门针对信息网络安全问题制定的首部行政法规。

1997 年 12 月，颁布了《计算机信息网络国际联网安全保护管理办法》，以加强对计算机信息网络国际联网的安全保护。后根据 2011 年 1 月 8 日《国务院关于废止和修改部分行政法规的决定》进行了修订。

1998 年 8 月，公安部、中国人民银行发布了《金融机构计算机信息系统安全保护工作暂行规定》，旨在加强金融机构计算机信息系统安全保护工作，保障国家财产的安全，保证金融事业的顺利发展。

2000 年 3 月，公安部颁布了《计算机病毒防治管理办法》，其中规定了“任何单位和个人不得制作计算机病毒”。

2000 年 12 月 28 日，第九届全国人民代表大会第十九次会议通过了《全国人大常委会关于维护互联网安全的决定》，这是我国针对信息网络安全制定的第一部法律性决定。

2012 年 12 月 28 日，全国人民代表大会常务委员会审议通过《加强网络信息保护的决定》。决定以法律形式保护公民个人信息的安全。

2013 年 6 月 28 日，工业和信息化部颁布了《电信和互联网用户个人信息保护规定》，规定分为总则、信息收集和使用规范、安全保障措施、监督检查、法律责任、附则，共 6 章 25 条，自 2013 年 9 月 1 日起施行。

2016 年 11 月 7 日，第十二届全国人民代表大会常务委员会第二十四次会议通过了《中华人民共和国网络安全法》，自 2017 年 6 月 1 日起施行。

6. 信息网络相关权利保护的法规

1991 年，国务院颁布了《计算机软件保护条例》。经过修订后，在 2001 年以国务院第 339 号令重新公布《计算机软件保护条例》，自 2002 年 1 月 1 日起施行。

2001 年 10 月 27 日，第九届全国人民代表大会第二十四次会议通过了修改《中华人民共和国著作权法》的决定，这次修订适应了网络经济条件下著作权保护的新形势。

2005 年，国家版权局、原信息产业部联合颁布了《互联网著作权行政保护办法》。

2006 年，国务院颁布了《信息网络传播权保护条例》(2013 年进行了修订)，旨在保护著作权人、表演者、录音录像制作者(以下统称权利人)的信息网络传播权，鼓励有益于社会主义精神文明、物质文明建设的作品的创作和传播。

【思考与练习】

1. 什么是侵入计算机信息系统罪？什么是破坏信息系统罪？
2. 信息系统安全保护法律规范的特征和基本原则有哪些？
3. 为保障信息安全法律法规的落实，在实践中信息安全管理制度大致包括哪几种？
4. 什么是知识产权、商标权、专利权？

1.4.2 了解社会信息道德建设的情况

1. 信息道德建设

1）信息道德的定义

马克思主义伦理学认为，道德是人类社会特有的，由社会经济关系决定的，依靠内心信念和社会舆论、风俗习惯等方式调整人与人之间、个人与社会之间以及人与自然之间的关系的特殊行为规范的总和。在日常的社会生活中经常提到道德问题，信息社会同样具有道德。

信息道德是指在信息的采集、加工、存储、传播和利用等信息活动各个环节中，用来规范其间产生的各种社会关系的道德意识、道德规范和道德行为的总和。它通过社会舆论、传统习俗等，使人们形成一定的信念、价值观和习惯，从而使人们自觉地通过自己的判断规范自己的信息行为。

2）加强信息道德建设的举措

(1) 我国积极倡导行业自律和公众监督。2001 年 5 月，中国互联网协会成立，这是全国性互联网行业组织，其宗旨是服务于互联网行业发展、网民和政府的决策。该协会先后制定并发布了《中国互联网行业自律公约》《互联网站禁止传播淫秽色情等不良信息自律规范》《抵制恶意软件自律公约》《博客服务自律公约》《反网络病毒自律公约》《中国互联网行业版权自律宣言》等一系列自律规范，促进了互联网的健康发展。为加强公众对互联网服务的监督，2004 年以来，中国先后成立了互联网违法和不良信息举报中心、网络违法犯罪举报网站、12321 网络不良与垃圾信息举报受理中心、12390 扫黄打非新闻出版版权联合举报中心等公众举报受理机构，并于 2010 年 1 月发布了《举报互联网和手机媒体淫秽色情及低俗信息奖励办法》。

(2) 我国主张加强互联网法制和道德教育。中国政府支持开展互联网法制和道德教育工作，鼓励各类媒体和社会组织积极参与，积极推动把互联网法制和道德教育纳入中小学日常教学内容。

2. 信息道德规范

在信息技术领域，应注意的道德规范主要有以下几个方面。

1）有关知识产权

1990 年 9 月，我国颁布了《中华人民共和国著作权法》，把计算机软件列为享有著作权保护的作品；1991 年 6 月，颁布了《计算机软件保护条例》，规定计算机软件是个人或者团体的智力产品，同专利、著作一样受法律的保护任何未经授权的使用、复制都是非法的，按规定要受到法律的制裁。人们在使用计算机软件或数据时，应遵照国家有关法律规定，尊重其作品的版权，这是使用计算机的基本道德规范。建议人们养成良好的道德规范，具体如下。

（1）应该使用正版软件，坚决抵制盗版，尊重软件作者的知识产权。

（2）不对软件进行非法复制。

（3）不要为了保护自己的软件资源而制造病毒保护程序。

（4）不要擅自篡改他人计算机内的系统信息资源。

2）有关网络行为规范

计算机网络正在改变着人们的行为方式、思维方式乃至社会结构，它对于信息资源的共享起到了无与伦比的巨大作用，并且蕴藏着无尽的潜能。但在它广泛的积极作用背后，也有使人堕落的陷阱，这些陷阱产生着巨大的反作用。其主要表现：网络文化的误导，传播暴力、色情内容；网络诱发着不道德和犯罪行为；网络的神秘性“培养”了计算机“黑客”，等等。

（1）各个国家都制定了相应的法律法规，以约束人们使用计算机以及在计算机网络上的行为。例如，我国公安部公布的《计算机信息网络国际联网安全保护管理办法》中规定任何单位和个人不得利用国际互联网制作、复制、查阅和传播下列信息。

① 煽动抗拒、破坏宪法和法律、行政法规实施的。

② 煽动颠覆国家政权，推翻社会主义制度的。

③ 煽动分裂国家、破坏国家统一的。

④ 煽动民族仇恨、破坏国家统一的。

⑤ 捏造或者歪曲事实，散布谣言，扰乱社会秩序的。

⑥ 宣扬封建迷信、淫秽、色情、赌博、暴力、凶杀、恐怖，教唆犯罪的。

⑦ 公然侮辱他人或者捏造事实诽谤他人的。

⑧ 损害国家机关信誉的。

⑨ 其他违反宪法和法律、行政法规的。

（2）在使用网络时，不侵犯知识产权，主要内容如下。

① 不侵犯版权。

② 不做不正当竞争。

③ 不侵犯商标权。

④ 不恶意注册域名。

(3) 其他有关行为规范如下。

① 不能利用电子邮件作广播型的宣传，这种强加于人的做法会造成别人的信箱充斥无用的信息而影响正常工作。

② 不应该使用他人的计算机资源，除非你得到了准许或者做出了补偿。

③ 不应该利用计算机去伤害别人。

④ 不能私自阅读他人的通信文件(如电子邮件)，不得私自复制不属于自己的软件资源。

⑤ 不应该到他人的计算机里去窥探，不得蓄意破译别人的口令。

3) 有关个人信息保护

在信息技术领域，个人信息是指将个人数据进行信息化处理后的结果，它包(隐)含了有关个人资料、个人空间、个人活动方面的情况。个人资料是指肖像、身高、体重、指纹、声音、经历、个人爱好、医疗记录、财务资料、一般人事资料、家庭电话号码等；个人空间也称私人领域。个人空间隐私是指个人的隐秘范围，涉及属于个人的物理空间和心理空间。个人信息的特点是隐私性、个体性。

目前世界上已有50多个国家制定了有关个人信息保护的法律法规，欧洲各国也缔结了与个人信息保护有关的国际公约。例如，美国的《请勿打我电话法》(*Do-Not-Call Law*)是目前国际上最成功、最受欢迎的隐私法之一。其基本内容：不想接到推销电话的消费者可以在联邦贸易委员会登记其电话号码，联邦贸易委员会持有这些电话号码的记录，并对消费者和商家就其权利与义务给予指导。在这部法律制定时，美国的电话推销是一个庞大的行业，也使消费者对无休止的电话推销产生了强烈不满。这一法规施行的前4天内，就有1000万个电话在联邦贸易委员会进行了登记。到2005年9月，登记号码已经超过1亿个。调查显示，92%的已登记消费者受电话推销的“骚扰”明显减少，25%的人说他们几乎再没接到过推销电话。

在信息技术条件下，保护个人信息要做到以下几点。

(1) 要防范用作传播、交流或存储资料的光盘、硬盘、软盘等计算机媒体泄密。

(2) 要防范联网(局域网、互联网)泄密，例如，不要在即时通信工具中泄露个人的银行账号、电子邮箱的密码等，不要在没有安全认证的网站上进行电子商务交易、银行资金交易等。

(3) 要防范、杜绝计算机工作人员在管理、操作、修理过程中造成的泄密。

(4) 在保护自己的个人信息的同时，也不得向无关人员提供或出售个人信息，不要在没有保密的条件下传送这些信息的电子档案。不得利用自己掌握的个人信息，通过信息技术手段进行手机短信的滥发、电子邮件宣传广告、传真群发、电话骚扰等。

【思考与练习】

1. 我国制定并实行的信息安全等级有几级？如何界定？
2. 作为当代青年，上网时我们应该遵守哪些网络道德标准？
3. 谈谈对网络谣言、网络暴力、后台实名制、盗版软件等热点问题的看法。

第2单元　信息处理与数字化

单元学习目标

- 信息处理概述。
- 数制的转换，可以使用手动或计算器进行各数制之间的转换。
- 了解西文字符的表示方法。
- 了解中文字符的表示方法。
- 了解图像、声音信息在计算机中是怎样存储的。

信息是指以声音、文字、图像、动画、气味等方式所表示的实际内容，是事物现象及其属性标识的集合，是人们关心的事情的消息或知识，是由有意义的符号组成的。只有在对信息进行适当处理的基础上，才能产生新的、用以指导决策的有效信息或知识。随着计算机科学的不断发展，计算机已经从初期的以“计算”为主的一种计算工具，发展成为以信息处理为主的、集计算和信息处理于一体的，与人们的工作、学习和生活密不可分的一种工具。

信息技术最明显的技术特征是信息数字化，是用电磁介质按二进制编码的方法对信息加以处理和传输。二进制数字信号是一组容易表达、物理状态稳定的信号，它可以将信息存储方式转变为磁介质上的电磁信号，也可将多种信息形式(文字、图形、声音、影像等)结合在一起，还可以将信息组织方式按逻辑关系组成相关联的网络结构，所以对于一切非二进制形式的信息和数据都要转换成二进制数据的形式并通过计算机进行加工和处理。

通过本单元的学习，希望大家了解到：

(1) 信息获取的方式及使用到的工具。

(2) 将获取的信息进行数字化与存储的方法。

(3) 信息标准化的意义。

2.1　信息处理概述

【导入案例】

马云的无人超市

2017 年 7 月 10 日马云的无人超市在杭州开业，超市购物全程没有一个售货员或收银员,超市24小时营业。开业当天,无人超市受到了广大消费者的青睐,入口处排起了长长的队伍,大家都想来体验一下无人超市购物的便利。第一次进店时,消费者需用手机淘宝或支付宝扫描门口的二维码,一旦进入,全程无须再掏出手机。结账的时候没有收银员,系统会自动在大门处识别你的商品,支付宝自动扣款。当消费者拿着商品离开时,必须要经过两道"结算门"。第一道门能够感应你即将离店的信息,并自动开启。当你走到第二道门时,屏幕会显示"商品正在识别中",接着显示"商品正在支付中",自动扣款,大门开启。即使将商品放入书包口袋或者消费者戴上墨镜,出门时的传感器也能识别到并自动扣款。

由于没有人工成本,无人超市的成本支出大约只有传统超市的四分之一,这对于传统超市、传统零售行业将形成巨大的冲击。依托于支付宝强大的无线支付能力,马云与娃哈哈集团董事长宗庆后联手宣布:未来几年,将在全国开设10万家无人超市!京东CEO刘强东也正式宣布:要在全国开设50万家京东便利店,以及大量京东无人超市!

【分析】

随着人工智能的卷积神经网络、机器视觉、深度学习、生物识别等前沿技术的发展,无人超市通过超高清摄像头获取海量数据,可以全程监控消费者的任何行为。采集到的数据并不能直接应用,需要对其进行分类、计算、分析、检索、管理和综合等处理才能形成有效的信息。

获取数据并对它进行加工处理,使之成为有用信息并发布出去的过程,称为信息处理。信息处理的过程主要包括信息的获取、储存、加工、发布和表示。

当今社会,随着人工智能等高科技领域的发展,需要用到大批量的数据,因此我们需要进行大量的数据采集。采集后的数据无法直接进行应用,需要整理、清洗、标注、融合和分析后,将合适的信息应用到相应领域,最终使我们使用较低的成本创造高价值。信息处理现已融入了人们的日常工作和生活中。

2.1.1 信息获取

信息获取是指围绕一定目标,在一定范围内,通过一定的技术手段和方式方法获得原始信息的活动与过程。获取信息的途径不是单一的,而是多种多样的。在日常生活中,我们获取信息所选择的方式要因地制宜、取长补短。在不同的时间,应选择适当的、高效的方法。信息获取是信息处理的第一步,也是最为重要的一步。

从一般意义上来看,获取信息的一般过程:确定信息需求→分析信息来源→确定信息收集原则→确定信息收集手段→确定信息收集方法→评价信息。

1. 确定信息需求

获取信息的第一步是准确定位信息需求,即要找到这些信息去做什么用,目的性要强,有用的就收集,无用的要坚决舍弃。对于信息的需求可以从以下3个方面来把握:一是信息的时间范围;二是信息的地域范围;三是信息的内容范围。

2. 分析信息来源

信息来源十分多样，从传播载体的形式上看，可把信息分为口头型信息、文献型信息、电子型信息和实物型信息。还有研究者把信息分为文献型信息、数据型信息、声像型信息和多媒体型信息。

选择信息来源的时候，首先可以根据需求和已有条件去掉一些不合适的信息来源，再从最方便、性价比最好的信息来源开始尝试，如果无法获取需要的信息，则需要再做选择。

3. 确定信息收集原则

(1) 准确性原则：该原则要求所收集到的信息要真实、可靠。

(2) 全面性原则：该原则要求所收集到的信息要广泛，全面、完整。

(3) 时效性原则：信息的利用价值取决于该信息是否能及时地提供，即它的时效性。

4. 确定信息收集手段

(1) 社会调查：社会调查是获得真实可靠信息的重要手段。社会调查是指运用观察、询问等方法直接从社会中了解情况，收集资料和数据的活动。利用社会调查收集到的信息是第一手资料，因而比较接近社会、接近生活，容易做到真实、可靠。

(2) 建立情报网：管理活动要求信息准确、全面、及时。为了达到这样的要求，靠单一渠道收集信息是远远不够的，特别是行政管理和政府决策更是如此，因此必须靠多种途径收集信息，即建立信息收集的情报网。严格来讲，情报网是指负责信息收集、筛选、加工、传递和反馈的整个工作体系，而不仅仅指收集本身。

(3) 战略性情报的开发：战略性情报是专为高层决策者开发，仅供高层决策者使用且比一般行政信息更具有战略性的信息。

(4) 从文献中获取信息：文献是前人留下的宝贵财富，是知识的集合体，在数量庞大、高度分散的文献中找到所需要的有价值的信息是情报检索所研究的内容。

5. 确定信息收集方法

(1) 调查法：调查法一般分为普查和抽样调查两大类。普查是调查有限总体中每个个体的有关指标值。抽样调查是按照一定的科学原理和方法，从事物的总体中抽取部分称为样本的个体进行调查，用所得到的调查数据推断总体。抽样调查是较常用的调查方法，也是统计学研究的主要内容。

(2) 观察法：观察法是通过开会、深入现场、参加生产和经营、实地采样、进行现场观察并准确记录(包括测绘、录音、录像、拍照、笔录等)调研情况。

(3) 实验方法：通过实验过程获取其他手段难以获得的信息或结论。

(4) 文献检索：文献检索就是从浩繁的文献中检索出所需的信息的过程。

(5) 互联网用户行为数据采集：主要包含用户在网站和移动APP中的浏览/单击/发帖等行为。行为数据其实有很大的商业价值，只是很多企业不懂如何进行应用。用户行为数据采集基本上采用SDK(Software Development Kit，软件开发包)方式，采集用户在页面的点击行为,同时也可进行参数回传。SDK 在数据采集上没有技术壁垒,行为数据应用的主要技术壁垒在于海量行为数据的处理和分析。

要因地制宜地灵活应用各种手段来获取信息,例如,在不具备(允许使用)复制条件的场所,可以尝试用笔纸记录这样简单而有效的方法,将大致情况记录下来,回去再整理。同时还要充分利用手机拍照或录制声音信息。在获取信息时,诸如扫描仪、语音识别软件、图像处理软件、扫描枪等是十分有效的工具。

6. 评价信息

从获取信息的质量和数量、适用性、载体形式、可信度、实效性等方面去评价所得到的信息的使用价值,判断这些信息是否符合我们设定的目标。如果不满足,可以调整上述过程,重新获取信息。

2.1.2 信息整理

信息整理是对调查、观察、实验等研究活动中所收集到的资料进行检验、归类编码和数字编码的过程,它是数据统计分析的基础。信息整理是根据统计研究的任务和要求,对统计调查收集到的大量原始资料进行审核、分组、汇总,使之条理化、系统化,得出能够反映总体综合特征的统计资料的工作过程。对已经整理过的资料(包括历史资料)进行再加工,也属于信息整理。

1. 信息整理的方法

(1) 归纳法:可应用直方图法、分组法、层别法及统计解析法。

(2) 演绎法:可应用要因分析图、散布图及相关回归分析。

(3) 预防法:通称管制图法,包括 Pn 管制图、P 管制图、C 管制图、U 管制图、x-Rs 管制图等。

2. 信息整理技术

从商业角度来看,从前未知的统计分析模式或趋势的发现为企业提供了非常有价值的洞察力。信息整理技术能够为企业对未来的发展具有一定的预见性。信息整理技术可以分成 3 类:群集、分类和预测。

(1) 群集技术就是在无序的方式下集中信息。

(2) 分类技术就是确定集合。集合通常用特定的技术来形成,例如,把客户按照他们的收入水平分成特定的目标销售群体。

(3) 预测技术就是对某些特定的对象和目录输入已知值,并且把这些值应用到另一个类似集合中以确定期望值或结果。比如,一组戴头盔和肩章的人是足球队的,那么我们认为另一组戴头盔和肩章的人也是足球队的。

2.1.3 数据清洗

数据清洗就是把“脏”的“洗掉”，即对数据进行重新审查和校验的过程，目的在于删除重复数据，纠正存在的错误，并提供一致性数据。数据清洗是与问卷审核不同，输入后的数据清洗一般是由计算机而不是人工完成。

1. 数据清洗的主要类型

(1) 残缺数据：这一类数据主要是一些重要的信息缺失，如订购产品时供应商的名称、分公司的名称、客户区域等信息缺失，以及业务系统中主表与明细表不能匹配等。

(2) 错误数据：这一类错误产生的原因是业务系统不够健全，在数据输入系统后没有进行判断而直接写入后台数据库所造成的，例如，将数值按全角数字字符输入，字符串数据后面有一个回车操作，日期格式不正确，日期越界等。

(3) 重复数据：同样的数据前后分别出现。

2. 数据清洗方法

一般来说，数据清洗是将数据库精减以除去重复记录，并使剩余部分转换成标准可接收格式的过程。数据清洗从数据的准确性、完整性、一致性、唯一性、适时性、有效性几个方面来处理数据的丢失值、越界值、不一致代码、重复等问题。几种常用的方法说明如下。

(1) 解决不完整数据(值缺失)的方法：大多数情况下，缺失的值必须手动填入(手工清理)。当然，某些缺失值可以从本数据源或其他数据源推导出来，可以用平均值、最大值、最小值或更为复杂的概率估计代替缺失的值，从而达到清洗的目的。

(2) 错误值的检测及解决方法：用统计分析的方法识别可能的错误值或异常值，如偏差分析；识别不遵守分布或回归方程的值；可以用简单规则库(常识性规则、业务特定规则等)检查数据值，或使用不同属性间的约束、外部的数据来检测和清理数据。

(3) 重复记录的检测及消除方法：数据库中属性值相同的记录被认为是重复记录，通过判断记录间的属性值是否相等可以检测记录是否相等，相等的记录可以合并为一条记录(合并/清除)。

(4) 不一致性(数据源内部及数据源之间)的检测及解决方法：从多种数据源集成在一起的数据可能有语义冲突，可定义完整性约束来检测不一致性，也可通过分析数据发现联系，从而使得数据保持一致。

3. 数据清洗举例

数据清洗的主要目的是解决数据的质量问题，让数据更适合做挖掘。去重为数据清洗的方法之一。常用的去重的方法是用 SQL 数据库或 Excel 将重复项去除。在 Excel 2010 中所谓的重复项，通常是指某些记录在各个字段中都有相同的内容(纵向称为字段，横向称为记录)，例如，图 2-1 中的第 4 行数据记录和第 10 行数据记录就是完全相同的两条记录，除此以外，还有第 5 行和第 9 行也是一组相同记录。

在另外一些场景下,用户也许会希望找出并剔除某几个字段相同但并不完全重复的“重复项”,例如,图 2-2 中的第 8 行记录和第 12 行记录中的“姓名”字段内容相同,但其他字段的内容则不完全相同。

	A	B	C
1	姓名	年龄	部门
2	张浩	25	研发部
3	李想	29	工程部
4	董思琪	23	销售部
5	王剑	32	采购部
6	东昊	34	研发部
7	刘广	26	研发部
8	陈斌	27	工程部
9	王剑	32	采购部
10	董思琪	23	销售部
11	李明	44	研发部
12	陈斌	42	采购部

图 2-1　重复数据表(1)

	A	B	C
1	姓名	年龄	部门
2	张浩	25	研发部
3	李想	29	工程部
4	董思琪	23	销售部
5	王剑	32	采购部
6	东昊	34	研发部
7	刘广	26	研发部
8	陈斌	27	工程部
9	王剑	32	采购部
10	董思琪	23	销售部
11	李明	44	研发部
12	陈斌	42	采购部

图 2-2　重复数据表(2)

以上这两种重复项的类型有所不同,在剔除操作的实现上也略有区别,可以相互借鉴参考。下面我们利用 Excel 中的“删除重复项”功能将重复数据剔除。

“删除重复项”功能是 Excel 2007 版本以后新增的功能,因此适用于 Excel 2007 及其后续版本。

将活动单元格定位在数据清单中,然后在功能选项卡上依次选择“数据”→“删除重复项”命令,会出现“删除重复项”对话框。

对话框中会要求用户选择重复数据所在的列(字段)。假定我们将“重复项”定义为所有字段的内容都完全相同的记录,那么在这里就要把所有列都选中,如图 2-3 所示。如果只是把某列相同的记录定义为重复项,例如,图 2-2 所提到的第二种情况,那么只需选中“姓名”那一列字段即可。

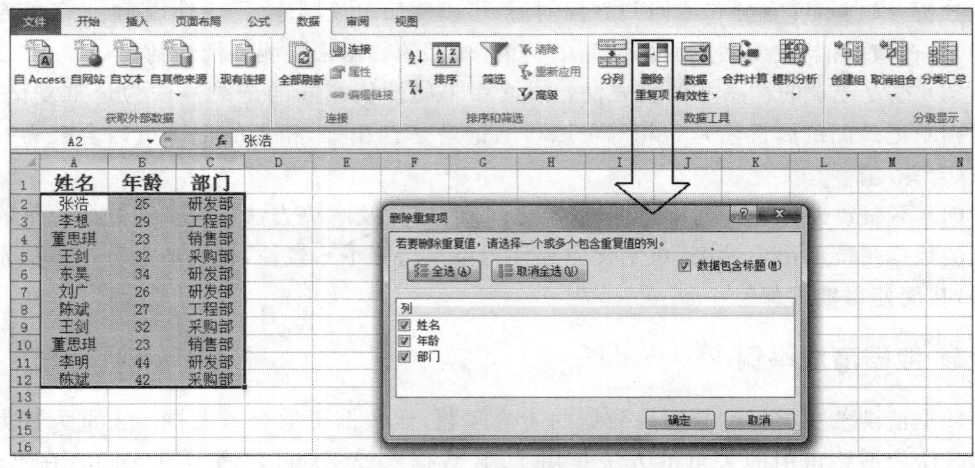

图 2-3　“删除重复项”对话框

此处在选中所有列以后,单击“确定”按钮,就会自动得到删除重复项之后的数据清单,剔除的空白行会自动由下方的数据行填补,但不会影响数据表以外其他区域的效果,如图 2-4 所示。

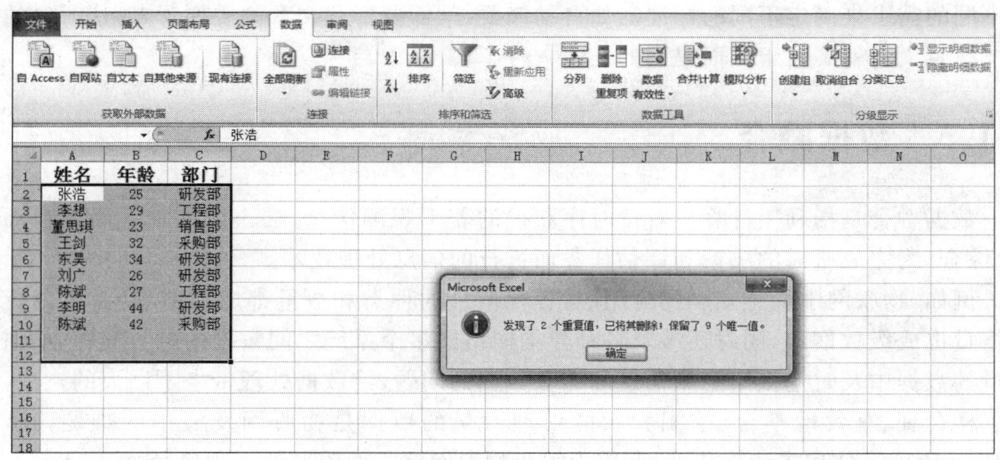

图 2-4　删除重复数据后的数据表

2.1.4　数据标注

标注是对未处理的初级数据，包括语音、图片、文本、视频等进行加工处理（如标识发音人性别，判断噪声类型等），转换为机器可识别信息的过程。机器要想认识一样东西，例如，要教它认识桃子，你直接给它一张桃子的图片，它完全不知道这是什么。我们应先在桃子的图片上面标注“桃子”两个字，之前机器通过学习了解了大量的桃子图片的特征及名字，这时候再给机器任意一张桃子的图片，它就能认出来了。数据标注要在数据清洗完成之后进行。

下面介绍常见的集中标注类型。

(1) 分类标注：分类标注就是我们常见的贴标签。一般是从既定的标签中选择数据对应的标签。标签可以有很多分类，例如，对于人来说，可以分为青年人、儿童、老年人等。对于句子中的词汇，可以标注出主语、谓语、宾语，以及名词、动词等。

适用范围：文本、图像、语音、视频。

应用领域：人脸识别、情绪识别、性别识别。

(2) 标框标注：机器视觉中的标框标注很容易理解，就是框选要检测的对象。如人脸识别，就要先把人脸的位置确定下来。

适用范围：图像。

应用领域：人脸识别、物品识别。

(3) 区域标注：相比于标框标注，区域标注要求更加精确，边缘可以是柔性的，如自动驾驶中的道路识别。

应用领域：自动驾驶。

(4) 描点标注：一些对于特征要求较为细致的应用中常常需要描点标注。

应用领域：人脸识别、骨骼识别。

(5) 其他标注：标注的类型除了上面几种较为常见以外，还有很多个性化的。可根据不同的需求来确定不同的标注。如自动摘要，就需要标注文章的主要观点，这时候的标注严格意义上就不属于上面提到的任何一种了。

2.1.5 数据融合

数据融合是指利用计算机对按时序获得的若干观测信息，在一定准则下加以自动分析、综合，为完成所需的决策和评估任务而进行的信息处理技术。

例如，物联网中从感知层到应用层，各种信息的种类和数量都成倍增加，需要分析的数据量也成级数增加，同时还涉及各种异构网络或多个系统之间数据的融合问题，如何从海量的数据中及时挖掘出隐藏信息和有效数据的问题，给数据处理带来了巨大的挑战，因此怎样合理、有效地整合、挖掘和智能处理海量的数据是物联网发展中的难题。结合P2P、云计算等分布式计算技术，会成为解决物联网这方面难题的一种途径。

1. 数据融合的工作原理

数据融合中心对来自多个传感器的信息进行融合，也可以将来自多个传感器的信息和人机界面的观测事实进行信息融合(这种融合通常是决策级融合)。提取征兆信息，在推理机作用下，将征兆信息与知识库中的知识匹配，做出故障诊断决策，再提供给用户。在基于信息融合的故障诊断系统中可以加入自学模块，故障决策经自学模块反馈给知识库，并对相应的置信度因子进行修改。更新知识库的同时，自学模块能根据知识库中的知识和用户对系统提问的动态应答进行推理，以获得新知识，总结新经验，不断扩充知识库，实现专家系统的自学功能。

2. 数据融合的种类

1) 数据层融合

数据层融合是直接在采集到的原始数据层上进行的融合，在各种传感器的原始测报未经预处理之前就进行数据的综合与分析。

2) 特征层融合

特征层融合属于中间层次的融合，它先对来自传感器的原始信息进行特征提取(特征可以是目标的边缘、方向、速度等)，然后对特征信息进行综合分析和处理。

3) 决策层融合

决策层融合通过不同类型的传感器观测同一个目标，每个传感器在本地完成基本的处理，其中包括了预处理、特征抽取、识别或判决，以建立对所观察目标的初步结论。然后通过关联处理进行决策层融合判决，最终获得联合推断结果。

2.1.6 数据分析

数据分析是指用适当的统计分析方法对收集来的大量数据进行分析，提取有用信息和形成结论，并对数据加以详细研究和概括总结的过程。这一过程也是质量管理体系的支持过程。在实际应用中，数据分析可帮助人们做出判断，以便采取适当行动。Excel是最为常用的分析工具，可以进行基本的数据分析工作。

1. 数据分析方法

1）列表法

将实验数据按一定规律用列表方式表达出来，是记录和处理实验数据最常用的方法。表格的设计要求对应关系清楚，简单明了，有利于发现相关量之间的物理关系。

2）作图法

作图法可以最醒目地表达物理量间的变化关系。从图线上还可以简便求出实验需要的某些结果（如直线的斜率和截距值等），读出没有进行观测的对应点（内插法）或在一定条件下从图线的延伸部分读到测量范围以外的对应点（外推法）。

2. 数据分析在专业领域中的应用

沃尔玛经典营销案例“啤酒与尿布”的故事使我们了解了数据分析在专业领域中起到的重要作用。沃尔玛的超市管理人员分析销售数据时发现了一个令人难以理解的现象：在某些特定的情况下，“啤酒”与“尿布”两件看上去毫无关系的商品会经常出现在同一个购物篮中，这种独特的销售现象引起了管理人员的注意，经过后续调查发现，这种现象出现在年轻的父亲身上。

在美国有婴儿的家庭中，一般是母亲在家中照看婴儿，年轻的父亲前去超市购买尿布。父亲在购买尿布的同时，往往会顺便为自己购买啤酒，这样就会出现啤酒与尿布这两件看上去不相干的商品经常会出现在同一个购物篮的现象。如果这个年轻的父亲在卖场只能买到两件商品之一，则他很有可能会放弃购物而到另一家商店，直到可以一次同时买到啤酒与尿布为止。沃尔玛发现了这一独特的现象，开始在卖场尝试将啤酒与尿布摆放在相同的区域，让年轻的父亲可以同时找到这两件商品，并很快地完成购物；而沃尔玛超市也可以让这些客户一次购买两件商品而不是一件，从而获得了很好的商品销售收入，这就是“啤酒与尿布”故事的由来。

当然“啤酒与尿布”的故事必须具有技术方面的支持。1993年美国学者Agrawal提出通过分析购物篮中的商品集合，从而找出商品之间关联关系的关联算法，并根据商品之间的关系，找出客户的购买行为。艾格拉沃从数学及计算机算法角度提出了商品关联关系的计算方法——Aprior算法。沃尔玛从20世纪90年代开始尝试将Aprior算法引入POS机数据分析中，并获得了成功，于是产生了“啤酒与尿布”的故事。

【思考与练习】

1. 思考现实生活中信息收集的方法。
2. 信息清洗的方法是什么？哪些地方需要使用信息清洗？
3. 什么是数据标注？数据标注可以应用于哪些领域？
4. 数据分析的方法有哪些？

2.2 信息的数字化与标准化

【导入案例】

数字图书馆建设

随着信息技术的发展,需要存储和传播的信息量越来越大,信息的种类和形式越来越丰富,传统图书馆的机制显然不能满足这些需要。因此,人们提出了数字图书馆的设想。数字图书馆是一个电子化信息的仓储,能够存储大量各种形式的信息,用户可以通过网络方便地访问它,以获得这些信息,并且其信息存储和用户访问不受地域限制。

数字图书馆是传统图书馆在信息时代的发展,既是完整的知识定位系统,又是面向未来互联网发展的信息管理模式。它不但包含了传统图书馆的功能,还可以广泛地应用于社会文化、终身教育、大众媒介、商业咨询、电子政务等一切社会组织的公众信息传播。

数字图书馆的服务是以知识概念引导的方式,将文字、图像、声音等数字化信息,通过互联网传输,从而做到信息资源共享。拥有任意计算机终端的用户只要联网并登录相关数字图书馆的网站,都可以在任何时间、任何地点方便快捷地享用世界上任何一个"信息空间"的数字化信息资源。

【分析】

当今时代是信息化时代,而信息的数字化也越来越为研究人员所重视。数字图书馆建设中需要将图书、报纸、杂志、文献、论文等内容通过数字化和标准化加工后以标准电子文档资料格式存储和管理。信息数字化就是将许多复杂多变的信息转变为可以度量的数字、数据,再以这些数字、数据建立起适当的数字化模型,把它们转变为一系列二进制代码,引入计算机内部,进行统一处理。信息标准化的表达方式常常用数字、字符等抽象符号表达,这是因为计算机处理起这些抽象符号较之信息的其他表达方式(比如语言、文字、图形、图像)更快捷、更方便。

2.2.1 用二进制表示信息

1. 数制的三要素

在日常生活中,我们会碰到各种数制。最常用的为十进制("逢十进一")或六十进制(如 1min 等于 60s),以及计算机中存储和处理用的"二进制"等。不管是哪一种进制,都包含了数位、基数和位权 3 个要素。

(1) 数位。这是指数码在一个数中所处的位置。

(2) 基数。这是指在某种进位计数制中,每个数位上所能使用的数码的个数。例如,十进制数的基数是 10,数码符号分别为 0、1、2、3、4、5、6、7、8、9,即所说的"逢十进一"。其他进制也如此,为"逢 N 进一"。

(3) 权。对于多位数，处在某一数位上所表示的数值的大小，称为该位的位权。一般情况下，对于 N 进制数，整数部分第 i 位的位权为 N^{i-1}，而小数部分第 j 位的位权为 N^{-j}

2. 十进制

在我们的生活中最常使用而且便于人们记忆的为十进制数。十进制数在不同的位上，相同数字所表示的数值却是不同的，例如，数字 2，在个位上为 2，在十位上则为 20。

个位(10^0)、十位(10^1)、百位(10^2)……在数学上称为位权或权。一个十进制数可以按权展开成一个多项式，例如：

$$32.36=3\times10^1+2\times10^0+3\times10^{-1}+6\times10^{-2}$$

3. 二进制

二进制由 0 和 1 两个数字组成。相同数字在不同的数位上表示不同的数值，每个数位计满二就向高位进一，即遵循“逢二进一”原则。例如，二进制数 $(1001.1)_2$ 按权展开成一个多项式为

$$(1001.1)_2=1\times2^3+0\times2^2+0\times2^1+1\times2^0+1\times2^{-1}$$

4. 八进制

八进制计数制由 0～7 共 8 个数字组成。相同数字在不同的数位上表示不同的数值，每个数位计满八就向高位进一，即遵循“逢八进一”原则。例如，八进制数 $(32.36)_8$ 按权展开成一个多项式为

$$(32.36)_8=3\times8^1+2\times8^0+3\times8^{-1}+6\times8^{-2}$$

5. 十六进制

十六进制数由 0、1、2、3、4、5、6、7、8、9、A、B、C、D、E 和 F 共 16 个数字及字母组成，其中 A～F 分别表示 10～15。相同数字或字母在不同的数位上表示不同的数值，每个数位计满十六就向高位进一，即遵循“逢十六进一”原则。

6. 在计算机中采用二进制的原因

我们在生活中使用十进制表示数据。电子计算机出现以后，使用电子管来表示 10 种状态过于复杂，所以所有的电子计算机中只有两种基本的状态，即开和关。也就是说，电子管的两种状态决定了以电子管为基础的电子计算机采用二进制来表示数字和数据。常用的进制还有八进制和十六进制，在计算机科学中经常也会用到十六进制，而十进制的使用非常少，这是因为十六进制和二进制有天然的联系：4 个二进制位可以表示 0～15 的数字，这刚好是一个十六进制位可以表示的数据，也就是说，将二进制转换成十六进制，只要每 4 位转换成一个十六进制数字或字母就可以了。

计算机中使用二进制有以下优点。

(1) 电路中容易实现。当计算机工作的时候，电路通电工作，于是每个输出端就有了电压。电压的高低通过模数转换即转换成了二进制：高电平由 1 表示，低电平由 0 表示。

也就是说,将模拟电路转换成数字电路。这里的高电平与低电平可以人为确定,一般地,2.5V以下即为低电平,3.2V以上为高电平。二进制数码只有两个(0和1)。电路只要能识别低、高就可以表示0和1。

(2) 物理上最易实现存储。二进制在物理上最易实现存储,通过磁极的取向、表面的凹凸、光照的有无等来记录。例如,对于只写一次的光盘,将激光束聚成1～2μm的小光束,依靠热的作用融化盘片表面上的碲合金薄膜,在薄膜上形成小洞(凹坑),记录下1,原来的位置表示记录0。

(3) 便于进行加、减运算和计数编码,易于不同进制之间进行转换。

简化运算规则:两个二进制数的加、减、乘、除运算组合各有3种。

加、减法:1+1=10、1+0=1、1-1=0。

乘、除法:1×1=1、1×0=0、0÷1=0。

这样运算规则简单,有利于简化计算机内部结构,提高运算速度。

(4) 便于逻辑判断(是或非)。逻辑代数是逻辑运算的理论依据,二进制只有两个数码,正好与逻辑代数中的“真”和“假”相吻合。二进制的两个数码正好与逻辑命题中的“真(True)”“假(False)”或称为“是(Yes)”“否(No)”相对应。

(5) 用二进制表示数据具有抗干扰能力强、可靠性高等优点。因为每位数据只有高、低两种状态,当受到一定程度的干扰时,仍能可靠地分辨出它是高还是低。

7. 数制之间的转换

用计算机处理十进制数,必须先把其转化成二进制数才能被计算机所接受;同理,计算结果应将二进制数转换成人们习惯的十进制数。这就产生了不同进制数之间的转换问题。

为了区分不同进制的数,在书写时可使用两种不同的方法。一种是将数字用括号括起来,在括号的右下角写上基数来表示不同的数值,例如,$(25)_{16}$表示十六进制数;另一种是在数的后面加上不同的字母表示进制,B表示二进制,D表示十进制,O表示八进制,H表示十六进制,例如,11101B和11101H分别表示二进制数和十六进制数。

8. 十进制数转换为 *N* 进制数

对于十进制数与非十进制数之间的转换,分为整数部分和小数部分。

其转换关系如图2-5所示。

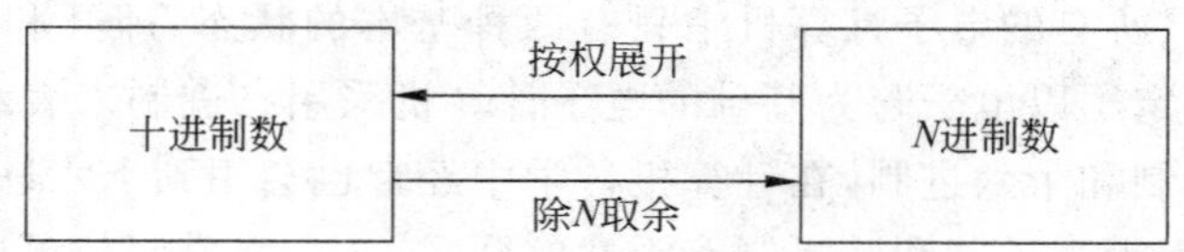

图2-5　十进制整数与 *N* 进制整数之间的转换关系

(1) 十进制整数转换成非十进制整数。

例如,把一个十进制整数转换成二进制整数的方法:首先把十进制数的整数反复地除以2,直到商为0,所得余数,从末位读起,自下而上读数,就是这个数的二进制表示。例如,$(125)_{10}$这个十进制数转换成二进制数的方法如图2-6所示。

于是125的二进制数就是1111101。

同理,十进制整数转换成八进制整数的方法是“除8取余,自下向上读数”;十进制整数转换成十六进制整数的方法是“除16取余,自下而上读数”。

(2) 十进制小数转换成非十进制小数。

将十进制小数转换成二进制小数的方法:将十进制小数连续乘以2,选取整数部分,依次从左往右放到小数点后,直到小数点后为零。简单地说,就是“乘2取整,自上而下读数”。

例如,将十进制小数$(0.125)_{10}$转化成二进制小数,如图2-7所示。

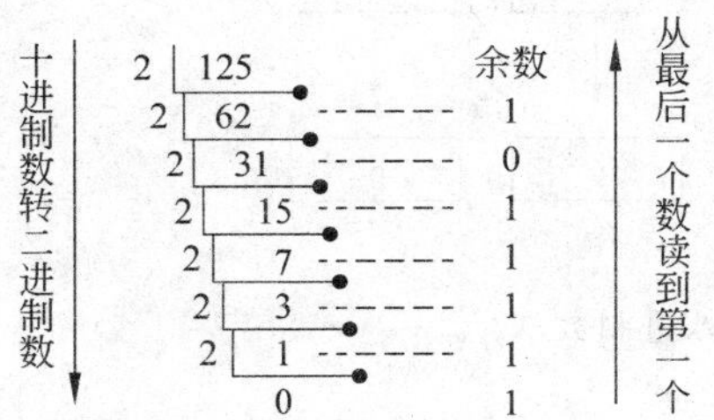

图2-6　十进制数125转换成二进制数

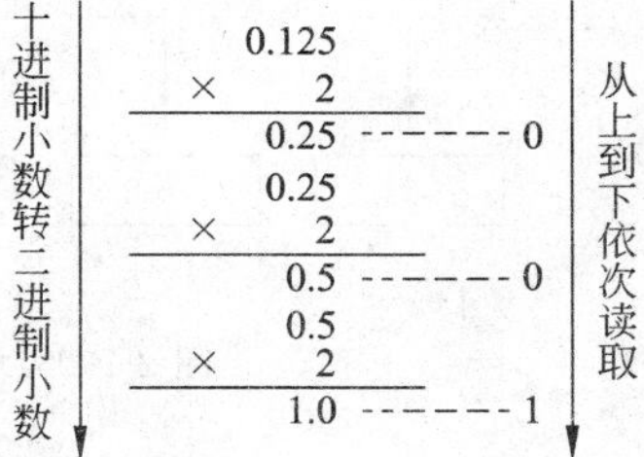

图2-7　十进制小数0.125转换成二进制小数

于是,$(0.125)_{10}=(0.001)_2$。

同理,十进制小数转换成八进制小数的方法是“乘8取整法”,十进制小数转换成十六进制小数的方法是“乘16取整法”。

9. *N* 进制数转换为十进制数

方法:把 *N* 进制数按位权展开求和,即为十进制数。

如把二进制数转换成十进制数:

$$(1101.101)_2=1\times2^3+1\times2^2+0\times2^1+1\times2^0+1\times2^{-1}+0\times2^{-2}+1\times2^{-3}$$
$$=8+4+1+0.5+0.125=(13.625)_{10}$$

把八进制数转换成十进制数:

$$(56.12)_8=5\times8^1+6\times8^0+1\times8^{-1}+2\times8^{-2}=(46.15625)_{10}$$

把十六进制数转换成十进制数:

$$(32CE.45)_{16}=3\times16^3+2\times16^2+12\times16^1+14\times16^0+4\times16^{-1}+5\times16^{-2}$$
$$=(13006.270)_{10}$$

10. 二进制数与八进制数之间的转换

转换关系:二进制数与八进制数之间的转换只需八进制数的每1位对应二进制数的3位,简称“三位计数法”,如图2-8所示。

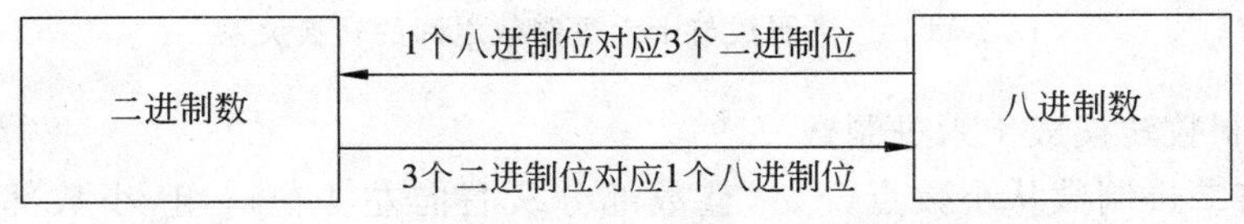

图2-8　二进制数与八进制数之间的转换关系

1）二进制数转换成八进制数

方法：将二进制数从小数点开始，整数部分从右向左3位一组，小数部分从左向右3位一组，不足3位用0补足即可。

例如，将二进制数$(10110101.11011)_2$转换为八进制数，如图2-9所示。

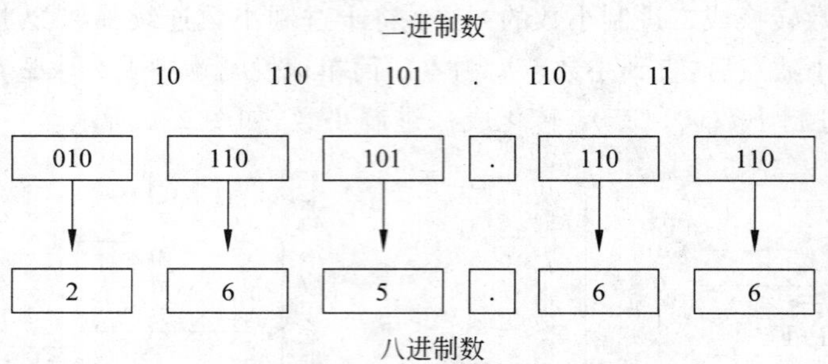

图2-9 二进制数转换成八进制数

得$(10110101.11011)_2=(265.66)_8$。

2）八进制数转换成二进制数

方法：将八进制数从小数点开始，向左或向右每1位八进制数对应3位二进制数。

例如，将$(237.31)_8$转换为二进制数，如图2-10所示。

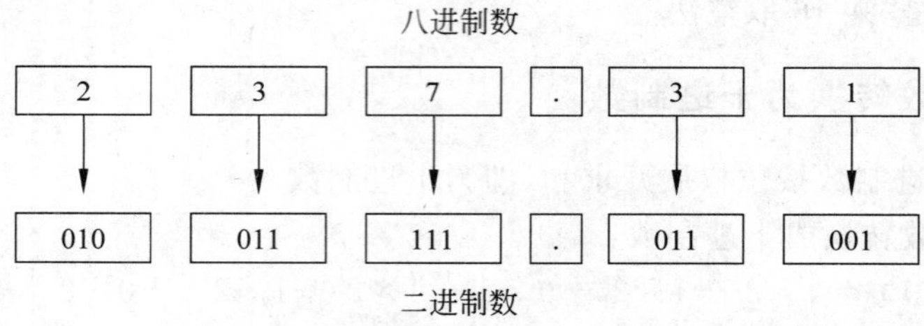

图2-10 八进制数转换成二进制数

得$(237.31)_8=(10011111.011001)_2$。

11. 二进制数与十六进制数之间的转换

转换关系：十六进制数的每1位对应二进制数的4位，简称“四位计数法”，如图2-11所示。

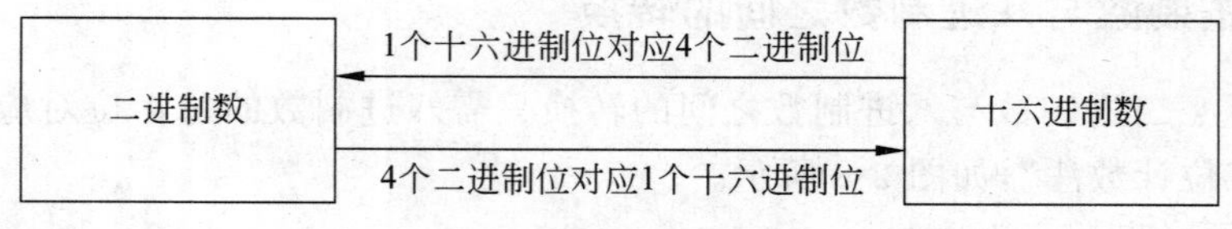

图2-11 二进制数与十六进制数之间的转换关系

1）二进制数转换成十六进制数

方法：将二进制数从小数点开始，整数部分从右向左4位一组，小数部分从左向右4位一组，不足4位用0补足即可。

例如，将二进制数$(10110101.11011)_2$转换为十六进制数，如图 2-12 所示。

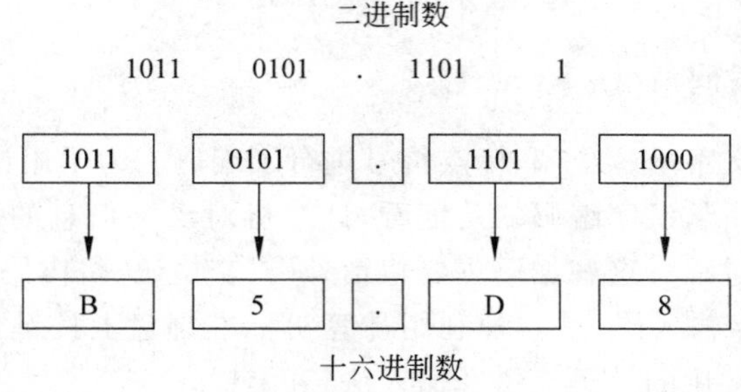

图 2-12　二进制数转换成十六进制数

得$(10110101.11011)_2=(B5.D8)_{16}$。

2）十六进制数转换成二进制数

方法：将十六进制数以小数点为界，向左或向右每 1 位十六进制数对应 4 位二进制数。

例如，将$(2CD.B1)_{16}$转换成二进制数，如图 2-13 所示。

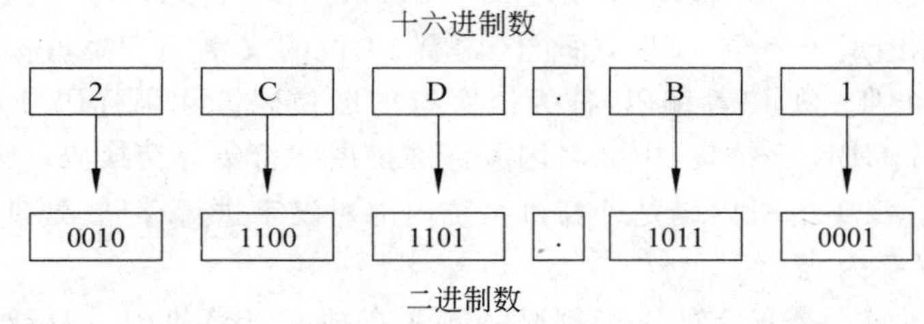

图 2-13　十六进制数转换成二进制数

得$(2CD.B1)_{16}=(\ 1011001101.10110001\ )_2$。

12. 西文字符编码

在计算机系统中，我们要对非数值的字符等信息进行存储也要使用二进制数表示。具体使用哪些二进制数来表示，例如，英文中的 26 个字母（分大小写），我们可以自己有一套约定，此约定即为编码。我们在相互交流通信时为了不造成混乱，大家都要使用相同的一套规则。西文字符中我们使用的编码为 ASCII（American Standard Code for Information Interchange，美国信息交换标准代码）字符编码。ASCII 码于 1961 年提出，用于在不同计算机硬件系统和软件系统中实现数据传输标准化，在大多数的小型机和全部的个人计算机中都使用此码。ASCII 码有 7 位版本和 8 位版本两种，7 位版本的 ASCII 码只需用 7 个二进制位就可以表示 128 个字符。采用 8 位二进制表示，共有 256 种不同的编码，可表示 256 个字符。

计算机数据的基本单位为字节，即由 8 位二进制来表示。标准 ASCII 码也叫基础 ASCII 码，使用 7 位二进制数（剩下的 1 位二进制为 0）来表示所有的大写字母和小写字母、数字（0～9）、标点符号，以及在美式英语中使用的特殊控制字符。

字母和数字的 ASCII 码的记忆是非常简单的。我们只要记住了一个字母或数字的

ASCII码(例如,记住A的ASCII码为65,0的ASCII码为48),知道相应的大小写字母之间差32,就可以推算出其余字母、数字的ASCII码。

13. 汉字字符编码

ASCII码只对英文字母、数字和标点符号进行了编码。为了用计算机处理汉字,同样需要对汉字进行编码。从汉字编码的角度看,计算机对汉字信息的处理过程实际上是各种汉字编码间的转换过程。这些编码主要包括外码、交换码、机内码、字形码和地址码。

(1) 外码。即汉字输入码,是一种利用计算机标准键盘上按键的不同排列组合来将汉字输入计算机中。常用的外码有拼音输入法、五笔输入法等。

(2) 交换码。我国于1980年颁布的《信息交换用汉字编码字符集——基本集》(GB 2312—1980),是国家规定的用于汉字信息处理使用的代码依据,这种编码称为国标码。国标码的字符集中收录了6763个常用汉字和682个非汉字字符(图形、符号),其中一级汉字3755个,以汉语拼音为序排列;二级汉字3008个,以偏旁部首进行排列。

国家标准GB 2312—1980规定,所有的国标汉字与符号组成一个94×94的矩阵,在此矩阵中,每一行称为一个"区"(区号为01～094),每一列称为一个"位"(位号为01～094),该矩阵实际组成了一个94区,每个区内有94位的汉字字符集,每一个汉字或符号在码表中都有一个唯一的位置编码,称为该字符的区位码。除国标码外还有Big-5字符集、中文名大五码、GBK字符集、中文名国家标准扩展字符集等交换码。

(3) 机内码。汉字的机内码是计算机系统内部对汉字进行存储、处理、传输统一使用的代码,又称为汉字内码。

(4) 字形码。每一个汉字的字形都必须预先存放在计算机内,国标汉字字符集的所有字符的形状描述信息集合在一起,称为字形信息库,简称字库。目前汉字字形的产生方式大多是用点阵方式形成汉字,如图2-14所示。

(5) 地址码。汉字地址码是指汉字库中存储汉字字形信息的逻辑地址码。它与汉字内码有着简单的对应关系,以简化内码到地址码的转换。

14. 图像信息编码

图像可以看成是由若干行和若干列像素点所组成的一个矩阵,如图2-15所示,每个像素点可用若干个二进制数来表示。黑白画面的每个像素用1个二进制数表示该点的灰

图2-14 汉字点阵

图2-15 图片上的像素点

度，如果图像单元对应的颜色为黑色，则在计算机中用 0 来表示；如果图像单元对应的颜色为白色，则在计算机中用 1 来表示。彩色图像表示方法与单色图像类似，彩色图像由红、绿、蓝三色通过不同的强度混合而成，每个像素可用 3 个二进制数来表示该点的红、绿、蓝的灰度。

15. 声音信息编码

声音是用一种模拟(连续的)波形来表示的，该波形描述了振动波的形状。图 2-16 所示为声波数字化表示的示意图，其中横轴表示时间，纵轴表示振幅。采用数字方式记录声音，首先需按照固定的时间间隔对声波的振幅进行采样，记录所得到的值序列，然后将其转换成二进制编码序列。单位时间内从连续信号中提取并组成离散信号的采样个数，称为采样率，单位用赫兹(Hz)来表示。采样率越高，数字化音频的波形越接近原始声音的波形，声音品质越好；而采样率越低，数字化音频的波形与原始声音的波形相差越大，声音品质就越差。

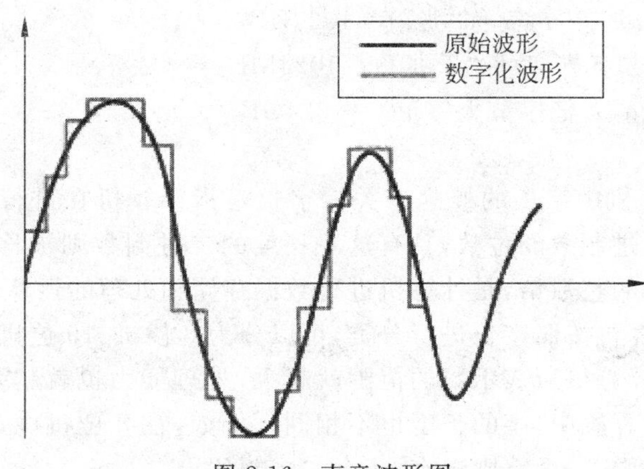

图 2-16　声音波形图

【思考与练习】

1. 数制的三要素包括什么?
2. 为什么计算机中采用二进制?
3. 请将十进制数 378.256 转换为二进制数、八进制数和十六进制数。
4. 请将二进制数 100011101.10010 转换为十进制数、八进制数和十六进制数。
5. 汉字编码方式有哪些? 画出各种汉字编码(输入码、国标码、机内码、字型码、地址码)之间的逻辑关系图。

2.2.2　了解信息存储与标准化的方式

1. 信息存储单位

信息存储单位用于表征各种信息占用的存储容量的大小，计算机中常用的信息存储单位有位、字节和字。

1）位

计算机中最小的数据单位是二进制的一个数位，简称为位(bit)。正如前面所讲的，一个二进制位可以表示两种状态(0 或 1)，两个二进制位可以表示 4 种状态(00、01、10、11)。显然，位越多，所表示的状态就越多。

2）字节

字节(byte)是计算机中用来表示存储空间大小的最基本单位。一个字节由 8 个二进制位组成。例如，计算机内存的存储容量、磁盘的存储容量等都是以字节为单位进行表示的。

除了用字节为单位表示存储容量外，还可以用千字节(KB)、兆字节(MB)、太字节(TB)等表示存储容量。它们之间存在下列换算关系：

1B＝8bits

1KB(Kilobyte，千字节)＝1024B (1024 字节)

1MB(Megabyte，兆字节，简称“兆”)＝1024KB

1GB(Gigabyte，吉字节，又称“千兆”)＝1024MB

1TB(Trillionbyte，万亿字节太字节)＝1024GB

3）字

字(word)和计算机中字长的概念有关。字长是指计算机在进行处理时一次作为一个整体进行处理的二进制数的位数，具有这一长度的二进制数则被称为该计算机中的一个字。字通常取字节的整数倍，是计算机进行数据存储和处理的运算单位。

例如，我们将计算机按照字长进行分类，可以分为 8 位机、16 位机、32 位机和 64 位机等。字长越长，那么计算机所表示数的范围就越大，处理能力也就越强，运算精度也就越高。在不同字长的计算机中，字的长度也不相同。例如，在 8 位机中，一个字含有 8 个二进制位，而在 64 位机中，一个字则含有 64 个二进制位。

2. 信息存储格式

为了信息存储和利用的方便，有必要为每一类信息规定一些存储的技术标准，这就产生了信息存储格式的概念。计算机中常用的信息存储格式有文本格式 txt、docx、rtf，音频格式 WAV 、MP3，图像格式 JPEG、BMP、GIF，动画格式 SWF，视频格式 AVI 、WMV 等。

3. 信息标准化的定义

狭义的信息标准化是指信息表达上的标准化，实质上就是在一定范围内人们能共同使用的对某类、某些、某个客体抽象的描述与表达。医学信息的标准化是特指信息标准化在医学领域的具体应用。语言文字可能是人类最早实现标准化并且连续几千年持续不断努力维护其高水准标准化程度的实例。

广义的信息标准化不但涉及数字、字符、图形、图像、视频、音频等信息元素的表达，而且涉及整个信息处理，包括信息传递与通信，数据流程，信息处理的技术与方法，信息处理设备等。

4. 信息标准化的特点

(1) 完整性与唯一性。无论是一个还是一组客体，在标准化代码中都应该有且仅有一个确定的代码与其对应。一个客体有两个以上的代码就会在信息的表达与交换工作中引起混乱，而信息编码的不完整性也会给使用者带来不便，以至于无法使用该编码系统完整地处理自己的信息。

(2) 科学性。编码的科学性是编码体系赖以生存的基础。人们对某一个客体的分类编码的完成往往依赖于对该客体的本质的认识，是人类长期观察、研究、实践、活动的总结。

(3) 权威性。信息标准化最终是要形成一个标准并被人们在一定范围内认可和应用才能成为真正的标准。因此，编码的权威性就成了信息标准化的又一个特征。信息标准化工作往往是由具有行政管理权威的部门制定(或者委托专业技术部门)和颁布的，在一定的范围内是强制执行，此类标准的权威性是与生俱来的。

西方发达资本主义国家中有许多标准往往是由一家或几家技术先进的公司率先发起制定和使用，作为企业内标准，然后被其他公司所仿效与遵循，最终成为行业标准甚至是国家标准或国际标准，这在高新技术产业相当普遍。

(4) 实用性。标准的制定与分类学的研究不同，尽管它应该充分吸收分类学研究的成果，但它首先是为千百万个系统的实际应用而制定的，因此必须充分考虑其实用性。

(5) 可扩展性与可维护性。标准建立之后并不是一成不变的。相反它需要随着客观情况的变化而补充、修改，否则该标准就会因落后而无法使用，最后被淘汰。因此，第一，标准的制定要留有扩展、延拓的余地；第二，要安排人力、财力跟踪维护。

【思考与练习】

1. 计算机中信息的存储单位是什么？它们自己的换算关系是什么？
2. 计算机中信息存储的格式有哪些？

第3单元 人机信息沟通与管理

单元学习目标

- 了解操作系统的概念、功能和分类。
- 学会 Windows 7 操作系统的安装和使用。
- 掌握桌面、“开始”菜单、任务栏、窗口和对话框的基本操作。
- 熟练使用资源管理器对文件和文件夹进行操作。
- 熟悉控制面板的使用并能够进行系统维护。
- 灵活使用 Windows 7 的系统工具和应用程序。

操作系统为人与计算机之间的沟通搭建起了桥梁，为用户提供了一个清晰、简洁、友好、易用的工作界面。

操作系统是管理和控制计算机硬件与软件资源的计算机程序，是直接运行在“裸机”上的最基本的系统软件，是操作现代计算机必不可少的最基本、最核心、最重要的系统软件，所有软件都必须在操作系统的支持下才能运行。

本单元主要讲解了操作系统的基本概念、功能、分类，并详细介绍了 Windows 7 操作系统的基本操作和应用。本单元的学习目的是熟练地掌握 Windows 7 的文件管理基本概念和单机操作的功能。

3.1 操作系统和 Windows 概述

【操作任务】

安装操作系统

任务描述：小王是某高校计算机机房的管理人员，为了适应教学需要，要将机房 200 台计算机系统更新成 Windows 7 操作系统，小王对操作系统的相关知识及计算机硬件配置不是很清楚，所以，他需要先掌握相关的知识才能完成此项任务。

任务分析：为了完成此任务，小王需要掌握以下知识与技能。

(1) 操作系统的概念、功能和分类等。

(2) 操作系统的发展历程及对硬件的要求。

(3) 安装与卸载操作系统的方法。

计算机系统(图 3-1)由硬件(hardware)系统和软件(software)系统组成,刚组装成的计算机仅有硬件系统,我们称为"裸机"。"裸机"只能识别由 0 和 1 组成的机器代码。我们现在使用计算机时,通过简单的操作就能实现文件管理、硬件资源管理、软件管理等功能,这都是通过软件系统驱使硬件系统实现的。而硬件设备是如何运行的?软件系统又是如何工作的?这要归功于操作系统。操作系统好比一个大管家,它不仅管理计算机的硬件系统,协调计算机的软件系统,还要让用户使用计算机时非常方便。

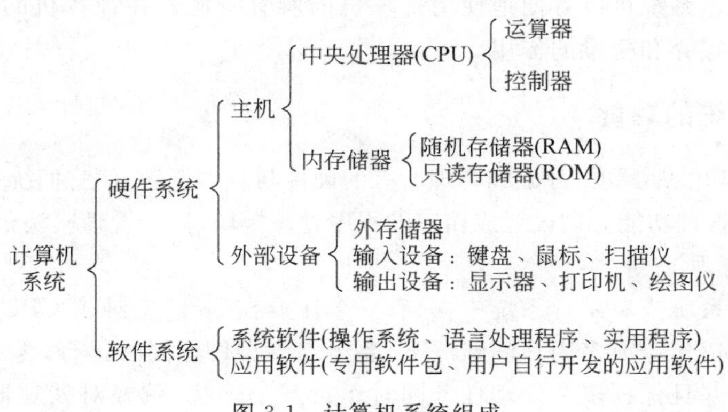

图 3-1 计算机系统组成

3.1.1 操作系统的功能

1. 操作系统的概念

操作系统的功能和它在计算机系统中所处的特殊地位紧密关联。我们先来了解一下计算机系统的层次结构,如图 3-2 所示。

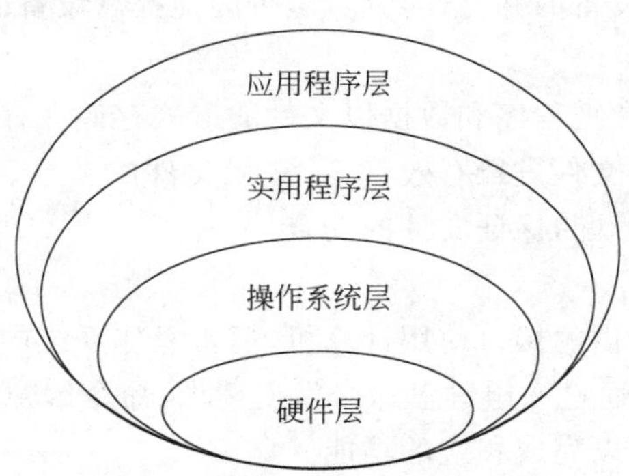

图 3-2 计算机系统的层次结构

操作系统(operating system,OS)是一组系统程序,它是介于硬件和应用软件之间的一个系统软件,直接运行在"裸机"上,是一组程序的集合,操作系统负责管理和控制计算机硬件系统与软件系统,并协调它们的运行,是用户和计算机之间的接口,它能够为用户提供一个简洁明了、方便易用的界面,是人机信息交换的主要渠道。用户通过操作系统的命令和交互功能有效地使用计算机,操作系统是系统软件的核心部分,是计算机的灵魂,每台计算机都必须安装操作系统,否则,它就是一个没有实用价值的摆设物。

在计算机系统中,操作系统可以看作是硬件、软件、用户之间信息沟通的窗口。

(1) 操作系统是硬件和软件的接口,它负责管理所有的硬件和软件资源,实现资源充分合理的利用。

(2) 操作系统是硬件和用户之间的接口,为用户提供一个简洁明了、方便易用的界面。用户通过操作系统可以方便地使用计算机的所有资源。在计算机的学习和使用上,操作系统起到了媒介和桥梁的作用。

2. 操作系统的功能

操作系统的功能是调度、分配和管理所有的硬件与软件资源,使它们统一、协调地运行,操作系统将这种管理功能分别设置成相应的程序管理模块,每个管理模块分管一定的功能。

1) 处理器管理

在单道作业系统或单用户系统中,只有一个作业在运行,它独占 CPU,不需要进行处理器管理。在多道作业或多用户的情况下,要组织多个作业同时运行,为了极大地发挥处理器的工作效率并且保证多个处理任务同时运行互不干扰,就要对处理器进行有效的管理,把 CPU 合理、动态地分配给多道程序,使其达到最佳工作状态。

2) 存储器管理

存储器管理负责给程序和数据分配存储空间,保护并实现存取操作,从而保证各作业占用的存储空间不发生矛盾,相互之间不干扰。

3) 设备管理

设备管理的主要任务是管理计算机系统中所有的设备。操作系统负责设备的驱动和分配,为设备提供缓冲区以缓和 CPU 同各种设备速度不匹配的矛盾,此外,还常采用虚拟技术和缓冲技术,发挥设备的并行性功能,尽可能地提高设备的利用率。

4) 文件管理

在计算机系统中,通常把程序和数据以文件的形式存储在存储器中,文件管理的主要任务是对用户文件和系统文件进行有效管理,实现文件的共享、保护和保密,进行文件目录管理、文件存储空间的分配,保证文件的安全。

5) 用户接口

用户通过操作系统提供的接口使用计算机,通常操作系统向用户提供 3 种接口。

(1) 命令接口。用户通过一组键盘命令发出请求,命令解释程序对该命令进行分析,然后执行相应的处理程序以完成相应的功能。

(2) 程序接口。提供一组系统调用命令供用户程序和其他系统程序调用。当这些程序请求进行数据传输、文件操作时,通过命令向操作系统发出请求,并由操作系统完成。

(3) 图形接口。操作系统为用户提供了一种更加直观的接口方式,它采用图形化的形式,借助于窗口、对话框、菜单和图标等多种方式实现。用户则可以通过鼠标单击或屏幕触摸指示操作系统完成相应的功能。

3. 操作系统的分类

操作系统的种类繁多，分类方法也很多。

1) 依照用户界面分类

(1) 命令行界面操作系统。用户通过输入命令操作计算机，用户操作时在命令提示符后(如 C:\DOS)输入命令。典型的命令行界面操作系统有 MS-DOS、Novell 等。

(2) 图形用户界面操作系统。在这种操作系统中，每一个文件、文件夹和程序都用图标来表示，所有的命令都被组织成菜单或按钮的形式。运行程序时，只需用鼠标或屏幕触摸对图标、菜单或按钮进行操作即可。典型的图形用户操作系统有 Windows 操作系统、Linux、Macos 等。

2) 依照操作系统的工作方式分类

(1) 单用户单任务操作系统。单用户单任务操作系统是指一台计算机同时只能有一个用户使用，该用户一次只能提交一个作业，一个用户独自享用系统的全部硬件和软件资源。常用的单用户单任务操作系统有 MS-DOS、PC-DOS、CP/M 等。

(2) 单用户多任务操作系统。单用户多任务操作系统允许用户一次提交多项任务，例如，用户可以在运行一个程序的同时开始另一个程序的运行。常用的单用户多任务操作系统有 OS/2、Windows 3. x/95/98 等。

(3) 多用户多任务操作系统。多用户多任务操作系统允许多个用户共享同一台计算机的资源，即在一台计算机上连接几台甚至几十台终端机，计算机按固定的时间片轮流为每个终端机提供服务。常用的多用户多任务操作系统有 Windows XP、UNIX 等。

3) 依照操作系统的功能和特性分类

(1) 批处理操作系统。批处理操作系统出现在 20 世纪 70 年代，当时由于单用户单任务操作系统的 CPU 使用效率低，I/O 设备资源没有充分利用，因而产生了多道批处理系统，它主要运行于大中型计算机上。多道是指多个程序或多个作业同时存在和运行，故也称多任务操作系统。IBM 的 DOS 就属于这类操作系统。

(2) 分时操作系统。分时操作系统是在一台计算机周围连接若干台近程或远程终端，每个用户可以在各自的终端上以交互方式控制作业运行。分时操作系统可以在较短的时间内保证所有用户的程序都执行一次，并且可以满足每个用户及时与自己的程序交互，系统及时响应用户的请求。典型的分时操作系统有 UNIX、Linux 等。

(3) 实时操作系统。实时操作系统是指系统能迅速响应控制请求，并及时、快速地完成数据处理。这种有响应时间要求的实时处理过程叫作实时过程，如果系统超出了响应的时间，就失去了控制的时机，例如，在自动驾驶仪控制下飞行的飞机、导弹的自动控制系统。

(4) 网络操作系统。网络操作系统是基于计算机网络的操作系统，是将地理位置上分散的计算机系统相互连接起来，在网络协议的控制下，进行信息交换、资源共享、通信及网络管理。用户可以突破地理条件的限制，方便地使用远地的计算机资源。

(5) 手机操作系统。手机操作系统是近年来伴随着智能手机普及而兴起的一种操作系统，它能使智能手机显示与个人计算机所显示出来一致的正常网页，它拥有良好的用户界面和很强的应用扩展性、能方便地安装和删除应用程序。常见的手机操作系统有

Android、iOS、Symbian 等。

4. 常见的操作系统

1) DOS 操作系统

1981 年 8 月 12 日,IBM 推出带有 Microsoft 16 位操作系统 DOS 1.0 的个人计算机。磁盘操作系统(disk operating system,DOS)由美国微软公司开发,是早期在微型计算机上被最广泛应用的操作系统,也是单用户单任务操作系统,采用命令行界面,依靠输入字符命令进行人机交互控制。首先,DOS 只能支持 640KB 的基本内存;其次,在使用上,DOS 的命令行方式枯燥单调,一般用户掌握起来比较困难。

目前,在一些计算机硬件管理和编程时还会使用 DOS 命令,用户可以在 Windows 操作系统的"所有程序"菜单中的"附件"下单击"命令提示符"按钮或单击"开始"菜单中的"运行"按钮,在弹出的对话框中输入 cmd,启动 DOS 窗口。

2) Windows 操作系统

Windows 是由美国微软公司在 MS-DOS 系统的基础上创建的基于图形的一个多任务操作系统,因其用户界面生动友好、操作方法简单明了、功能强大实用,吸引着众多的用户,成为风靡全球的装机普及率最高的一种操作系统。目前有代表性的是 Windows XP、Windows Vista、Windows 7、Windows 8、Windows 10 等,另外还有 Windows Server 等网络版系列。

3) UNIX 操作系统

UNIX 操作系统诞生于美国 AT&T 公司,是典型的交互式、多用户、多任务操作系统。它支持多种处理器架构,具有开放性、公开源代码、易扩充、易移植、易阅读、易改写的特点,可以安装与运行在微型机、工作站和大型机上,因其稳定可靠,被广泛应用在金融、保险等行业中。

4) Linux 操作系统

Linux 操作系统是一个免费的、源代码开放、自由传播的类似于 UNIX 的操作系统,它支持多用户、多任务、多线程和多 CPU。Linux 是一个领先的操作系统,世界上运算速度最快的超级计算机上运行的都是 Linux 操作系统,但是,Linux 兼容性差,图形界面不够友好,使用不习惯,代码开源带来的无特定厂商技术支持也阻碍了其发展和应用。

5) MacOS 操作系统

MacOS 是苹果公司开发设计的专用于苹果机的操作系统,一般无法在普通计算机上安装,是第一个在商业领域应用的图形用户界面的操作系统,具有很强的图形处理能力,广泛应用在桌面出版和多媒体领域。

6) VxWorks 操作系统

VxWorks 操作系统是美国风河公司开发的一种嵌入式实时操作系统,它具有良好的持续发展能力、高性能的内核及友好的用户开发环境。因其良好的可靠性和卓越的实时性而被广泛应用在了卫星通信、航空航天、军事行业中。

7) iOS 和 Android 操作系统

iOS 和 Android 操作系统都属于智能手机操作系统,被广泛应用在智能手机和移动平板电脑上。iOS 是由苹果公司为 iPhone 开发的操作系统,它主要是给 iPhone、iPod

Touch 以及 iPad 使用。

Android 是 Google 开发的基于 Linux 平台的开源手机操作系统，它包括操作系统、用户界面和应用程序等移动电话工作所需的全部软件。Google 与全球各地的手机制造商和移动运营商合作来推广 Android 操作系统。iOS、Android 和其他智能手机操作系统极大地推动了智能手机和移动终端的发展与普及，方便了人们的移动办公。

【思考与练习】

1. 查资料了解什么是“个人计算机操作系统”。你自己使用的计算机是什么操作系统？

2. 计算机操作系统有哪些功能？试着列举几条。

3.1.2　Windows 操作系统的发展历程

1. Windows 操作系统版本的变迁

Microsoft Windows 是美国微软公司为个人计算机和服务器用户设计的操作系统，也被称为“视窗操作系统”，其前身是 MS-DOS 操作系统，其发展历程如表 3-1 所示。

表 3-1　Windows 操作系统的发展历程

发布时间/年	版　本	说　明
1985	Windows 1.0	Microsoft Windows 1.0 是微软第一次对个人计算机操作平台进行用户图形界面的尝试。Windows 1.0 本质上宣告了 MS-DOS 操作系统的终结
1987	Windows 2.0	这个版本的 Windows 图形界面，有不少地方借鉴了同期的 MacOS 中的一些设计理念，之后又推出了 Windows 386 和 Windows 286 版本，并为之后的 Windows 3.0 的成功做好了技术铺垫
1990	Windows 3.0	该版本以形象、生动的图形代替了 DOS 下难记的命令，因而 Windows 3.0 成为 20 世纪 90 年代最流行的微型计算机操作系统
1992	Windows 3.1	Windows 3.1 添加了对声音输入/输出的基本多媒体的支持和一个 CD 音频播放器，以及对桌面出版很有用的 TrueType 字体
1993	Windows NT 3.1	第一款真正对应服务器市场的产品，所以稳定性方面比桌面操作系统更为出色
1994	Windows 3.2	因其推出的是中文版，简单易学，很快在国内流行了起来
1995	Windows 95	这是一个独立的、完备的 32 位操作系统，完全抛开了 DOS 的支持，支持长文件名，支持多任务、多线程操作
1996	Windows NT 4.0	增加了管理方面的特性，稳定性非常好
1998	Windows 98	改良了硬件标准的支持，增加了对 FAT32 文件系统的支持，以及对多显示器、Web TV 的支持，并整合了 Windows 图形用户界面的 IE 浏览器

续表

发布时间/年	版　本	说　明
2000	Windows ME	集成了 IE 5.5 和 Windows Media Player 7,增加了 Movie Maker 组件,引进了"系统还原"日志和还原系统
2000	Windows 2000	包含了 NTFS 文件系统、EFS 文件加密、增强硬件支持等新特性,主要面向商业应用
2001	Windows XP	Windows XP 是微软把所有用户要求合成到一个操作系统中的新的尝试,主要分为两个版本:专业版和家庭版
2003	Windows Server 2003	对活动目录、组策略的操作和管理,以及对磁盘的管理等面向服务器的功能做了较大改进,对.NET 技术的完善支持进一步扩展了服务器的应用范围
2006	Windows Vista	在界面性、安全性和软件驱动集成性上有了很大的改进,包含最新的图形用户界面、"Windows Aero"视觉风格、多媒体创作工具 Windows DVD Maker 等新功能
2009	Windows 7	该系统旨在让计算机操作更加简单和快捷,为人们提供了高效易行的工作环境
2012	Windows 8	支持 PC 和平板电脑,提供了更佳的屏幕触控方面的支持
2015	Windows 10	该系统在易用性和安全性方面有了极大的提升,除了针对云服务、智能移动设备、自然人机交互等新技术进行融合外,还对固态硬盘、生物识别、高分辨率屏幕等硬件进行了优化完善与支持

Windows 7 是由微软公司(Microsoft)于 2009 年开发的,是适用于家庭及商业工作环境使用的操作系统,也适用于台式机、笔记本电脑、平板电脑。根据用途的不同,Windows 7 也包含了许多版本,常见的共有 6 个版本:简易版(Windows 7 Starter)、家庭普通版(Windows 7 HomeBasic)、家庭高级版(Windows 7 Home Premium)、专业版(Windows 7 Professional)、企业版(Windows 7 Enterprise)、旗舰版(Windows 7 Ultimate)。

2. Windows 7 操作系统对硬件的要求

Windows 7 对计算机硬件要求分为最低配置要求和推荐配置要求,具体内容如表 3-2 所示。

表 3-2　Windows 7 操作系统对硬件的要求

设备名称	最低配置	推荐配置	备　注
CPU	主频为 1GHz 及以上	主频为 2GHz 及以上的 32 位或 64 位多核处理器	Windows 7 分为 32 位及 64 位两种版本,安装 64 位操作系统必须使用 64 位处理器
内存	512MB 及以上	2GB 及以上	最低安装内存是 512MB,小于 512MB 安装时会提示内存不足

续表

设备名称	最低配置	推荐配置	备注
硬盘	7GB以上可用空间	20GB以上可用空间	少于6GB将无法安装,8GB才能完全安装
显卡	有WDDM 1.0或更高版本驱动的集成显卡(64MB以上显存)	有WDDM 1.0驱动且支持DirectX 9以上级别的独立显卡	128MB为打开Aero的最低配置,不打开Aero时64MB也可以

【思考与练习】

1. 查找资料,了解Windows 7操作系统的优点和缺点。
2. 查看一下自己计算机的配置,看适合装哪个版本的操作系统。

3.1.3 安装Windows 7操作系统

Windows 7的安装方式包括正常安装和快速恢复两种,正常安装又可细分为全新安装和升级安装两种。其中,全新安装是指启动计算机利用光驱启动Windows 7安装光盘中的系统安装自启动文件,进入Windows 7安装程序执行操作系统的安装过程;升级安装是指通过Windows XP等其他操作系统启动Windows 7安装光盘中的setup.exe程序,从而执行Windows 7的安装程序的过程。

1. 正常安装

正常安装操作系统是指将光盘中的程序安装到计算机的硬盘中。计算机第一次安装系统程序时要先设置BIOS参数(进入BIOS参数设置页面的方法是在开机时长按Delete键),将第一驱动盘设置为光盘(CD-ROM)。

将安装光盘放入光驱中,重新启动计算机,计算机将进入自动安装界面。如果是第一次使用硬盘,系统会自动提示硬盘分区。所谓硬盘分区是将一个硬盘划分为几个小的逻辑盘,第一逻辑盘自动命名"C:",其他逻辑盘命名为"D:""E:"等,依照英文字母顺序排列。计算机默认"C:"分区为激活分区,为当前操作系统的安装分区,用户也可以选择在其他分区安装操作系统。分区完成以后,计算机将自动提示进行硬盘格式化。格式化完成后,Windows 7操作系统开始安装,除了中间需要用户进行设置和输入信息外,Windows 7的安装过程基本不需要手动操作。

1) 全新安装

在格式化后的硬盘上安装Windows 7的具体操作步骤如下。

(1) 执行安装。将光盘放入光驱后重新启动计算机,系统自动执行安装程序,否则运行光盘中的安装文件setup.exe或autorun.exe。

(2) 运行向导。在安装向导中,填写姓名和公司等相关信息,设置安装路径及组件。

(3) 安装进行。收集相关信息后,安装向导就开始安装文件。

(4) 优化完善。进行安装扫尾工作,安装"开始"菜单、注册组件、驱动程序等。

2）升级安装

如果用户的计算机中已经存在操作系统,升级安装完成后,原操作系统升级为新操作系统——Windows 7。在安装界面中选择“升级”选项,如图 3-3 所示,安装程序将替换现有的 Windows 操作系统文件,原来的设置和应用程序被保留下来。

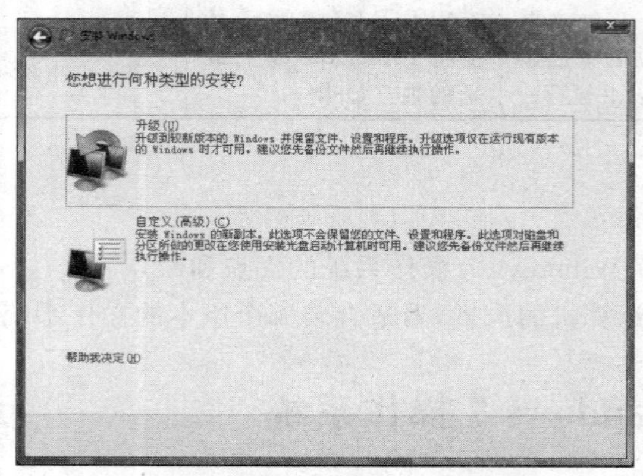

图 3-3　Windows 7 的“升级”窗口

2. 快速恢复

1）“一键还原”程序

完成正常安装过程后,为了防止以后在使用计算机过程中被病毒破坏和进行人为因素的修改,造成计算机系统无法正常工作,用户可以在第一次安装完成时创建还原点或安装“一键还原”程序,程序会立即对现有的系统进行自动备份。在以后的使用过程中,当该计算机系统被破坏而无法工作时,只要按 F9 键或 F11 键,就可以用备份的计算机系统覆盖现在的被破坏的系统,使计算机恢复正常工作。

2）克隆安装

通过克隆软件,将已经安装完成的系统做成镜像文件保存下来,需要时只需很短时间就可以恢复。常用的克隆软件有 Norton Ghost、Drive Image。

【思考与练习】

收集资料,总结 Windows 7 操作系统对计算机硬件的要求有哪些。

3.2　Windows 7 基本操作入门

【操作任务】

安装应用软件并进行个性化设置

任务描述：小李是某公司的新职工,公司为他配置了一台计算机,预装的是 Windows

7操作系统，由于小李原来一直用的 Windows XP 操作系统，对新系统的启动与退出不是很熟悉，同时小李准备将桌面背景、外观设置成自己喜欢的样式，还要安装一些常用的应用程序以适应工作的需要。

任务分析：为了完成此任务，满足小李的使用要求，具体应进行以下操作。

(1) 掌握 Windows 7 操作系统的启动与退出方法。

(2) 学会 Windows 7 桌面的基本操作，包括图标、窗口基本操作等。

(3) 了解应用程序的启动与退出、安装与卸载方法等。

3.2.1　掌握 Windows 7 操作系统的启动与退出

启动 Windows 7 操作系统实际上就是启动计算机，是把 Windows 7 的核心程序从硬盘调入内存中并执行相应的过程。

1. Windows 7 的启动

Windows 7 的启动是自动运行的，用户不用关心其处理过程，其加载的时间与计算机的配置有关。常见的启动方式有以下 3 种。

(1) 冷启动。冷启动又称加电启动，用户只需打开计算机电源。这是计算机在未通电状态下的启动方式。

(2) 热启动。热启动是计算机已经处于打开运行状态，由于某种原因(比如死机)需要重新启动操作系统，用户这时需同时按下键盘上的 Ctrl＋Alt＋Delete 组合键，在弹出的对话框中按提示操作即可。

(3) 复位启动。有很多计算机主机箱上电源开关附近有一个 RESET 按钮，用户在开机状态下。按下 RESET 按钮，便会对计算机强行复位进而重新启动操作系统。平时应尽量避免这样操作。安装完并首次启动时，Windows 7 的桌面如图 3-4 所示。

图 3-4　Windows 7 的桌面

2. Windows 7 的退出

在关闭计算机电源之前,用户要首先退出 Windows 7 操作系统,否则可能会破坏一些没有保存的文件和正在运行的程序。如果用户在没有退出 Windows 7 操作系统时就切断电源,会对 Windows 7 操作系统造成损坏。

Windows 7 的退出方式有两种：关机和注销。

(1) 关机。关机前,先关闭所用的应用程序(若当前仍有应用程序在运行,则系统将给出提示,用户可选择关闭程序,或由系统强行关闭所有程序),然后单击"开始"按钮,选择"关机"命令(图 3-5),打开"关闭计算机"对话框。

图 3-5 "关机"菜单

Windows 7 提供了以下 3 种关闭计算机的方式。

① 关闭：关闭计算机。

② 待机：用户暂时不使用计算机而又不想关闭计算机,待机状态下的计算机系统保持当前的运行,转入低功耗状态。当用户再次使用计算机时,移动一下鼠标或按一下键盘上的任意键即可恢复原来的运行状态。

③ 重新启动：相当于执行"关闭"操作后又开机。

(2) 注销。为了方便不同的用户快速使用计算机,Windows 7 提供了注销的功能,使用注销功能可以使用户不重新启动计算机就可以实现多用户登录。单击"开始"菜单,选择"注销"命令,打开"注销"对话框。

① 注销：当前用户身份被注销,退出操作系统,计算机回到当前用户登录之前的状态。

② 切换用户：保留当前用户打开的所有程序和数据,暂时切换到其他用户。这是前一个用户的操作仍然保存在计算机中,一旦切换回来,他仍能继续操作。

③ 锁定：这是指系统主动向电源发出指令，切断对除了内存以外的其他设备的供电。由于内存没有断电，系统中运行的数据将保存在内存中。

④ 睡眠：将系统内存中的所有数据保存到硬盘上，然后切断除了内存以外的所有设备的电源供给。

【思考与练习】

请练习在安全模式下启动 Windows 7，并讨论安全模式的具体作用有哪些。

3.2.2　学会 Windows 7 桌面的基本操作

如前所述，与其他的 Windows 操作系统相比，Windows 7 桌面有着更加漂亮的界面、更富有个性的设置和强大的管理功能。Windows 7 桌面一般由图标、任务栏、"开始"菜单和背景组成，这就是所谓的图形用户接口(graphical user interface，GUI)。

1. 图标操作

(1) 显示桌面图标。

Windows 7 默认的桌面只有一个回收站的图标，这样桌面看起来很整洁干净，但是人们在使用时却很不方便，因此要把经常使用的图标放在桌面上。显示桌面图标的操作步骤如下。

① 在桌面空白处右击，在弹出的快捷菜单中选择"个性化"命令；或者在"开始"菜单中选择"控制面板"选项，在打开的"控制面板"窗口中选择"个性化"选项。

② 在打开的窗口中单击左侧窗格中的"更改桌面图标"选项，弹出"桌面图标设置"对话框，如图 3-6 所示。

图 3-6　"桌面图标设置"对话框

③ 选择自己经常使用的图标，单击“确定”按钮，这时便可以看到系统默认的图标，这些图标称为桌面元素。

(2) 创建桌面图标。桌面上的图标实质上是打开各种程序和文件的快捷方式，用户可以在桌面上创建自己经常使用的程序或文件的图标，这样使用时直接在桌面上双击图标即可快速启动该项目。创建桌面图标的操作如下。

① 在桌面上的空白处右击，在弹出的快捷菜单中选择“新建”子菜单。

② 选择“新建”子菜单中的命令，可以创建各种形式的图标，如文件夹、快捷方式、文本文档等，如图 3-7 所示。

③ 当用户选择了所要创建的选项后，在桌面上会出现相应的图标，用户可以为它命名，以便于识别。

图 3-7 “新建”子菜单

(3) 排列图标。当用户在桌面上创建了多个图标时，如果不进行排列，会显得非常凌乱，这样既不利于选择所需要的项目，又影响了视觉效果。排列图标的操作步骤如下。

① 在桌面或文件夹的空白处右击，在弹出的快捷菜单中选择“排列方式”或“查看”子菜单，其中包含了多种排列方式，如图 3-8 所示。

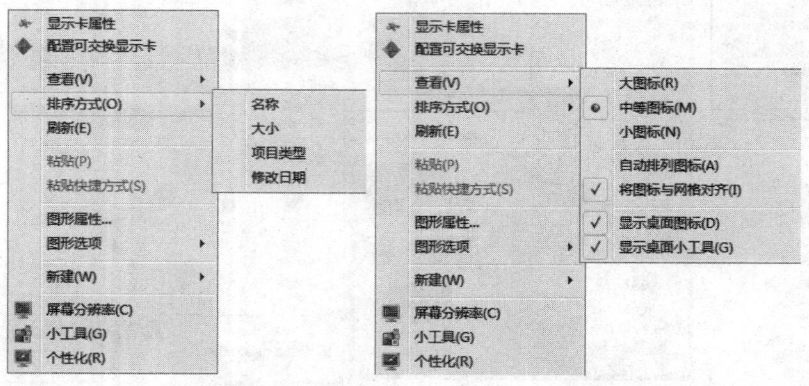

图 3-8 “排列方式”和“查看”子菜单

② 当用户选择“排列方式”或“查看”子菜单中的某条命令后，在其旁边会出现 ● 或 ✓ 标志，表明该选项被选中。

③ 如果用户选择了“自动排列图标”命令，则在对图标进行移动时会出现一个选定标志，这时只能在固定的位置将各图标进行位置的互换，而不能拖动图标到桌面上的任意位置。

④ 当用户选择了“将图标与网格对齐”命令后，如果调整图标的位置，则它们总是成行成列地排列，且不能移动到桌面上的任意位置。

⑤ 当用户取消选择“显示桌面图标”命令后，桌面上将不显示任何标志。

2. 窗口的基本操作

应用程序窗口和文档窗口的操作主要有移动、缩放、切换、排列、最小化、最大化、关闭等。

(1) 通过拖动方式移动窗口。单击标题栏，同时按住鼠标左键，在计算机屏幕移动鼠标指针来移动窗口。窗口只有在没有达到最大化时才能移动。

(2) 最小化窗口。单击位于标题栏右侧的最小化按钮，可将窗口减小成任务栏上的按钮。

(3) 最大化窗口。单击位于最小化按钮右边的最大化按钮，可使窗口充满桌面，再次单击该按钮可使窗口恢复到原始大小。

(4) 更改窗口大小。要更改窗口大小，可单击窗口的边缘，将边界拖动到想要的大小。

3. 任务栏操作

把鼠标指针移动到任务栏的活动按钮上稍作停留，就可以方便地预览各窗口正在运行的程序，并可用鼠标在各窗口之间进行切换，如图 3-9 所示。

图 3-9　任务栏操作

4. 使用帮助功能

Windows 7 提供了功能强大的帮助系统，当用户在使用计算机的过程中遇到了疑难问题无法解决时，可以在帮助系统中寻找解决问题的方法。

在“开始”菜单中选择“帮助和支持”命令后，即可打开“Windows 帮助和支持”窗口，如图 3-10 所示，输入需要帮助的文字主题(例如“安装驱动程序”后)后按 Enter 键或单击“放大镜”按钮，窗口会显示出有关的帮助信息。

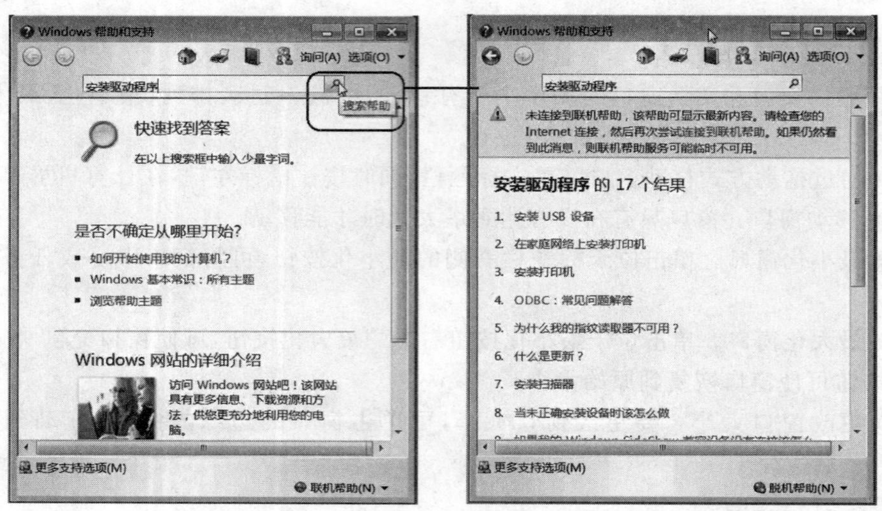

图 3-10 “Windows 帮助和支持”窗口

【思考与练习】

请通过练习，熟练掌握窗口的基本操作。

3.2.3 应用程序的管理

应用程序以文件的形式存放，是能够实现某种功能的一类文件。通常把这类文件称为可执行文件(扩展名为.exe)

1. 启动应用程序

在 Windows 7 中，启动应用程序有多种方法，下面介绍几种常用的方法。

(1) 通过“开始”菜单启动应用程序。

单击“开始”按钮，将鼠标指针指向“开始”菜单中的“所有程序”命令。找到应用程序后，单击应用程序名称即可。

(2) 通过资源管理器或“计算机”窗口启动。

在资源管理器或“计算机”窗口中找到需启动的应用程序的执行文件(文件后缀为

.exe)文件，然后双击文件即可启动应用程序。

(3) 从“运行”对话框中启动。

单击“开始”按钮，在“开始”菜单中选择“运行...”选项，弹出“运行”对话框，如图 3-11 所示。

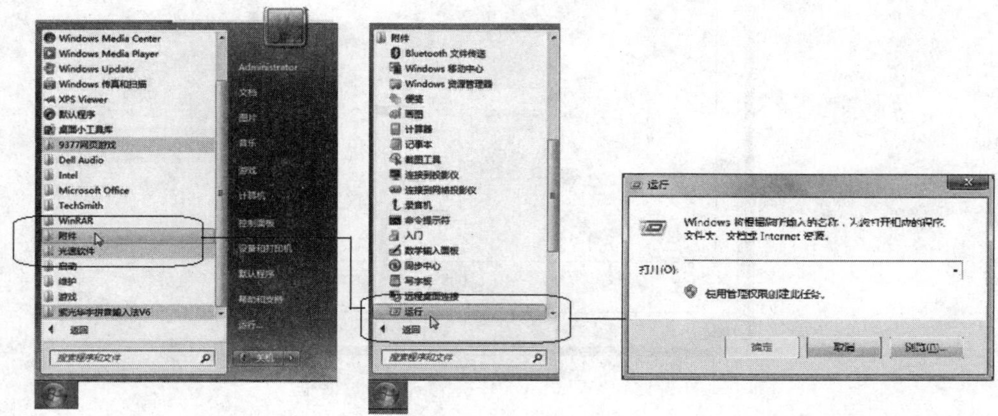

图 3-11 “运行”对话框

(4) 利用桌面快捷图标。若在桌面上放置了应用程序的快捷图标，则双击桌面上的相应快捷图标，即可快速启动应用程序。

2. 退出应用程序

在 Windows 7 中，退出应用程序的方法也有很多，主要有以下几种方法。

(1) 单击应用程序窗口右上角的“关闭”按钮。

(2) 选择应用程序“文件”菜单中的“退出”命令。

(3) 按 Alt+F4 组合键。

(4) 当某个应用程序不再响应用户操作时，可以按 Ctrl+Alt+Delete 组合键，弹出“Windows 任务管理器”对话框，如图 3-12 所示。

在“应用程序”选项卡中选择要结束的程序，单击“结束任务”按钮，即可关闭程序。

3. 应用程序间的切换

Windows 具有多任务特性，可以同时运行多个应用程序。打开一个应用程序，在任务栏上就会产生一个对应的图标按钮。同一时刻，只有一个应用程序处于“前台”，称为当前应用程序，其窗口处于最前面，标题栏呈高亮显示，任务栏上的相应按钮呈凹陷状态。切换当前应用程序的方法主要有以下 4 种。

(1) 单击任务栏中对应的图标按钮。

(2) 单击窗口中应用程序的可见部分。

(3) 使用 Alt+Esc 组合键循环切换应用程序。

(4) 使用 Alt+Tab 组合键打开显示所有活动程序的图标和名称的窗口，按住 Alt 键，不断按 Tab 键选择所需要程序的图标，选中之后释放按键。

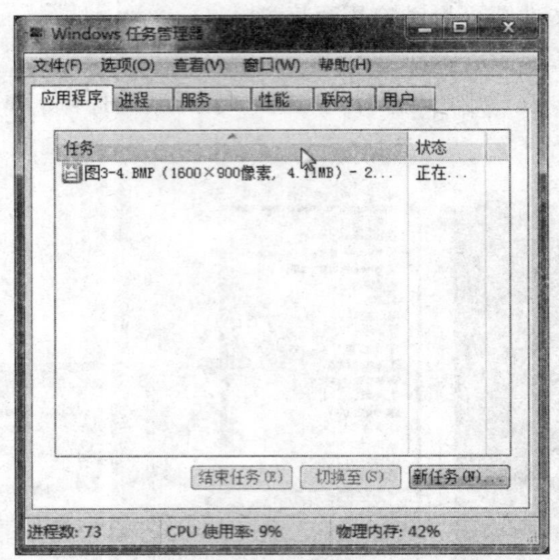

图 3-12 “Windows 任务管理器”对话框

有时可能需要使多个窗口同时可见,操作方法是在任务栏的空白处右击,弹出快捷菜单,选择“层叠窗口”“堆叠显示窗口”或“并排显示窗口”命令中的一个即可。选择“撤销”命令可以恢复为原来的布局状态。

4. 应用程序(软件)的安装与卸载

应用软件(如办公自动化软件 Office、图像处理软件 Photoshop 等)并不包含在 Windows 操作系统内,要使用它们,就必须进行安装。各种软件的安装方法大同小异,可以从资源管理器进入,通过双击软件中的 Setup 或 Install 程序进行安装。当不需要的时候,可以从系统中卸载,以节省系统资源。

在 Windows 7 中,软件的卸载可通过“程序和功能”工具来实现,该工具可以帮助用户管理系统中的程序。在“控制面板”窗口中双击“程序”图标,可打开“程序和功能”窗口。

1) 卸载或更改程序

在“程序和功能”窗口中列出了已在 Windows 操作系统中安装的大部分应用程序,选定要更改或卸载的程序名称,然后单击“卸载/更改”按钮,如图 3-13 所示,然后按照系统提示完成剩下的操作,即可卸载或者更改程序。

2) 添加新程序

“添加新程序”可以帮助用户添加新的程序和组件。

(1) 通过光盘安装程序。将光盘放入光驱中,通常情况下光盘会自动启动程序的安装向导,按照提示进行安装即可。如果没有自动启动安装向导,用户可以手动浏览光盘,找到安装说明,打开程序的安装文件(通常文件名为 setup. exe 或 install. exe)。

(2) 网络上下载的安装程序。从网络上搜索安装程序,单击“保存”按钮,将安装文件下载到计算机上。双击该文件,按照屏幕上的提示进行操作。

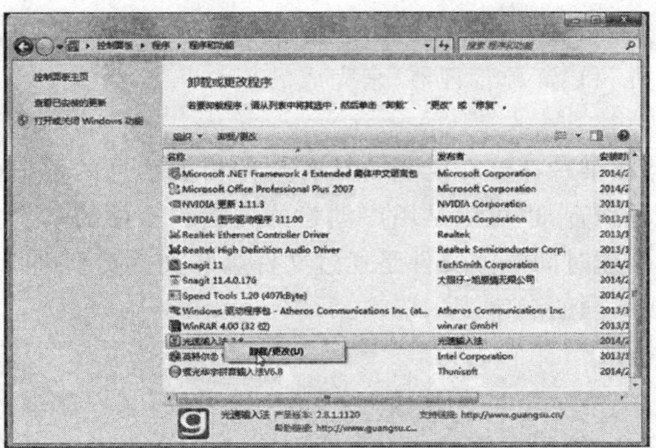

图 3-13　单击“卸载/更改”按钮

【思考与练习】

1. 通过练习，掌握 Windows 7 自带的记事本、写字板、计算器、画图程序、截图工具的使用方法。

2. 练习安装和卸载 QQ 应用程序。

3.3　文件和磁盘管理

【操作任务】

管理我的文档

任务描述：小张是某广告公司员工，公司要其制作 3 个宣传视频，这 3 个广告牌素材多、容量大，包括一些 Word 文档、图片和视频等，而且放在 C 盘同一个文件夹下，使用起来很不方便，还占用磁盘很大的空间，计算机运行起来很慢。因此，他需要对这些素材进行合理分类，有序管理，那么我们就用 Windows 7 中关于文件与磁盘管理的知识来帮助小张解决难题吧。

任务分析：为了完成此任务，需要以下解决方案。

(1) 将文件存储在非系统盘，保证 C 盘有足够的剩余空间，对提高系统速度十分必要。

(2) 将文档、图片、视频分别建立文件夹，便于查找。

(3) 对于不常用的、容量大的文件要进行压缩保存，定期运行磁盘整理程序。

3.3.1　文件管理

1. 必备知识

文件和文件夹的管理是操作系统的基本功能之一，包含文件和文件夹的新建、复制、移动、删除、重命名、属性、快捷方式、搜索等操作。在 Windows 7 中，文件和文件夹的操作主要是通过“计算机”和“资源管理器”来完成的。

1）文件的概念

文件是按名存储在某种存储介质上的具有某种相关信息的数据的集合，可以是应用程序或一张图片、一段声音，也可以是用户创建的文档。文件的基本属性包括文件名、文件大小、文件类型和创建时间等。文件是通过文件名和文件类型进行区别的，每个文件都有不同的文件类型或不同的名字。

2）文件的命名规则

(1) 命名规则。在 Windows 7 采用 NTFS 文件系统，文件的命名遵循以下规则：每个文件都有一个文件名，使用文件名是为了区别不同的文件，将存放在磁盘上的文件添加一个标志。每个文件都有一个确定的名称，这样用户就不必关心文件的存储方法、物理位置及访问方式，直接以“按名存取”的方式来使用文件即可。文件的名称由文件名和扩展名组成，中间用“.”字符分隔。文件名的格式如下。

filename [.ext]

① filename 表示文件名。文件名(包括扩展名)中可用的字符为“A～Z　0～9　!　@　#　$　%　&”等，不能使用的字符为“\　/　?　:　*　"　＞　＜　|”。通常，用户所取的文件名应具有一定的意义，以便于记忆。Windows 7 支持长文件名，其长度(包括扩展名)可达 255 个字符。一个汉字相当于两个字符。长文件名显示出更强的描述能力，也更容易被人理解。

② “[ ]”符号表示该项内容是可选的。

③ “.ext”由 3 个或 4 个字符组成，为文件的扩展名，表示文件所属的类型。常见的文件扩展名如表 3-3 所示。

表 3-3　常见的文件扩展名

扩展名	说　明	扩展名	说　明
.avi	声音影像文件	.bak	备份文件
.bat	DOS 批处理文件	.bmp、.jpg、.tif	图像文件
.com	命令文件	.c	C 语言源程序文件
.doc、.docx	Word 文件	.dat	数据文件
.drv	驱动程序文件	.dbf	数据库文件
.dll	动态链接库文件	.exe	可执行文件
.hlp	帮助文件	.htm	网页文件
.inf	信息文件	.ini	系统配置文件
.java	Java 语言源程序	.mid	MIDI(乐器数字化接口)文件
.mp3	音频文件	.pdf	Adobe Acrobat 文档
.ppt	幻灯片文件	.psd	Photoshop 文件

续表

扩展名	说　明	扩展名	说　明
. rar、. zip	压缩文件	. scr	屏幕文件
. sys	系统文件	. swf	Flash 文件
. txt	文本文件	. wav	波形声音文件
. wma	微软公司定制的声音文件	. xls、. xlsx	Excel 文件

注意：文件名不区分字母的大小写。在同一存储位置，不能有文件名(包括扩展名)完全相同的文件。

(2) 通配符。当用户要对某一类型或某一组文件进行操作时，可以使用通配符来表示文件名中不同的字符。在 Windows 7 中使用了两种通配符“*”和“?”。具体说明如表 3-4 所示。

表 3-4　通配符的使用

通配符	含　义	举　例
*	表示任意长度的任意字符	“*. mp3”表示计算机上所有的扩展名是 mp3 的文件
?	表示任意一个字符	“? ab. jpg”表示文件名由 3 个字符组成，且为第 2 个字符是“a”、第 3 个字符是“b”的图像文件。

3) 文件夹和路径名

文件夹是集中存放计算机相关资源的位置。计算机中的文件就如同公文，文件夹就如同公文袋与文件柜。文件夹中既可以存放文件，也可以存放文件夹。文件夹也是由名称标识的，命名规则和文件的命名规则相同(文件夹无扩展名)。

Windows 7 采用树形文件目录结构，在文件夹下还可以有文件夹，一层一层扩展下去，形成一个树形目录结构，最上层的文件夹称为根目录。每个磁(硬)盘只有一个根目录，如图 3-14 所示。

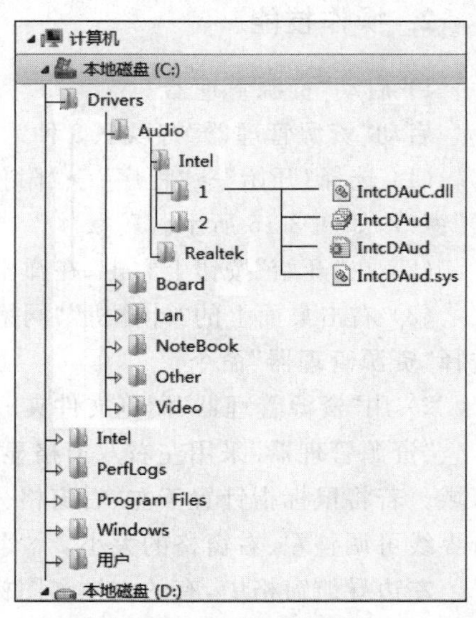

图 3-14　树形目录结构

在图 3-14 中，C 盘下设有 Drivers、Intel 等文件夹，Drivers 文件夹下有 Audio、Board 等二级文件夹，Audio 下设有 Intel、Realtek 两个三级文件夹，Intel 下设有“1”“2”两个文件夹，“1”文件夹下存放有 IntcDAud. sys 等 4 个文件。

文件在磁盘上的存储位置是确定的。访问文件时必须指明其存储位置，这就引出了“路径名”的概念。路径表示了一个文件从磁盘根目录开始到文件所在文件夹的各级文件夹名称组成的序列，书写时文件夹名之间用“\”隔开。访问文件时，采用全路径名的格式：

[D:][path] filename[.ext]

① [D:] 表示驱动器号，软盘驱动器号为“A:”或“B:”，硬盘驱动器号或光盘驱动器号为“C:”“D:”……最后一个表示光盘驱动器。

② [path] 表示路径名称，即文件在磁盘中准确的存储位置，其书写形式是“subdir1\subdir2\...\subdirn\”。

③ filename[.ext] 是文件名。

例如，IntcDAud.sys 的全路径名称是 C:\Drivers\Audio\Intel\1\IntcDAud.sys。

4) 文件属性

文件属性主要包括创建日期、文件长度、访问权限等信息，它是文件系统用来管理文件的重要参数。不同文件系统通常有不同种类和数量的文件属性。

5) 资源管理器

资源管理器是 Windows 文件管理的核心程序，资源管理器可以以分层的方式显示计算机内所有文件的详细列表。使用资源管理器可以方便地实现浏览、查看、新建、复制、移动和删除文件或文件夹等操作。用户不必打开多个窗口，在一个窗口中就可以浏览所有的磁盘和文件夹，便于查看和管理计算机的所有资源。

6) 库

为了帮助用户更加有效地对硬盘上的文件进行管理，Microsoft 公司在 Windows 7 中提供了新的文件管理方式——库。作为访问用户数据的首要入口，库在 Windows 7 中是用户指定的特定内容集合，和文件夹管理方式是相互独立的，分散在硬盘上不同物理位置的数据可以逻辑地集合在一起，查看和使用都更方便。库是管理文档、音乐、图片和其他类型文件的位置，可以使用与在文件夹中相同的操作方式浏览文件，也可以查看按属性（如日期、类型和作者）排列的文件。在某些方面，库类似于文件夹。

2. 操作技能

1) 启动“资源管理器”

启动“资源管理器”有以下 3 种常用的方法。

(1) 选择“开始”→“程序”→“附件”→“Windows 资源管理器”命令，打开“资源管理器”窗口，如图 3-15 所示。

(2) 在“开始”按钮上右击，在弹出的快捷菜单中选择“资源管理器”命令。

(3) 右击桌面上的“计算机”“网络”或者 Administrator 等图标，在弹出的快捷菜单中选择“资源管理器”命令。

2) 用“资源管理器”浏览文件夹

“资源管理器”采用左右双窗格显示结构，左边窗格为导航窗格，右边窗格为显示内容区域。若将鼠标指针置于左、右窗格分界处，指针形状变成 ⟺，此时按下鼠标左键拖动分界线可调整左、右窗格的大小。

左边导航窗格中，有的文件夹图标左边有三角标记，有的则没有。有三角标记的表示此文件夹下包含有子文件夹，而没有三角标记的表示此文件夹不包含有子文件夹。标记

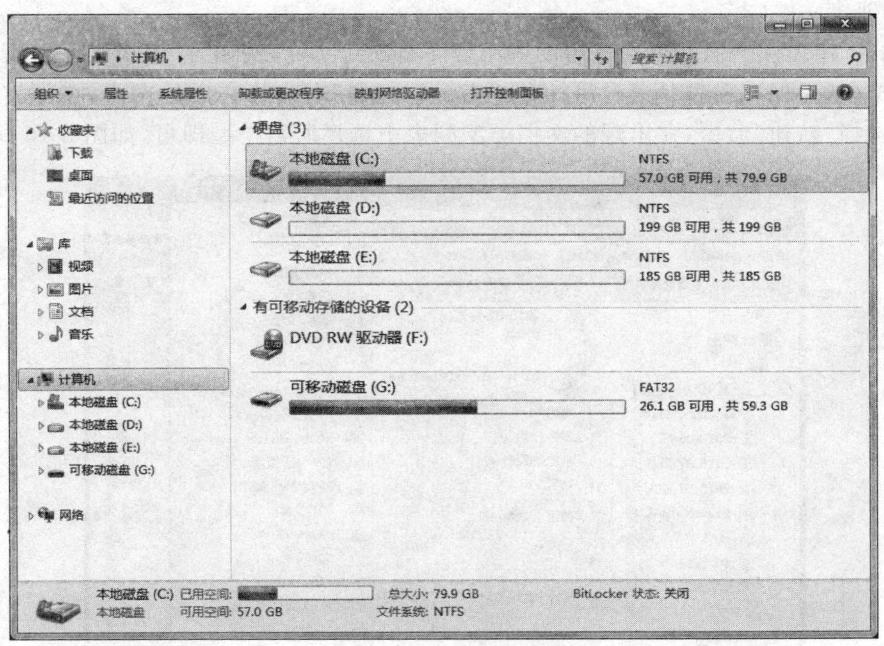

图 3-15　“资源管理器”窗口

“▶”表示此文件夹处于折叠状态，看不到其包含的子文件夹；标记“▲”表示此文件夹处于展开状态，可以看到其下包含的子文件夹。单击导航窗格的文件夹的图标，则选定该文件夹，该文件夹的内容会显示在文件列表(右窗格)中。

3）文件夹内容的显示方式和排序方式

在“资源管理器”里，“查看”菜单中提供了 8 种查看文件和文件夹的方式：“超大图标”“大图标”“中等图标”“小图标”“列表”“详细信息”“平铺”“内容”。

选择“查看”→“刷新”命令，可以刷新资源管理器左、右窗格的内容，使之显示最新的信息。

4）选取文件(夹)

在管理文件和文件夹的过程中，要先选取操作对象再执行操作命令。对文件和文件夹的选取方法如下。

(1) 选取单个文件和文件夹。要选取单个文件或文件夹，只需单击所要选取的对象即可。

(2) 选取多个连续的文件和文件夹。单击第一个要选取的文件或文件夹，然后按 Shift 键单击最后一个文件夹或文件夹即可。也可以用鼠标直接拖动选取多个连续的文件夹或文件夹。

(3) 选取多个不连续的文件和文件夹。单击第一个要选取的文件或文件夹，然后按 Ctrl 键逐个单击其他要选取的文件或文件夹。

(4) 选取当前所有的文件和文件夹。选择“编辑”菜单，选择“全部选中”命令，或按 Ctrl＋A 组合键完成操作。

(5) 取消选取。按下 Ctrl 键并单击要取消的对象，即可取消单个已选取对象。若要取消全部已经选取的文件，只要在文件列表旁边的空白处单击即可。

5）创建文件(夹)

(1) 新建文件。通常可通过启动应用程序来新建文件，例如，在应用程序的新文档中写入数据，然后保存在磁盘上。另外，在“资源管理器”右窗格空白处右击，在弹出的快捷菜单中选择“新建”命令，在出现的文档类型列表中选择所需类型即可，如图 3-16 所示。

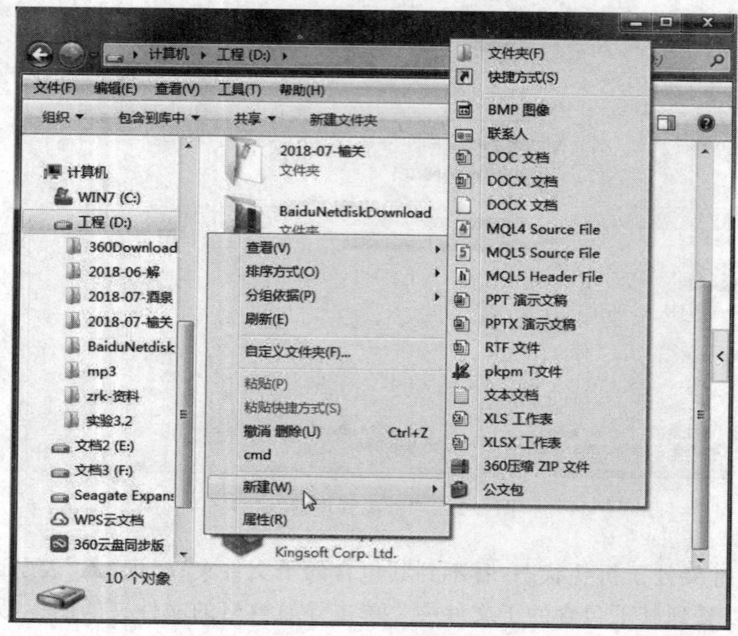

图 3-16　新建文件

每创建一个新文档，系统会自动给它一个默认的名字，对于这个新建的文档，Windows 7 开始不会自动启动它的应用程序。要想编辑该文档，可以双击文档图标，启动相应的应用程序进行具体编辑。

(2) 新建文件夹。

① 在“资源管理器”中选中要建立新文件夹的磁盘或文件夹。

② 选择工具栏中的“新建文件夹”命令；或在“资源管理器”右窗格内右击并在弹出的快捷菜单中选择“新建”→“文件夹”命令，如图 3-17 所示。

③ 在新建的文件夹名称文本框中输入文件夹的名称，按 Enter 键或用鼠标单击其他空白地方即可。

6）移动或复制文件(夹)

(1) 鼠标拖动。用鼠标选中目标文件或文件夹，同时按住 Shift 键或 Ctrl 键，将文件(夹)拖放至目的地，松开鼠标即可移动或复制文件或文件夹。如果该文件夹下包含有文件或子文件夹，则一并移动复制到目的地位置。

(2) 菜单命令。选定要移动或复制的文件或文件夹，选择“组织”菜单中的“剪切”或“复制”命令；或者右击并选择快捷菜单中的“复制”命令，如图 3-18 所示。再选定目标位置，选择“组织”菜单中的“粘贴”命令，或者右击并选择快捷菜单中的“粘贴”命令。

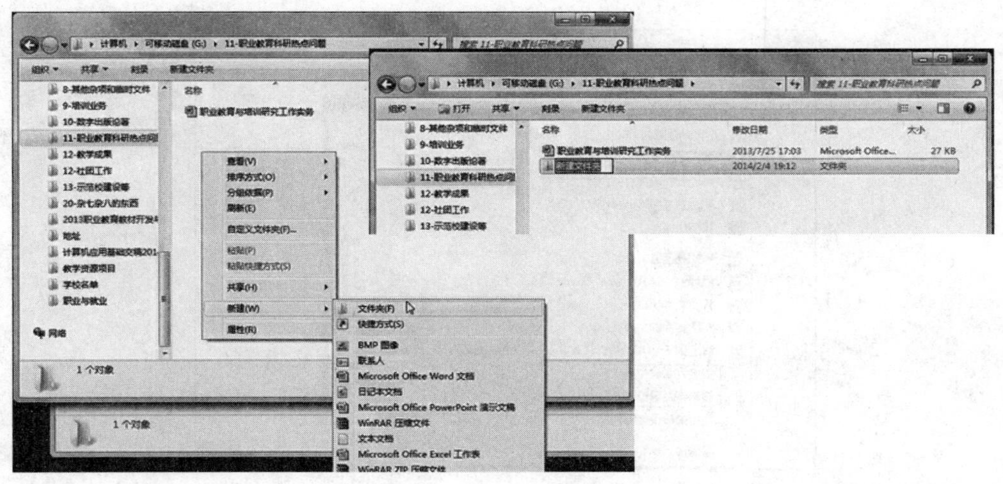

图 3-17　新建文件夹

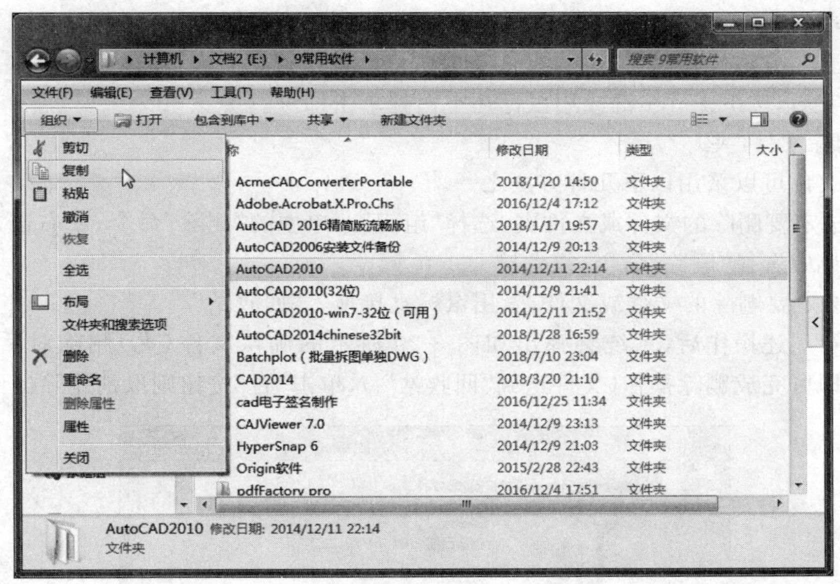

图 3-18　复制文件夹

(3) 鼠标右键拖动。选定要复制的文件或文件夹,用鼠标右键将其拖动到目标位置,此时弹出快捷菜单,选择“移动到当前位置”或“复制到当前位置”命令,如图 3-19 所示。

(4) 快捷键操作。先选定要移动或复制的文件或文件夹,按 Ctrl+X 组合键或按 Ctrl+C 组合键,然后再将鼠标箭头移至目的文件夹,进入该文件夹后再按 Ctrl+V 组合键。

7) 重命名文件(夹)

重命名文件或文件夹的方法有 3 种。

(1) 菜单方式。选定文件或文件夹,选择“组织”菜单中的“重命名”命令。

(2) 右键方式。选定文件或文件夹,右击,在弹出的快捷菜单中选择“重命名”命令。

(3) 二次选择方式。选定文件或文件夹,再在文件或文件夹的名称位置处单击(注意

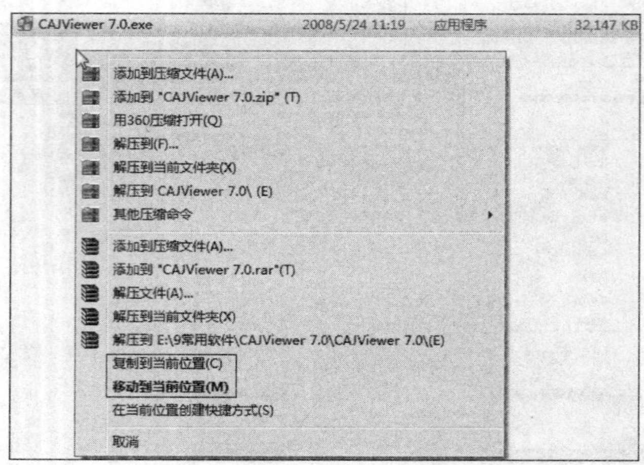

图 3-19　复制文件

不要快速单击两次,避免变成双击操作,就会打开目标文件或文件夹)。

采用上述方法操作后,文件或文件夹的名称将处于编辑状态(蓝色反白显示),直接输入新的名字后,按下 Enter 键或用鼠标在空白处单击即可。

8) 删除文件(夹)

删除文件可以采用以下几种方法之一。

(1) 选定要删除的文件或文件夹,选择"组织"菜单中的"删除"命令;或右击并在弹出的快捷菜单中选择"删除"命令;或者按 Delete 键。

(2) 选定要删除的文件或文件夹,用鼠标直接拖入"回收站"。

在执行上述操作后,系统会弹出如图 3-20 所示的确认文件(夹)删除对话框,单击"是"按钮即可完成删除操作(文件送到"回收站"),单击"否"按钮则取消删除操作。

图 3-20　确认文件(夹)删除对话框

若选择要删除的文件(夹),同时按住 Shift 键不放,然后按下 Delete 键,在出现的确认文件夹(夹)删除对话框中单击"是"按钮,则被删除的文件(夹)不送到回收站,而是直接从磁盘中删除。

9) 删除或还原"回收站"中的文件(夹)

双击桌面上的"回收站"图标,打开"回收站"窗口,如图 3-21 所示。

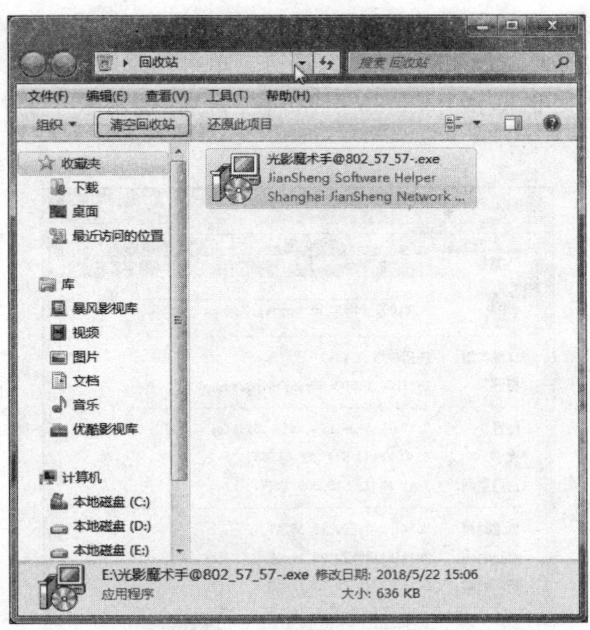

图 3-21 “回收站”窗口

(1) 若要还原删除的文件和文件夹,可以选取对象后选择菜单中的“还原此项目”命令。

(2) 若要删除“回收站”中所有的文件和文件夹,选择菜单中的“清空回收站”命令。

(3) 右击“回收站”图标,在弹出的快捷菜单中选择“属性”命令,打开“回收站 属性”对话框。在对话框中如果选中“自定义大小”单选按钮,在“最大值”文本框中输入数值可以修改回收站空间的大小(此值默认是驱动器的10%)。如果选中“不将文件移到回收站中。移除文件后立即将其删除。”单选框,删除文件或文件夹时可彻底删除,而不必放在“回收站”中,如图3-22所示。

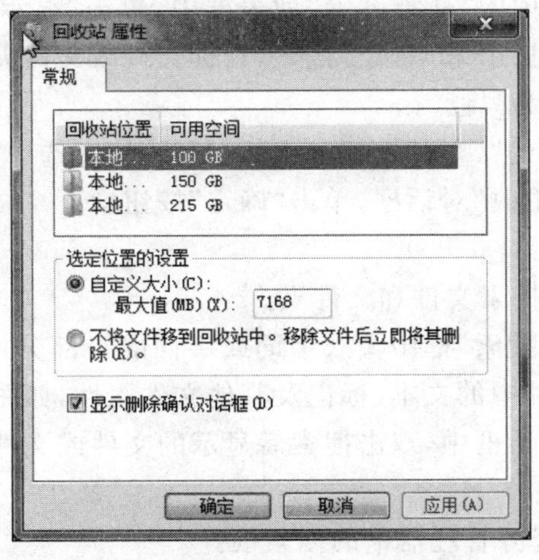

图 3-22 “回收站 属性”对话框

10）隐藏文件(夹)

(1) 右击目标文件或文件夹，在弹出的快捷菜单中选择“属性”命令。

(2) 弹出“属性”对话框，如图 3-23 所示，在“常规”选项卡中的“属性”栏中选中“隐藏”复选框。

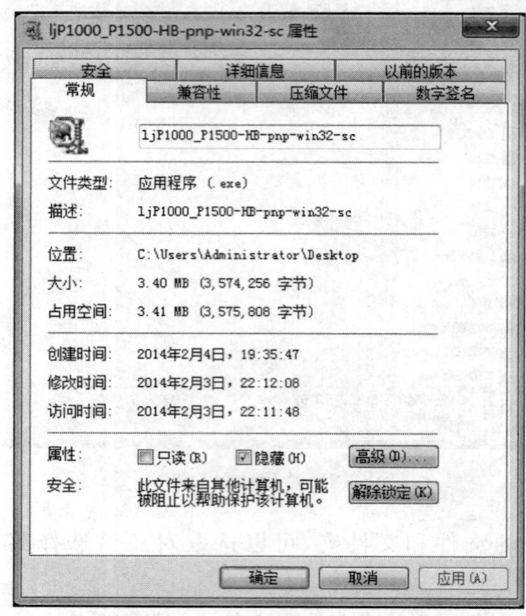

图 3-23　文件属性对话框

(3) 单击“确定”按钮，弹出“确认属性更改”对话框，单击“确定”按钮，此时文件或文件夹将隐藏而不被看到。

11）显示隐藏的文件(夹)

(1) 选择“开始”→“控制面板”→“文件夹选项”命令，弹出“文件夹选项”对话框。

(2) 在“查看”选项卡中的“高级设置”列表框中，单击“显示隐藏的文件、文件夹和驱动器”单选框，依次单击“应用”和“确定”按钮，目标文件或文件夹将显示出来。

12）将文件(夹)设置为只读

在文件属性对话框中的“常规”选项卡中的“属性”栏中选中“只读”复选框后，单击“确定”按钮，弹出“确认属性更改”对话框，单击“确定”按钮。

13）搜索文件(夹)

(1) 使用“开始”菜单搜索文件和文件夹。

单击“开始”按钮，在“搜索”框中输入字词或字词的一部分，即可开始搜索，搜索结果基于文件名中的文本、文件中的文本、标记及其他文件属性，如图 3-24(a)所示。系统会将搜索的结果显示在当前对话框中，双击搜索后显示的文件或文件夹，即可打开该文件或文件夹。

(2) 使用 Windows 资源管理器中的搜索框。

如果已经知道要查找的文件位于某个特定的文件夹或库中，可以先打开那个文件夹或库,在窗口顶部的搜索框中输入文件信息,系统就会在当前视图中搜索。在库中搜索文件时,搜索范围包括库中所含有的所有文件夹及其子文件夹,如图 3-24(b)所示。

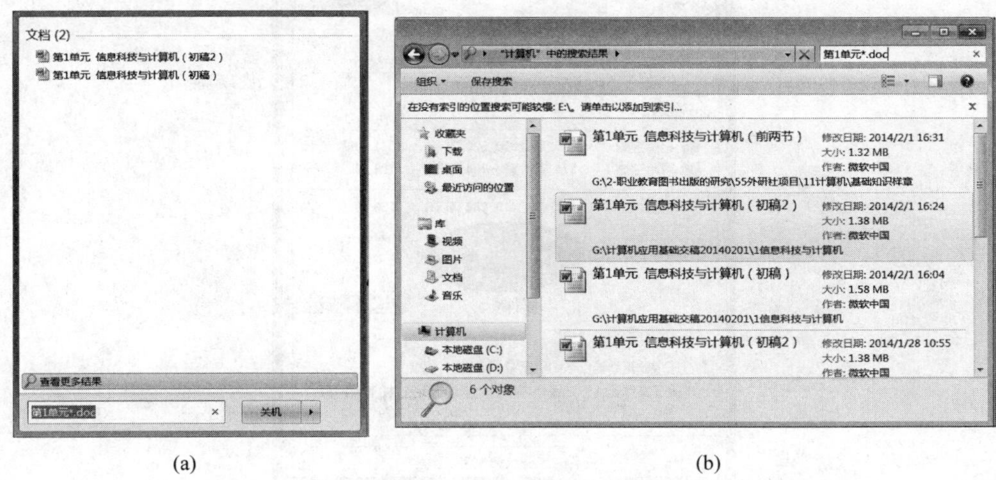

(a)　　　　(b)

图 3-24　搜索文件

Windows 7 在搜索时,支持通配符“∗”和“?”。例如,要查找所有的 Word 文档文件,可以在搜索框中输入“∗.doc”。

【思考与练习】

1. 为 Windows 7 自带的记事本在桌面上创建一个图标。
2. 练习隐藏文件扩展名的方法。
3. 练习回收站的恢复和彻底删除功能。

3.3.2　磁盘管理

本部分将介绍如何通过 Windows 资源管理器实现对磁盘的管理,主要包括格式化磁盘、查看磁盘信息、磁盘清理、磁盘碎片整理等。

1. 信息查看

(1) 在“计算机”窗口中单击某磁盘图标,如“本地磁盘(D:)”。

(2) 选择“文件”菜单,或右击并从弹出的快捷菜单中选择“属性”命令,弹出如图 3-25 所示的对话框。

(3) 选择“常规”选项卡,在最上面的文本框中输入磁盘的卷标。在该选项卡的中部显示了该磁盘的类型、文件系统、已用空间及可用空间等信息;在该选项卡的下部显示了该磁盘的容量,并用饼图的形式显示了已用空间和可用空间的比例信息。单击“磁盘清理”按钮,可启功磁盘清理程序,即可以进行磁盘清理。

(4) 单击“应用”按钮,即可应用该选项卡中更改的位置。

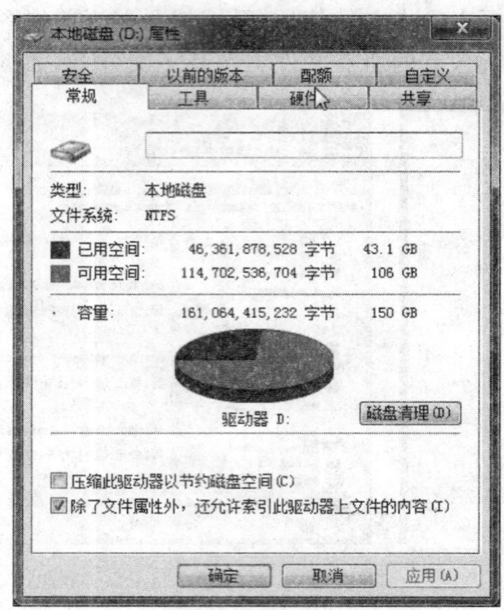

图 3-25 “本地磁盘(D:)属性”对话框

2. 磁盘查错

(1) 双击“计算机”图标，打开“计算机”窗口。

(2) 右击要进行磁盘查错的磁盘图标，在弹出的快捷菜单中选择“属性”命令，弹出相应的属性对话框，选择“工具”选项卡，如图 3-26 所示。

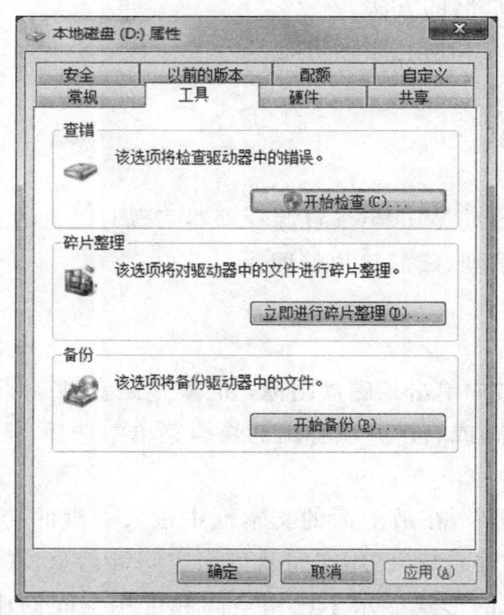

图 3-26 “工具”选项卡

(3) 在该选项卡中有“查错”“碎片整理”和“备份”3个选项组，单击“查错”选项组中的“开始检查”按钮，会弹出“检查磁盘 本地磁盘(D:)”对话框，如图3-27所示。

(4) 在该对话框中可选中“自动修复文件系统错误”和“扫描并尝试恢复坏扇区”复选框，单击“开始”按钮，即可开始进行磁盘查错。

(5) 单击“碎片整理”选项组中的“立即进行碎片整理”按钮，可运行磁盘碎片整理程序。

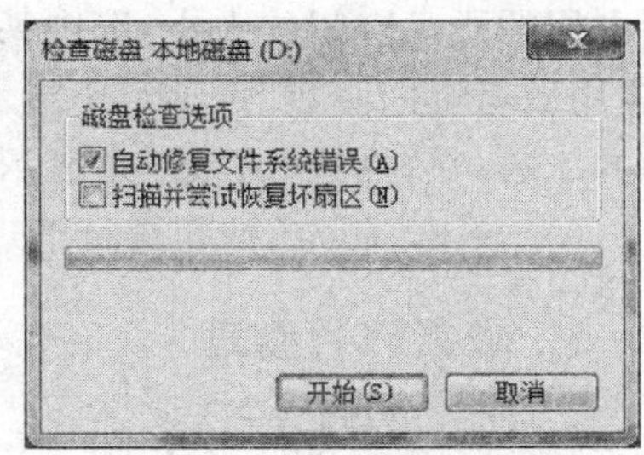

图3-27 “检查磁盘 本地磁盘(D:)”对话框

3. 磁盘格式化

(1) 双击桌面上的“计算机”图标，打开“计算机”窗口，然后选中某个磁盘，选择“文件”菜单中的“格式化”命令，或在磁盘上右击并从弹出的快捷菜单中选择“格式化”命令，弹出如图3-28所示的对话框。

(2) 在该对话框中选择适当的选项。

(3) 单击“开始”按钮，即可开始格式化磁盘。

(4) 格式化完成后，会弹出“格式化完毕”对话框，单击“确定”按钮，则格式化完毕。

4. 磁盘清理

(1) 选择“开始”→“所有程序”→“附件”→“系统工具”→“磁盘清理”命令，弹出选择驱动器对话框。

(2) 在该对话框中选择要进行清理的驱动器，然后单击“确定”按钮。清理完成后，会弹出该驱动器的磁盘清理对话框，如图3-29所示。

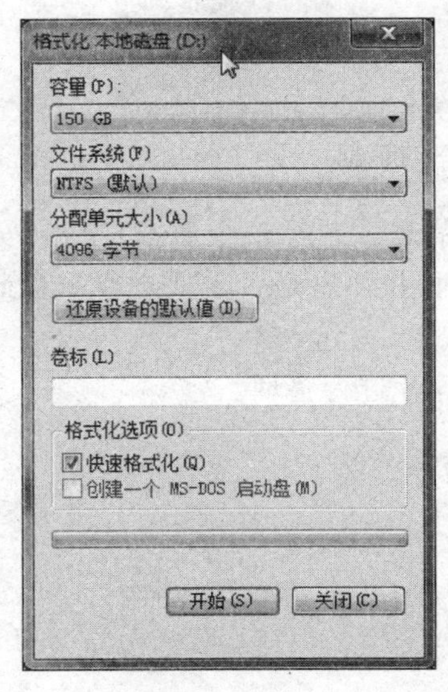

图3-28 “格式化 本地磁盘(D:)”对话框

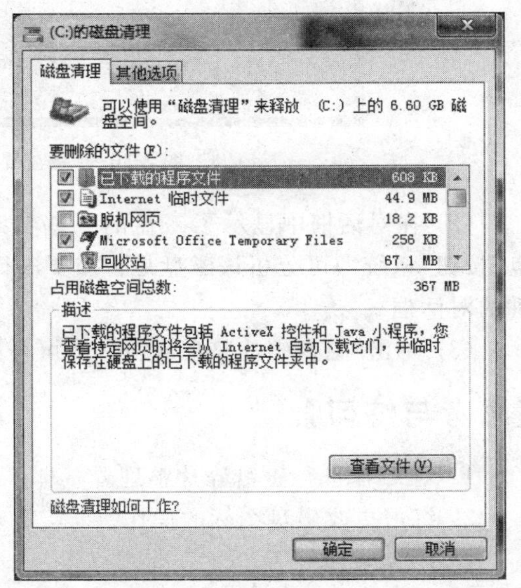

图3-29 磁盘清理对话框

(3) 在"磁盘清理"选项卡的"要删除的文件"列表框中列出了可删除的文件类型及其所占用的磁盘空间的大小,选中某文件类型前的复选框,在进行清理时即可将其删除;在"占用磁盘空间总数"选项组中显示了删除所有选中复选框的文件类型后,可得到磁盘空间的总数;在"描述"选项区中显示了当前选择的文件类型的描述信息。

(4) 单击"确定"按钮进行清理,清理完毕后,该对话框将自动关闭。

5. 磁盘碎片整理

(1) 选择"开始"→"所有程序"→"附件"→"系统工具"→"磁盘碎片整理程序"命令,弹出"磁盘碎片整理程序"对话框,如图 3-30 所示。

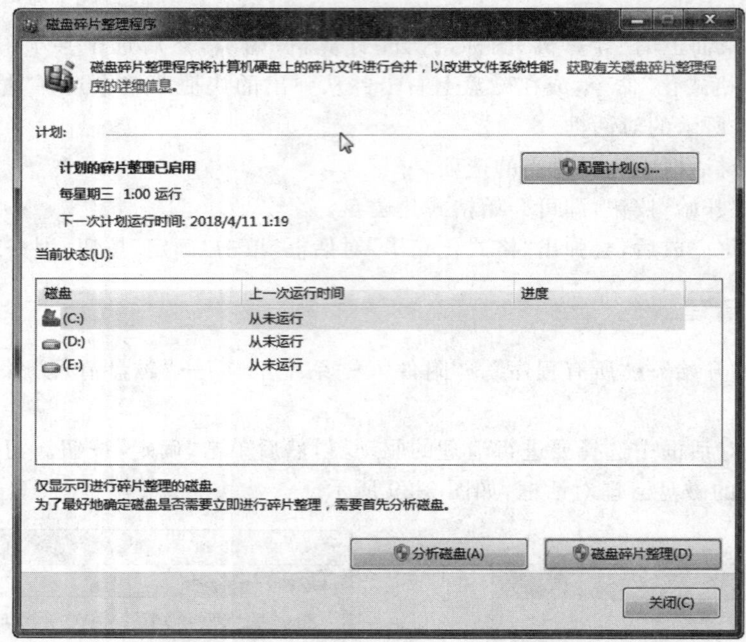

图 3-30 "磁盘碎片整理程序"对话框

(2) 在对话框中显示了磁盘的一些状态和系统信息。选择一个磁盘,单击"分析磁盘"按钮,系统即可分析该磁盘是否需要进行磁盘整理,并弹出是否需要进行磁盘碎片整理的对话框。

(3) 单击"磁盘碎片整理"按钮,即可开始对磁盘碎片进行整理。

【思考与练习】

1. 对 C 盘进行磁盘碎片整理。
2. 练习更改磁盘图标的操作。

3.4　Windows 7 的个性化设置

【操作任务】

让计算机用起来得心应手

任务描述：王小明为了提高工作效率，需要将系统按照自己的操作习惯进行设置，如设置显示属性、鼠标、字体等。由于另外一个同事也经常使用他的计算机，导致他的个性化设置经常被修改，使得他很苦恼，那么我们就利用下面的知识来帮助小王。

任务分析：要完成小王的个性化设置，需要具备以下操作技能。

(1) 掌握屏幕背景和主题、屏幕分辨率、屏幕保护程序的方法。

(2) 掌握设置鼠标、汉字输入法和字体的方法。

(3) 掌握设置账户的方法。

3.4.1　设置显示界面

1. 必备知识

1) 桌面背景

桌面背景就是打开计算机进入 Windows 7 操作系统后出现的桌面背景颜色或图片。Windows 7 桌面背景(也称为壁纸)可以是个人收集的数字图片、Windows 7 提供的图片、纯色或带有颜色框架的图片。可以选择一个图像作为桌面背景，也可以显示幻灯片图片。

2) 控制面板

"控制面板"是 Windows 7 的功能控制和系统配置中心，它提供了丰富的专门用于 Windows 外观和行为方式的工具。我们可以使用"控制面板"更改 Windows 的设置，使其更加适合应用的需要。

3) 屏幕保护程序

屏幕保护程序是指在一段指定的时间内没有鼠标或键盘事件时，在计算机屏幕上会出现移动的图片或图案。当用户离开计算机一段时间时，屏幕显示会始终固定在同一个画面上，即电子束长期轰击荧光层的相同区域，长此以往，会因为显示屏荧光层的疲劳效应导致屏幕老化，甚至显像管会被击穿。因此，可设置屏幕保护程序，以动态的画面显示屏幕，来保护屏幕不受损坏，也可以给屏幕保护程序设置密码，这样既可以防止在自己离开时他人看到工作屏，也可以防止他人未经授权使用计算机。

4) 显示器的性能参数

(1) 分辨率。分辨率是指显示器能表示的像素(组成图像的最小单位)个数，以"屏幕垂直方向的点数×屏幕水平方向的点数"的形式来表示，例如，640 像素×480 像素、600 像素×800 像素、1024 像素×768 像素和 1280 像素×1024 像素等。分辨率是显示器性能的一个重要指标，分辨率越高，显示的图像和文字就越清晰、细腻。

(2) 点距。两个相邻像素点之间的水平距离。目前计算机上普遍使用的像素间距为0.28 mm。高档显示器可以达到0.21 mm。

(3) 尺寸。显示器的尺寸一般是指对角线的长度。目前计算机上普遍使用的显示器的尺寸为17英寸、19英寸、22英寸等。

(4) 刷新率。刷新率是指屏幕刷新的速度。电子束扫描过后，其发光亮度只能维持极其短暂的时间，为了让人的眼睛能看到稳定的图像，就必须在图像消失之前使电子束不断地反复扫描整个屏幕，这个过程称为刷新。每秒刷新的次数称为刷新率。一般采用75Hz以上的刷新率时，闪烁现象可基本消除。

(5) 扫描方式。分为逐行扫描和隔行扫描两种。隔行扫描的显示器价格较低，但人眼明显感到有闪烁感，长时间使用，眼睛会感到疲劳。目前隔行扫描的显示器已经被淘汰。逐行扫描的显示器克服了上述缺点，长时间使用眼睛不会疲劳。

(6) 灰度级。灰度级指的是所显示像素的亮暗程度，它也是衡量显示器性能的重要指标。在彩色显示器中，灰度级则表示颜色的不同。灰度级越多，图像层次越清晰逼真。目前，计算机常用的颜色等级有16色、256色、65536色甚至更多。

5) 快捷方式

创建快捷方式就是建立各种应用程序、文件、文件夹、打印机或网络中的计算机等快捷方式图标。双击该快捷方式图标，就可以快速打开对应的项目。

2. 操作技能

1) 设置桌面背景

(1) 设置桌面背景。

① 依次选择“开始”→“控制面板”→“外观和个性化”→“个性化”选项，打开“个性化”窗口，如图3-31所示(也可以直接在屏幕空白处右击并选择“个性化”命令)。

图3-31 “个性化”窗口

② 在打开的“个性化”窗口中(在此窗口中可进行“桌面背景”“窗口颜色”“声音”“屏

幕保护程序"的设置)单击"桌面背景"按钮,打开"桌面背景"窗口,如图3-32所示。

图3-32 "桌面背景"窗口

③ 在"桌面背景"窗口中选择系统自带的图片,单击图片后,Windows 7桌面系统所见即所得的方式会立即把选择的图片作为背景显示,单击"保存修改"按钮,可确认桌面背景的改变,也可以单击"图片位置"下拉列表框查看其他位置的图片进行选择设置。

如果用户需要把其他位置的图片作为桌面背景,在"桌面背景"窗口中单击"浏览"按钮,弹出"浏览文件夹"对话框,找到图片并打开,即可把图片设为桌面背景。

在"图片位置"下拉列表框中包括了"填充""适应""拉伸""平铺"和"居中"5个选项,用户可以根据自己的喜好进行选择,建议使用"适应"选项,以得到较好的显示效果。

(2) 设置幻灯片为桌面背景。在Windows 7中可以使用幻灯片(一系列不停变换的图片)作为桌面背景,既可以使用自己的图片,也可以使用Windows 7中某个主题提供的图片。

若要在桌面上创建幻灯片图片,则必须选择多张图片。如果只选择一张图片,幻灯片将会结束播放,选中的图片会成为桌面背景。

(3) 更改主题。主题是计算机上图片、颜色和声音的组合。它包括桌面背景、屏幕保护程序、窗口边框颜色和声音方案,有时还包括图标和鼠标指针。

2) 设置屏幕保护

(1) 在"个性化"窗口中单击"屏幕保护程序"按钮,打开"屏幕保护程序设置"对话框,如图3-33所示。

(2) 在对话框中选择自己喜欢的屏幕保护程序并对其进行相关设置,并可预览效果。如果要通过显示器的电源设置来节省电能,可以设置等待时间和更改电源计划,制订适合自己的节能方案。

(3) 设置完成后,单击"确定"按钮。

另外,可以根据自己的工作环境和工作习惯,设置进入屏幕保护程序的等待时间。

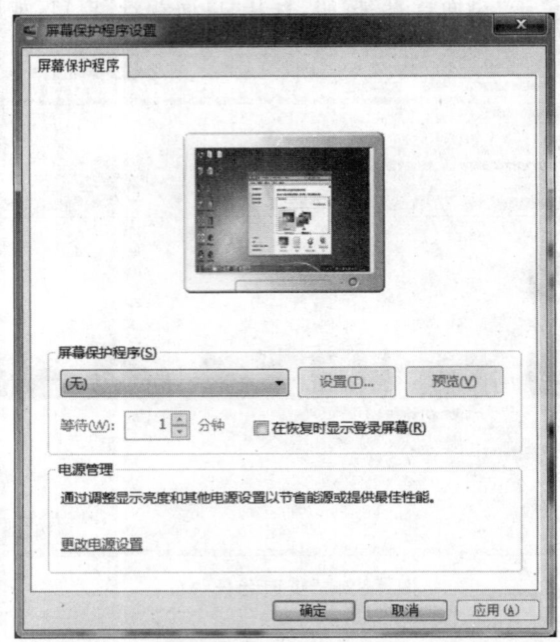

图 3-33 “屏幕保护程序设置”对话框

3）设置屏幕分辨率

(1) 依次选择“开始”→“控制面板”→“外观和个性化”→“调整屏幕分辨率”选项；或者在桌面空白处右击，在弹出的快捷菜单中选择“调整屏幕分辨率”命令。

(2) 单击“调整分辨率”选项，打开“屏幕分辨率”窗口，如图 3-34 所示。

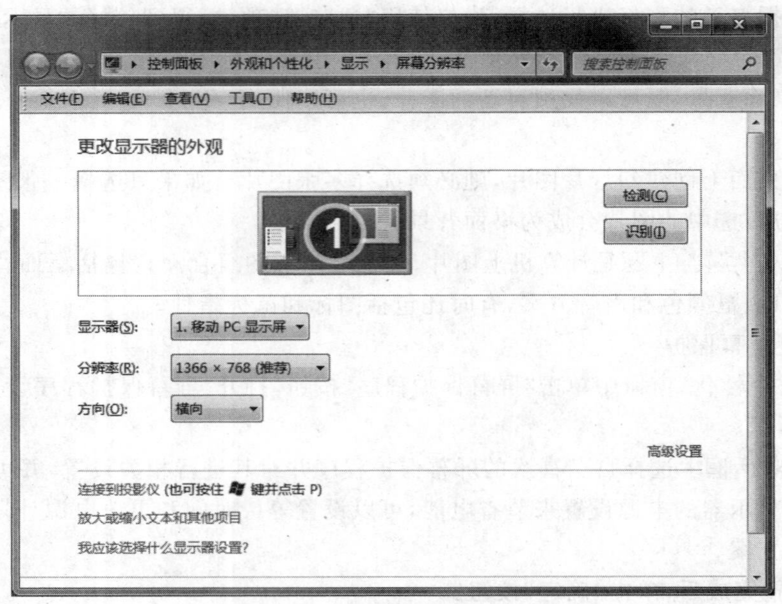

图 3-34 “屏幕分辨率”窗口

（3）在“分辨率”下拉列表框中可以选择不同的选项调整计算机的分辨率，分辨率越高，在屏幕上显示的信息越多，画面就越逼真。在“方向”下拉列表框中可以选择屏幕显示的方向。

还可以通过“放大或缩小文本和其他项目”选项，调整屏幕上文本的大小。

4）个性化任务栏和“开始”菜单

（1）个性化任务栏。任务栏通常位于屏幕底部，但如果需要，可以将其放在屏幕的上、下、左、右的任意位置，操作方法：将鼠标箭头指向任务栏的空白处，按下鼠标左键，拖动任务栏至所需位置。上述操作仅在“锁定任务栏”项未被选中的情况下有效。

此外，还可以通过右击任务栏的空白处，在弹出的快捷菜单中选择“属性”命令，打开“任务栏和「开始」菜单属性”窗口，如图3-35所示，可以对任务栏进行设置，包括启用或关闭“自动隐藏任务栏”的功能等。

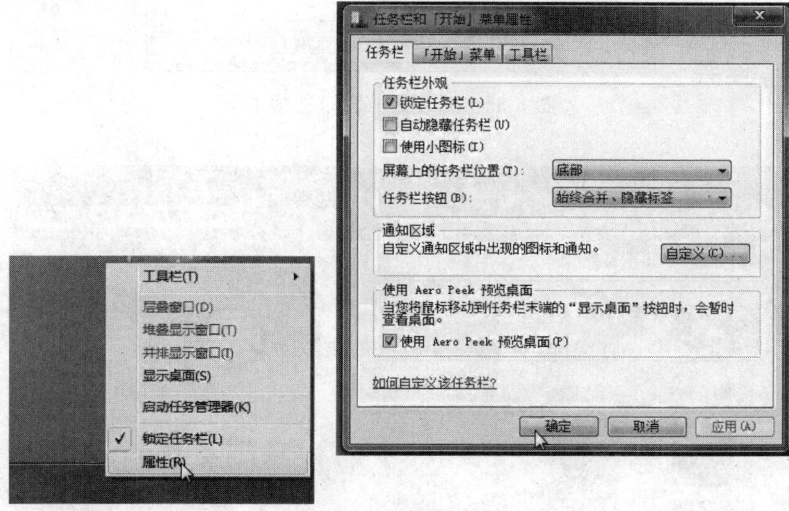

图3-35　“任务栏和「开始」菜单属性”窗口

（2）个性化设置“开始”菜单。在“开始”按钮上右击，选择“属性”命令，打开“任务栏和「开始」菜单属性”对话框，选择“「开始」菜单”选项卡，如图3-36所示。单击图中的“自定义”按钮，即可进行个性化设置。

5）使用桌面小工具

（1）添加桌面小工具。可以将计算机上安装的任何小工具添加到桌面上，如果有需要，也可以添加小工具的多个实例。例如，如果要同时看两个时区的时间，可以添加时钟小工具的两个实例，并相应地设置每个实例的时间。

在桌面空白处右击，在弹出的快捷菜单中选择“小工具”命令，打开如图3-37所示的窗口。

双击所需小工具图标即可将其添加到桌面上，也可以直接拖动到桌面上。

（2）自定义桌面小工具。将小工具添加到桌面后，可以根据需要调整位置、大小、选项、前端显示或暂时隐藏等。

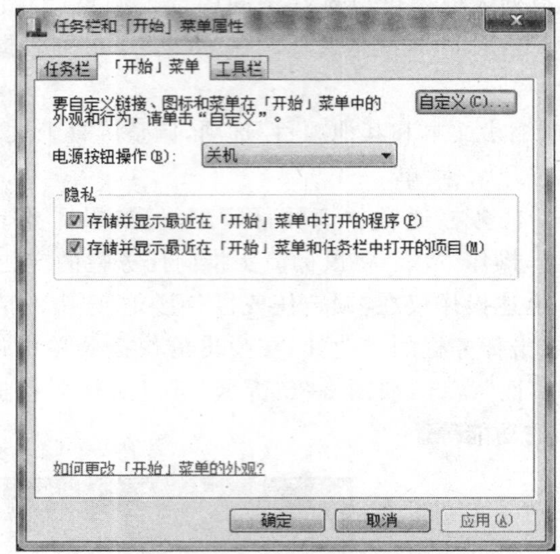

图 3-36 "「开始」菜单"选项卡

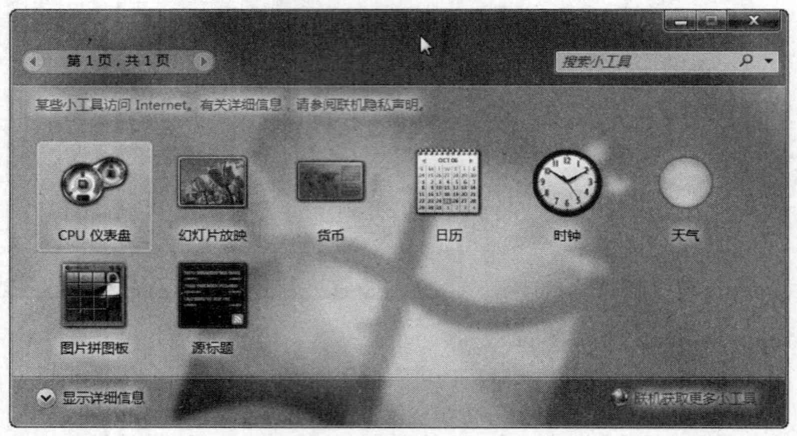

图 3-37 小工具

(3) 删除桌面小工具。如果要删除桌面上的小工具，则右击想要删除的小工具，从弹出的快捷菜单中选择"关闭小工具"命令。

(4) 卸载桌面小工具。在小工具窗口中右击要卸载的小工具，从弹出的快捷菜单中选择"卸载"命令就可以将其卸载。

6) 创建快捷方式

(1) 在要创建快捷方式的位置，右击，在弹出的快捷菜单中选择"新建"→"快捷方式"命令。

(2) 屏幕弹出"创建快捷方式"对话框，如图 3-38 所示，输入对象的位置(全路径)。一般可单击"浏览"按钮来选择对象的位置。在弹出的"浏览文件或文件夹"中选定要创建快捷方式的应用程序、文件、文件夹、打印机或计算机等，单击"确定"按钮。

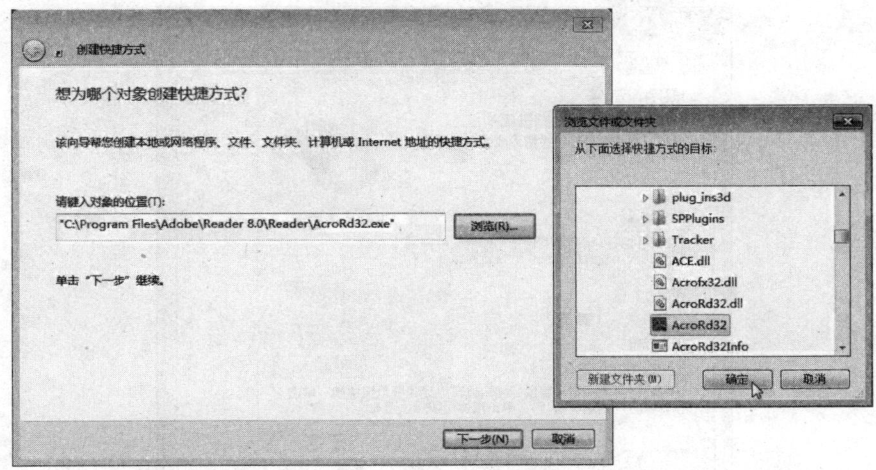

图 3-38　输入对象的位置

(3) 单击“下一步”按钮，在“键入快捷方式的名称”文本框中输入快捷方式的名称(如 AcroRd32)，单击“完成”按钮。

【思考与练习】

1. 如何对显示器进行“校准颜色”操作？请练习并总结出操作步骤。
2. 请练习选择和使用桌面主题，并设置桌面的颜色和外观。

3.4.2　鼠标、汉字输入法和字体设置

在安装 Windows 7 时，系统已自动对鼠标、文字输入法、字体等进行了设置，若默认的设置不符合用户的使用习惯，可以按个人的喜好进行一些调整。

1. 设置鼠标

调整鼠标的具体操作如下。

(1) 依次选择“开始”→“控制面板”→“硬件和声音”选项，弹出“硬件和声音”窗口。

(2) 单击“鼠标”选项，弹出“鼠标 属性”对话框，选择“鼠标键”选项卡，如图 3-39 所示，可以对“鼠标键配置”“双击速度”“单击锁定”进行设置。

(3) 选择“指针”选项卡，如图 3-40 所示。在“方案”下拉列表框中提供了多种鼠标指针显示方案，用户可以选择一种喜欢的方案。

(4) 选择“指针选项”选项卡，如图 3-41 所示。在该选项卡中可以选择鼠标指针移动速度等。

(5) 选择“滑轮”选项卡，如图 3-42 所示。在该选项卡中可调整滑轮滚动时屏幕内容的滚动速度。

(6) 设置完毕后，单击“确定”按钮即可。

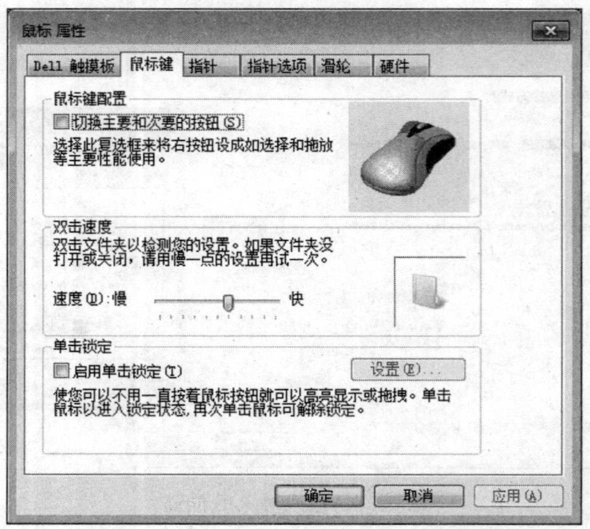

图 3-39 “鼠标 属性”对话框

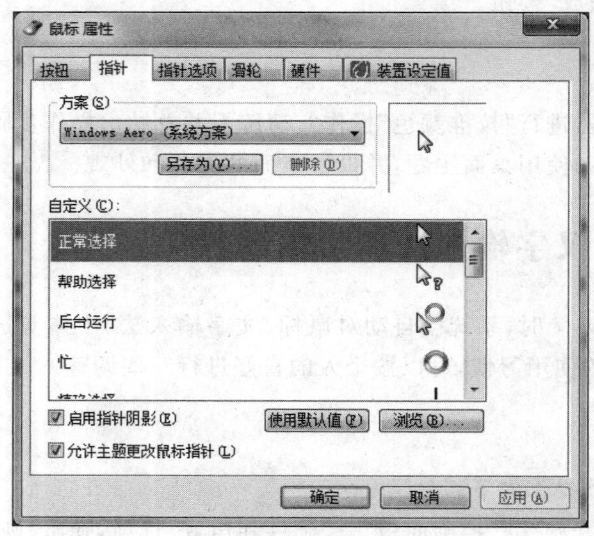

图 3-40 “指针”选项卡

2. 字体的安装

字体是存储于计算机中的汉字(或西文字符)的风格式样的数字化信息,通常以字体文件形式来存储。Windows 7 自带了一些字体,安装在 Windows 操作系统文件夹的 Fonts 文件夹下,但是许多做设计工作和文字排版工作的人,往往需要更多的字体。

(1) 依次选择“开始”→“控制面板”→“外观和个性化”→“字体”选项,打开“字体”窗口,如图 3-43 所示。

(2) 找到待安装的字体所在的窗口,直接用鼠标将字体拖动到步骤(1)中打开的“字

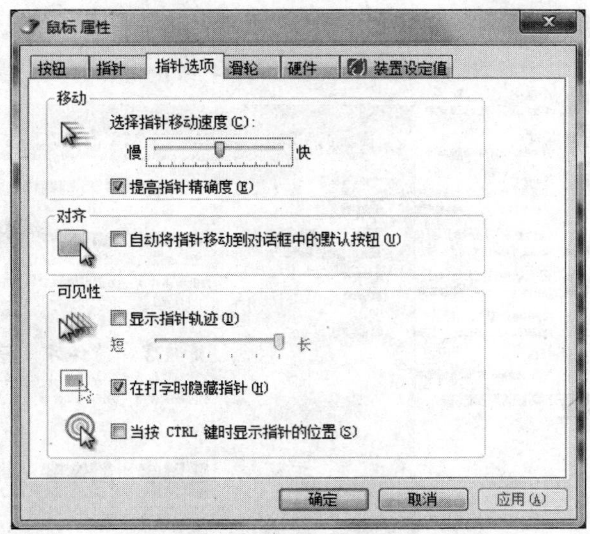

图 3-41　“指针选项”选项卡

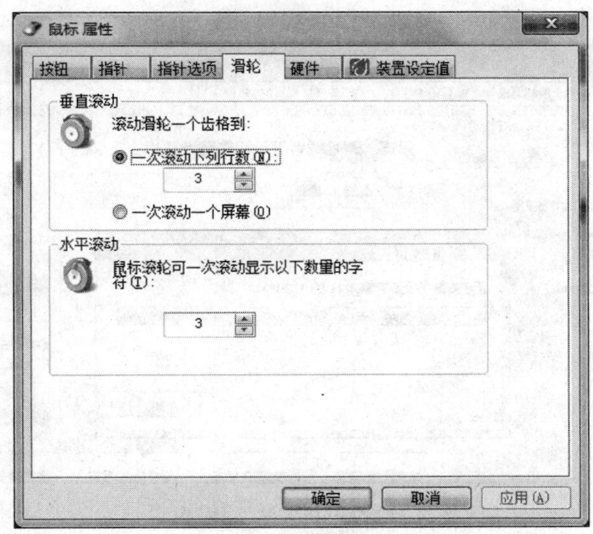

图 3-42　“滑轮”选项卡

体”窗口中。

或者右击要安装的字体，然后单击“安装”按钮。还可以直接双击该“字体”的图标，然后在打开的窗口中选择“安装”按钮。如图 3-44 所示为“正在安装字体”窗口。

3. 字体的删除

在“字体”窗口中右击要删除的字体文件，在快捷菜单中选择“删除”命令，在弹出的“删除字体”对话框中单击 “是”按钮，即可将字体删除。

提示： 正在使用的字体不能删除。

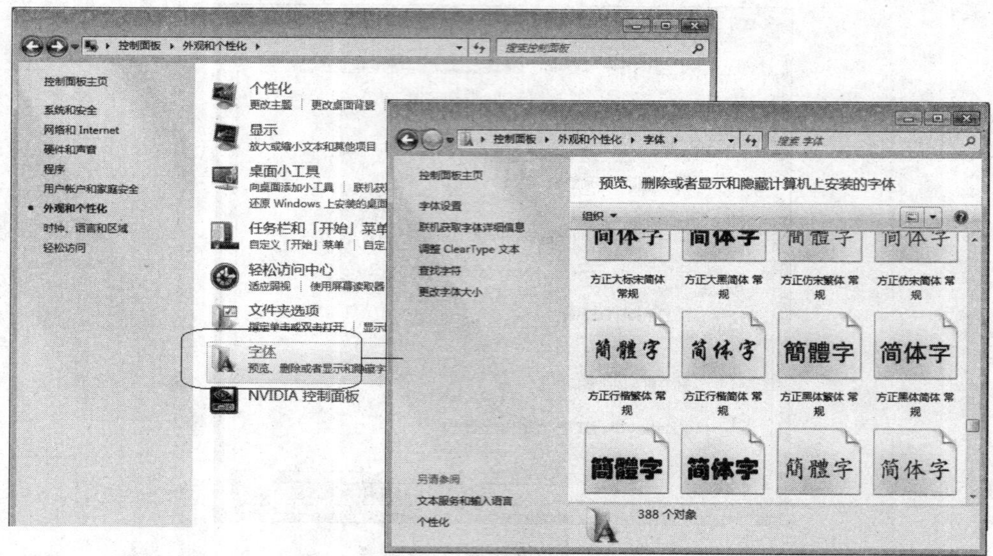

图 3-43 “字体”窗口

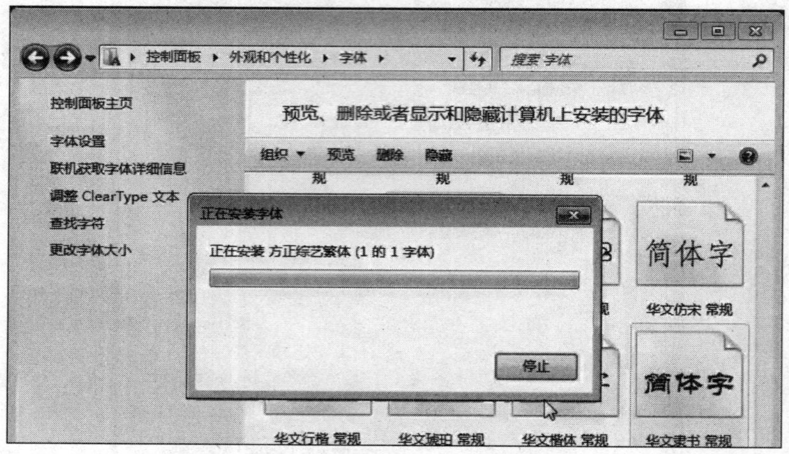

图 3-44 “正在安装字体”窗口

【思考与练习】

请练习安装一种字体。

3.4.3 账户设置

Windows 7 允许多个用户共同使用一台计算机,每个用户的个人设置和配置文件会有所不同。各用户在使用公共系统资源时,可以设置富有个性的工作空间。

Windows 7 的用户账户类型有管理员账户、标准账户和来宾账户 3 种。

- 管理员账户：管理员账户可以对计算机进行最高级别的控制。它是为可以对计算机整个系统更改、安装程序和访问计算机上所有文件的用户设置的。管理员账户拥有对计算机上其他用户账户的完全访问权，它可以创建和删除计算机上的其他用户账户，可以为其他用户账户创建账户密码，可以更改其他用户的账户名、图片、密码和账户类型。
- 标准账户：标准账户适用于日常使用。标准账户可防止用户做出能对该计算机的所有用户造成影响的更改（比如删除计算机办公所需要的文件），从而帮助保护计算机。当标准用户登录时，可以执行管理员账户下的几乎所有的操作，但是如果要执行影响该计算机其他用户的操作（比如安装软件或更改安全设置），系统会要求提供管理员账号的密码。
- 来宾账户：来宾账户主要针对需要临时使用计算机的用户。在计算机上没有账户的用户可以使用来宾账户，它没有密码，可以快速登录，以检查电子邮件或浏览Internet，可以访问已经安装在计算机上的程序，可以更改来宾账户图片，但是，来宾账户的用户无法安装软件和硬件，无法更改来宾账户的类型。

1. 添加和删除账户

(1) 单击“开始”按钮，选择“控制面板”选项，打开“控制面板”窗口，在“用户账户和家庭安全”下单击“添加或删除用户账户”按钮，打开“管理账户”窗口，如图3-45所示。

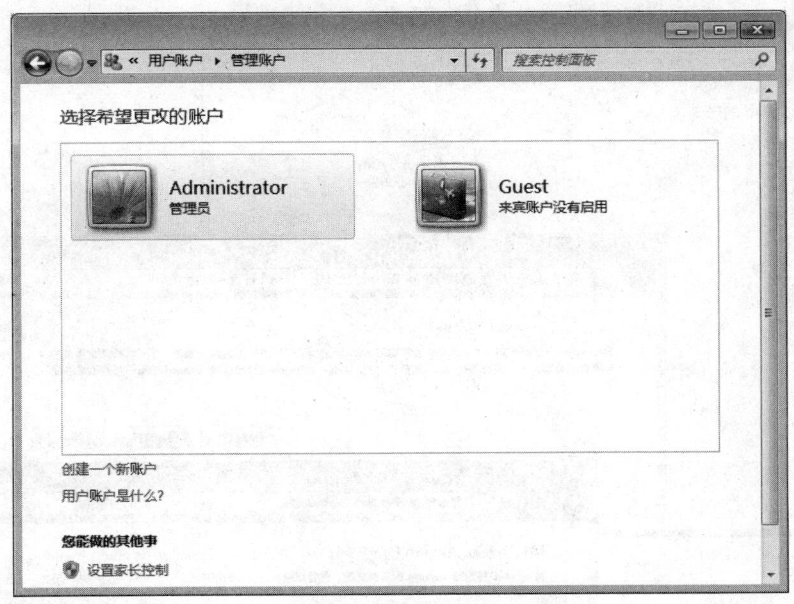

图3-45　“管理账户”窗口

(2) 在打开的“管理账户”窗口中单击“创建一个新账户”链接，打开“创建新账户”窗口，如图3-46所示。输入账户名称，如输入“许远”，选中“标准用户”单选按钮，单击“创建账户”按钮。

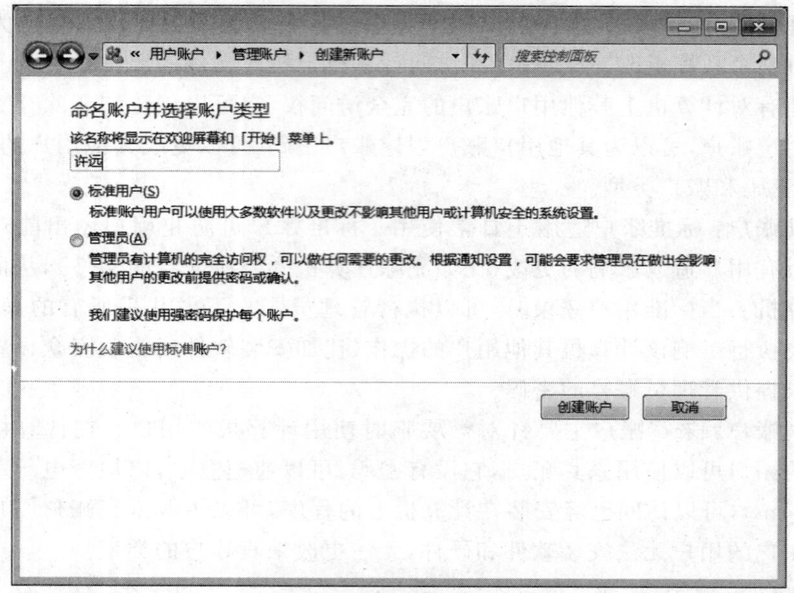

图 3-46 “创建新账户”窗口

(3) 创建新账户后，单击新创建的账户按钮，打开“更改账户”窗口，在此窗口中单击“删除账户”链接，将打开“删除账户”窗口，如图 3-47 所示。

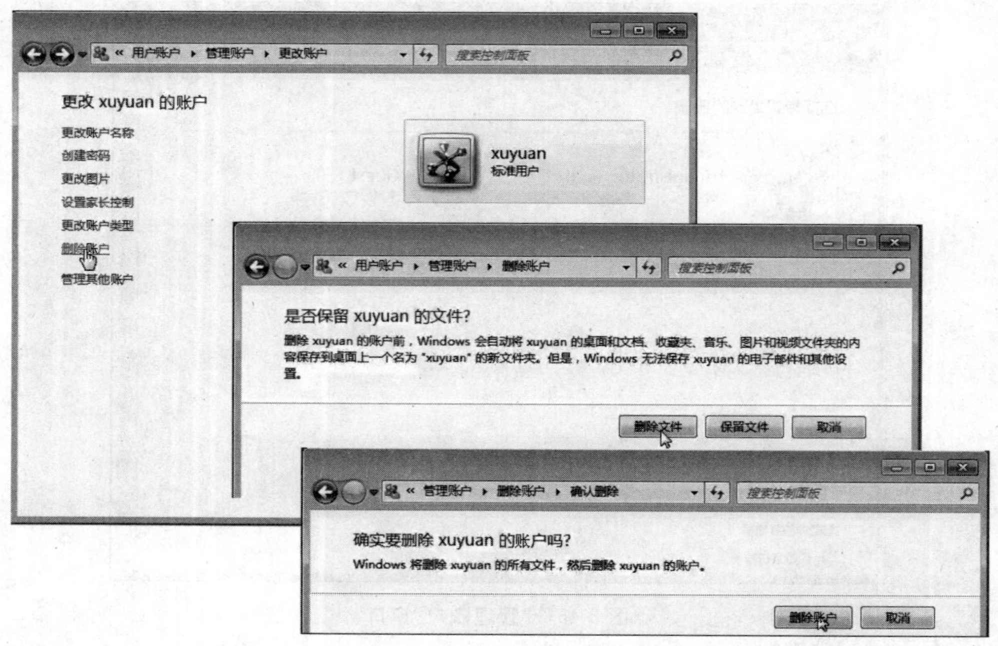

图 3-47 “删除账户”窗口

(4) 因为系统为每个账户设置了不同的文件，包括桌面、文档、音乐、收藏夹、视频文件等，如果用户想保留账户的这些文件，则可以单击“保留文件”按钮，否则单击“删除文件”按钮。

(5) 弹出“确认删除”对话框，单击“删除账户”按钮即可。返回“管理账户”窗口，可见选择的账户已被删除。

2. 为账户添加家长控制

Windows 7 操作系统新增了家长控制功能，通过此功能可以对儿童使用计算机的方式进行协助管理，限制儿童使用计算机的时段、可以玩的游戏类型及可以运行的程序等。

为用户账户设置家长控制的具体操作步骤如下。

(1) 首先，应检查所有的管理员账户都设置了密码，否则儿童可以跳过家长控制功能。

(2) 打开“控制面板”窗口，在“用户账户和家庭安全”下单击“家长控制”图标，打开“家长控制”窗口，如图 3-48 所示。

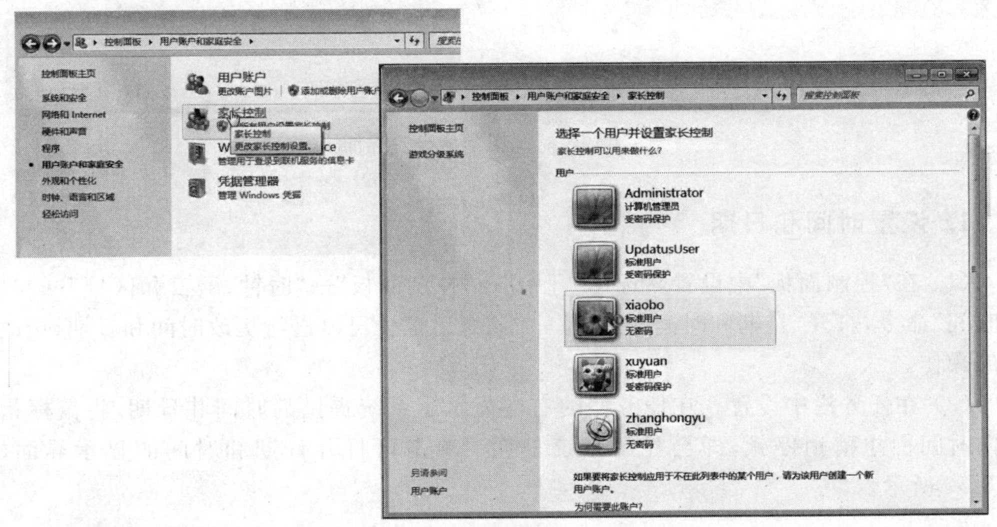

图 3-48　“家长控制”窗口

(3) 单击打开目标账号，可以进行家长控制设置，例如，进行时间限制的设置如图 3-49 所示。

【思考与练习】

1. 在计算机上创建“小明”账号，并且设置家长控制，阻止 QQ 程序的运行。
2. 为 3 个家庭成员设置 3 个账户并分别设置密码。

3.4.4　查询和设置系统信息

硬件是计算机的基础，因此用户有必要了解自己计算机使用的硬件设备。

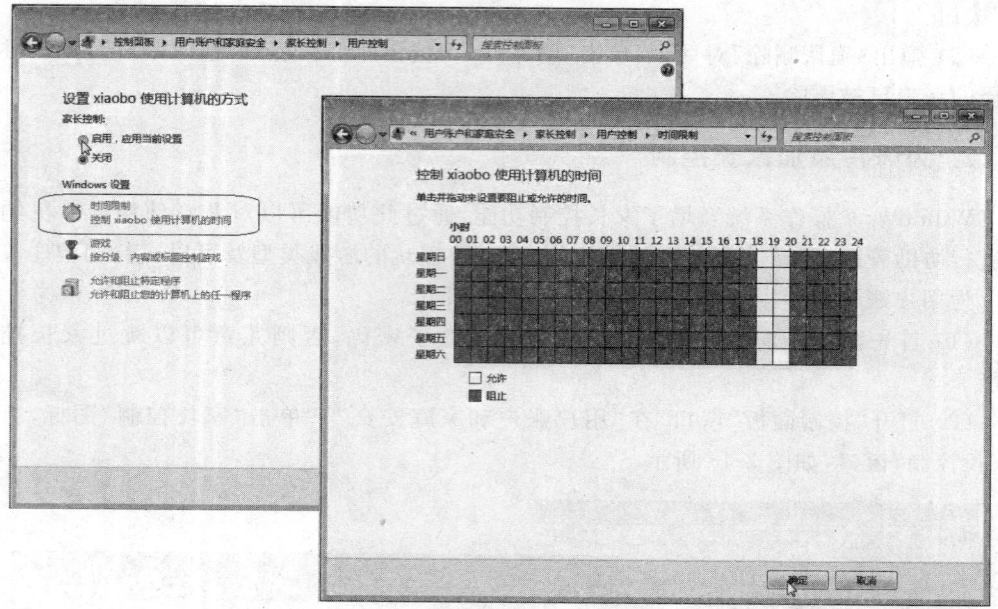

图 3-49　时间限制的设置界面

1. 设置时间和日期

(1) 在“控制面板”中设置。选择“开始”→“控制面板”→“时钟、语言和区域”→“日期和时间”命令，打开“日期和时间”对话框，在该对话框中可以进行更改时间和日期、更改时区的操作。

(2) 在任务栏中设置。在任务栏的右端显示了系统提供的时间和日期，将鼠标指针指向时间栏并稍稍停顿，即会显示系统日期。单击可打开日期和时间的显示界面，如图 3-50 所示。

图 3-50　单击任务栏时间区域后出现的界面

选择“更改日期和时间设置”选项，屏幕出现“日期和时间”对话框，其余操作步骤与前述方法相同。

2. 设置时间日期格式

在“控制面板”中单击“时钟、语言和区域”链接，在“区域和语言”项下单击“更改日期时间或数字格式”链接即可进入该窗口，用户可根据需要调整有关设置。

3. 查看计算机的基本信息

要查看计算机中的基本信息，可以单击“控制面板”中的“系统和安全”下的“系统”链接，屏幕显示如图 3-51 所示的信息（或在桌面上右击“计算机”图标，在弹出的快捷菜单中选择“属性”菜单），即可查看 CPU、内存、操作系统等系统信息。

图 3-51　查看计算机的基本信息

要查看设备信息，可单击“控制面板”中的“系统和安全”下的“设备管理器”链接，打开的窗口如图 3-52 所示。

该窗口显示了计算机中的主要硬件设备。单击某设备左侧的三角形，可以查看该设备的型号。还可以将鼠标箭头移到某设备名称处，通过右击来进行该设备驱动程序的查看、更新和卸载。

【思考与练习】

练习修改系统中的时间和日期。

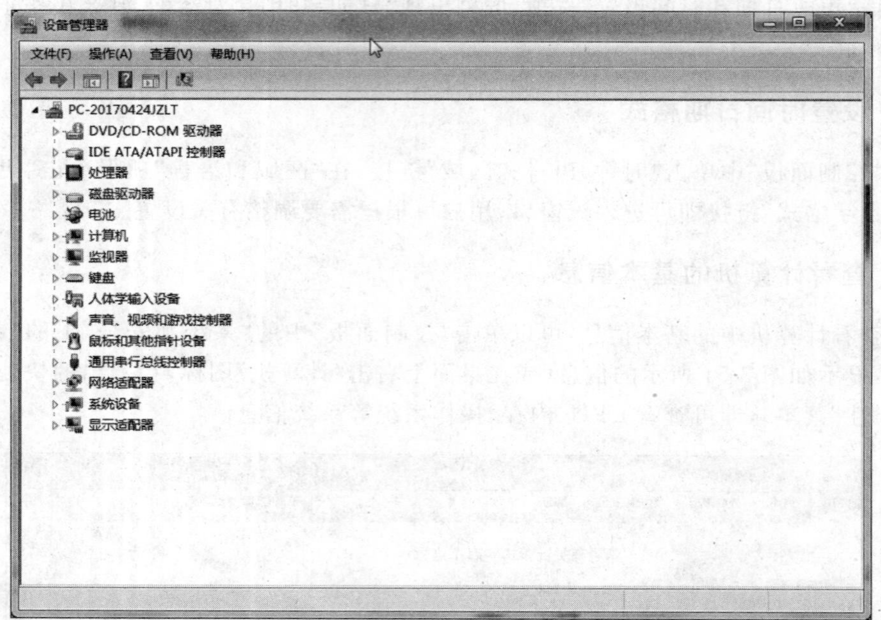

图 3-52 “设备管理器”窗口

3.4.5 系统的优化与备份

管理工具是控制面板中的一个文件夹，它包含用于系统管理员和高级用户的工具。该文件夹中的工具因 Windows 版本的不同而有一定的区别。

另外，经过一段时间的使用，计算机的很多默认设置会被更改，影响计算机的速度和安全，用户可以通过系统优化程序调整设置。

1. 系统优化的策略

(1) 通过自定义来减少开机启动项。依次选择“开始”→“控制面板”→“系统和安全”→“管理工具”选项，然后双击“系统配置”，打开“系统配置”对话框。选择“启动”选项卡，如果不希望某个应用程序开机启动，则取消选中对应的复选框，如图 3-53 所示。

(2) 关闭小工具库这类资源占用大户。

(3) 关闭 Windows Aero 的特效，将 Windows 7 操作系统的主题设为 Windows 经典主题。

2. Windows 7 的备份

Windows 7 本身就带有很强大的备份与还原功能，用户可以在系统出现问题的时候快速把系统恢复到正常状态，并且之前的 Windows 7 设置、账户都是按照原来的样子存在。

图 3-53　选择“启动”选项卡

(1) 选择“控制面板”→“系统和安全”→“备份和还原”选项，显示的界面如图 3-54 所示。

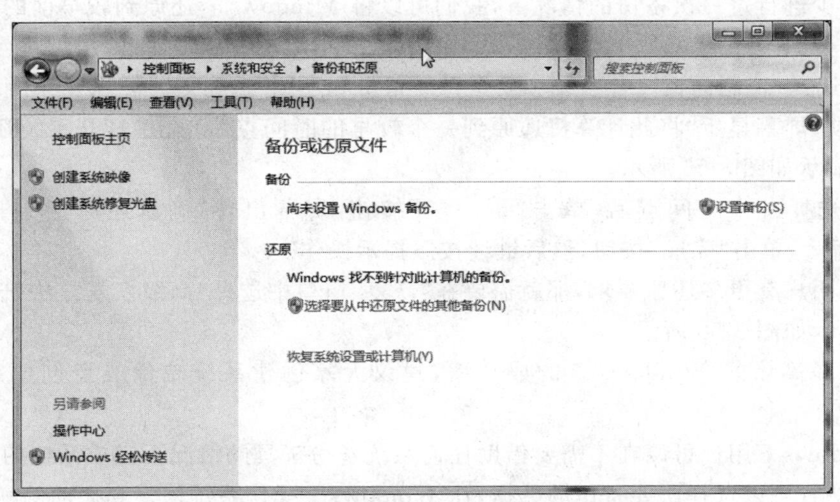

图 3-54　“还原与备份”窗口

(2) 单击“设置备份”按钮。

(3) 接着屏幕提示选择备份数据的存储位置，例如，选择 E 盘。

(4) 单击“下一步”按钮，屏幕提示选择希望备份的内容，显示如图 3-55 所示。

(5) 单击“下一步”按钮，开始进行备份。

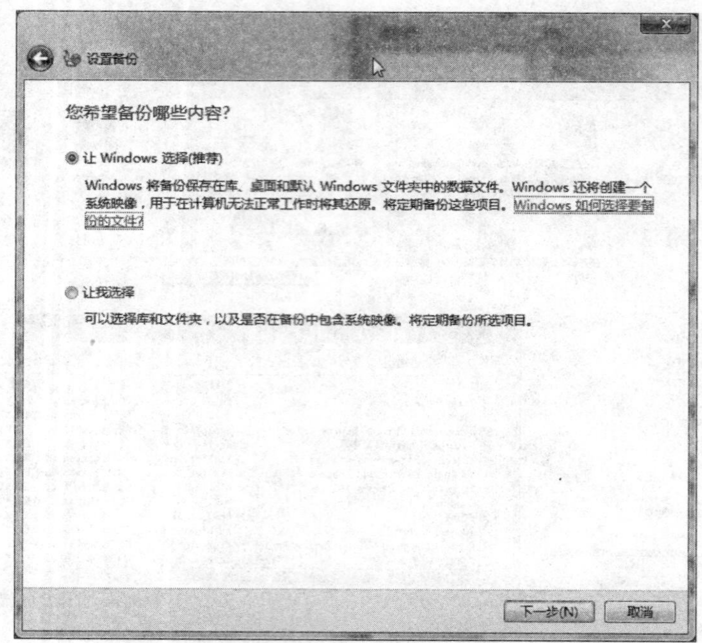

图 3-55　选择希望备份的内容

3. 还原 Windows 7 的早期备份数据

在至少进行过一次备份的情况下，我们可以将 Windows 7 还原到较早前的状态。操作方法如下。

(1) 选择“控制面板”→“系统和安全”→“备份和还原”选项，选择“恢复系统设置或计算机”选项，屏幕显示“将此计算机还原到一个较早的时间点”，单击“打开系统还原”按钮后，屏幕显示如图 3-56 所示。

(2) 选择一个时间点后，单击“下一步”按钮，屏幕出现“确认还原点”的提示，如图 3-57 所示，单击“完成”按钮，然后继续按照提示操作。

如果用户有更多还原要求，那就需要在“恢复”窗口中选择“高级恢复方法”选项，此时屏幕的显示如图 3-58 所示。

为了提高恢复 Windows 7 的成功率，建议大家创建系统映像或者创建系统修复光盘。

Windows 7 用户可以在不需要借助任何系统备份工具的情况下完成系统的备份和恢复工作，并且可以选择所要备份的数据，让 Windows 7 操作系统恢复到之前的最佳状态。

【思考与练习】

1. 练习 Windows 7 操作系统的备份和恢复操作。
2. 练习创建系统修复光盘。

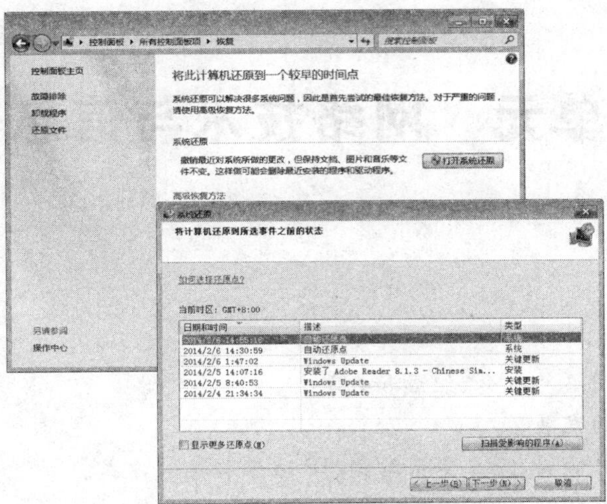

图 3-56　“系统还原”对话框

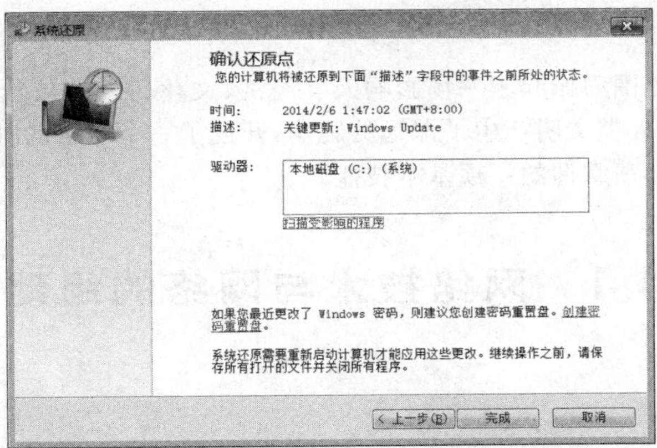

图 3-57　“确认还原点”的提示

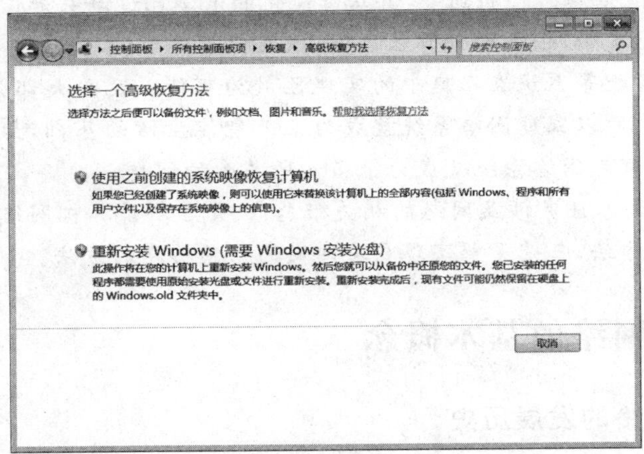

图 3-58　Windows 7 的高级恢复

第4单元　网络技术与信息安全

单元学习目标

- 了解计算机网络的概念、组成和分类。
- 了解互联网的发展。
- 了解TCP/IP协议、C/S体系结构、IP地址和接入方式。
- 掌握简单的互联网应用。
- 了解网络信息安全的概念与防控。
- 了解移动互联网的相关概念。

互联网在全球范围内掀起了一场影响人类经济、文化、社会、政治等所有层面的深刻变革，对人类社会与人类文明产生了深远的影响，开创了一个全新的时代。了解并使用网络也就成为现代人必须掌握的一项基本技能。

4.1　网络技术与网络的组建

【操作任务】

搭建家庭无线局域网

任务描述：随着信息时代的到来，家居智能化的浪潮已逐渐兴起。家中有多部电话、多台电视、计算机上宽带网、多台计算机联网，以及背景音乐、家庭影院共享、自动报警、可视对讲门铃、电视监控等系统在家庭中的实现已成为可能。几乎大部分智能设备都需要通过网络控制通信，所以家庭网络系统就成为未来智能生活的基础，如何构建一个简单、稳定、可靠、高速的家庭网络系统就成为很多人所关心的问题。

任务分析：完成本任务涉及网络的相关概念，一是了解计算机网络的相关概念；二是了解组建局域网的方法；三是了解实现局域网内的信息共享的方法。

4.1.1　了解网络的基本概念

1. 计算机网络的发展历史

计算机网络最早出现于20世纪50年代，是通过通信线路将远方终端资料传送给主要计算机处理，形成一种简单的联机系统。随着计算机技术和通信技术的不断发展，计算机网络也经历了从简单到复杂、从单机到多机的发展过程，其主要演变过程可分为 4 个阶段。

1）面向终端的计算机网络

第一代计算机网络是以单台计算机为中心的远程联机系统，最早产生于 20 世纪 50 年代初期的美国，将分布在不同办公室甚至不同地理位置的本地终端或者是远程终端通过公共电话网及相应的通信设备与一台计算机相连，然后登录到计算机上，使用该计算机上的资源，这就有了通信与计算机的结合。这种具有通信功能的单机系统被称为第一代计算机网络，如图 4-1 所示。

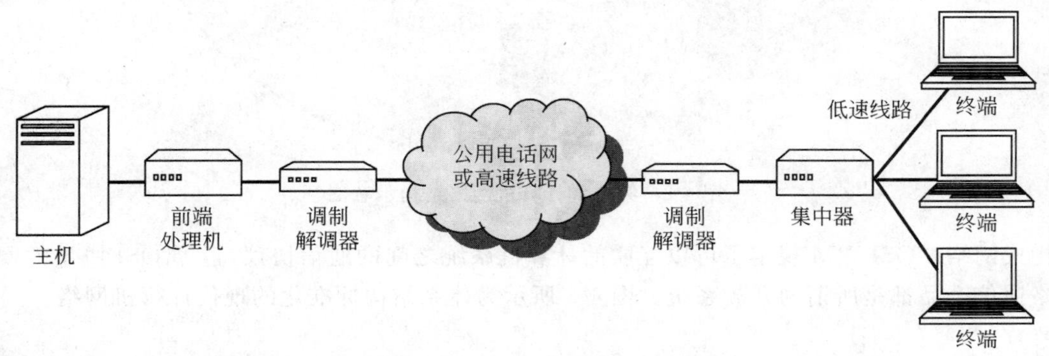

图 4-1　面向终端的计算机网络

由于第一代计算机网络的每个终端和主机之间都采用一条专用通信线路，这种系统的线路利用率比较低。当这种简单的单机联机系统连接大量的终端时，存在两个明显的缺点：一是主机系统负担过重；二是线路利用率低。

2）计算机通信网络

这一阶段的计算机网络兴起于 20 世纪 60 年代后期，是将地理上分散的多台计算机通过通信线路互联起来，为用户提供服务，网络中的每台计算机都可以独立启动、运行和停机，所有的用户都可以共享系统的硬件、软件和数据资源。

计算机通信网络在逻辑上可分为两大部分：通信子网和资源子网，二者合一即构成以通信子网为核心，以资源共享为目的的计算机通信网络，如图 4-2 所示。

计算机通信网络的典型应用是美国国防部高级研究计划署开发的 ARPANET，它是计算机网络技术发展的一个里程碑，在概念、结构和网络设计方面都对后续计算机网络技术的发展有着非常巨大的影响，为 Internet 的形成奠定了基础。

3）体系结构标准化网络

经过了 20 世纪 60 年代以及 70 年代初的发展，人们对组网的技术、方法和理论的研究日趋成熟。为了促进网络产品的开发，各大计算机公司纷纷制定自己的网络技术标准，最终促成国际标准的制定。到 70 年代末，国际标准化组织（international standards organization，ISO）成立了专门的工作组来研究计算机网络的标准，在研究、吸收各计算机制造厂家的网络体系结构标准化经验的基础上，制定了开放系统互联参考模型（open system interconnection basic reference model，OSI/RM），它旨在将异种计算机方便互联，

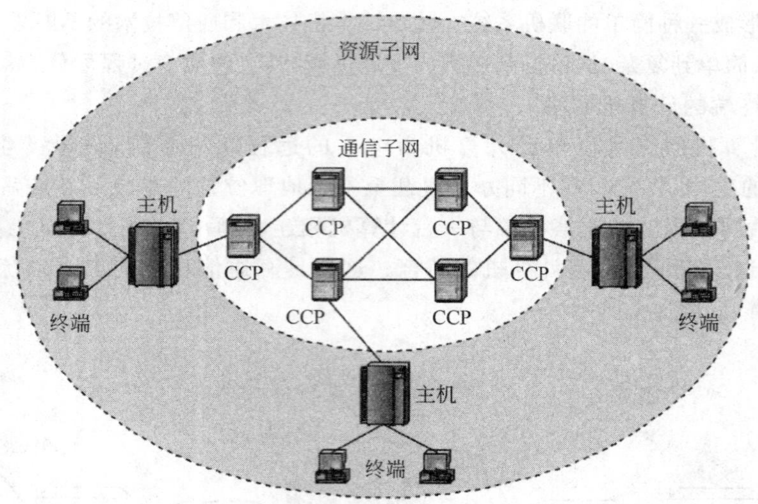

图 4-2　第二代计算机网络结构示意图

构成网络。OSI/RM 规定了可以互联的计算机系统之间的通信协议，遵循 OSI 协议的网络通信产品都是所谓的开放系统。图 4-3 所示为体系结构标准化的现代计算机网络。

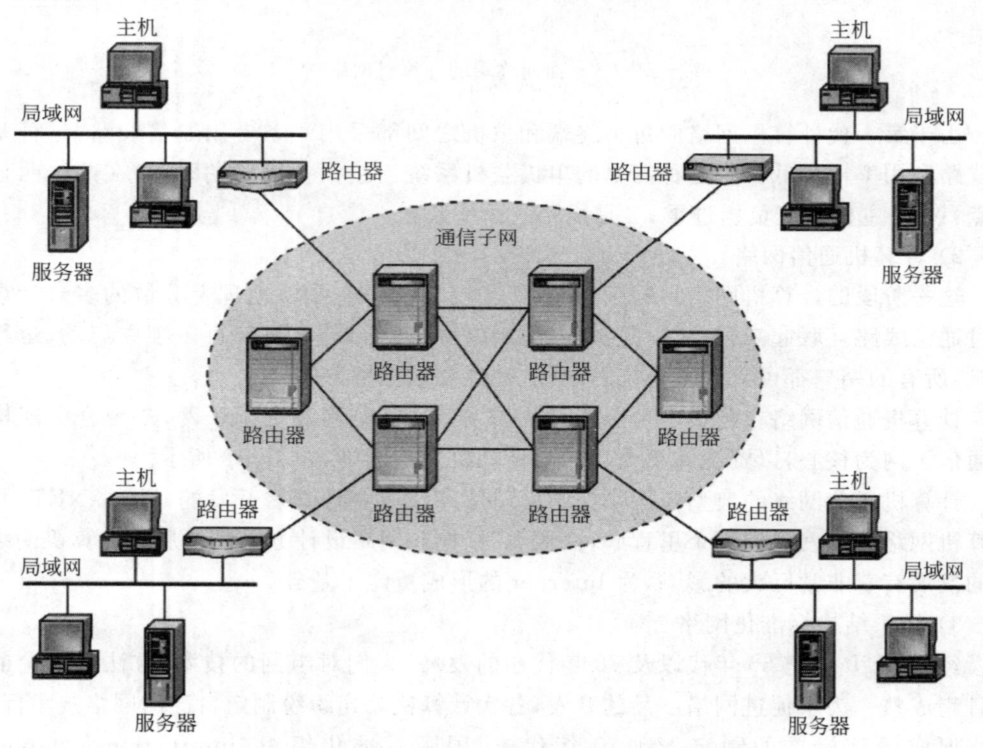

图 4-3　体系结构标准化的现代计算机网络

4）高速互联网

从 20 世纪 90 年代开始，迅速发展的 Internet、信息高速公路、无线网络与网络安全，使得信息时代全面到来。互联网作为国际性的网际网与大型信息系统，在当今经济、文化、科学研究、教育与社会生活等方面发挥着越来越重要的作用。宽带网络技术的发展为社会信息化提供了技术基础，网络安全技术为网络应用提供了重要安全保障。

2. 计算机网络的概念

在计算机网络发展过程中的不同阶段，人们对计算机网络提出了不同的定义。现在普遍被接受的计算机网络的定义："计算机网络是分布在不同地理位置上的具有独立功能的多台计算机，通过通信设备和通信线路连接起来，在网络协议和网络操作系统的支持下实现资源共享的系统。"

(1) 计算机网络中的计算机应该具有独立功能。互联的计算机没有明确的主从关系，一台计算机不能启动、停止或控制另一台计算机的运行，每台计算机既可以联网使用，也可以脱离网络独立工作。

(2) 计算机网络是通信技术与计算机技术紧密结合的产物。网络中的"通信线路"是指通信介质，它既可以是有线的(如同轴电缆、双绞线和光纤等)，也可以是无线的(如微波和通信卫星等)连接介质。"通信设备"是在计算机和通信线路之间按照通信协议传输数据的设备，如交换机、路由器等。"网络协议"是计算机之间在交换信息时需要遵守的某些约定和规则，如 TCP/IP 协议、NETBEUI 协议等。"网络操作系统"是使网络上的计算机能够方便、有效地共享网络资源，为用户提供所需服务的软件和相关的规程。

(3) 计算机网络的主要功能是资源共享。网络资源包括硬件资源(如海量存储器、打印机等)、软件资源(如工具软件和应用软件等)和数据信息(如数据文件和数据库等)。

3. 计算机网络的分类

计算机网络的分类方式很多，按照不同的分类原则，可以得到各种不同类型的计算机网络。例如，按通信距离，可分为广域网、局域网和城域网；按信息交换方式，可分为电路交换网、分组交换网和综合交换网；按传输带宽，可分为基带网和宽带网；按使用范围，可分为公用网和专用网；按通信传播方式，可分为广播式和点到点式。

常用的计算机网络分类方式是按照网络覆盖的地理范围的大小，分为局域网、城域网和广域网 3 种类型。各类网络的特征参数如表 4-1 所示。

表 4-1 各类网络的特征参数

网络分类	缩写	分布距离	计算机分布范围	传输距离范围
局域网	LAN	10m 左右	房间	4Mbps～1Gbps
		100m 左右	楼宇	
		1000m 左右	校园	
城域网	MAN	10km 左右	城市	50Kbps～100Mbps
广域网	WAN	100km 以上	国家或全球	9.6Kbps～45Mbps

局域网(local area networks，LAN)：局域网是将较小地理区域内的计算机或数据终

端设备连接在一起的通信网络。局域网覆盖的地理范围比较小,一般在几十米到几千米之间。它常用于组建一个办公室、一栋楼、一个楼群、一个校园或一个企业的计算机网络。局域网可以由一个建筑物内或相邻建筑物的几百台至上千台计算机组成,也可以小到连接一个房间内的几台计算机、打印机和其他设备。局域网主要用于实现短距离的资源共享。

城域网(metropolitanl area networks,MAN):城域网是一种大型的局域网,它的覆盖范围介于局域网和广域网之间,一般为几千米至几万米。城域网的覆盖范围在一个城市内,它将位于一个城市之内不同地点的多个计算机局域网连接起来实现资源共享。城域网所使用的通信设备和网络设备的功能要求比局域网高,以便有效地覆盖整个城市的地理范围。一般在一个大型城市中,城域网可以将多个学校、企事业单位、公司和医院的局域网连接起来共享资源。

广域网(wide area networks,WAN):广域网是在一个广阔的地理区域内进行数据、语音、图像信息传输的计算机网络。由于远距离数据传输的带宽有限,因此广域网的数据传输速率比局域网要慢得多。广域网可以覆盖一个城市、一个国家甚至全球。

4. 计算机网络的拓扑结构

网络拓扑结构是由计算机网络节点和通信链路所组成的几何形状。计算机网络有很多种拓扑结构,最常用的网络拓扑结构包括总线型结构、环形结构、星形结构、树形结构、网状结构。各种不同的网络拓扑结构如图 4-4 所示。

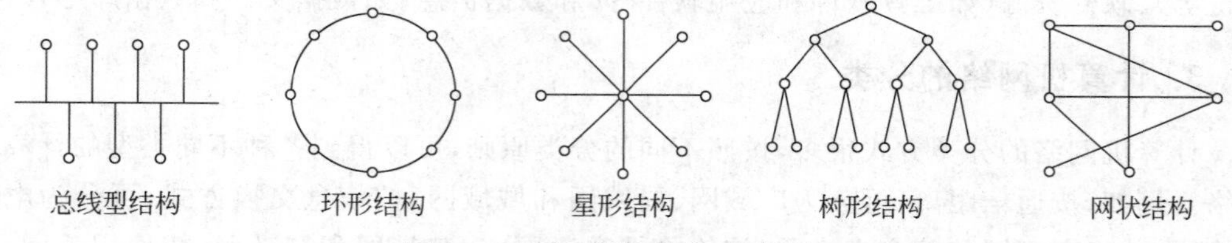

图 4-4 各种不同的网络拓扑结构

1) 总线型结构

总线型结构是将网络中所有的设备都通过一根公共的总线连接,通信时信息通过总线进行广播方式传输。这种结构投资少,安装布线容易,网络中任何节点的故障都不会造成全网的瘫痪,故障可靠性较高;缺点是当节点数目较多时,容易发生信息拥塞。

2) 环形结构

环形结构中,所有设备被连接成环,信息是通过该环进行广播式传播的。该结构的传输路径固定,无路径选择的问题,故实现较简单;缺点是任何节点的故障都会导致全网瘫痪,可靠性较差;网络的管理比较复杂,而且投资费用相对也比较高。

3) 星形结构

星形结构是由一个中央节点和若干从节点组成,中央节点可以与从节点直接通信,而从节点之间的通信必须通过中央节点的转发。星形结构是局域网中最常用的拓扑结构。星形拓扑结构简单,建网容易,传输速率高;扩展性好,灵活配置,网络易于维护和管理,但是星形结构可靠性依赖于中央节点，中央节点一旦出现故障则全网瘫痪。

4）树形结构

树形结构实际上是星形结构的一种扩展，是一种倒树形的分级结构，具有根节点和各分支节点，节点按照层次进行连接，信息交换主要在上、下节点间进行。其特点是结构比较灵活，易于网络扩展。但与星形结构相似，一旦根节点出现瘫痪，则会影响到全网。树形拓扑结构是中大型局域网常采用的一种拓扑结构。

5）网状结构

网状结构分为一般网状拓扑结构和全连接网状拓扑结构两种。一般网状拓扑结构中每个节点至少与其他两个节点直接相连。全连接网状拓扑结构中的每个节点都与其他所有节点相通。其最大的特点是拥有强大的容错能力，可靠性极高，但与之相对应的建网费用高，布线困难。广域网基本都采用网状结构。

5. 计算机网络体系结构

1）OSI 参考模型

国际标准化组织（ISO）于 1978 年提出了开放系统互联（open system interconnection，OSI）参考模型。它将计算机网络体系结构的通信协议规定为 7 层，其规程内容包括通信双方如何及时访问和分享传输介质，发送方和接收方如何进行联系与同步，指定信息传送的目的地，提供差错的监测和恢复手段，确保通信双方相互理解。

OSI 参考模型从高层到低层依次是应用层、表示层、会话层、传输层、网络层、数据链路层和物理层。OSI 参考模型要求双方通信只能在同级进行，实际通信是自上而下的，经过物理层通信，再自下而上送到对等的层次，如图 4-5 所示。

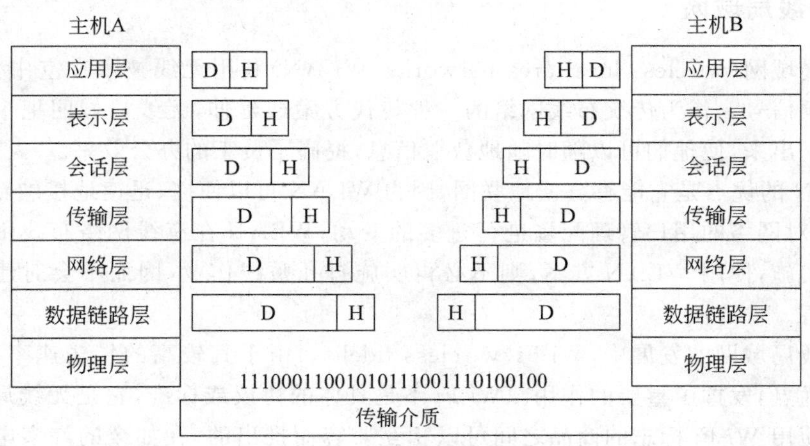

图 4-5　OSI 参考模型

2）TCP/IP 网络体系结构

OSI 参考模型从理论上来说，是一个试图达到理想标准的网络体系结构，因此一直到 20 世纪 90 年代初，整套标准才制定完善。尽管 OSI 参考模型具有层次清晰、便于论述等优点，从而得到了计算机网络理论界的推崇，但是符合该模型标准的网络却从来没有被实现过。因为网络应用界认为,OSI 参考模型实施起来过于繁杂,运行效率太低;还有人认为 OSI 参考模型中层次的划分不够精练,许多功能在不同层中有所重复,且 OSI 参考模型制定的周期过于漫长。因此,另一套实用的 TCP/IP 网络体系结构很快地占领了计算机网络市场,成为事实上的国际标准,并被沿用至今。

TCP/IP 参考模型最初产生于 1969 年,该模型将不同的通信功能集成到不同的网络层次,形成了一个具有 4 个层次的体系结构(从高层到低层依次是应用层、传输层、网络层、网络接口层)。TCP/IP 参考模型的体系结构与 OSI 参考模型的对应关系如图 4-6 所示。

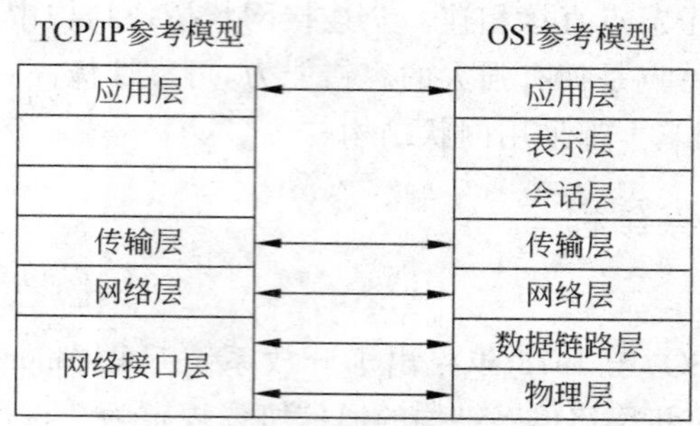

图 4-6 TCP/IP 参考模型与 OSI 参考模型

TCP/IP 提供了一整套数据通信协议,该协议由传输控制协议(transmission control protocol,TCP)和网际协议(internet protocol,IP)组成,一般来说,TCP 提供传输层服务,而 IP 提供网络层服务。

6. 无线局域网

无线局域网(wireless local area networks,WLAN)利用无线技术在空中传输数据、话音和视频信号。作为传统布线网络的一种替代方案或延伸,无线局域网把个人从办公桌边解放了出来,使他们可以随时随地获取信息,提高了员工的办公效率。

WLAN 的优点是它能够方便地联网,因为 WLAN 可以便捷、迅速地接纳新加入的成员,而不必对网络的用户管理配置进行过多的变动;WLAN 在有线网络布线困难的地方比较容易实施,使用 WLAN 方案,则不必再实施打孔敷线作业,因而不会对建筑设施造成任何损害。

在无线局域网的发展中,Wi-Fi(wireless fidelity)由于其较高的传输速率、较大的覆盖范围等优点,发挥了重要的作用。Wi-Fi 不是具体的协议或标准,它是无线局域网联盟为了保障使用 Wi-Fi 标志的商品之间可以相互兼容而推出的,在如今的许多电子产品上都可以看到 Wi-Fi 的标志。

【思考与练习】

1. 常用的网络命令有哪些?请尝试使用一下。
2. 在网络的 OSI 参考模型中,各层的数据传输单位是什么?

4.1.2 组建简单的局域网

1. 必备知识

1）网络的传输介质

传输介质是信号传输的媒体，常用的介质分为有线介质和无线介质。有线介质有双绞线、同轴电缆和光纤等；无线传输是指利用地球空间和外层空间作为传播电磁波的通路。由于信号频谱和传输技术的不同，无线传输的主要方式包括无线电传输、地面微波通信、卫星通信、红外线通信和激光通信等。现在比较流行的使用方式为：局域网由双绞线连接到桌面，光纤作为通信干线，卫星通信用于跨国界传输。

2）网络互联设备

为了扩展局域网网段的长度，延伸信号传输的范围或者将两个或者两个以上具有独立自治能力、同构或异构的计算机网络连接起来，实现数据流通，扩大资源共享的范围，以容纳更多的用户，需要使用网络互联设备。常用的网络互联设备及其功能如表 4-2 所示。

表 4-2　常用的网络互联设备及其功能

互联设备	工作层次	主要功能
集线器	物理层	对接收信号进行再生和发送，只起到扩展传输距离的作用，对高层协议是透明的，但使用个数有限
二层交换机	数据链路层	依赖于数据链路层中的信息（如 MAC 地址）完成不同端口数据间的线速交换，主要功能包括物理编址、错误校验、帧序列以及数据流控制
三层交换机	网络层	带路由功能的二层交换机
路由器	网络层	连接互联网中各局域网、广域网的设备。它会根据信道的情况自动选择和设定路由，以最佳路径并按前后顺序发送信号
多层交换机	高层（第 4～7 层）	带协议转换的交换机
网关	高层（第 4～7 层）	最复杂的网络互联设备，用户连接网络层以上执行不同协议的子网

3）IP 地址

IP 地址是互联网协议地址（internet protocol address），是 IP 协议提供的一种统一的地址格式，它为互联网上的每一个网络和每一台主机分配一个逻辑地址，以此来屏蔽物理地址的差异。IP 协议目前主要有 IPv4 协议和 IPv6 协议两个版本，它们最大的区别是地址表示方式不同。

目前互联网上广泛使用的是 IPv4，一般不加以说明时，IP 地址是指 IPv4 地址。IPv4 地址用 32 位（4 个字节）二进制数来表示。为了便于书写，通常用“点分十进制”表示法，其要点是，每 8 位（1 个字节）二进制数为一组，每组用 1 个十进制数表示（0～255），每组之间用小数点“.”隔开。例如，二进制数表示的 IP 地址：11001010 01110000 00000000 00100100 用“点分十进制”表示即为 202.112.0.36。

随着互联网的迅速发展,互联网上的节点数量增长速度太快,造成IP地址匮乏,IPv4定义的有限地址空间将被耗尽。为了解决IPv4协议面临的各种问题,诞生了IPv6。IPv6采用128位地址长度,几乎可以不受限制地提供地址。按保守方法估算IPv6实际可分配的地址,整个地球的每平方米面积上仍可分配1000多个地址。在IPv6的设计过程中除了一劳永逸地解决了地址短缺问题以外,还考虑了在IPv4中解决不好的其他问题,主要有端到端IP连接、服务质量(QoS)、安全性、多播、移动性、即插即用等。

IP地址的分配主要有两种方法:静态分配和动态分配。

(1) 静态分配:指定固定的IP地址,配置操作需要在每台主机上进行。缺点是配置和修改工作量大,不便统一管理。

(2) 动态分配:自动获取由动态主机配置协议(dynamic host configuration protocol, DHCP)服务器分配的IP地址且IP地址不固定。优点是配置和修改工作量小,便于统一管理。

2. 操作技能

1) 配置IP地址

(1) 右击桌面右下角通知区域的网络图标,在弹出的快捷菜单中选择"打开网络和共享中心"命令,弹出"网络和共享中心"窗口。

或者选择"开始"→"控制面板"→"网络和Internet"→"查看网络状态和任务"选项,也可打开"网络和共享中心"窗口,如图4-7所示。

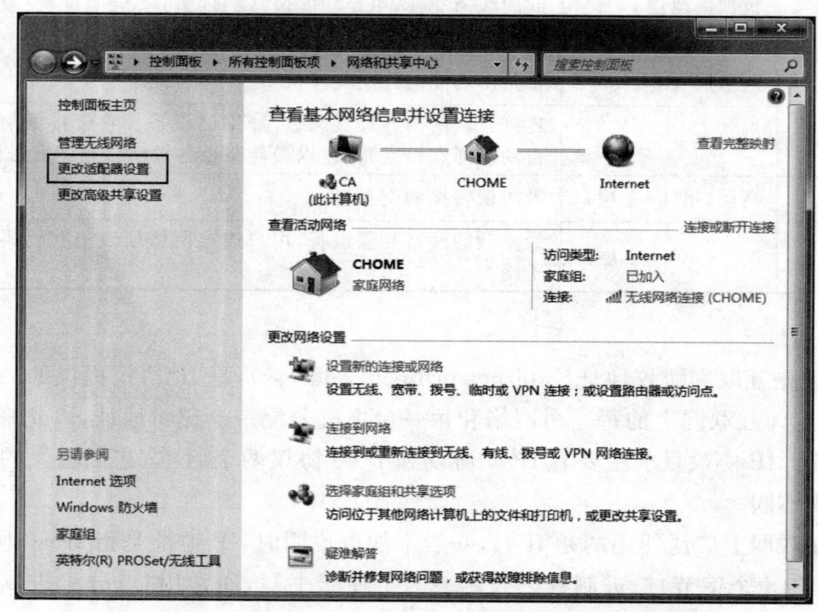

图4-7 "网络和共享中心"窗口

(2) 在窗口左侧单击"更改适配器设置"链接,弹出"网络链接"窗口。

(3) 双击打开要设置的网络连接(默认情况下,有线网卡的连接名称为“本地连接”,无线网卡的连接名称为“无线连接”),例如,双击打开的“本地连接 属性”对话框如图 4-8 所示。

(4) 在对话框中选择“Internet 协议版本 4(TCP/IPv4)”复选框,单击“属性”按钮,弹出“Internet 协议版本 4(TCP/IPv4)属性”对话框,如图 4-9 所示。

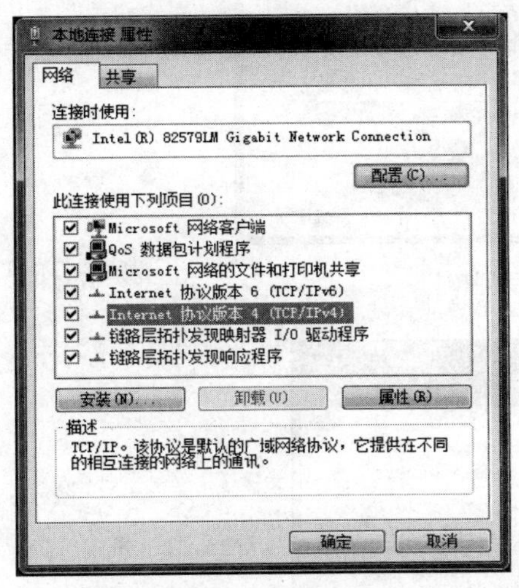

图 4-8　“本地连接 属性”对话框

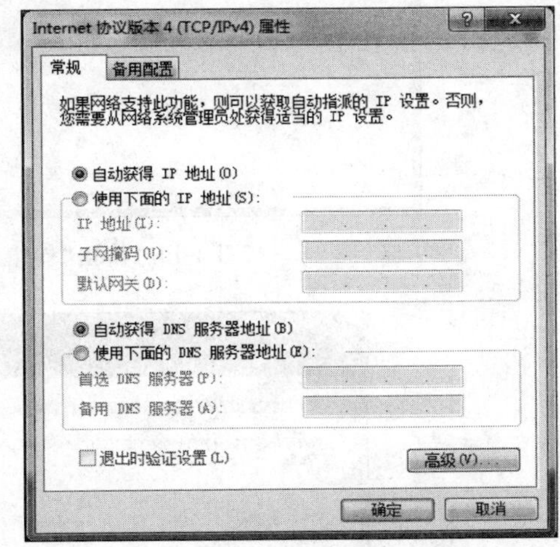

图 4-9　“Internet 协议版本 4(TCP/IPv4)属性”对话框

(5) 在对话框中设置 IP 地址。如果自动获取 IP 地址,则在对话框中选择“自动获得 IP 地址”和“自动获得 DNS 服务器地址”两项。如果配置静态 IP 地址,在对话框中选择“使用下面的 IP 地址”和“使用下面的 DNS 服务器地址”两项,然后手动输入 IP 地址、子网掩码、默认网关和 DNS 地址。

提示: 服务器必须使用静态 IP 地址。

2) 创建 Windows 7 家庭组

家庭组是家庭网络上可以共享文件和打印机的一组计算机,可以方便家庭组共享图片、音乐、视频、文档和打印机等,在 Windows 7 操作系统中给用户提供了家庭组功能,创建家庭组的操作步骤如下。

(1) 选择“开始”→“控制面板”→“网络和 Internet”→“选择家庭组和共享”选项,弹出“家庭组”窗口。

(2) 在窗口中单击“创建家庭组”按钮,如图 4-10 所示,弹出“创建家庭组”窗口。

(3) 在窗口中选择要共享的内容后,单击“下一步”按钮,Windows 7 家庭组创建向导会自动生成一串密码,如图 4-11 所示。其他计算机通过 Windows 7 家庭组连接进来时必须输入此密码。

(4) 单击“完成”按钮,返回“家庭组”窗口。由于家庭组密码是自动生成的,在此窗口中单击“更改密码”链接可以修改成自己熟悉的密码,如图 4-12 所示。

提示: Windows 7 家庭版系统没有创建家庭组的功能,Windows 7 旗舰版和专业版系统有此功能。

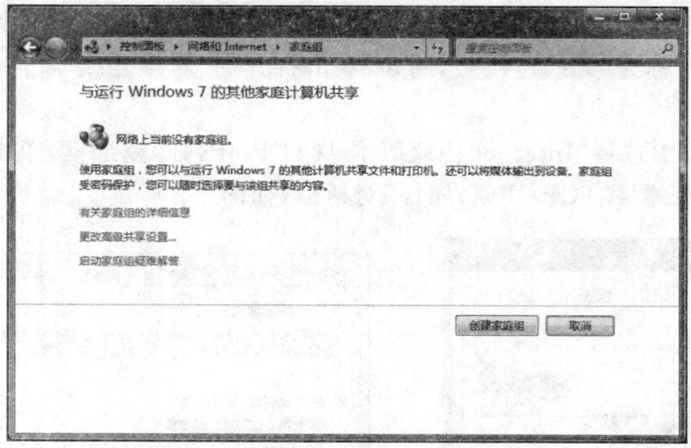

图 4-10　单击“创建家庭组”按钮

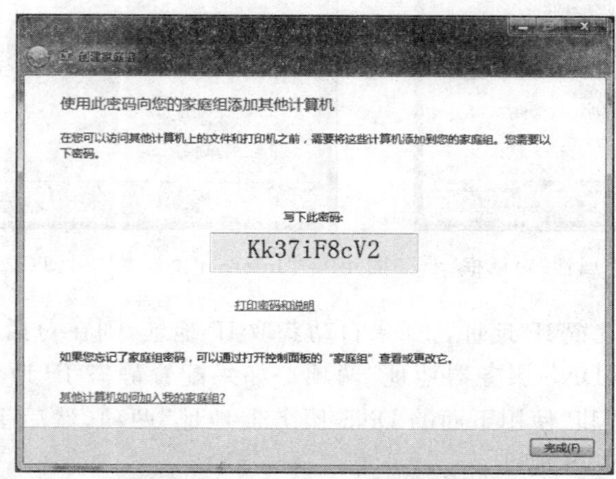

图 4-11　创建家庭组生成密码

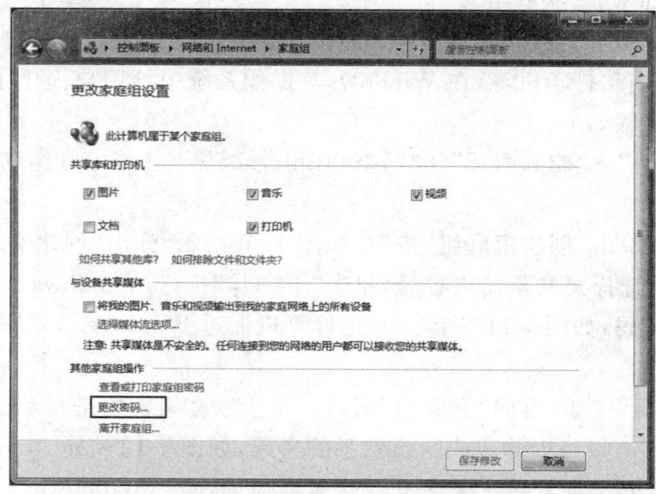

图 4-12　修改家庭组密码

【思考与练习】

通过参观校园网,认识常见的网络设备,并对其性能进行归纳、梳理。

4.1.3　局域网信息共享

1. 设置共享文件夹

设置共享文件夹的操作步骤如下。

(1) 右击要共享的文件夹,在弹出的快捷菜单中选择"属性"命令,弹出相应的属性对话框,如图 4-13 所示。

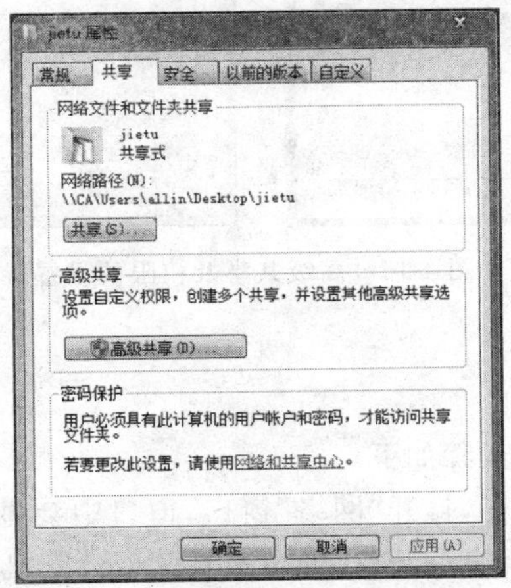

图 4-13　属性对话框

(2) 在对话框中单击"共享"按钮,弹出"文件共享"对话框,在其中选择共享的用户,如图 4-14 所示。

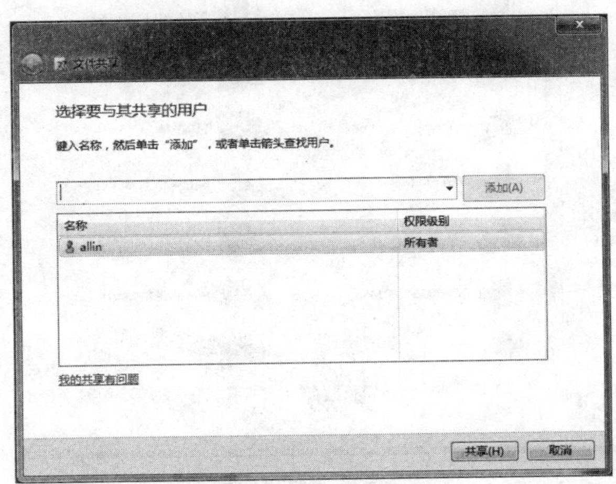

图 4-14　"文件共享"对话框

(3) 单击“共享”按钮,提示共享完成。单击“完成”按钮,返回图 4-13 的对话框。

(4) 在对话框中单击“高级共享”按钮,弹出“高级共享”对话框,选中“共享此文件夹”复选框,可以更改共享名及共享用户数量的限制。如果单击“权限”按钮,弹出权限设置对话框,可以设置共享用户的权限,如图 4-15 所示。

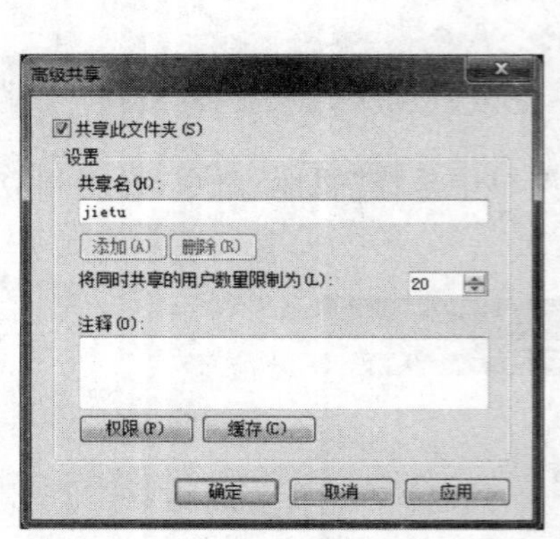

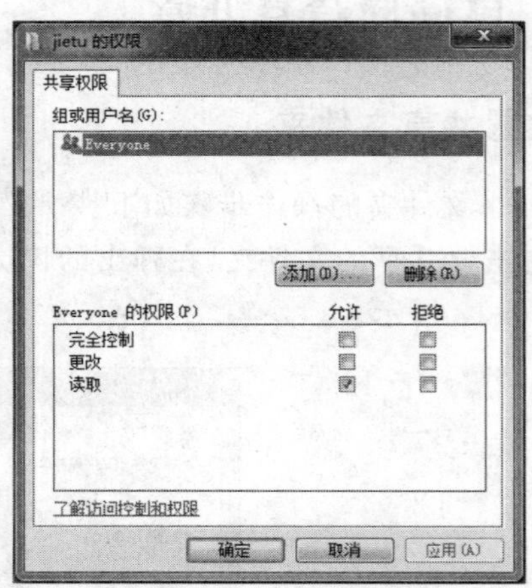

图 4-15 高级共享及权限的设置

2. 使用共享文件夹

查看共享文件夹的操作步骤如下。

双击桌面上的“网络”图标,打开“网络”窗口,窗口中会显示工作组计算机(图 4-16)。找到共享文件夹的计算机,双击打开它,即可查看此台计算机上共享的资源。

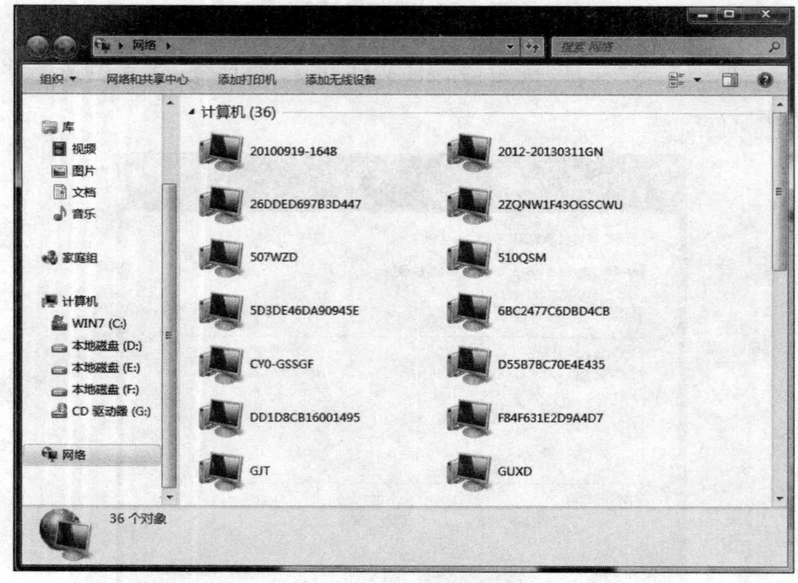

图 4-16 “网络”窗口

或者选择“开始”→“运行”命令，在弹出的“运行”对话框中输入“\\IP 地址”(IP 地址为共享文件夹所在 PC 的 IP 地址，如“\\192.168.1.100”)，即可查看该 PC 上的共享资源。

3. 设置共享打印机

设置共享打印机的操作步骤如下。

(1) 选择“开始”→“设备和打印机”选项，打开“设备和打印机”窗口，再右击打印机图标并在弹出的快捷菜单中选择“打印机属性”命令，如图 4-17 所示。

图 4-17　“设备和打印机”窗口

(2) 在弹出的打印机属性对话框中选择“共享”选项卡，选中“共享这台打印机”复选框，然后在“共享名”文本框中输入共享的打印机名称，如图 4-18 所示。

(3) 单击“确定”按钮，便完成将该打印机共享的设置。

4. 使用共享打印机

使用共享打印机的操作步骤如下。

(1) 在“设备和打印机”窗口中单击“添加打印机”按钮，弹出“添加打印机”对话框，选择“添加网络、无线或 Bluetooth 打印机”选项，如图 4-19 所示。

(2) 搜索可用的打印机，如图 4-20 所示。

(3) 如果共享打印机不在列表框中，则可选择“我需要的打印机不在列表中”选项，在弹出的对话框中选中“按名称选择共享打印机”单选按钮，输入共享的打印机名称，或单击“浏览”按钮选择需要共享的打印机，然后单击“下一步”按钮，即可成功添加共享打印机，如图 4-21 所示。

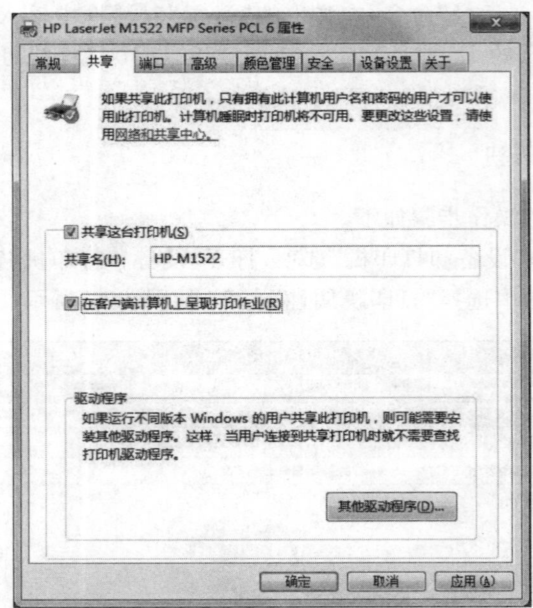

图 4-18　打印机属性对话框

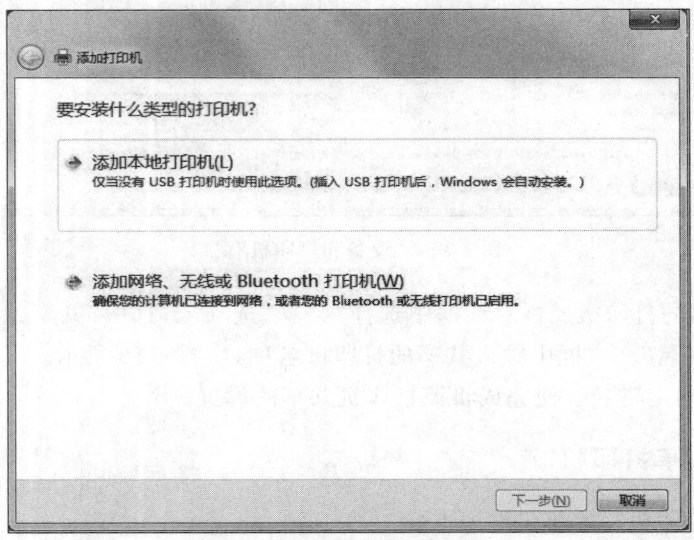

图 4-19　“添加打印机”对话框

【思考与练习】

1. 创建一个家庭组，将自己的图片在家庭组中共享。
2. 如何实现磁盘共享？
3. 在局域网中还有哪些需要共享的信息？如何共享？

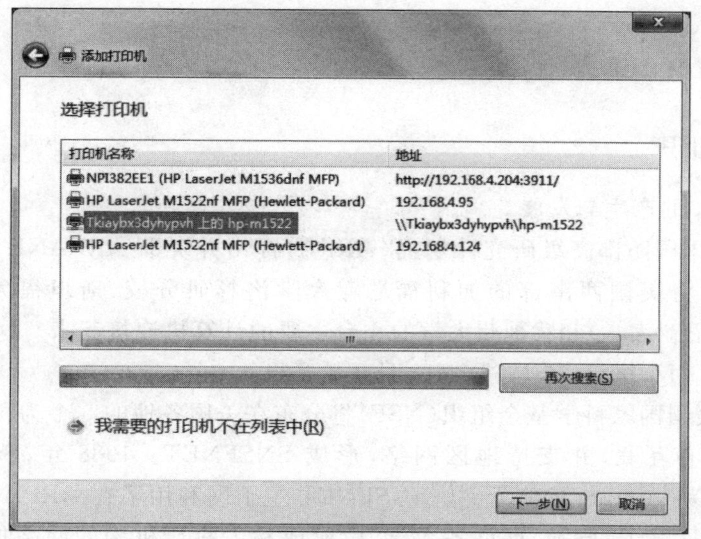

图 4-20　搜索可用的打印机

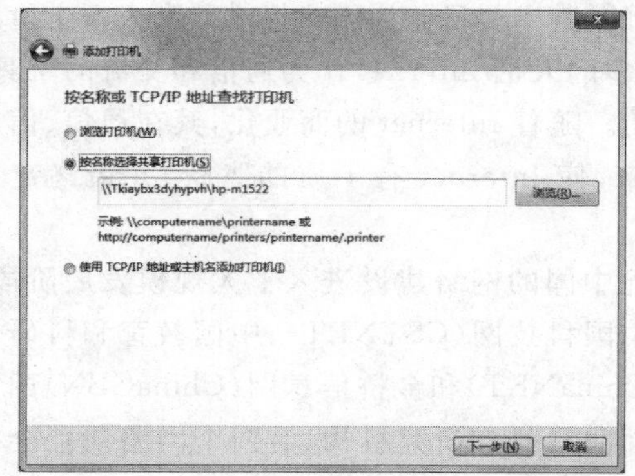

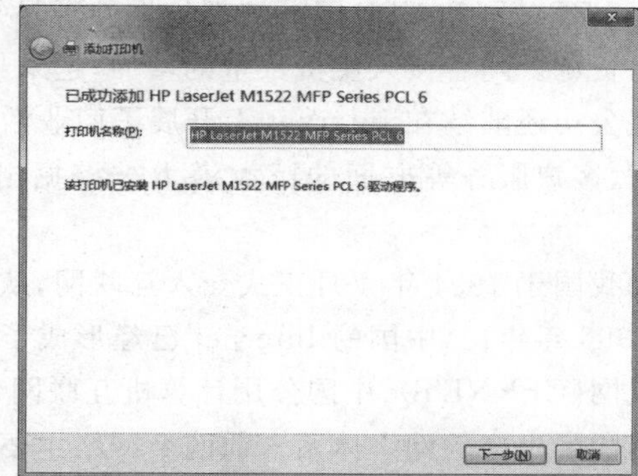

图 4-21　按名称选择共享打印机

4.2　互联网与网络应用

【操作任务】

熟悉常用网络的应用

任务描述：互联网已经成为人们获取信息的主要渠道，人们已经习惯网上漫游、收发电子邮件、搜索资料、下载资料、网上交流等，通过下面知识熟悉这些常用的网络应用。

任务分析：完成本任务，一是了解与认识互联网，以及了解 TCP/IP 的应用；二是了解浏览器的使用，如浏览器安装和设置等；三是使用互联网的常见应用，如下载文件、搜索信息、收发邮件、即时通信等，实现用户信息的交流。

4.2.1 Internet 基础

1. 必备知识

1）Internet 的产生与发展

1968 年美国国防部高级研究计划局（ARPA）提出并资助 ARPANET 研究，首先用于军事方面，后将美国西南部的加利福尼亚大学洛杉矶分校、斯坦福大学研究学院、UCSB（加利福尼亚大学）和犹他州大学的 4 台主要的计算机连接起来。这个协定由剑桥大学的 BBN 和 MA 执行，在 1969 年 12 月开始联机。

1986 年，美国国家科学基金组织（NSF）将分布在美国各地的 5 个为科研教育服务的超级计算机中心互联，并支持地区网络，形成 SNSFNET。1988 年，SNSFNET 替代 ARPANET 成为 Internet 的主干网。SNSFNET 主干网利用了在 ARPANET 中已证明是非常成功的 TCP/IP 技术，准许各大学、政府或私人科研机构的网络加入。1989 年，ARPANET 解散，Internet 从军用转向民用。

ARPA 网和 NSF 网最初都是为科研服务的，其主要目的为用户提供共享大型主机的宝贵资源。随着接入主机数量的增加，越来越多的人把 Internet 作为通信和交流的工具。一些公司还陆续在 Internet 上开展了商业活动。随着 Internet 的商业化，其在通信、信息检索、客户服务等方面的巨大潜力被挖掘出来，使 Internet 有了质的飞跃，并最终走向全球。

我国于 1994 年 4 月正式介入互联网，从此中国的网络建设进入了大规模发展阶段。到 1996 年年初，中国的 Internet 已经形成了中国科技网（CSTNET）、中国教育和科研计算机网（CERNET）、中国公用计算机互联网（ChinaNET）和金桥信息网（ChinaGBN）四大具有国际出口的网络体系。前两个网络主要面向科研和研究机构；后两个网络向社会提供 Internet 服务，以经营为目的，属于商业性质。

由于 Internet 存在着技术上和功能上的不足，加上用户数量猛增，使得 Internet 不堪重负。因此，1996 年美国的一些研究机构与 34 所大学提出研制和建造成新一代 Internet 的设想，并宣布实施“下一代互联网计划（NGI）”。

NGI 计划要实现的一个目标是开发下一代 Internet，以比现有的 Internet 高 100 倍的速率连接至少 100 个研究机构，以比现有的 Internet 高 1000 倍的速率连接 10 个类似的网络节点。其端到端的传输速率要达到 100Mbps～10Gbps；另一个目标是使用更加先进的网络服务技术和开发许多带有革命性的应用，如远程医疗、远程教育、有关能源和全球系统的研究、高性能的全球通信、环境监测和预报、紧急情况处理等。NGI 计划将使用超高速全光网络，能实现更快速地交换和路由选择，同时具有为一些实时应用保留带宽的能力，在整个 Internet 的管理和安全性方面也会有很大的改进。

2）接入互联网

互联网接入方式通常有专线连接、局域网连接、无线连接和电话拨号连接 4 种。其中使用 ADSL 方式拨号连接对众多个人用户和小单位来说，是最经济、最简单且采用最多的一种接入方式。无线连接也成为当前流行的一种接入方式，给网络用户提供了极大的便利。

(1) ADSL。目前用电话线接入互联网的主流技术是 ADSL(非对称数字用户线路)，这种接入技术的非对称性体现在上、下行速率的不同，高速下行信道向用户传送视频、音频信息，速率一般在 1.5～8Mbps，低速上行速率一般在 16～640Kbps。使用 ADSL 技术接入互联网对使用宽带业务的用户是一种经济、快速的方法。

采用 ADSL 接入互联网，除了一台带有网卡的计算机和一根直拨电话线外，还需向电信部门申请 ADSL 业务。由相关服务部门负责安装语音分离器和 ADSL 调制解调器与拨号软件。完成安装后，就可以根据提供的用户名和口令拨号上网了。

(2) ISP。要接入互联网，寻找一个合适的 Internet 服务提供商(Internet service provider，ISP)是非常重要的。一般 ISP 提供的功能主要有分配 IP 地址、网关及 DNS，提供联网软件，提供各种互联网服务。

除了前面提到的 ChinaNET、CERNET、CSTNET、ChinaGBN 这四家政府资助的 ISP 外，还有大批 ISP 提供互联网接入服务，如首都在线(263)、163、169、联通、网通、铁通等。

(3) 无线接入。无线局域网的构建不需要布线，因此提供了极大的便捷，省时省力，并且在网络环境发生变换、需要更改的时候，也易于更改维护。架设无线网首先需要一台无线 AP，AP 很像有线网络中的集线器或交换机，是无线局域网中的桥梁。有了 AP，装有无线网卡的计算机或支持 Wi-Fi 功能的手机等设备可以与网络相连，通过 AP，这些计算机或无线设备就可以接入互联网。普通的小型办公室、家庭有一个 AP 就已经足够。

几乎所有的无线网络都在某一个点上连接到有线网络中，以便访问 Internet 上的文件、服务。要接入互联网，AP 还需要与 ADSL 或有限局域网连接，AP 就像一台简单的有线交换机一样将计算机和 ADSL 或者有线局域网连接，从而达到接入互联网的目的。

3) 移动互联网

移动互联网(mobile Internet，MI)是将移动通信和互联网二者结合起来并成为一体，是指互联网的技术、平台、商业模式和应用与移动通信技术结合并实践的活动的总称。移动互联网是一种通过智能移动终端，采用移动无线通信方式获取业务和服务的新兴业务，包含终端、软件和应用 3 个层面。终端层包括智能手机、平板电脑、电子书等；软件层包括操作系统、中间件、数据库和安全软件等；应用层包括休闲娱乐类、工具媒体类、商务财经类等不同应用与服务。

4) 域名

在 Internet 中，使用 IP 地址就可以直接访问网络中相应的主机资源。但由于 IP 地址是一串抽象的数字，不便于记忆。从 1985 年起，在 Internet 上开始向用户提供域名服务器(domain name server，DNS)服务，即用具有一定含义又便于记忆的字符(域名)来识别网上的计算机，帮助人们在 Internet 上用名字来唯一标识计算机，并保证主机名和 IP 地址一一对应。例如，清华大学网站的 IP 地址是 166.111.4.100，对应的域名是 www.tsinghua.edu.cn。

为避免重名,主机的域名采用层次结构表示,各层次子域名之间用点隔开,从右到左分别为一级域名(或称顶级域名)、二级域名、三级域名直至主机名,其结构如下:

主机名.…….二级域名.顶级域名

顶级域名分为3类:一是国家和地区的顶级域名,目前200多个国家都按照ISO 3166国家代码分配了顶级域名,例如,中国是cn等;二是国际顶级域名,例如,表示工商企业的.com等;三是新顶级域名,例如,通用的.xyz、代表"高端"的.top、代表"红色"的.red、代表"人"的.men等若干种。部分常见的顶级域名如表4-3所示。

表4-3 部分常见的顶级域名

域名	含义	域名	含义
com	工商组织	gov	政府部门
edu	教育部门	org	其他组织
net	网络服务	int	国际组织
mil	军事部门	cn	中国
us	美国	jp	日本
uk	英国	kr	韩国

2. 操作技能

下面说明如何配置无线宽带路由器。

无线宽带路由器是能共享上网并提供自动拨号的网络设备。可以将外网直接连接到无线宽带路由器上,其他计算机和智能终端通过无线连接到该路由器并共享上网。只要网络中有计算机开机,路由器即自动拨号联网,网络中的计算机无须拨号。

无线路由器的种类很多,下面以TP-LINK TL-WR541G/542G为例说明无线路由器的配置过程。

(1) 利用网线将无线路由器与一台PC相连。

(2) 查找无线路由器的《用户手册》或者路由器背面,找到默认的管理IP地址以及用户名和密码。一般无线路由器默认的管理IP地址为192.168.1.1,默认的用户名和密码为admin。

(3) 配置PC的IP地址。为保证可以通过PC登录到无线路由器上,要将配置PC的IP地址与无线路由器的IP地址放在同一网段,如待配置PC的IP地址为192.168.1.2。

(4) 打开IE浏览器,在地址栏中输入192.168.1.1,在弹出的对话框中输入用户名和密码后,进入路由器管理界面。

首先根据运营商所提供的上网方式进行设置。在路由器管理界面的左侧窗格选择"网络参数"中的"WAN口设置"选项,在右侧窗格中根据服务商所提供的连接类型来选择"WAN口连接类型",单击"保存"按钮完成设置,如图4-22所示。

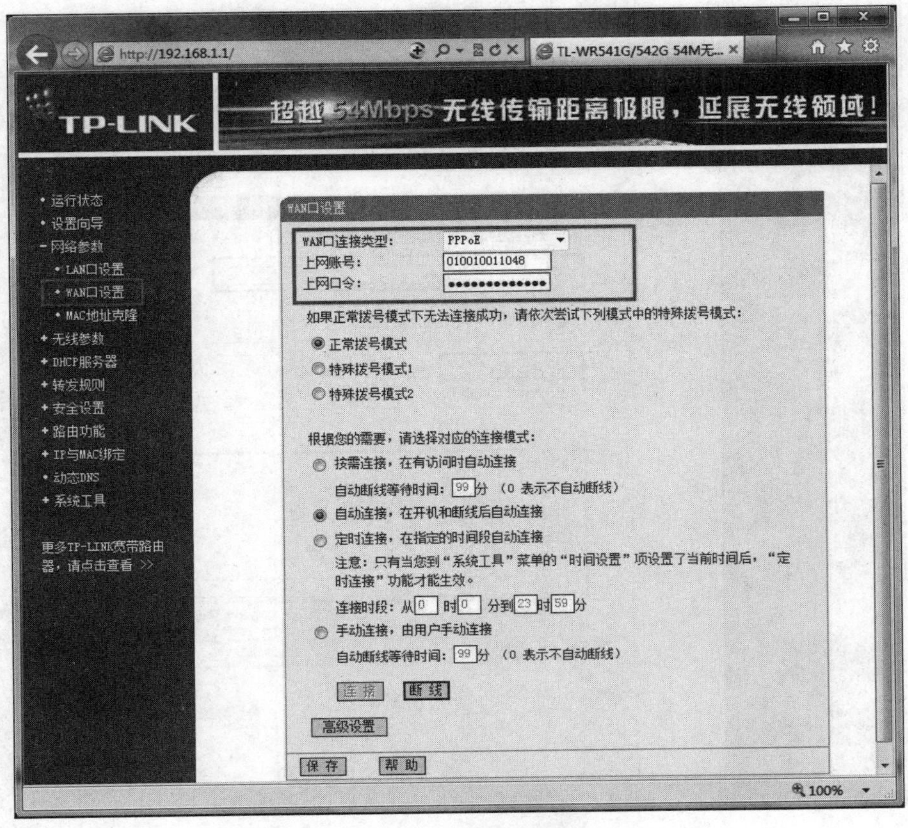

图 4-22　配置宽带接入方式

然后设置无线网络的基本参数。在路由器界面的左侧窗格中选择“无线参数”中的“基本设置”选项，在右侧窗格中设置 SSID 号和密码等，单击“保存”按钮完成设置，如图 4-23 所示。

最后开启 DHCP 服务器。通过 DHCP 服务器可以自动给无线局域网中的所有设备自动分配 IP 地址，这样就不需要手动设置 IP 地址，避免出现 IP 地址冲突，同时满足无线设备的任意接入。在路由器管理界面的左侧窗格中选择“DHCP 服务器”下的“DHCP 服务”选项，在右侧窗格中启用 DHCP 服务，并设置地址池的开始地址和结束地址，单击“保存”按钮完成设置，如图 4-24 所示。

【思考与练习】

1. 在宿舍和办公室如何组建局域网？如何接入 Internet？

2. 观察自己家里是如何接入 Internet 的，并确认是否有其他的接入方式。思考一下怎样让家里可上网的设备都连入 Internet 中。

3. 了解互联网思维。

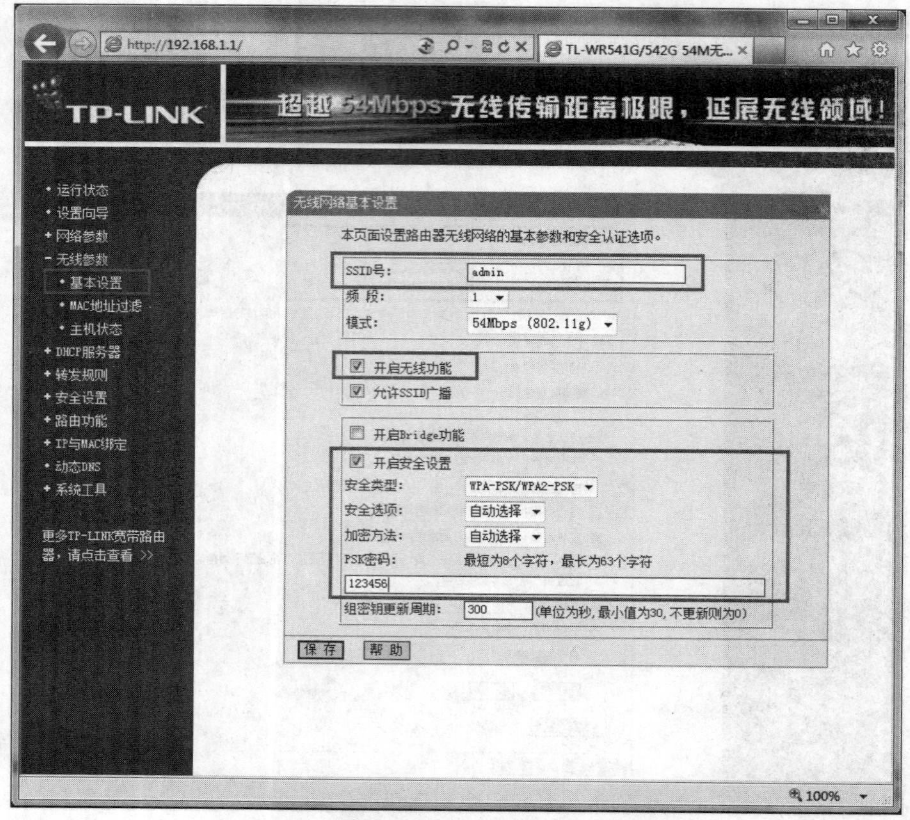

图 4-23　设置无线网络的基本参数

4.2.2　网上漫游

1. 必备知识

1）万维网

万维网(world wide web)也称为 3W、WWW、Web、全球信息网等。万维网服务是以超文本标记语言(hyper text markup language，HTML)与超文本传输协议(hypertext transmission protocol，HTTP)为基础，能够以友好的接口提供 Internet 信息查询服务。这些信息资源分布在全球数以亿万计的万维网服务器(或称 Web 站点)上，并由提供信息的网站进行管理和更新。用户通过浏览器浏览 Web 网站上的信息，并可单击标记为“超链接”的文本或图形，转换到世界各地的其他 Web 网站，访问丰富的 Internet 信息资源。

2）超文本和超链接

超文本(Hypertext)中不仅包括文本信息，还包含图形、声音、图像和视频等多媒体信息，所以称为超文本。超文本中还可以包含指向其他网页的链接，称为超链接。在一个超文本文件里可以包含多个超链接，这些超链接可以形成一个纵横交错的链接网。用户在

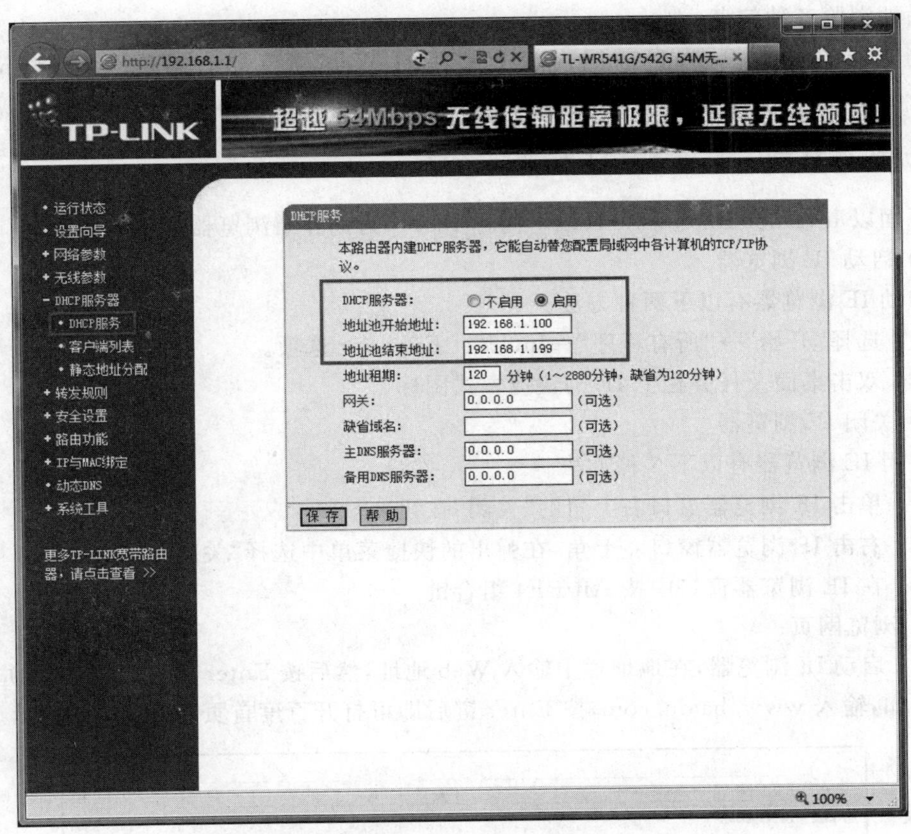

图 4-24　配置 DHCP 服务

阅读时，可以通过单击超链接从一个网页跳转到另一个网页。当鼠标指针移动到含有超链接的文字或图片上时，指针变成手的形状，文字也会改变颜色或加下画线，表示此处有一个超链接，可以单击它转到另一个相关网页。

3）URL

URL 是"统一资源定位器"(uniform resource locator)的英文首字母缩写形式，通俗地说，它用来指出某一项信息所在位置及存取方式。比如，要上网访问某个网站，在 IE 或其他浏览器里的地址一栏中所输入的就是 URL。URL 的语法结构如下：

协议名称://IP 地址或域名/路径/文件名

例如，http: //www. bcpl. cn/a/xueyuanyaowen/20180515/809. html 中，http 为协议名称，资源所在主机的域名为 www. bcpl. cn，要访问的文件具体位置在文件夹 a/xueyuanyaowen/20180515 下，文件名为 809. html。

4）浏览器

浏览器是指可以显示网页服务器或者文件系统的 HTML 文件(标准通用标记语言的一个应用)内容，并让用户与这些文件交互的一种软件。它用来显示在万维网或局域网中的文字、图像及其他信息。这些文字或图像可以是连接其他网址的超链接，用户可迅速及轻易地浏览各种信息。

浏览器的种类很多，目前国内较为常用的 Web 浏览器有微软公司的 Internet Explorer(IE)、Google 公司的 Chrome、腾讯浏览器、360 浏览器等。

2. 操作技能

下面以 Internet Explorer 11(以下简称 IE 11)为例介绍浏览器的相关操作。

1) 启动 IE 浏览器

启动 IE 浏览器有以下两种方法。

(1) 选择“开始”→“所有程序”→Internet Explorer 选项。

(2) 双击桌面及任务栏上 IE 的快捷方式图标。

2) 关闭 IE 浏览器

关闭 IE 浏览器有以下 3 种方法。

(1) 单击 IE 浏览器窗口右上角的“关闭”按钮×。

(2) 右击 IE 浏览器窗口左上角，在弹出的快捷菜单中选择“关闭”命令。

(3) 在 IE 浏览器窗口中按 Alt+F4 组合键。

3) 浏览网页

(1) 启动 IE 浏览器，在地址栏中输入 Web 地址，然后按 Enter 键，即可打开相应的网站。例如，输入 www. baidu. com，按 Enter 键后即可打开百度首页，如图 4-25 所示。

图 4-25　百度首页

(2) 单击 IE 浏览器窗口左上角的“前进”和“后退”按钮，可以在浏览记录中前进与后退，方便打开以前访问过的页面。

单击“刷新”按钮，可以重新传送该页面的内容。

(3) 在 IE 浏览器窗口地址栏右侧有搜索栏，在其中输入关键字，可以直接按关键字进行搜索。

4) 保存网页

在通过浏览网页方式获取信息时，可以对一些喜欢的网页进行保存，供之后查看，操作步骤如下。

(1) 单击 IE 浏览器窗口右上角的"工具"按钮⚙,在下拉列表中选择"文件"→"另存为"命令,弹出"保存网页"对话框,如图 4-26 所示。

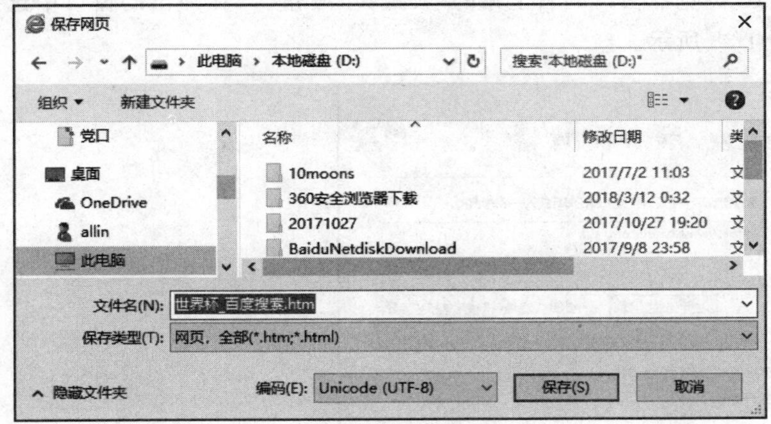

图 4-26　"保存网页"对话框

(2) 设置保存位置、文件名和保存类型后,单击"保存"按钮,即可完成页面的保存。

提示: IE 8 及以下版本在窗口顶部显示菜单栏;IE 9 及以上版本为了界面简洁,默认将菜单栏隐藏。但在窗口右上角的"工具"按钮集成了常见的菜单功能。也可以右击 IE 浏览器窗口上部空白处,在弹出的快捷菜单中选择"菜单栏"命令,在地址栏下方即会出现菜单栏。

5) 保存图片

网页上除了文字信息外,还有一些图片。保存图片的操作步骤如下。

(1) 右击图片,在弹出的快捷菜单中选择"图片另存为"命令,打开"保存图片"对话框。

(2) 在对话框中选择要保存的路径,输入图片名称,单击"确定"按钮即可。

6) 设置主页

主页是指每次启动 IE 后最先显示的页面,可以将主页设置为最频繁查看的网站。操作步骤如下。

(1) 单击"工具"按钮⚙,在下拉列表中选择"Internet 选项"命令,弹出"Internet 选项"对话框,如图 4-27 所示。

(2) 在对话框的"常规"选项卡中,在"主页"文本框中输入想要设置为主页的网址。

(3) 设置完成后,单击"应用"按钮,则之前的设置生效,但不会关闭对话框。单击"确定"按钮会关闭对话框。

(4) 如果单击 IE 浏览器窗口右上角的"主页"按钮⌂,当前页面会转到主页。

7) 使用与管理收藏夹

对于经常访问的网站,IE 浏览器为用户提供了收藏夹的功能。收藏夹是一个类似于资源管理器的管理工具,收入收藏夹的网页地址可以由用户给定一个简明的、便于记忆的名字,当鼠标指针指向此名字时,会同时显示对应的 Web 页地址。单击该名字就可以转到相应的网站,省去了在地址栏中输入地址的操作。

(1) 将网页地址添加到收藏夹。在收藏夹中添加网页地址的操作步骤如下。

① 单击 IE 浏览器窗口的右上角的“收藏夹”按钮☆,在弹出的窗口中选择“收藏夹”选项卡,如图 4-28 所示。

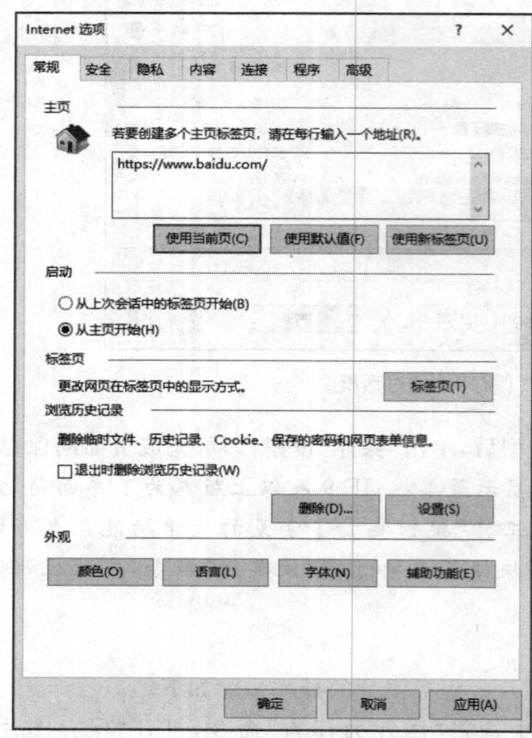

图 4-27 “Internet 选项”对话框

图 4-28 “收藏夹”选项卡

② 单击“添加到收藏夹”按钮,弹出“添加收藏”对话框,如图 4-29 所示。在页面中右击,在弹出的快捷菜单中选择“添加到收藏夹”命令。

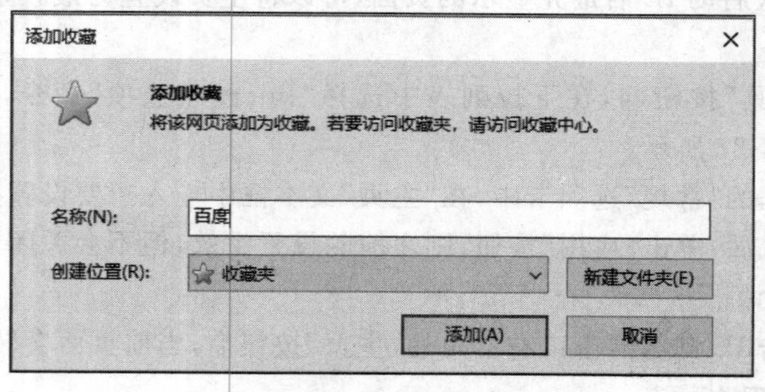

图 4-29 “添加收藏”对话框

③ 在对话框中输入名称,选择收藏夹,单击“添加”按钮,即可将当前网页添加到收藏

夹中。

（2）整理收藏夹。当收藏夹中的内容太多时，可以使用整理收藏夹功能，将不同类别的网页链接放在不同的子收藏夹中。操作步骤如下。

① 在图4-28所示中单击“添加到收藏夹”按钮旁的下三角按钮▼，在下拉列表中选择“整理收藏夹”命令。

② 打开“整理收藏夹”对话框，可以对收藏夹进行整理，包括创建多个文件夹，将不同类型的网页地址添加到不同的文件夹中，还可以对文件重命名和不同文件夹之间的移动等，如图4-30所示。

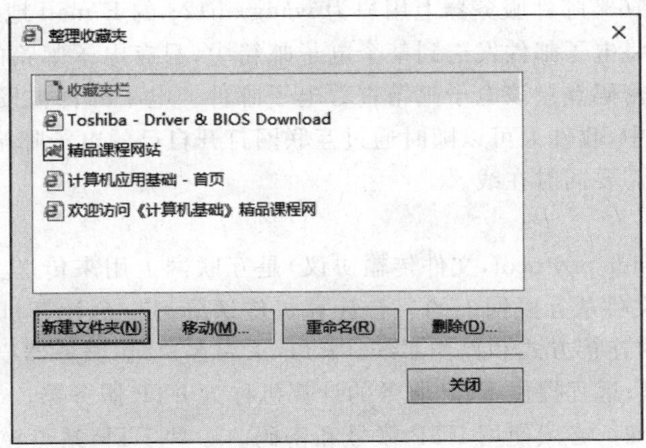

图4-30　“整理收藏夹”对话框

【思考与练习】

1. 配置IE浏览器，要求如下。

（1）在退出IE浏览器时自动删除浏览网页产生的临时文件、历史记录等。

（2）不保存网站的登录密码。

（3）在当前窗口的新选项卡中打开其他程序连接。

2. Windows中为程序提供了一个兼容模式，兼容模式主要是为方便用户浏览以IE浏览器（或IE早期版本）为优化基础的网站。有些网站无法输入用户名或密码就是典型的不兼容现象。请说明在IE 11中如何设置兼容模式。

4.2.3　网络应用

1. 必备知识

1）电子邮件

电子邮件（E-mail）是一种用电子手段提供信息交换的通信方式，是互联网应用最广的服务。电子邮件可以是文字、图像、声音等多种形式。同时，用户可以得到大量免费的新闻、专题邮件，并轻松地实现信息搜索。由于电子邮件的使用简单、投递迅速、收费低廉、易于保存、全球畅通无阻，使得电子邮件被广泛使用，极大地方便了人与人之间的沟通与交流，促进了社会的发展。

使用电子邮件业务，首先要拥有一个电子邮箱，每个电子邮箱都有一个 E-mail 地址，类似于普通邮件中的收件人地址。邮件服务器就是根据这些地址将电子邮件传送到各个用户的电子邮箱中。E-mail 地址格式如下：

用户名@邮箱所在主机的域名

其中，符号“@”读作“at”，表示“在”的意思；用户名是用户在向电子邮件服务器注册时获得的用户名，它必须是唯一的。例如，wangxin123@163.com 就是一个用户的 E-mail 地址，它表示“163”邮件服务器上用户为 wangxin123 的 E-mail 地址。

任何人都可以将电子邮件发送到某个电子邮箱中，只有电子邮箱的拥有者才可以通过正确的用户名和密码登录该电子邮箱查看电子邮件。电子邮件被发送后，首先存放在收件人的电子邮箱中，收件人可以随时通过互联网打开自己的电子邮箱来查看电子邮件。收件人和发件人不需要同时在线。

2）FTP

FTP(file transfer protocol，文件传输协议)是互联网上用来传送文件的协议。使用 FTP 协议，可以将文件从互联网上的一台计算机传送到另一台计算机，而不必关注它们所处的位置、采用的连接方式和操作系统。FTP 采用客户机/服务器模式工作，用户计算机称为 FTP 客户机，远程提供 FTP 服务的计算机称为 FTP 服务器。

用户进入 FTP 时，必须使用 FTP 账号和密码。一些 FTP 站点允许任何人进入，这时通常使用“anonymous”作为账户，使用用户的电子邮箱地址作为密码，这样的 FTP 站点称为匿名 FTP 站点。匿名 FTP 服务中，匿名用户通常只能获取文件，无法在远程计算机上建立文件或修改已存在的文件，对复制文件也有严格的限制。

3）云盘

云盘是一种专业的互联网存储工具，是互联网云技术的产物。它通过互联网为企业和个人提供信息的存储、读取、下载等服务，具有安全稳定、海量存储的特点。云盘相对于传统的实体磁盘来说，使用更方便，用户不需要把存储了重要资料的实体磁盘带在身上，却一样可以通过互联网，轻松从云端读取自己所存储的信息。常用的云盘有百度网盘、微云、360 云盘等。

4）即时通信

即时通信(instant message，IM)是指能够即时发送和接收互联网消息等的业务。随着时间的推移，即时通信的功能日益丰富，逐渐集成了电子邮件、博客、音乐、电视、游戏和搜索等多种功能。现在即时通信已经发展成集交流、资讯、娱乐、搜索、电子商务、办公协作和企业客户服务等为一体的综合化信息平台。微软、腾讯、AOL、Yahoo 等重要即时通信提供商都提供通过手机接入互联网即时通信的业务，用户可以通过手机与其他已经安装了相应客户端软件的手机或计算机收发消息。

5）搜索引擎服务

搜索引擎(search engine)是指根据一定的策略、运用特定的计算机程序从互联网上搜集信息，在对信息进行组织和处理后，为用户提供检索服务，将用户检索相关的信息展示给用户的系统。常用的搜索引擎有以下几种。

- Google 搜索：www.google.com。
- 百度搜索：www.baidu.com。
- 雅虎搜索：www.yahoo.cn。
- 搜狗搜索：www.sogou.com。
- 必应中文：cn.bing.com。

6）网络数据库

网络数据库存储的都是经过人工严格收集、整理、加工和组织的具有较高学术价值、科研价值的信息。但是，由于各个数据库后台的异构性和复杂性以及对其使用的限制，利用一般性的网络信息资源检索工具，如搜索引擎，无法检索出其中的信息，必须利用各个数据库专用的检索系统检索。常用的学术类数据库服务平台有中国知网、万方数据服务平台、读秀学术搜索、EI、Web of Science 等。

2. 操作技能

1）申请电子邮箱

电子邮箱有免费和收费两种，一般大型网站，如搜狐（www.sohu.com）、新浪（www.sina.com.cn）、网易（www.163.com）等都提供免费电子邮箱。下面以在网易申请免费电子邮箱为例，说明电子邮箱的申请过程。操作步骤如下。

（1）打开 IE 浏览器，在地址栏中输入 www.163.com，打开网易首页。

（2）单击右上角的"注册免费邮箱"按钮，打开如图 4-31 所示注册界面。

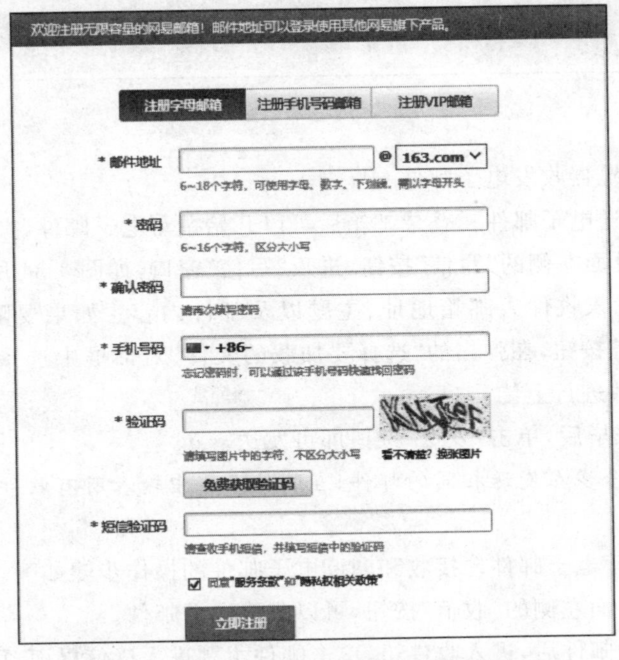

图 4-31　网易免费电子邮箱注册页面

(3) 有字母邮箱、手机号码邮箱和 VIP 邮箱 3 种可供选择。这里选择"注册字母邮箱"选项卡,按要求输入邮箱地址、密码和验证码,默认选中"同意'服务条款'和'隐私权相关政策'"复选框。

(4) 单击"立即注册"按钮,完成注册。

免费电子邮箱注册完成以后,若想打开电子邮箱,可以在 IE 浏览器地址栏中输入 email.163.com,可打开如图 4-32 所示的登录界面,输入账号和密码后,单击"登录"按钮即可进入邮箱,如图 4-33 所示。

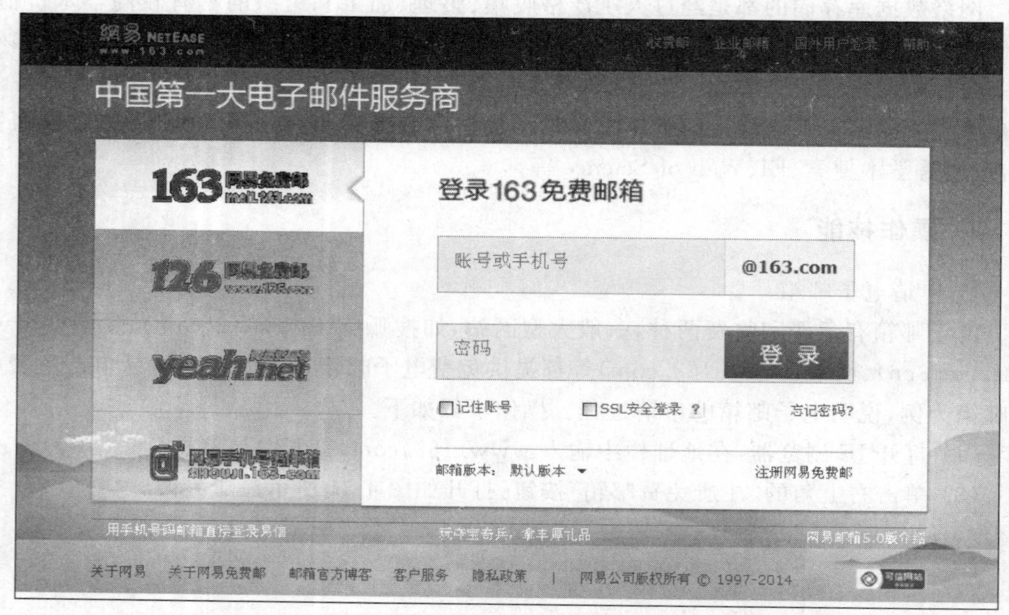

图 4-32 网易邮箱登录界面

2) 使用 IE 浏览器收发电子邮件

(1) 撰写并发送电子邮件。登录邮箱后可以开始撰写电子邮件,操作步骤如下。

① 单击邮箱页面左侧的"写信"按钮,进入"写信"窗口,如图 4-34 所示。

② 在窗口中输入收件人邮箱地址、主题以及邮件内容。如果要随信附上文件或图片,单击"添加附件"按钮,在弹出的"选择要加载的文件"对话框中选择要发送的文件,单击"确定"按钮,附件进行上传。

③ 邮件撰写完毕后,单击"发送"按钮即可发送。

提示:如果要给多人发送相同的邮件,在收件人栏中输入所有收件人邮箱地址,以英文半角";"分隔。

(2) 接收和阅读电子邮件。接收和阅读电子邮件的操作步骤如下。

① 单击邮箱页面左侧的"收信"按钮,可以收取电子邮件。

② 在收取电子邮件后,进入收件箱,单击邮件主题进入读信界面,可以查看邮件的具体内容。如果有附件,将鼠标指针移至附件名称处,会显示"下载""打开""预览"和"存网

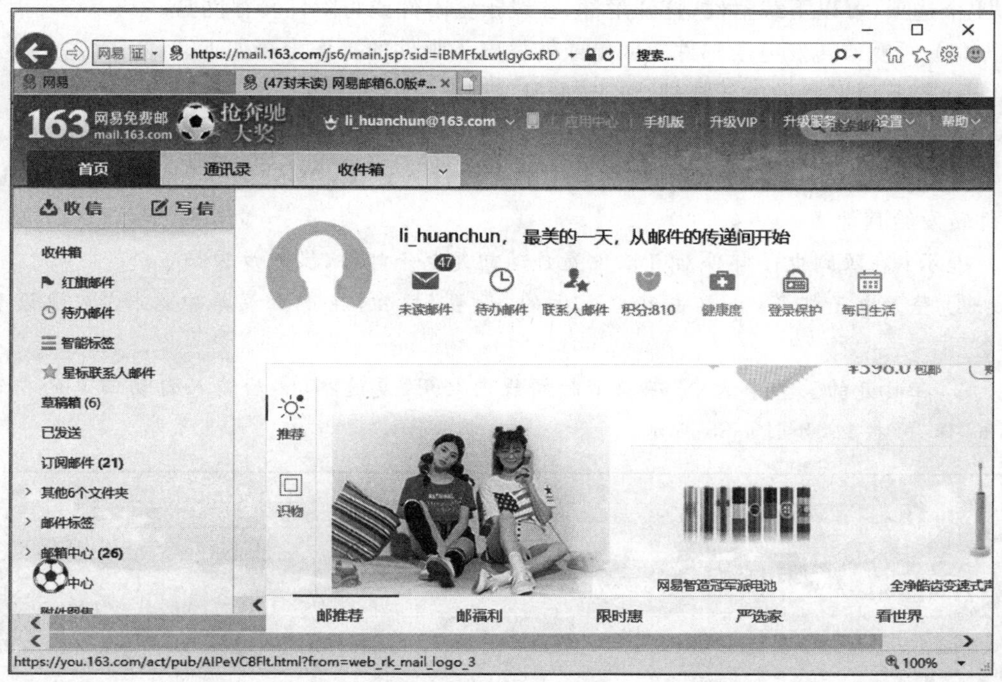

图 4-33　网易免费电子邮箱

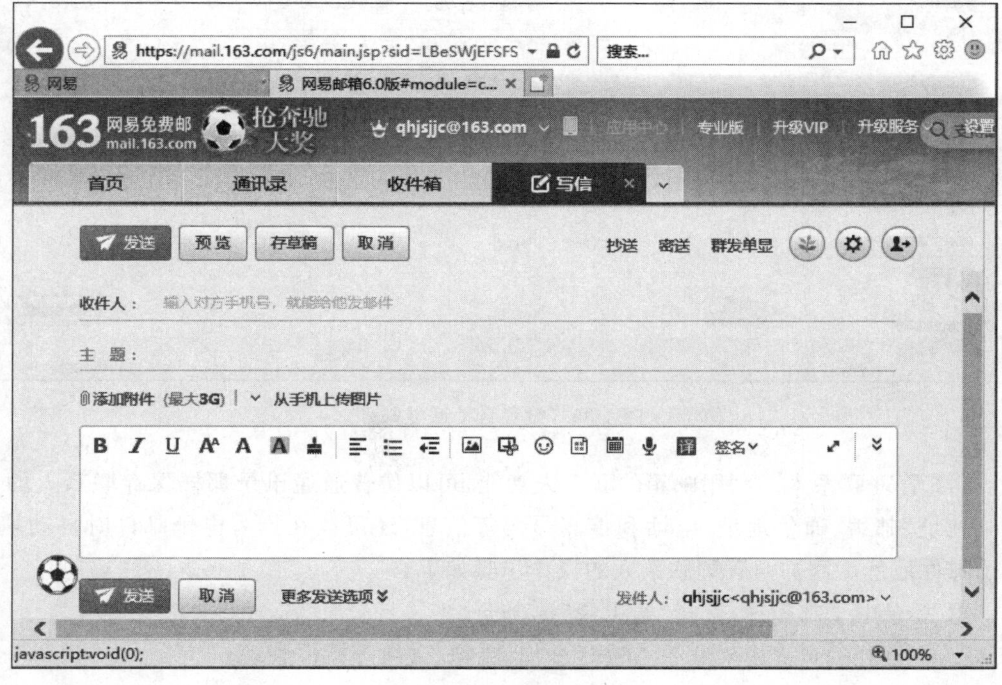

图 4-34　撰写电子邮件

盘”4 个选项,可以下载附件、打开附件、在线预览附件或将附件转存网盘。

(3) 回复或转发电子邮件。回复或转发电子邮件的操作步骤如下。

① 打开要回复的电子邮件,单击“回复”按钮。

② 在打开的页面中输入所回复的内容,单击“发送”按钮即可回复电子邮件。

若单击“转发”按钮,在打开的页面中输入收件人地址,单击“发送”按钮,即可将电子邮件转发给其他人。

提示:在收到电子邮件后可以设置自动回复电子邮件,操作步骤如下。

① 登录电子邮箱后,单击窗口上方的“设置”按钮,在下拉菜单中选择“常规设置”命令。

② 在打开的页面中选中“在以下时间段内启用”复选框,然后输入自动回复的内容,单击“保存”按钮,如图 4-35 所示。

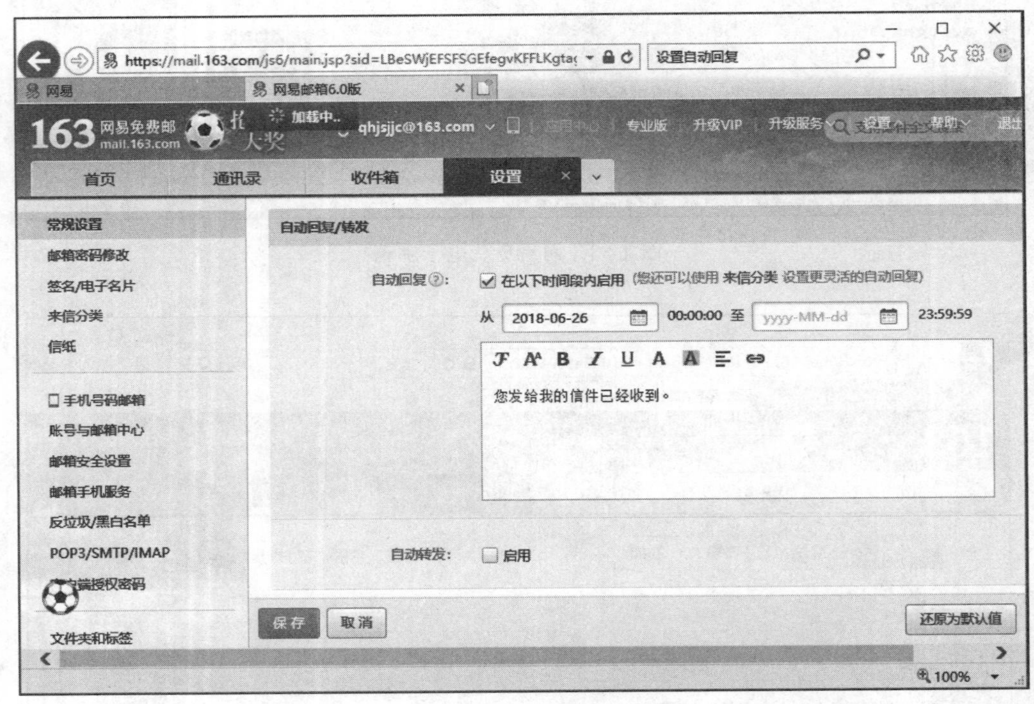

图 4-35　设置自动回复邮件

(4) 管理联系人。利用邮箱的联系人功能,可以像普通通讯录那样保存联系人的 E-mail 地址、邮编、通信地址、电话和传真号码等信息,还可以在撰写电子邮件时自动填写电子邮件地址。添加与管理联系人的操作步骤如下。

① 登录电子邮箱后,选择“通讯录”选项卡。

② 在打开的页面中对联系人进行添加、删除、分组等操作管理。

3) 使用 Outlook 收发电子邮件

除了可以使用浏览器登录邮箱收发电子邮件外,还可以使用邮件客户端软件收发电子邮件。能够收发电子邮件的客户端软件很多，如 Foxmail、Outlook 等，下面以微软的 Outlook 2010 为例介绍电子邮件的撰写、收发、回复等操作。

(1) 添加账号。在使用 Outlook 收发电子邮件之前，必须先对 Outlook 进行账号设置，操作步骤如下。

① 首次打开 Outlook 时，自动进入启动向导。根据向导提示将 Outlook 设置为连接到电子邮件账户，单击“下一步”按钮。

② 在打开的“添加新账户”对话框中输入电子邮件的地址与密码，如图 4-36 所示。

③ 单击“下一步”按钮，Outlook 会自动联系邮箱服务器进行账户配置，稍后会提示账户配置成功。

如果已经进入 Outlook，单击“文件”功能选项卡的“信息”按钮，在下拉列表中选择“添加账户”选项，进入“添加新账户”对话框。

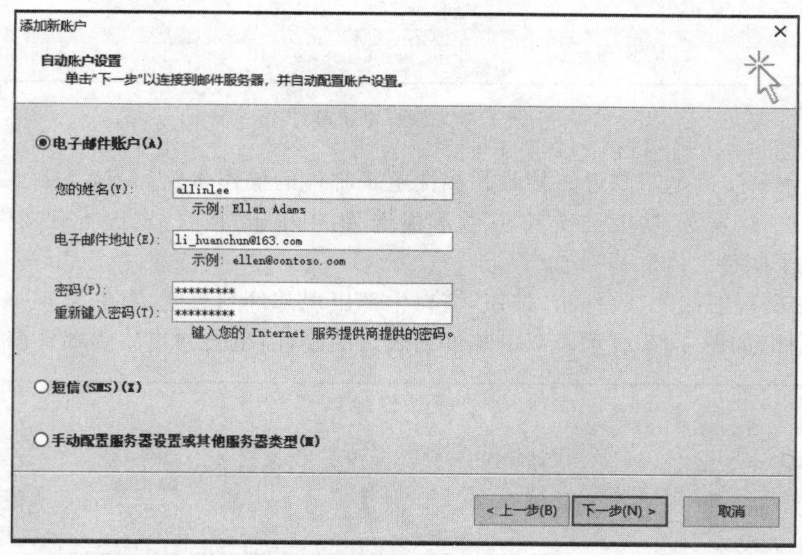

图 4-36 “添加新账户”对话框

(2) 撰写并发送电子邮件。账号设置好后可以撰写电子邮件，操作步骤如下。

① 在“开始”功能选项卡“新建”组中单击“新建电子邮件”按钮，弹出撰写邮件窗口，如图 4-37 所示。

② 在窗口中输入收件人、抄送的地址，然后输入电子邮件内容。如果要发送附件，则在“邮件”功能选项卡“添加”组中单击“附加文件”按钮来上传附件。

③ 电子邮件内容撰写完毕后单击“发送”按钮，即可发送电子邮件。

提示：如果不希望多个收件人看到这封邮件都发给了谁，可以采取密件抄送的方式。在撰写邮件窗口中单击“抄送”按钮，弹出“选择姓名：联系人”对话框，在“密件抄送”文本框中输入邮件地址，或者从联系人中选择邮件地址添加到密件抄送列表中，单击“确定”按钮。

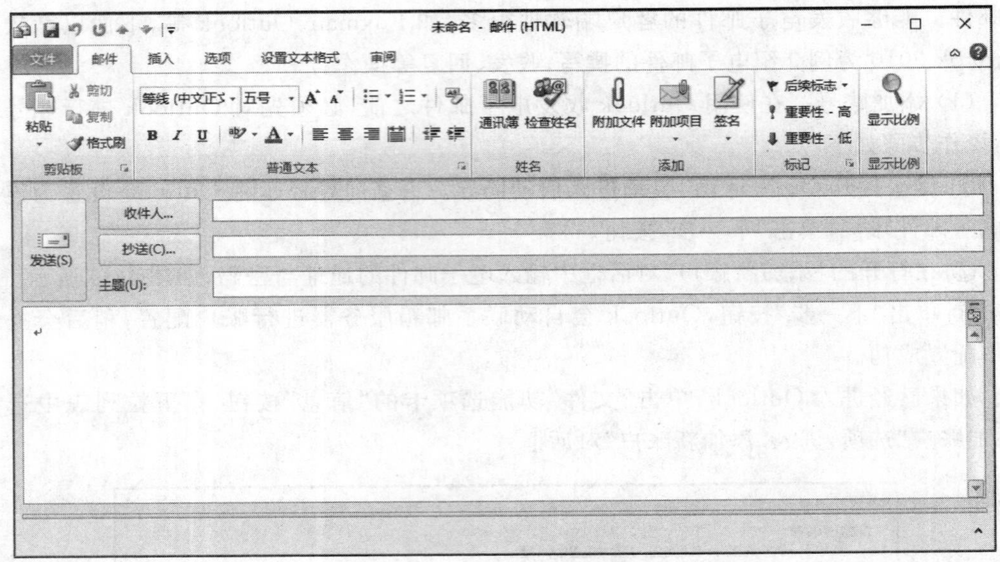

图 4-37　撰写电子邮件

(3) 接收和阅读电子邮件。接收并阅读电子邮件的操作步骤如下。

① 在“接收/发送”功能选项卡“接收和发送”组中单击“接收/发送所有文件夹”按钮，可以接收电子邮件。

② 单击窗口左侧的“收件箱”按钮，窗口中部出现邮件列表区，右侧出现邮件预览区，可以阅读邮件，如图 4-38 所示。双击邮件列表区的邮件，也会弹出阅读邮件窗口。

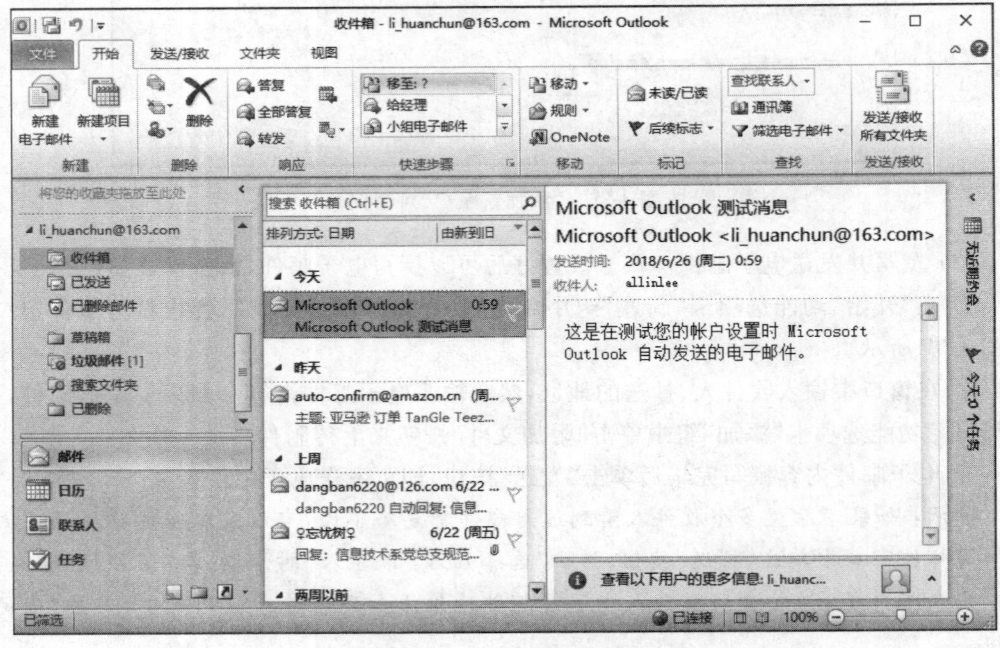

图 4-38　阅读电子邮件

如果邮件中带有附件，单击附件名称，可以在 Outlook 中预览该附件的内容。同时功能区出现“附件工具”的“附件”功能选项卡，利用此选项卡命令可以进行附件的打开、保存、删除等操作。

（4）回复或转发电子邮件。回复或转发电子邮件的操作步骤如下。

① 在“接收/发送”功能选项卡“响应”组中单击“答复”按钮或“转发”按钮，进入与撰写电子邮件类似的窗口。

② 在窗口中修改相应内容后单击“发送”按钮，即可回复或转发电子邮件。

（5）添加与管理联系人。添加与管理联系人的操作步骤如下。

① 在 Outlook 窗口左下角选择“联系人”，打开联系人窗口，如图 4-39 所示。

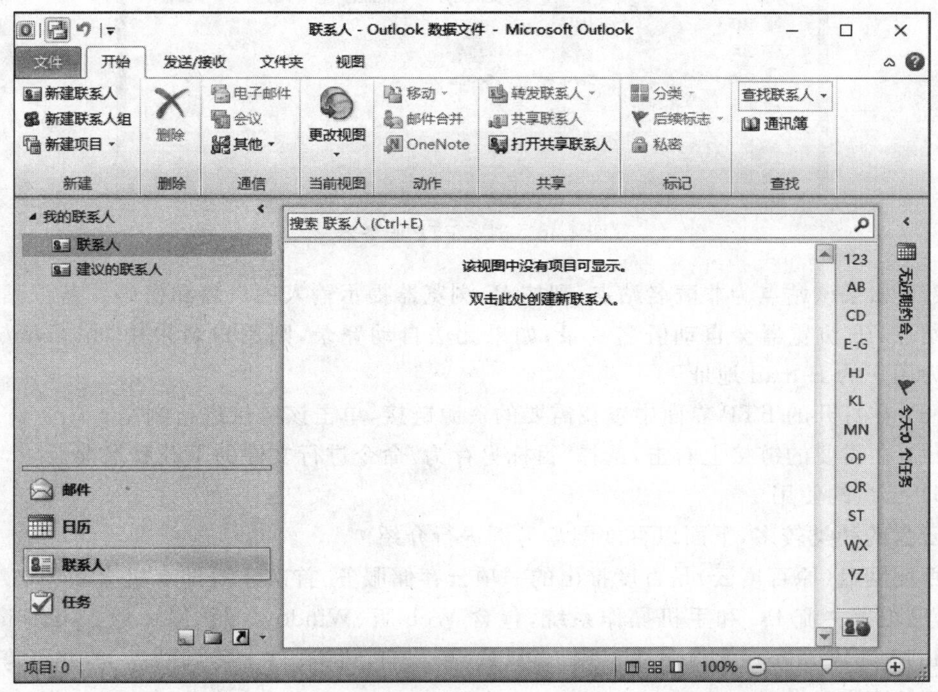

图 4-39　联系人窗口

② 在“开始”功能选项卡“新建”组中单击“新建联系人”按钮，弹出联系人资料填写窗口，将联系人资料填写完毕后，单击“保存并关闭”按钮，可以将联系人信息保存在通信簿中。

也可以在电子邮件的预览窗口中右击 E-mail 地址，在弹出的快捷菜单中选择“添加到 Outlook 联系人”命令，即可将该地址添加到联系人中。

4）利用 IE 浏览器进行 FTP 文件下载

IE 浏览器带有 FTP 程序模块，利用 IE 浏览器进行 FTP 文件下载的操作步骤如下。

（1）打开 IE 浏览器，在浏览器地址栏中输入要访问的 FTP 站点地址。由于要浏览的是 FTP 站点，所以 URL 的协议部分应输入 ftp，格式如 ftp：//192.168.1.1。

例如，要访问域名为 ftp.microsoft.com 的 FTP 服务器，可以在地址栏输入 ftp：//

ftp.microsoft.com/,当连接成功后,浏览器界面显示该服务器上的文件夹和文件名列表,如图 4-40 所示。

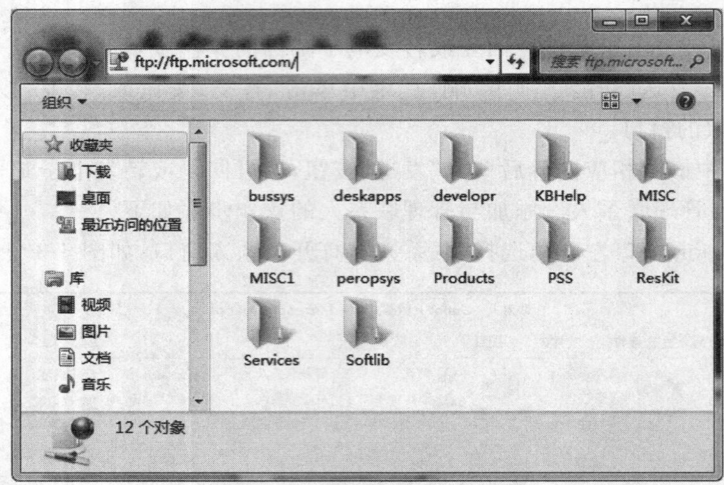

图 4-40　浏览 FTP 服务器

(2) 如果该站点为非匿名站点,则按 IE 浏览器提示输入用户名和密码。若该站点为匿名站点,IE 浏览器会自动匿名登录;如果无法自动登录,则用户名采用“anonymous”,密码为用户的 E-mail 地址。

(3) 在打开的 FTP 界面中查找需要的资源链接,单击该链接进行浏览。

(4) 在需要的链接上右击,选择“目标另存为”命令进行文件的下载和保存。

5) 云盘的使用

云盘的种类较多,下面以百度网盘为例进行介绍。

百度网盘(原百度云)是百度推出的一项云存储服务,首次注册即有机会获得 2TB 的空间,已覆盖主流 PC 和手机操作系统,包含 Web 版、Windows 版、Mac 版、Android 版、iPhone 版和 Windows Phone 版。用户可以轻松将自己的文件上传到网盘上,并可跨终端随时随地查看和分享。

百度网盘网页版的使用方法如下。

① 在 IE 浏览器窗口地址栏中输入 pan.baidu.com,进入百度网盘首页,如图 4-41 所示。

② 可以通过手机上的百度 APP 扫码登录,进入百度网盘个人主页。

也可以使用账号密码登录,单击“账号密码登录”按钮,在新窗口中输入百度的账号和密码,单击“登录”按钮,进入百度网盘个人主页,如图 4-42 所示。

如果没有百度账号,单击“立即注册”按钮,根据提示进行注册后,自动进入百度网盘个人主页。

③ 如果要上传资源,可单击“上传”按钮,在弹出的“打开”对话框中选择要上传的文件,单击“打开”按钮,开始上传文件。

④ 如果要下载资源,将鼠标指针移至要下载的资源右侧,单击出现的“下载”按钮。

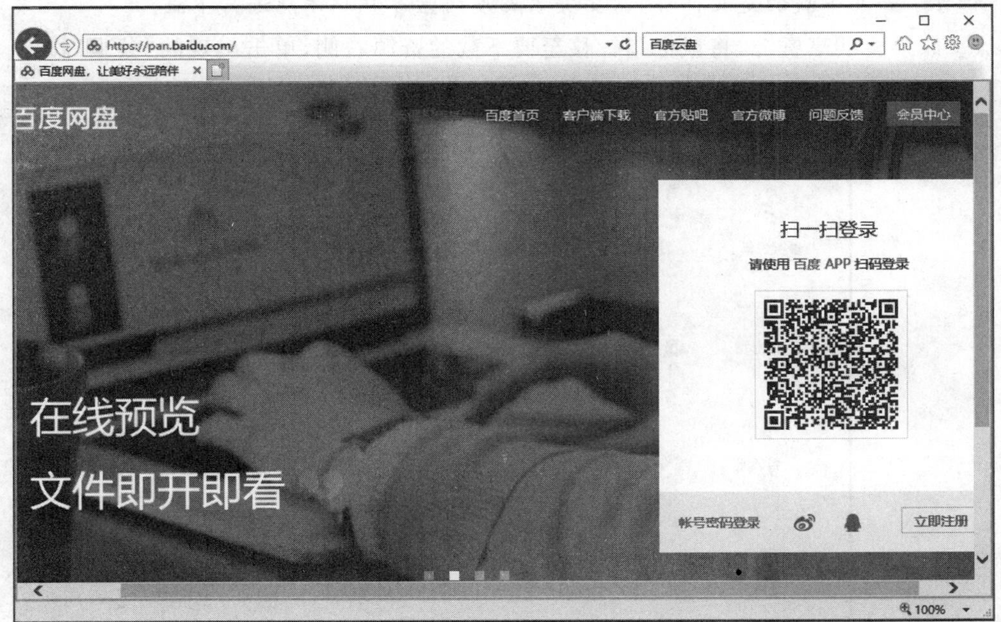

图 4-41　百度网盘首页

图 4-42　百度网盘个人主页

在弹出的下载提示中单击“立即下载”按钮，此时在 IE 浏览器窗口下方出现图 4-43 所示的保存条。单击“保存”按钮旁的下三角按钮，在下拉菜单中选择“另存为”命令，然后在弹出的“另存为”对话框中选择要保存的路径和文件名，单击“保存”按钮，开始下载。

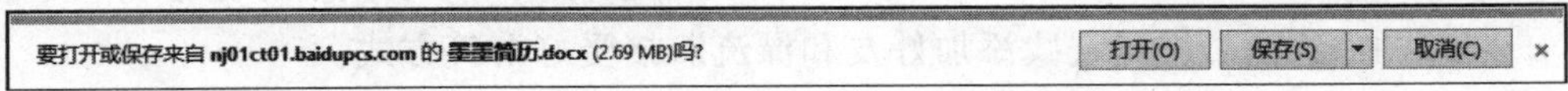

图 4-43　保存条

提示：如果下载的是文件夹，需要安装百度网盘客户端才能进行下载。

⑤ 如果要共享资源，将鼠标指针移至要下载的资源右侧，单击出现的“共享”按钮。在弹出的分享文件(夹)对话框中设置分享要求，如图4-44所示。

图4-44　分享文件(夹)对话框

提示：百度网盘除了有网页版外，还有客户端、手机版，均可免费下载使用。

6) 即时通信工具的使用

即时通信的工具很多，常用的有QQ、微信等，下面以微信为例进行介绍。

微信是腾讯公司于2011年1月推出的一款通过网络快速发送语音、文字、视频和图片信息，支持多人群聊的手机聊天软件，因使用方便，立刻受到众多用户的喜爱。

(1) 微信手机端。

① 下载微信。微信根据手机平台的不同有若干个版本，目前主要支持iPhone、Android、Windows Phone及塞班平台，用户需根据各自手机的平台下载相应的版本。

② 注册微信。微信5.0以下版本可以通过手机号或QQ号进行注册，但是5.0及以上版本只能用手机号注册微信。

③ 登录微信。微信注册成功后如果绑定了QQ号，可以利用手机号或者QQ号登录微信页面。

④ 微信的主要功能如下。

- 微信聊天：微信支持两种聊天模式，一种是文字模式，直接输入文字信息即可；另一种是语音模式，按住话筒说话，然后放手即可录制完毕，并发送给对方。支持多人群聊。
- 添加好友：微信支持查找微信号、查看手机通讯录和分享微信号添加好友、摇一摇添加好友、二维码查找添加好友和漂流瓶接受好友等方式。
- 微信小程序：微信小程序是一种不需要下载安装即可使用的应用，它实现了应用

"触手可及"的梦想，用户扫一扫或搜一下即可打开应用。

- 微信支付：微信支付是集成在微信客户端的支付功能，用户可以通过手机完成快速的支付流程。用户只需在微信中关联一张银行卡，并完成身份认证，即可将装有微信 APP 的智能手机变成一个全能钱包，之后即可购买合作商户的商品及服务。用户在支付时只需在自己的智能手机上输入密码，无须任何刷卡步骤即可完成支付，整个过程简便、流畅。
- 微信语音：用户在接听微信语音电话时，可以直接像接听普通电话那样一键接听。
- 朋友圈：用户可以通过朋友圈发表文字和图片，同时可通过其他软件将文章或者音乐分享到朋友圈。用户可以对好友新发的照片进行"评论"或"赞"，用户只能看相同好友的评论或点赞。
- 语音记事本：可以进行语音速记，还支持视频、图片、文字记事。
- 微信摇一摇：这是微信推出的一个随机交友应用，通过摇手机或单击按钮模拟摇一摇，可以匹配到同一时段触发该功能的微信用户，从而增加用户间的互动和微信黏度。
- 微信公众平台：通过这一平台，个人和企业都可以打造一个微信的公众号，可以群发文字、图片、语音 3 种类别的内容。

(2) 微信网页版。微信网页版可以通过手机微信(4.2 版本以上)的二维码识别功能在网页上登录微信，微信网页版能实现和好友聊天、传输文件等功能，但不支持查看附近的人以及摇一摇等功能。

QQ 浏览器微信版的登录方式保留了网页版微信通过二维码登录的方式，但是微信界面将不再占用单独的浏览器标签页，而是变成左侧的边栏。这样方便用户在浏览网页的同时使用微信。

(3) 微信计算机版。微信计算机版本功能与手机版一样。Windows 版微信可以通过数据线，将手机连到计算机上，可以同步备份聊天记录。在聊天中可以截图，或者选择计算机上的文件发给朋友或自己。

7) 搜索引擎的使用

下面以百度为例说明搜索引擎的使用方法。

(1) 基本搜索。利用百度进行基本搜索的操作步骤如下。

① 在 IE 浏览器窗口地址栏中输入 www.baidu.com，打开百度搜索引擎首页。

② 在搜索框中输入关键字，如"大数据"，单击"百度一下"按钮或按 Enter 键开始搜索，搜索结果如图 4-45 所示。

③ 搜索结果页面中列出了所有包含关键字的网页地址，单击某一地址可以转到相应网页查看内容。

提示：在搜索时默认搜索含有关键字的网页，在搜索栏中除"网页"外还有"新闻""知道""音乐""图片""视频""文库"等标签，选择不同标签可以针对不同目标进行搜索，从而提高搜索效率。

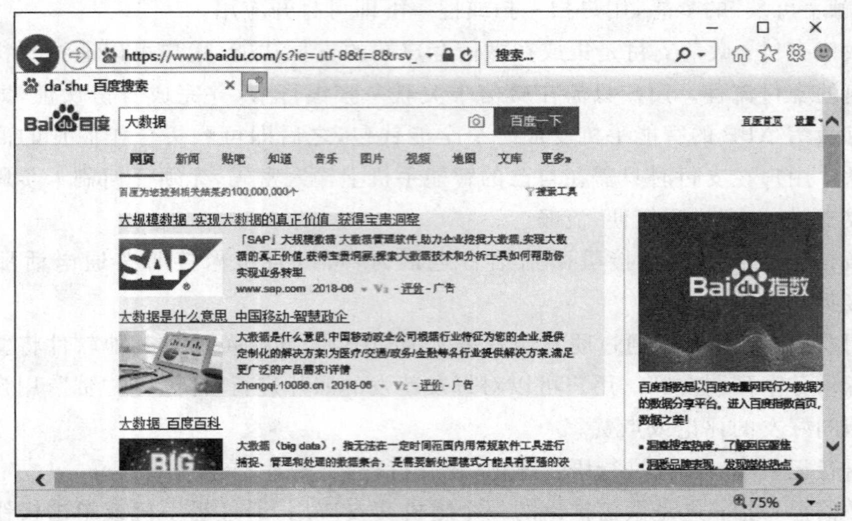

图 4-45 搜索结果

（2）高级搜索。在文本框中除了根据提示输入相关关键字外，还可以根据提示设置一些查询条件，即百度高级搜索，操作步骤如下。

① 在百度页面单击“设置”按钮，在弹出的下拉列表中选择“高级搜索”命令，弹出高级搜索页面，如图 4-46 所示。

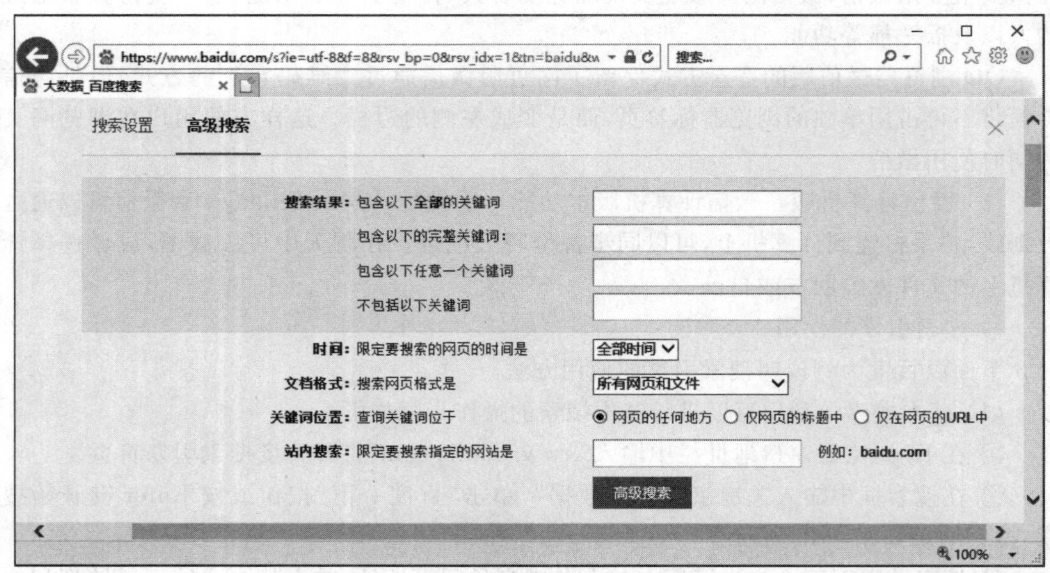

图 4-46 高级搜索页面

② 在高级搜索页面中可以通过搜索框和下拉列表来确定搜索条件，除可以对搜索词的内容和匹配方式进行限制外，还可以从日期、语言、文件格式、字词位置、使用权限和搜索特定网页等方面进行搜索条件与搜索范围的限定。

（3）百度高级搜索语法。

① 百度支持布尔逻辑搜索，具体用法如表 4-4 所示，其中 A、B、C 分别代表 3 个关键词。

表 4-4　布尔逻辑运算在百度中的使用方法

语　法	功　能	表达式	操作符	说　明	检索式举例
逻辑与（AND）	用于同时搜索两个及以上关键词的情形	A B	&、空格	“&”必须是英文半角输入	“电子行业”&“研究报告”
逻辑或（OR）	用于搜索指定关键词中的至少一个	A | B	|	“|”与关键词之间要留有空格	人才 | 风险
逻辑非（NOT）	用于排除某一指定关键词的搜索	A -B	-	“-”与第一个关键词要有空格，而与第二个关键词不能有空格	“电子行业”&“研究报告”-2007
括号	分组，改变逻辑运算顺序	A&(B|C)	()	不需要留空格	“电子行业”&“研究报告”&（人才 | 风险)-2007

② 百度支持高级搜索语法，具体用法如表 4-5 所示。

表 4-5　高级搜索语法在百度中的使用方法

语法	功　能	表达式	检索式举例
filetype	搜索某种指定扩展名格式的文档资料	filetype：扩展名	宏观经济学　filetype：ppt
intitle	把搜索范围限定在网页标题中	intitle：关键词	intitle：“大学生就业”
site	把搜索范围限定在特定站点中	site：域名	张柏芝　site：sina. com
inurl	把搜索范围限定在 URL 链接中	inurl：关键词	Photoshop inurl：jiqiao
related	搜索和指定页面相关或相似的网页	related：网址	related：www. sina. com. cn

（4）百度搜索特色功能。

① 百度识图。百度识图是百度图片搜索推出的一项新功能。常规的图片搜索，是通过输入关键词的形式搜索到互联网上相关的图片资源，而百度识图则能实现用户通过上传图片或输入图片的 URL 地址，从而搜索到互联网上与这张图片相似的其他图片资源，同时也能找到这张图片相关的信息。

② 百度学术搜索。百度学术搜索是百度旗下的提供海量中英文文献检索的学术资源搜索平台，涵盖了各类学术期刊、会议论文，旨在为国内外学者提供最好的科研体验。百度学术搜索可检索到收费和免费的学术论文，并通过时间筛选、标题、关键字、摘要、作者、出版物、文献类型、被引用次数等细化指标提高检索的精准性。

8）中国知网的使用

中国知识基础设施工程（chinese national knowledge infrastructure，CNKI），又称中国知网，是以实现全社会知识信息资源共享与增值利用为目标的国家信息化重点工程。

CNKI经过多年努力,已建成中国知识资源总库及CNKI网络资源共享平台,为全社会知识资源共享提供丰富的知识信息资源和有效的知识传播与数字化学习平台。

使用中国知网的操作步骤如下。

(1) 在IE浏览器窗口地址栏中输入www.cnki.net,打开中国知网首页,如图4-47所示。

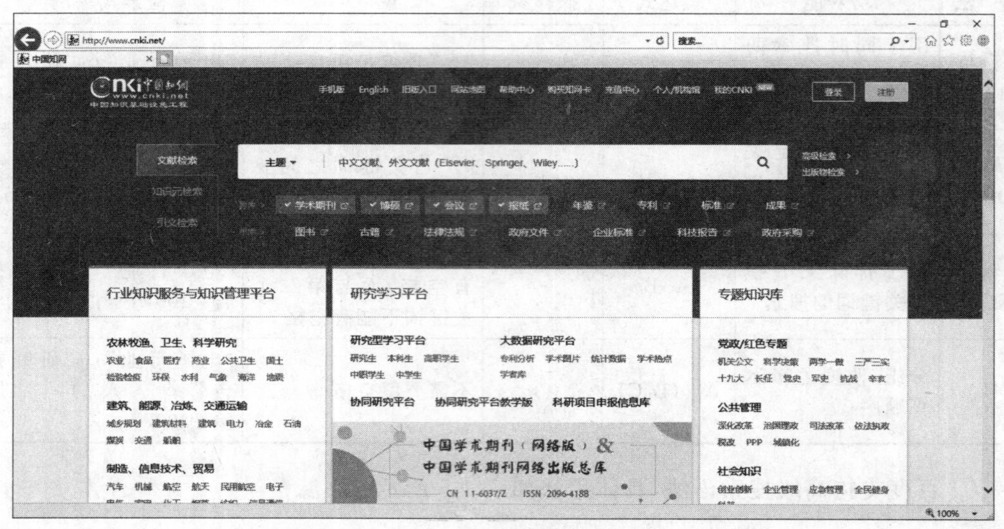

图4-47 中国知网首页

(2) 单击页面右上角的"登录"按钮,输入用户名和密码进行登录。高校校园用户可直接通过所在高校图书馆提供的CNKI链接地址访问,直接采用IP身份认证方式确认合法用户。

(3) 在搜索框中输入关键字后,按Enter键即可按关键字进行搜索。搜索时支持选取数据库检索、文献分类检索、跨库检索等功能。

【思考与练习】

1. 什么是VPN? 如何创建一个VPN连接?

2. 利用百度搜索引擎,搜索有关大数据技术发展的资料,并下载有代表性的网站、图片、论文、演示文稿各一篇。

3. 尝试使用百度网页搜索内嵌英汉互译词典功能。

4.3 信息安全与安全管理

【操作任务】

个人计算机安全防护

任务描述:2017年5月,新型"蠕虫"式勒索病毒WannaCry(中文直译为"想哭")爆发，席卷全球。这场全球最大的网络攻击造成至少150个国家和20万台机器受到感染。受害者包括中国、英国、俄罗斯、德国和西班牙等国的医院、大学、制造商和政府机构。计算机被勒索病毒感染后，其中的文件会被加密锁住。目前只有两种解决方案，一是向黑客支付他们所要求的赎金5个比特币后才能解密恢复。二是如果不想支付赎金，则只能舍弃计算机中的文件。

随着互联网、人工智能、云计算等行业的迅速发展，进入了大数据时代，人们的生活变得更加便利，处理信息变得更加高效。但网络在为人们的生活带来诸多好处的同时，也带来了不容小觑的信息安全问题。那么对于个人来说，如何对计算机进行防护，保证我们计算机的安全？

任务分析：保护个人计算机的安全可以从防病毒软件、防火墙、上网安全措施等方面进行考虑。

4.3.1　防范计算机病毒

1. 必备知识

1）计算机病毒

（1）计算机病毒的定义。国务院颁布的《中华人民共和国计算机信息系统安全保护条例》，以及公安部出台的《计算机病毒防治管理办法》将计算机病毒均定义如下：计算机病毒是指编制或者在计算机程序中插入的破坏计算机功能或者毁坏数据，影响计算机使用，并能自我复制的一组计算机指令或者程序代码。

（2）计算机病毒的特点。

① 非授权可执行性。计算机病毒隐藏在合法的程序或数据中，当用户运行正常程序时，病毒伺机窃取到系统的控制权，得以抢先运行。

② 隐蔽性。计算机病毒是一种具有很高编程技巧、短小精悍的可执行程序，它具有很强的隐蔽性，不到发作时机时，整个计算机系统看上去一切正常，很难被察觉。

③ 传染性。传染性是计算机病毒最重要的特征，是判断一段程序代码是否为计算机病毒的依据。病毒程序一旦侵入计算机系统，就开始搜索可以传染的程序或者磁介质，然后通过自我复制迅速传播。

④ 潜伏性。计算机病毒具有依附于其他媒体而寄生的能力，在外界激发条件出现之前，病毒可以在计算机内的程序中潜伏、传播。

⑤ 破坏性。无论何种病毒程序，一旦侵入系统都会对操作系统的运行造成不同程度的影响，轻者降低系统的工作效率，重者导致系统崩溃、数据丢失。

⑥ 可触发性。计算机病毒一般都有一个或者几个触发条件，一旦满足其触发条件或者激活病毒的传染机制，就会使之进行传染，或者激活病毒的表现部分或破坏部分。这个条件可以是输入特定字符，使用了特定文件，在某个特定日期或特定时刻，或者是病毒内置的计数器达到一定次数等。

(3) 计算机病毒的症状。

① 在特定情况下屏幕上出现某些异常字符或特定画面。

② 文件长度异常增减或莫名产生新文件。

③ 一些文件打开异常或突然丢失。

④ 系统无故进行大量磁盘读/写或未经用户允许进行格式化操作。

⑤ 系统出现异常的重启现象,经常死机,或者蓝屏而无法进入系统。

⑥ 可用的内存或硬盘空间变小。

⑦ 打印机等外部设备出现工作异常。

⑧ 在汉字库正常的情况下,无法调用和打印汉字,或汉字库无故损坏。

⑨ 磁盘上无故出现扇区的损坏。

⑩ 程序或数据神秘消失,文件名不能辨认等。

(4) 计算机病毒的清除。对已经感染病毒的计算机用户,应立即升级系统中的防病毒软件,进行全面杀毒。一般的杀毒软件都具有清除/删除病毒的功能。清除病毒是指把病毒从原有文件中清除掉,恢复原有文件的内容;删除病毒是指将整个文件全部删除。如果杀毒软件不能清除病毒,可以从网上下载专杀工具进行杀毒。

2) 几种常见的病毒

随着计算机技术的不断发展,计算机病毒也在不断更新、变换。下面介绍目前流行的几类特殊病毒。

(1) 特洛伊木马。特洛伊木马简称木马,名称来源于希腊的神话故事"木马屠城记"。如今黑客程序借用其名,有"一经潜入,后患无穷"之意。特洛伊木马没有复制能力,它的特点是伪装成一个实用工具,或者是伪装成一个可爱的游戏、图片、软件,诱使用户将其安装在PC端或者服务器上,吸引用户下载并执行,从而使施种者可以任意毁坏和窃取目标用户的各种信息,甚至远程操控目标用户的计算机。木马病毒盗取网游账号、网银信息和个人身份等信息,甚至使客户机沦为"肉鸡",变为黑客手中的工具,所以它的危害极大。

(2) 蠕虫病毒。与一般病毒不同,蠕虫病毒不需要将自身附着到宿主程序中,是一种独立程序。它通过复制自身在计算机网络环境中进行传播,其传染对象是网络内的所有计算机。局域网中的共享文件夹、电子邮件和大量存在着漏洞的服务器等都成为蠕虫传播的良好途径,网络的发展也使得蠕虫病毒可以在几个小时内蔓延全球,而且蠕虫病毒的主动攻击性和突然爆发性会使人们手足无措。

(3) 宏病毒和脚本病毒。宏病毒是一种寄生在文档或模板的宏中的计算机病毒。一旦打开这样的文档,其中的宏就会被执行,于是宏病毒就会被激活,转移到计算机上,并驻留在Normal模板上。此后所有自动保存的文档都会感染上这种病毒。如果其他用户打开了感染病毒的文档,宏病毒又会转移到该用户的计算机上。

凡是具有写宏能力的软件都可能存在宏病毒,如Word和Excel等软件。由于宏病毒用VBA编写,制作方便,而且隐蔽性较强,传播速度非常快,难以防治,所以对用户数据和计算机系统的破坏性较大。脚本病毒是使用脚本语言(如VBA)编写的病毒,目前网络上流行的许多病毒都属于脚本病毒。

3) 黑客

黑客(hacker)原指热心于计算机技术、水平高超的计算机专家,尤其是程序设计人员,逐渐区分为白帽、灰帽、黑帽等,通常指那些寻找并利用信息系统中的漏铜进行信息窃取和攻击信息系统的人员。

2. 操作技能

1) 360 杀毒软件的安装与使用

常用的杀毒软件较多,如瑞星、360 杀毒、卡巴斯基等,本节以 360 杀毒软件说明杀毒软件的安装与使用方法。

(1) 进入 360 官网(www.360.cn)下载安装软件,双击下载后的安装程序,根据提示进行操作,即可安装 360 杀毒软件。安装完成后,“360 杀毒”程序主窗口如图 4-48 所示。

图 4-48 “360 杀毒”程序主窗口

(2) 360 杀毒软件具有实时病毒防护功能和手动扫描功能,为系统提供全面的安全防护。

实时病毒防护功能在文件被访问时对文件进行扫描,即时拦截活动的病毒,在发现病毒时会通过提示窗口发出警告。

360 杀毒软件提供了 5 种手动扫描病毒方式:全盘扫描、快速扫描、自定义扫描、宏病毒扫描和右键扫描。在“360 杀毒”程序主窗口单击“全盘扫描”按钮、“快速扫描”按钮、“自定义扫描”按钮或“宏病毒扫描”按钮,可以进行相应的病毒扫描。

右键扫描是右击某个文件夹或文件,在弹出的快捷菜单中选择“使用 360 杀毒 扫描”命令,对该文件夹或文件进行病毒查杀。

2) 360 安全卫士的安装与使用

360 安全卫士是一款由奇虎 360 公司推出的功能强、效果好、受用户欢迎的安全杀毒软件。360 安全卫士拥有木马查杀、清理插件、修复漏洞、电脑体检、电脑救援、保护隐私、电脑专家、清理垃圾、清理痕迹多种功能。使用 360 安全卫士的操作步骤如下。

(1) 进入 360 官网(www.360.cn)下载安装软件,双击下载后的安装程序,根据提示进行操作,即可安装 360 杀毒软件。安装完成后,“360 安全卫士”主窗口如图 4-49 所示。

图 4-49 “360 安全卫士”主窗口

(2) 360 安全卫士主要功能如下。

① 电脑体验。电脑体验功能可以全面检查用户计算机的各项状况。体验完成后会提交一份优化计算机的意见,用户可以根据需要对计算机进行优化。

② 木马查杀。木马对用户的计算机危害非常大,及时查杀木马病毒对安全上网十分重要。

③ 电脑清理。检查清理系统及各个应用程序运行时产生的临时文件、垃圾文件,用户在上网时留下的用户名、搜索词、密码、cookies、历史记录,用户使用 Windows 时留下的痕迹,用户使用各种应用程序时留下的痕迹,等等。

④ 系统修复。修复系统存在的异常,安装系统存在的漏洞补丁。

⑤ 优化加速。扫描系统在开机时自动启动的程序,优化网络设置,优化系统内存设置及存储设置,节省系统开机过程的等待时间,提高系统的性能。

【思考与练习】

1. 常见的计算机病毒有哪些?
2. 了解木马病毒、蠕虫病毒。

4.3.2　开启防火墙

防火墙技术最初是针对互联网不安全因素所采取的一种保护措施。防火墙(firewall)也称防护墙，是一个由软件和硬件设备组合而成，在内部网和外部网之间、专用网与公共网之间的界面上构造的保护屏障，是一种获取安全性方法的形象说法，它是一种计算机硬件和软件的结合，使 Internet 与 Intranet 之间建立起一个安全网关(security gateway)，从而保护内部网免受非法用户的侵入。

下面介绍如何开启 Windows 防火墙。

以 Windows 7 中的防火墙设置为例，其操作步骤如下。

(1) Windows 7 环境下，选择“开始”→“控制面板”命令，打开控制面板。在控制面板中单击“Windows 防火墙”选项，打开“Windows 防火墙”窗口，如图 4-50 所示。

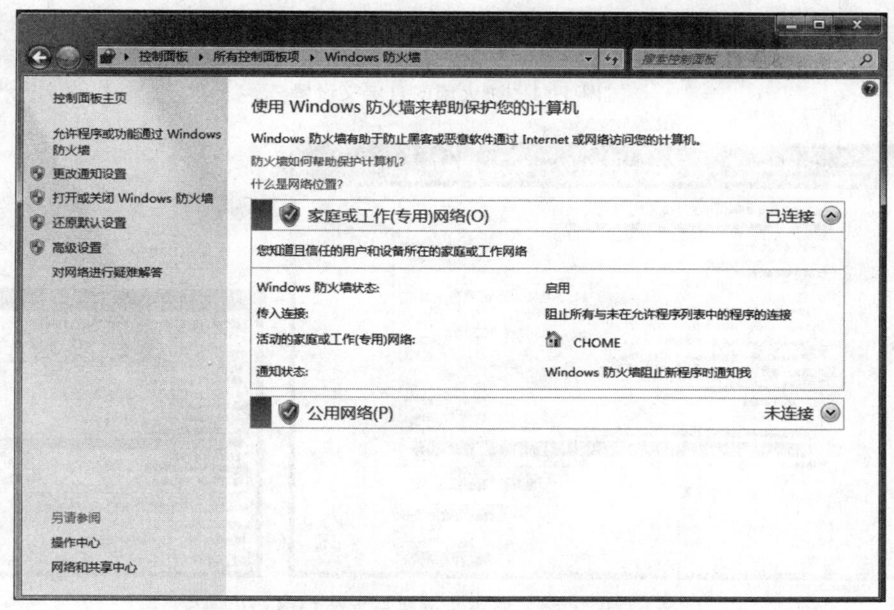

图 4-50　“Windows 防火墙”窗口

(2) 单击“Windows 防火墙”窗口左侧的“打开和关闭 Windows 防火墙”选项，弹出“自定义设置”窗口，如图 4-51 所示。针对自己的网络类型，选择“启用 Windows 防火墙”单选按钮，即可开启 Windows 7 防火墙。如果需要关闭防火墙，选择“关闭 Windows 防火墙(不推荐)”单选按钮即可。

(3) 如果单击“Windows 防火墙”窗口左侧的“允许程序或功能通过 Windows 防火墙”选项，可以针对不同的网络设置是否允许某个应用程序通过防火墙。若列表中没有某程序，可以单击“允许运行另一程序”按钮，增加需要的程序运行规则，如图 4-52 所示。

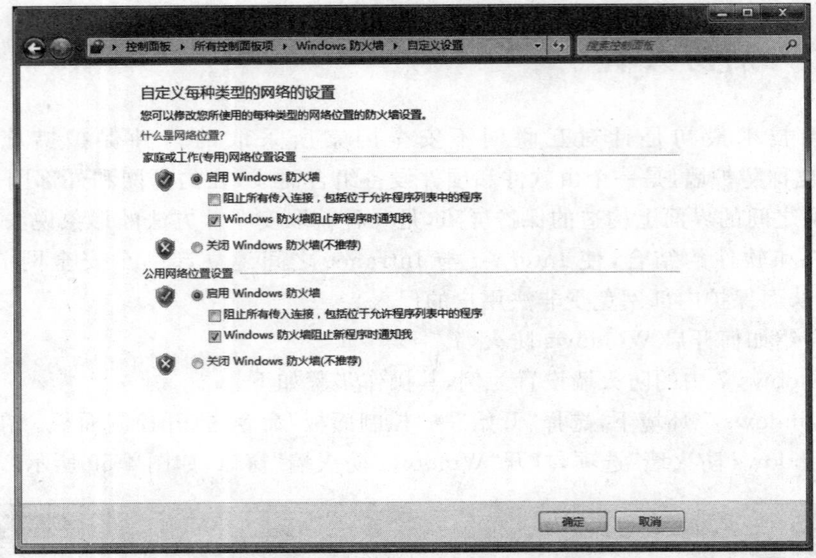

图 4-51　防火墙的自定义设置

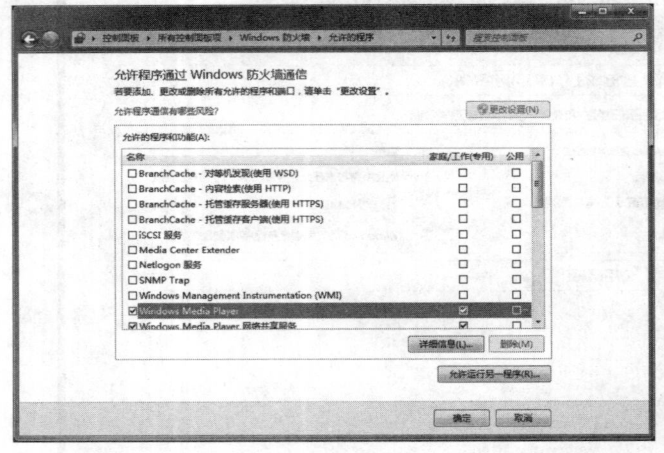

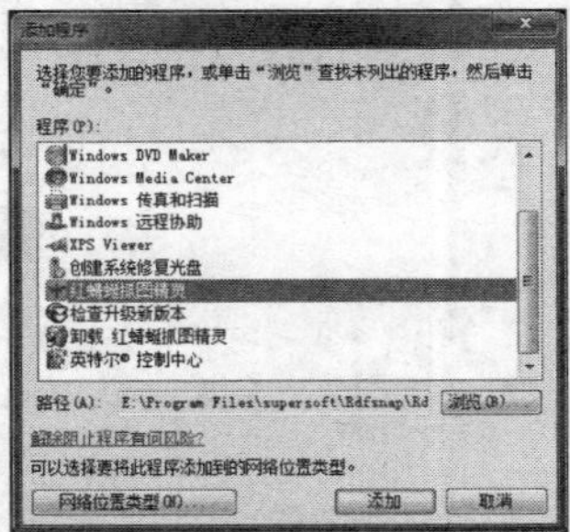

图 4-52　设置防火墙允许的程序

【思考与练习】

在 Windows 中设置防火墙。

4.3.3　个人上网的安全措施

1. 必备知识

1）钓鱼网站

钓鱼网站通常是指伪装成银行及电子商务，窃取用户提交的银行账号、密码等私密信息的网站，可用“电脑管家”进行查杀。“钓鱼”是一种网络欺诈行为，是指不法分子利用各种手段，仿冒真实网站的 URL 地址以及页面内容，或利用真实网站服务器程序上的漏洞在站点的某些网页中插入危险的 HTML 代码，以此来骗取用户银行或信用卡账号、密码等私人资料。

目前互联网上活跃的钓鱼网站传播途径主要有以下几种。

(1) 通过 QQ、MSN、阿里旺旺等客户端聊天工具发送并传播钓鱼网站链接。

(2) 在搜索引擎、中小网站投放广告，吸引用户单击钓鱼网站链接，此种手段在假医药网站、假机票网站中常用。

(3) 通过 E-mail、论坛、博客、SNS 网站批量发布钓鱼网站链接。

(4) 通过微博、Twitter 中的短链接散布钓鱼网站链接。

(5) 通过仿冒邮件，例如冒充“银行密码重置邮件”，来欺骗用户进入钓鱼网站。

(6) 感染病毒后弹出模仿 QQ、阿里旺旺等聊天工具窗口，用户单击后进入钓鱼网站。

(7) 恶意导航网站、恶意下载网站中弹出仿真悬浮窗口，单击后进入钓鱼网站。

(8) 伪装成用户输入网址时易发生的错误，如 gogle. com、sinz. com 等，一旦用户写错，就误入钓鱼网站。

防范方法如下。

(1) 查验“可信网站”。通过第三方网站身份诚信认证辨别网站的真实性。目前不少网站已在网站首页安装了第三方网站身份诚信认证——“可信网站”，可帮助网民判断网站的真实性。

(2) 核对网站域名。假冒网站一般和真实网站有细微区别，有疑问时要仔细辨别其不同之处，比如在域名方面，假冒网站通常将英文字母 I 替换为数字 1，CCTV 被换成 CCYV 这样的仿造域名。在查找信息时，应该特别小心由不规范的字母数字组成的 cn 类网址，最好禁止浏览器运行 JavaScript 和 ActiveX 代码，不要上一些不太了解的网站。

(3) 比较网站的内容。假冒网站上的字体样式不一致，并且模糊不清。仿冒网站上没有链接，用户可单击栏目或图片中的各个链接看是否能打开。

(4) 查询网站备案。通过 ICP 备案可以查询网站的基本情况、网站拥有者的情况，对于没有合法备案的非经营性网站或没有取得 ICP 许可证的经营性网站，根据网站性质，将予以罚款，严重的要关闭网站。

(5) 查看安全证书。目前大型的电子商务网站都应用了可信证书类产品，这类的网站网址都是 https 开头的，如果发现不是 https 开头，应谨慎对待。

2) 个人上网的安全措施

(1) 安装杀毒软件并及时进行更新。检查和清除计算机病毒的一种有效方法是使用各种防治计算机病毒的软件。

(2) 分类设置密码并使密码尽可能复杂。在不同的场合使用不同的密码，如网上银行、上网账户、E-mail、聊天室等设置不同的密码。设置密码时要尽量避免使用有意义的英文单词、姓名缩写以及生日、电话号码等容易泄露的字符作为密码，最好采用字符与数字混合的密码,长度不少于8位。并且定期更换密码,至少每隔90天修改一次密码。

(3) 不打开来历不明的电子邮件及附件。不要轻易打开电子邮件附件中的文档文件。可以先用"另存为"命令保存到本地磁盘,待用杀毒软件检查无毒后才可以打开使用。直接双击打开Word和Excel文档,如果有"是否启用宏"的提示,不要轻易启用宏,否则极有可能感染上电子邮件病毒。对于扩展名为.com、.exe的附件以及文件扩展名怪异的附件,或者是带有脚本文件如扩展名为.vbs、.shs等的附件,千万不要直接打开,一般可以删除包含这些附件的电子邮件,以保证计算机系统不受计算机病毒的侵害。

(4) 不下载来历不明的程序及软件。建议到一些正规的软件下载站点下载软件,避免遭到计算机病毒的侵扰。将下载的软件及程序集中放在非引导分区的某个目录,在使用前最好用杀毒软件查杀病毒。受到利益驱使,一些软件中带有计算机病毒或"流氓"插件,如果用户随便下载软件,可能导致计算机中毒。因此,不要在计算机上随意安装软件,尤其是从网上下载的软件。如果必须安装,仔细查看安装选项,了解软件发布者是否捆绑了"流氓"软件。

(5) 防范间谍软件。间谍软件是一种能够在用户不知情的情况下偷偷进行安装(安装后很难找到其踪影),并悄悄把截获的信息发送给第三者的软件。间谍软件的主要用途是跟踪用户的上网习惯,有些间谍软件还可以记录用户的键盘操作,捕捉并传送屏幕图像。间谍程序总是与其他程序捆绑在一起,用户很难发现它们是什么时候被安装的。一旦间谍软件进入计算机系统,要想彻底清除它们就会十分困难。

(6) 关闭文件的共享属性。在不需要共享文件时,不要设置文件夹共享,以免成为居心叵测的人进入你的计算机的跳板。如果确实需要共享文件夹,一定要将文件夹设为只读。通常设定共享"访问类型"时不要选择"完全"选项,因为这一选项将导致只要能访问这一共享文件夹的人员都可以将所有内容进行修改或者删除。

(7) 定期备份重要数据。经常进行数据备份,尽量避免由于计算机病毒破坏、黑客入侵、人为误操作、人为恶意破坏、系统不稳定、存储介质损坏等原因,造成重要数据的丢失。通常将要备份的数据包括文档、电子邮件、收藏夹、聊天记录、驱动程序等以某种方式保存在存储设备上。

2. 操作技能

1) IE浏览器的安全设置

(1) 打开IE浏览器,选择"工具"→"Internet选项"命令,打开"Internet选项"对话框,选择"安全"选项卡,如图4-53所示。

(2) 在对话框中单击"默认级别"按钮,对该区域的安全级别进行默认设置。如果单击"自定义级别"按钮,弹出"安全设置-Internet区域"对话框,可以根据实际情况调整安全选项,如图4-54所示。

(3) 添加受信任的站点。如果进行了IE浏览器的安全设置后,影响到少数必须访问的站点,但是为了安全又不想把Internet区域的安全级别设置得太低,那么可以将一些信任的站点添加到"受信任的站点"中去。在"安全"选项卡中单击"受信任的站点"按钮,然后单击"站点"按钮,出现如图4-55所示的对话框,输入添加的网址后,单击右侧的"添加"按钮即可。

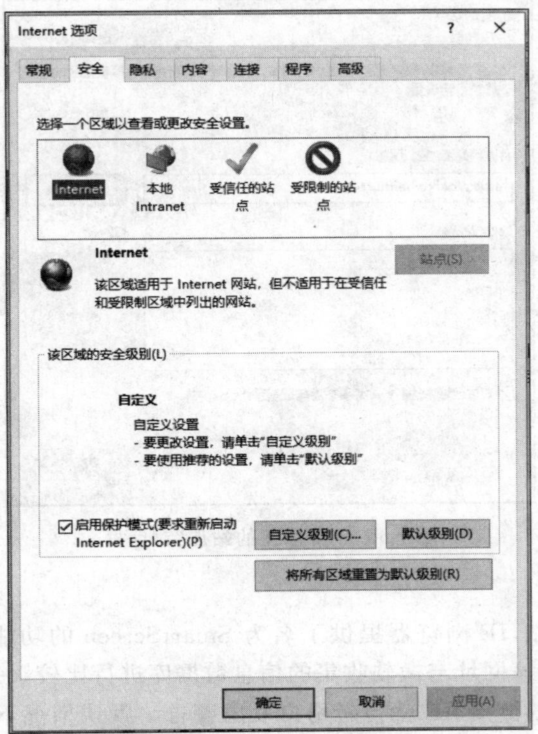

图 4-53　"Internet 选项"对话框的"安全"选项卡

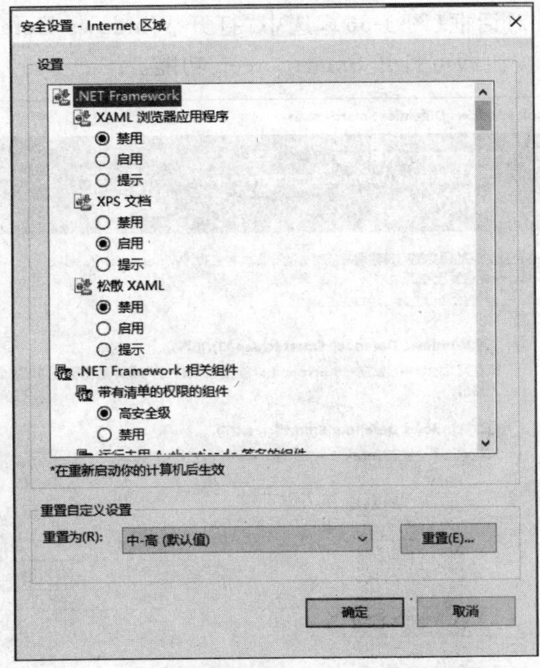

图 4-54　"安全设置-Internet 区域"对话框

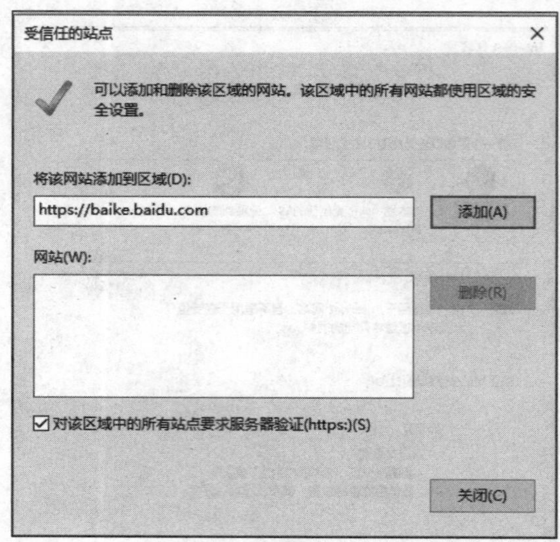

图 4-55 “受信任的站点”对话框

2）防范网络钓鱼

为了应对钓鱼网站，IE 浏览器提供了名为 SmartScreen 的功能，每当用户输入一个网址，都会通过网络将该网址与微软收集的信息数据库进行比较，一旦发现是已知的钓鱼网站或含有危险内容的链接，IE 就会向用户发出警告。默认情况下 SmartScreen 已经处于开启状态，如果 SmartScreen 筛选器意外关闭，可以在 IE 浏览器窗口中选择“工具”→“安全”→“打开 Windows Defender SmartScreen”命令，弹出 Microsoft Windows Defender SmartScreen 对话框(图 4-56)，选中“打开 Windows Defender SmartScreen”单选按钮后，单击“确定”按钮即可打开 SmartScreen 功能。

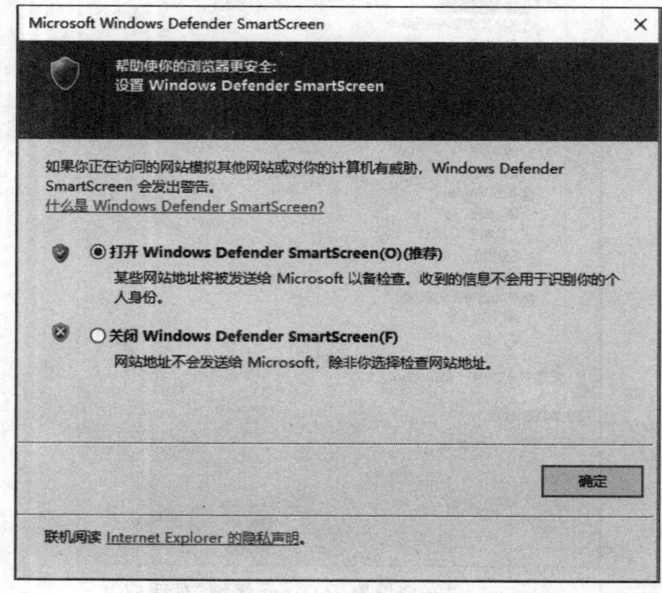

图 4-56 打开 SmartScreen 功能

在访问重要网站前选择“安全”子菜单中的“检查此网站”命令，检测该网站是否为恶意和仿冒网站，以确保不会被钓鱼网站所欺骗。

【思考与练习】

1. 按密码复杂性策略设置 Windows 开机密码。
2. 在 Windows 操作系统中重命名 Administrator 账户，禁用 Guest 账户。
3. 查资料并讨论目前计算机系统面临的威胁及今后计算机安全技术的发展方向。

第5单元　图文信息处理技术

单元学习目标

- 了解 Word 的基本功能和运行环境。
- 掌握 Word 文档的基本排版方法。
- 掌握 Word 图文混排的方法。
- 掌握表格制作与编辑的方法。
- 掌握长文档编辑的方法。
- 掌握邮件合并的使用方法。
- 掌握简单宏的使用方法。

随着计算机的普及和计算机技术的发展,图文信息处理技术在日常事务处理、办公自动化、印刷排版等方面应用越来越广泛。计算机的图文信息处理技术是利用计算机对图片、图像、图形、文字等资料进行输入、编辑、排版和文档管理的技术。掌握图文信息处理技术,有助于更规范、更有效率地完成日常文字处理工作。

5.1　文档编辑与公文排版

【操作任务】

会议通知排版

任务描述:某学会要为高校教师组织培训,需要草拟会议通知,如图 5-1 所示。并在领导审查后,将会议通知的红头文件通过邮箱发送给参加培训的教师。

任务分析:完成本任务涉及文档编辑技术,一是文档的建立与保存,文本的输入;二是文档的编辑与美化;三是文档的打印输出。

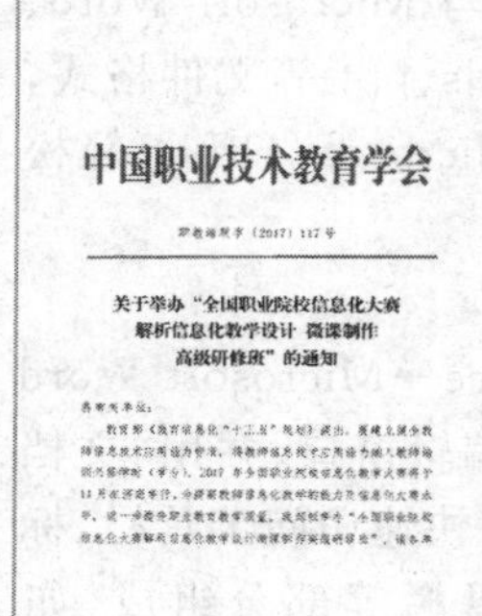

中国职业技术教育学会

职教研教字〔2017〕117号

关于举办"全国职业院校信息化大赛解析信息化教学设计 微课制作高级研修班"的通知

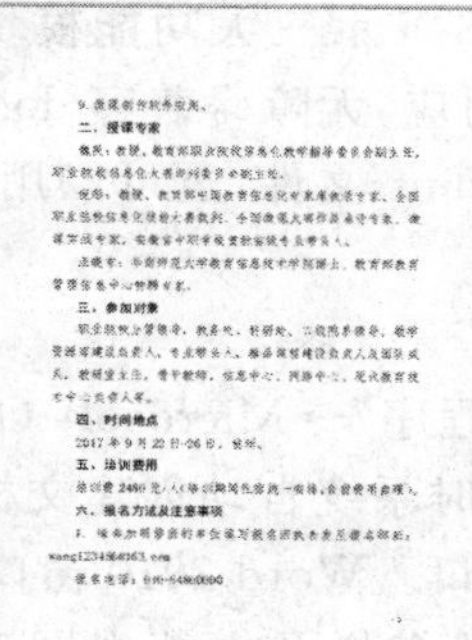
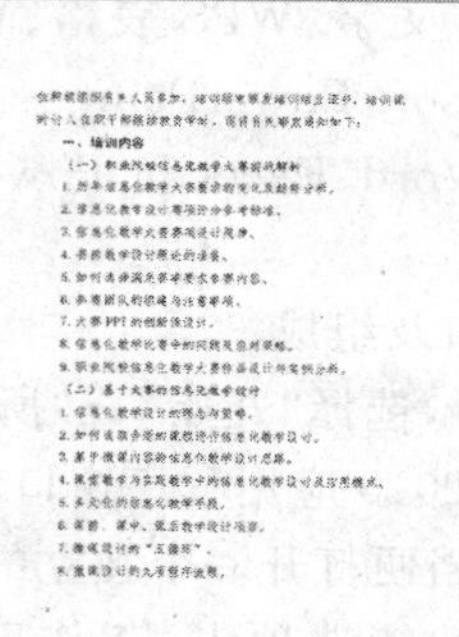
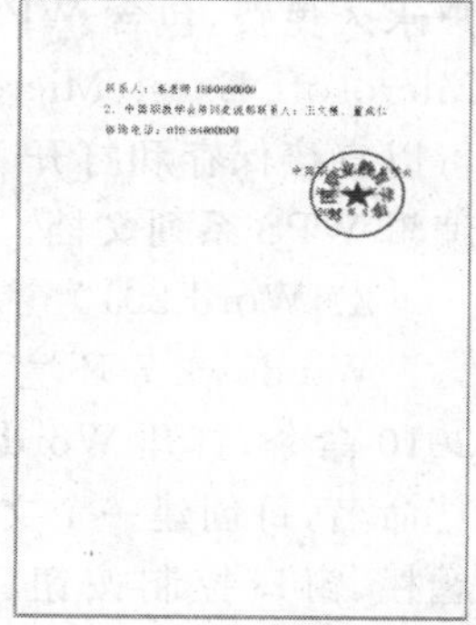

图 5-1　"会议通知"效果

5.1.1　图文信息处理概述

1. 必备知识

1）图文信息处理技术概述

在办公及日常的计算机应用中，图文信息处理占有相当大的比重。图文信息处理是将文字、图片信息按要求进行加工和再现的技术。图文信息处理的过程大致分为图文的输入、图文的处理和图文的输出 3 个过程。图文的输入是将构成作品的文字、符号、图形、图像等以二进制数字编码方式存入计算机。文字和通用性较高的一般符号可直接用键盘输入，偶尔也采用光电扫描识别方式输入，但有一定误差，也可以通过软件将语音直接转换为文字。图形一般可借助相应软件用键盘配合鼠标输入，或用数字化仪输入。图像常用扫描方式输入，偶尔也利用视频捕获卡将视频文件中的画面截取输入。图文信息处理过程中常用的工具有 Microsoft Office、WPS Office 等。图文的输出是将计算机中制作好的图像和文字通过打印机等设备进行打印操作。

(1) Microsoft Office 是微软公司开发并推出的基于 Windows 操作系统的办公软件套装，包括 Word、Excel、PowerPoint、Outlook、Access、Publisher、OneNote 等组件。其中，Word 是目前最流行的文字处理软件，它具有丰富的功能，可以编辑复杂的文档，实现文字、图形、表格混排，所见即所得，同时集编辑、排版、打印功能于一体。它最初由 Richard Brodie 于 1983 年编写，主要用来在安装了 DOS 操作系统的 IBM 计算机上运行。随后的版本可运行于 Apple Macintosh（1984 年）、SCO UNIX 和 Microsoft Windows（1989 年），并成为 Microsoft Office 套件的核心程序。本单元以 Microsoft Word 2010 作为工具来介绍如何进行图文信息处理。

(2) WPS Office 是由金山软件股份有限公司自主研发的一款办公软件套装，可以实现办公软件常用的文字、表格、演示等多种功能。具有内存占用低、运行速度快、体积小巧、强大的插件平台支持、免费提供海量在线存储空间及文档模板、支持阅读和输出 PDF 文件、全面兼容微软 Office 97 和 Office 2010 格式（doc/docx/xls/xlsx/ppt/pptx 等）的独特优势。覆盖 Windows、Linux、Android、iOS 等多个平台。WPS Office 个人版对个人用户永久免费,包含 WPS 文字、WPS 表格、WPS 演示三大功能模块,与 Microsoft Word、Microsoft Excel、Microsoft PowerPoint 一一对应,无障碍兼容 doc、xls、ppt 等文件格式,可以直接保存和打开 Word、Excel 和 PowerPoint 文件,也可以用 Microsoft Office 轻松编辑 WPS 系列文档。

2) Word 2010 窗口及组成

Windows 7 环境下,选择"开始"→"所有程序"→Microsoft Office→Microsoft Word 2010 命令,打开 Word 2010 应用程序窗口,同时系统自动创建文档编辑窗口,并用"文档1"命名,每创建一个文档便打开一个独立的窗口。Word 2010 窗口由快速访问工具栏、标题栏、窗口控制按钮、功能选项卡、工作区、状态栏及文档视图工具栏等部分组成,如图 5-2 所示。下面介绍其中的几个主要部分。

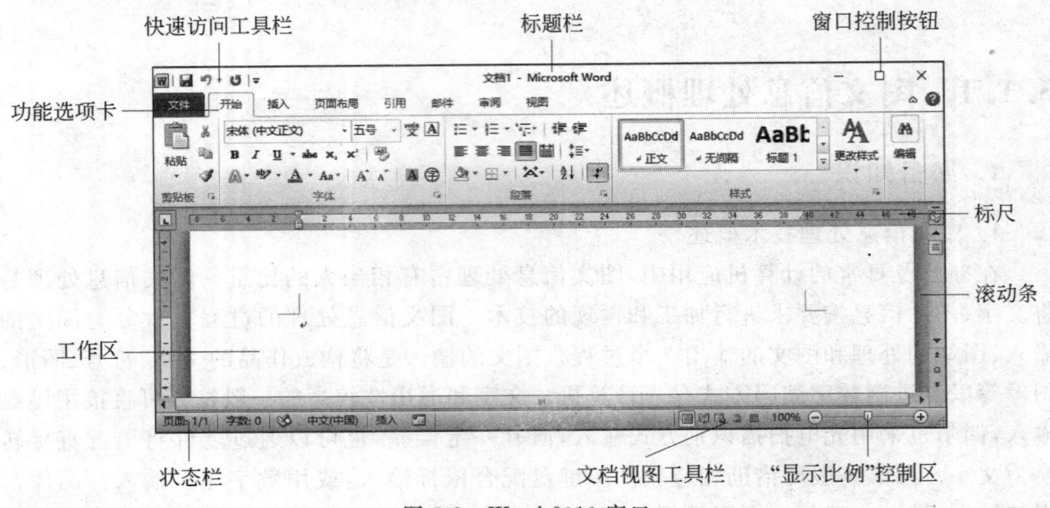

图 5-2 Word 2010 窗口

(1) 快速访问工具栏。快速访问工具栏中可以放置用户常用的一些命令,如新建、保存、撤销、打印等。默认情况下该工具栏中包含"保存""撤销""重复"及"自定义快速访问工具栏"命令按钮。用户可以根据需要,通过"自定义快速访问工具栏"命令按钮对该工具栏中的命令按钮进行增删。

(2) 功能选项卡。Word 2010 默认包含 7 个功能选项卡,分别是"开始""插入""页面布局""引用""邮件""审阅"和"视图"。每个功能选项卡分为若干个组。另外,还有一个类似功能选项卡的"文件"菜单。

如果双击功能选项卡名称,或者单击 Word 界面右上角"功能区最小化"按钮 ⌃,或者右击功能选项卡任意位置,在弹出的快捷菜单中选择"功能区最小化"命令,或者使用组合键 Ctrl+F1,均可将功能选项卡暂时隐藏起来,只显示各选项卡的名称,增加工作区面积,方便用户编辑文档。

(3) 文档视图工具栏。视图是查看文档的方式。在 Word 2010 窗口下方的文档视图工具栏中有 5 种视图:页面视图、阅读视图、Web 版式视图、大纲视图和草稿视图。在"视图"功能选项卡"文档视图"组中单击各视图按钮,也可以按视图模式显示文档。

① 页面视图。页面视图是最常用的视图模式,主要用于版式设计,用户看到的文档

显示样式即是打印效果，主要包括页眉、页脚、图形对象、分栏设置、页面边距等元素，即“所见即所得”。

② 阅读视图。适于阅读长篇文章，在字数多时会自动分成多屏。进入阅读版式视图后，窗口中的所有工具都隐藏了，没有页的概念，也不显示页眉和页脚，在屏幕的顶部显示文档当前的屏数和总屏数。在该视图下不能编辑或修改文档。

③ Web 版式视图。可以查看 Web 页在 Web 浏览器中的效果。Web 版式视图不显示页码和章节号信息，超链接显示为带下画线文本，适用于发送电子邮件和创建网页。

④ 大纲视图。主要用于设置文档和显示层级结构，并可以方便地折叠和展开各种层级的文档，也可以对大纲中的各级标题进行“上移”或“下移”、“提升”或“降低”等调整结构的操作。大纲视图适用于具有多重标题的文档，可以按照文档中标题的层次来查看文档(如只查看某重标题或查看所有文档等)。

⑤ 草稿视图。仅显示文档的标题和正文，是最节省计算机硬件资源的视图方式。

2. 操作技能

1) 自定义快速访问工具栏

用户可以根据需要添加常用的命令至“快速访问工具栏”，操作步骤如下。

(1) 右击“快速访问工具栏”处，在弹出的快捷菜单中选择“自定义快速访问工具栏”命令；或者单击“自定义快速访问工具栏”工具按钮 ▾，在弹出的快捷菜单中选择“其他命令”选项；或者在“文件”菜单中选择“选项”命令，均可打开“Word 选项”对话框。

(2) 在“Word 选项”对话框左侧的选项中选择“快速访问工具栏”选项卡；中间的命令列表中选择需要的命令，如“另存为”命令，单击“添加”按钮，将其添加至“自定义快速访问工具栏”命令列表中，如图 5-3 所示。

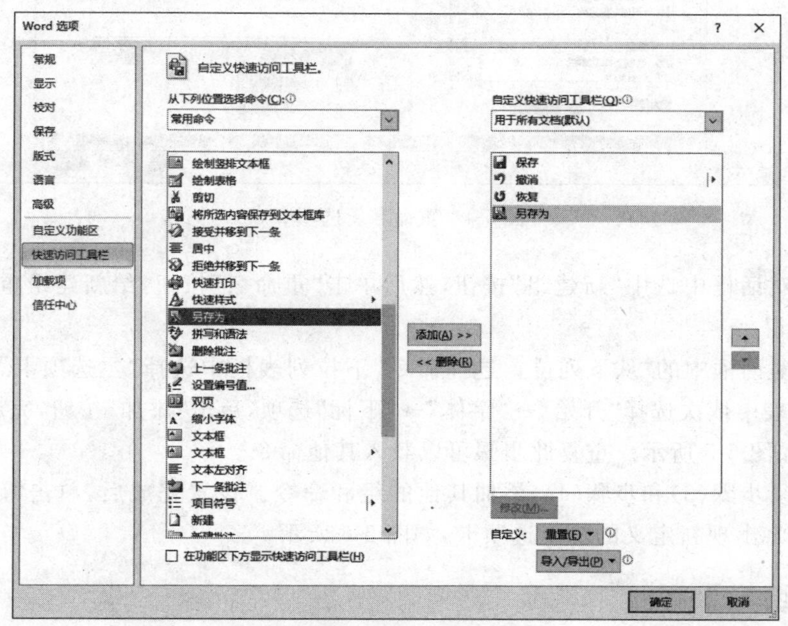

图 5-3　自定义快速访问工具栏

(3) 设置完成后,单击“确定”按钮,即可将常用命令添加到快速访问工具栏中。

2) 自定义功能区

用户可以根据自己的使用习惯自定义 Office 2010 应用程序的功能选项卡。如对于出版社编辑可以自定义一个“数字化编辑”功能选项卡,将经常使用的命令放在此功能选项卡中以方便以后操作。操作步骤如下。

(1) 右击功能选项卡空白处,在弹出的快捷菜单中选择“自定义功能区”命令;或者选择“文件”→“选项”命令,打开“Word 选项”对话框。

(2) 在对话框左侧选择“自定义功能区”选项卡,再单击对话框右下方的“新建选项卡”按钮,然后单击“重命名”按钮,在弹出的“重命名”对话框中输入新建选项卡的名称,如“数字化编辑”,单击“确定”按钮,如图 5-4 所示。

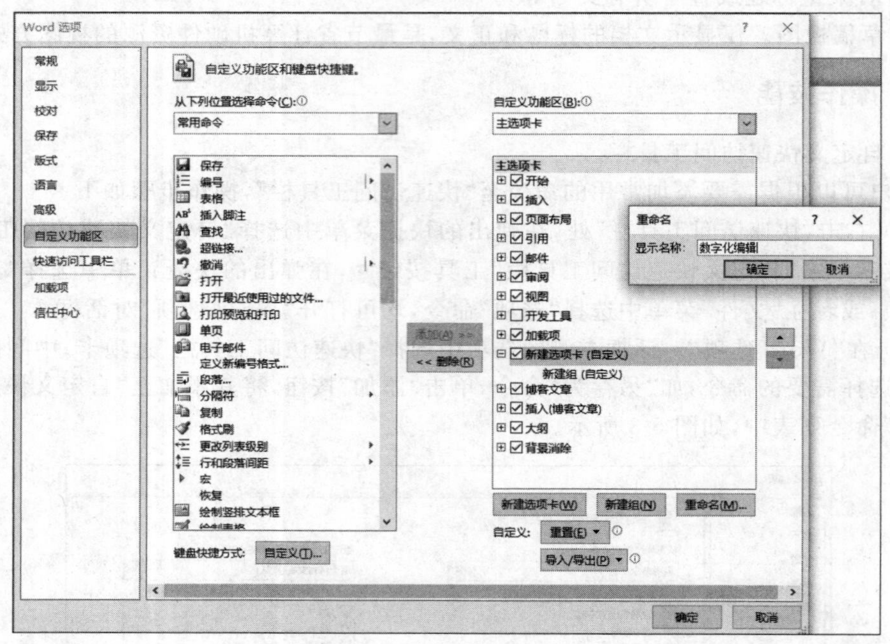

图 5-4 重命名新选项卡

(3) 在对话框中选中“新建组”按钮,然后单击“重命名”按钮,给新建组重命名后,单击“确定”按钮。

(4) 在对话框中的“从下列位置选择命令”下拉列表框中选择“主选项卡”选项,在下面的选项列表中依次选择“开始”→“字体”→“下标”选项,单击“添加”按钮,完成“下标”命令的载入,如图 5-5 所示。重复此步骤可以载入其他命令。

(5) 重复步骤(3)和步骤(4),添加其他的组和命令。设置完成后,单击“确定”按钮,在功能区中将出现新定义的功能选项卡,如图 5-6 所示。

【思考与练习】

1. 查看公文排版的格式要求。

2. 能否一次选中所有格式类似的文本？

3. 如何快速统一所有标点符号的样式？

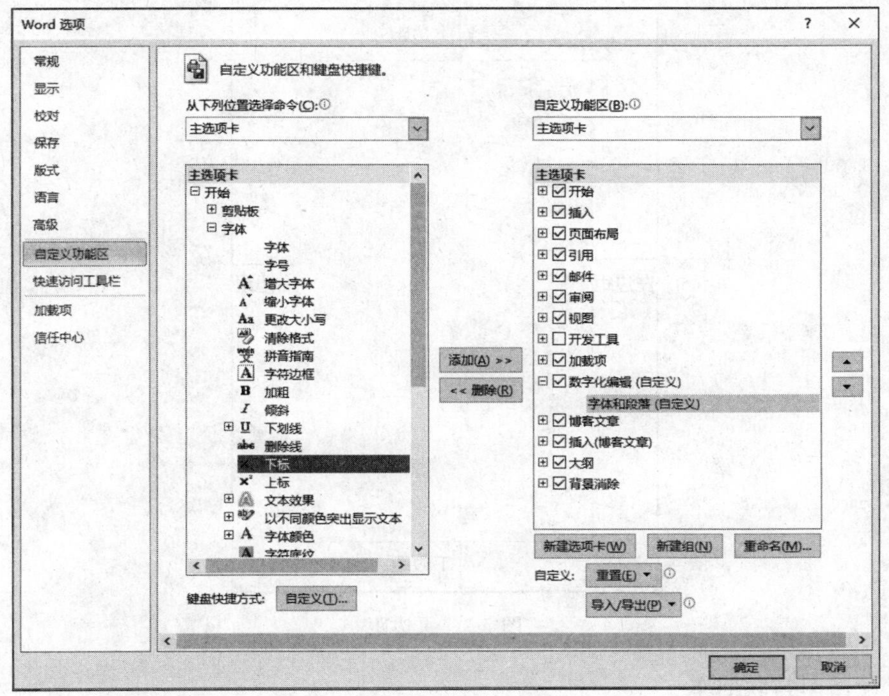

图 5-5　在新建组中添加命令

图 5-6　自定义的功能选项卡

5.1.2　编辑与美化文档

1. 必备知识

1）模板

模板是 Microsoft Word 中内置的包含固定格式设置和版式设置的文件，用于帮助用户快速生成特定类型的 Word 文档。在 Word 2010 中除了通用型的空白文档模板外，还内置了多种文档模板。另外，Office 网站还提供了证书、奖状、名片、简历等特定功能模板。借助这些模板，用户可以创建比较专业的 Word 2010 文档。

2）页边距

页边距是页面中正文部分到页面四周的距离（图 5-7），在页边距内部的可打印区域中可以插入文字和图形,也可以将某些项目放置在页边距区域中(如页眉、页脚和页码等)。

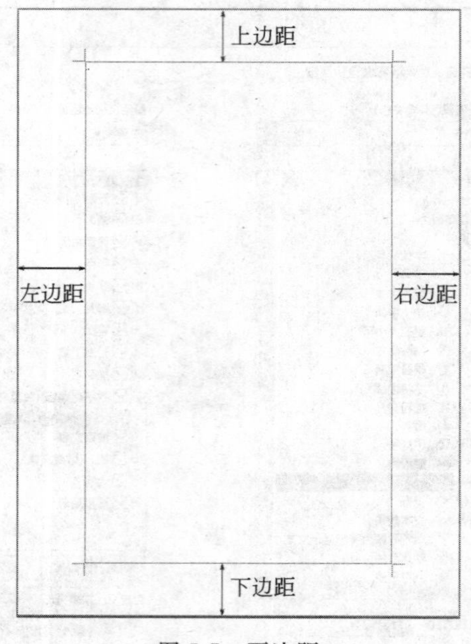

图 5-7 页边距

3) 硬回车与软回车

硬回车又称段落标记(↵),是 Word 中按 Enter 键后显示的符号,占两个字节。硬回车能够使文本强制换行而开始一个新的段落。

软回车又称手动换行符,可以通过组合键 Shift+Enter 直接输入,显示的符号为↓。软回车不是真正意义上的段落标记,而是一种换行标记,它表明只是另起了一行,但不分段。

4) 段落缩进

段落缩进是指文档中为了突出某个段落而设置的在段落两侧留出的空白位置,包括"首行缩进""悬挂缩进""左缩进"和"右缩进"4 种缩进方式。

首行缩进:每个段落中第一行第一个字符的缩进空格位。中文段落普遍采用首行缩进两个字符。

悬挂缩进:段落的首行起始位置不变,其余各行一律缩进一定距离。这种缩进方式常用于词汇表、项目列表等文档。

左(右)缩进:整个段落都向左(右)缩进一定的距离。

5) 格式刷

格式刷是 Word 中的一种工具,可以快速将指定段落或文本的格式延用复制到其他段落或文本上,以减少重复性的排版操作,提高排版效率。使用格式刷的操作步骤如下。

(1) 选定要复制格式的文本或段落。

(2) 如果仅复制一次格式,则在"开始"功能选项卡"剪贴板"组中单击"格式刷"按钮。如果要将格式复制多次,则双击"格式刷"按钮。

(3) 将光标移至要改变格式的文本处，按住鼠标左键选定要应用此格式的文本，即可完成格式复制。如果是双击“格式刷”，复制格式完成后，需要按 Esc 键退出格式刷模式。

2. 操作技能

1) 创建 Word 新文档

(1) 创建空白文档。创建空白的新文档方法如下。

① Windows 7 环境下选择“开始”→“所有程序”→Microsoft Office→Microsoft Word 2010 命令，打开 Word 2010 应用程序窗口，同时系统自动创建文档编辑窗口，并用“文档 1”命名。

② 在某文件夹中右击空白处，在弹出的快捷菜单中选择“新建”→“Microsoft Word 文档”命令，会在相应文件夹中新建一个默认文件名为“新建 Microsoft Word 文档”的文档。

③ 如果已经启动了 Word 2010 应用程序，在编辑文档的过程中，还需要创建一个新的空白文档，则在已打开的文档中，选择“文件”→“新建”命令，在“可用模板”选项区中选择“空白文档”选项，再单击“创建”按钮，如图 5-8 所示。此时，系统会自动创建一个基于 Normal 模板的空白文档。

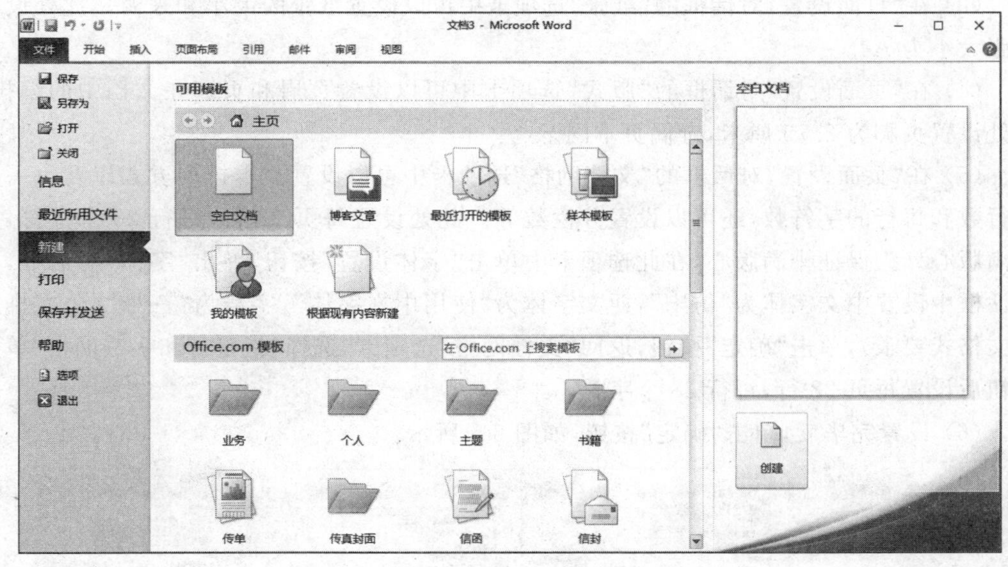

图 5-8　新建 Word 空白文档

(2) 利用模板创建新文档。利用模板可以快速创建出外观精美、格式专业的文档，Word 提供了许多模板以满足不同的具体需求，操作步骤如下。

在图 5-8 所示的界面中单击“可用模板”选项区中的“样本模板”选项，即可打开在计算机中已经安装的 Word 模板类型，从中选择需要的模板后，窗口右侧将显示利用本模板创建的文档外观，单击“创建”按钮，即可创建一个基于此模板的文档。

如果本机上安装的模板不能满足用户的需求,还可以到微软网站的模板库中进行下载。在计算机已经连接到互联网后,在图 5-8 所示的界面中的"Office.com 模板"选项区可以浏览并搜索 Office Online 上的模板,并将其下载后使用。

2）调整页面布局

页面设置功能对文档的纸张方向、大小、页边距等页面布局进行调整,操作步骤如下。

(1) 在"布局"功能选项卡的"页面设置"组中单击"页边距"按钮,在弹出的下拉列表中提供了"常规""窄""中等""宽"等预定义的页边距,可以从中选择以迅速设置页边距。

如果需要自己指定页边距,则在下拉列表中选择"自定义页边距"命令,打开"页面设置"对话框;或者在"布局"功能选项卡"页面设置"组中单击右下角的箭头按钮,打开"页面设置"对话框。

(2) 在对话框的"页边距"选项卡中可以设置页边距、纸张方向,在"应用于"下拉列表中可以选择该设置的作用范围,通常为"整篇文档"。例如,此处设置上边距 3.7 厘米、下边距 3.5 厘米、左边距 2.8 厘米、右边距 2.6 厘米。该通知要求双面打印,在对话框的多页下拉列表中选择"对称页边距"。

(3) 在"页面设置"对话框的"纸张"选项卡中可以设置纸张的大小和来源。此处设置纸张大小为 A4。

(4) 在"页面设置"对话框的"版式"选项卡中可以设置页眉和页脚在文档中的编排。此处设置页脚为 2.75 厘米,奇偶页不同。

(5) 在"页面设置"对话框的"文档网格"选项卡中可以设置文本排列方式以及每一页的行数和每行的字符数,还可以设置分栏数等。此处设置每页 22 行,每行 28 个字符,并排满版心。为保证排满版心,在此选项卡中单击"字体设置"按钮,弹出"字体"对话框,在对话框中设置中文字体为"仿宋",西文字体为"使用中文字体",字号为"三号"(公文排版正文格式要求),单击"确定"按钮,返回"文档网格"选项卡,选择"指定行和字符网格"单选按钮后设置每页 22 行,每行 28 个字符。

(6) 设置完毕后,单击"确定"按钮,如图 5-9 所示。

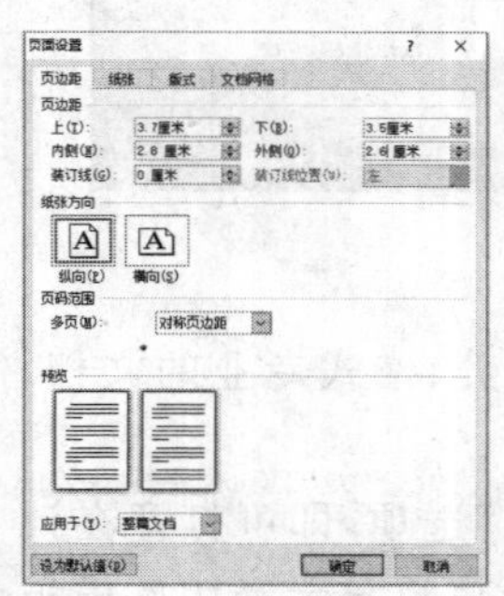
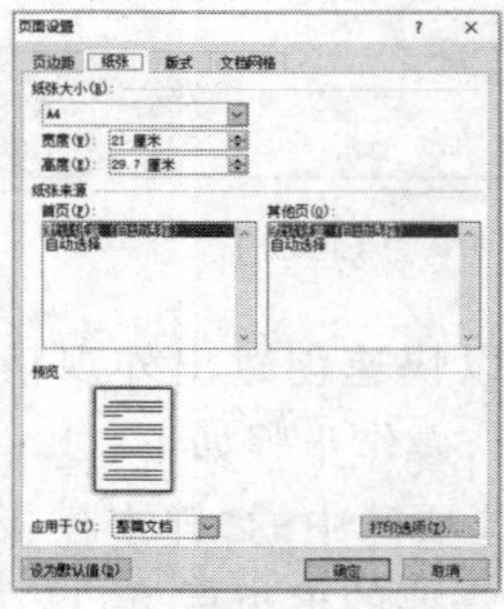
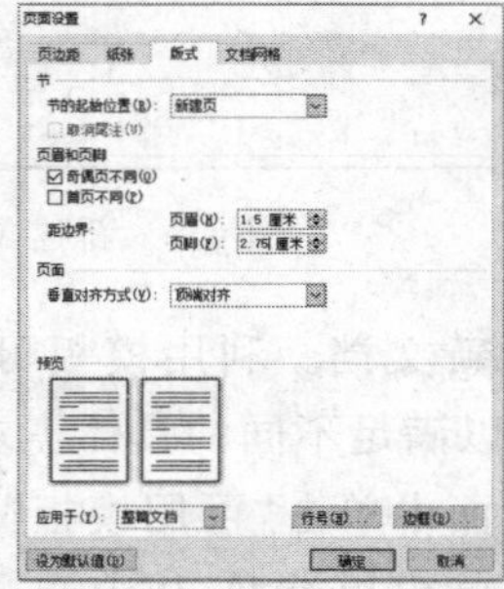
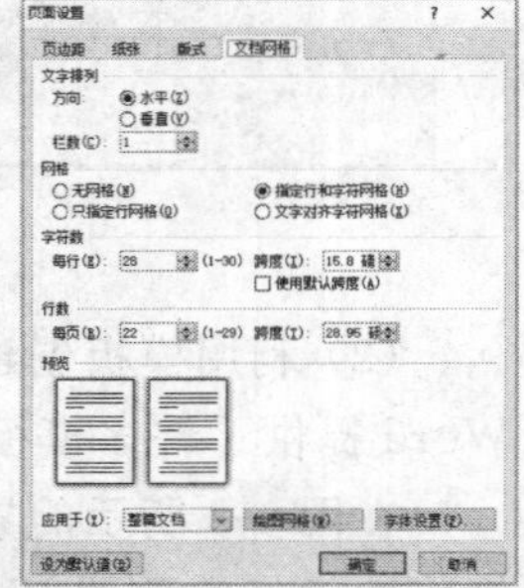

图 5-9 页面设置效果

3）切换插入状态与改写状态

按 Insert 键可实现插入状态与改写状态的切换。在插入状态下，在插入点处输入文本，其后的文本将依次后退。在改写状态下，在插入点处输入的文本将覆盖插入点之后的文本。

4）文本的撤销和恢复

撤销是在编辑中如果出现错误操作，可以取消上一步的操作，方法为单击窗口上方“快速访问工具栏”中的“撤销”按钮，或按 Ctrl＋Z 组合键，连续使用可以进行多次撤销操作。

恢复就是重新执行撤销的操作，方法为单击窗口上方“快速访问工具栏”中的“恢复”按钮，或按 Ctrl＋Y 组合键，可以恢复上一步的撤销操作，连续使用可以进行多次恢复操作。

5）插入特殊符号

在 Word 文档中输入文本时，有时需要输入键盘上没有的特殊符号，方法如下。

(1) 利用 Word 软件插入特殊符号。在“插入”功能选项卡“符号”组中单击“符号”按钮，在下拉菜单中选择“其他符号”命令，打开“符号”对话框。在“符号”选项卡中可以查看特殊字符。在“特殊字符”选项卡中也包含了一些特殊符号，如图 5-10 所示。

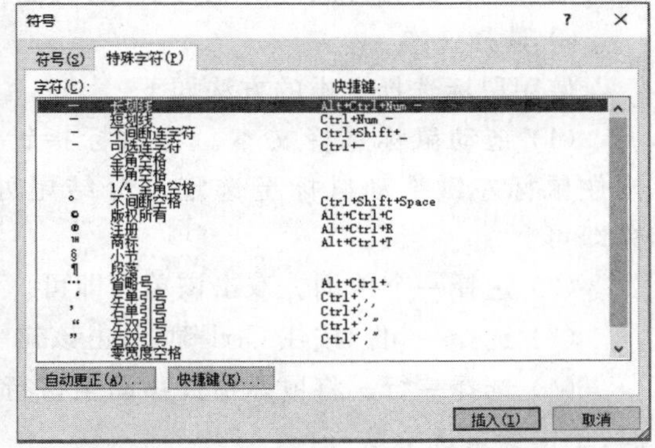

图 5-10　“符号”对话框

(2) 利用输入法插入特殊字符。以搜狗拼音输入法为例说明插入特殊字符的操作步骤：单击输入法工具栏上的“输入方式”按钮，在弹出的界面中选择“特殊符号”按钮(图 5-11)，打开“符号大全”对话框，选择需要的特殊符号，如图 5-12 所示。

图 5-11　搜狗拼音输入法的输入方式选项

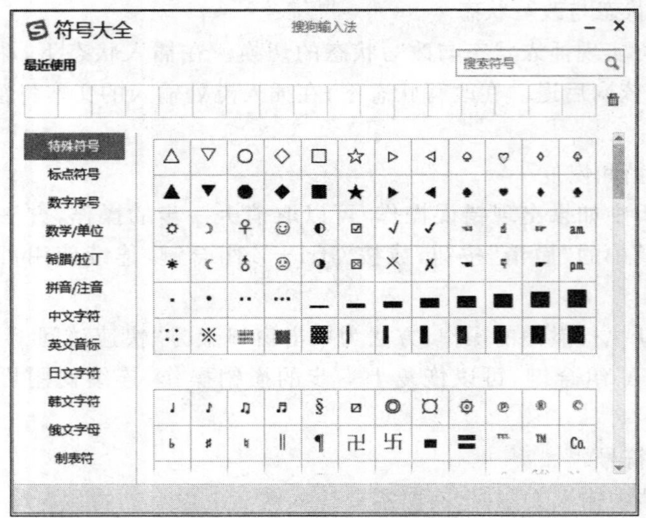

图 5-12 “符号大全”对话框

或者在图 5-12 中单击“软键盘”按钮，在弹出的软键盘上再单击“软键盘”按钮，选择需要输入的特殊符号对应的软键盘，然后在软键盘上单击需要的特殊符号。

6）选择文本

使用鼠标选择文本的方法如下。

(1) 拖动鼠标选择文本。将鼠标指针移动到要选定的文本区的开始部分，然后按住鼠标左键拖动鼠标至选定部分结尾处，所选定内容以高亮状态显示，再松开鼠标即可。

(2) 选择一个单词。双击该单词即可。

(3) 选择一句。按住 Ctrl 键，单击该句中的任何位置即可。

(4) 选择一行。将鼠标指针移动至该行的左侧，当鼠标指针变为向右上方的箭头↗时，单击即可选中这一行。

(5) 选择一个段落。将鼠标指针移动至该行的左侧，当鼠标指针变为向右上方的箭头↗时，双击即可选中该段落。

(6) 选择较大块文本。单击要选择文本的开始出处，将鼠标指针移至要选择文本的结尾处，然后按住 Shift 键并单击结尾处，即可选择两次单击范围内的文本。

(7) 选择不相邻的文本。选择一部分文本后，按住 Ctrl 键，选择另一处文本，即可将不相邻文本同时选中。

(8) 选择垂直文本。按住 Ctrl 键，将鼠标指针移至要选择的文本区域的左上角，然后拖动鼠标至要选文本区域的右下角。

(9) 选择整篇文档。将鼠标指针移至文档正文的左侧，当鼠标指针变为向右上方的箭头↗时，三击鼠标左键，即可选择整篇文档。

7）移动与复制文本

在编辑文档的过程中，常常需要移动或复制文本内容，方法如下。

(1) 使用剪贴板移动、复制文本。选中要移动(或复制)的文本,在“开始”功能选项卡“剪贴板”组中单击“剪切”按钮(或“复制”按钮),或者按 Ctrl+X(或 Ctrl+C)组合键,再将鼠标指针移动至新位置,然后在“开始”功能选项卡“剪贴板”组中单击“粘贴”按钮,或者按 Ctrl+V 组合键,即可将文本粘贴至新位置。

(2) 使用命令移动、复制文本。选中要移动(或复制)的文本,右击,在弹出的快捷菜单中选择“剪切”(或复制)命令;再将鼠标指针移动至新位置,右击,在弹出的快捷菜单中选择“粘贴”命令,将文本移动(或复制)至新位置。

(3) 使用鼠标移动、复制文本。选中要移动(或复制)的文本,单击,再拖动鼠标至新位置,松开鼠标,即可移动文本。如果在移动鼠标的同时按住 Ctrl 键,即可复制文本。

8) 选择性粘贴

选择性粘贴是一种粘贴选项,通过使用该功能,能够将剪贴板中的内容粘贴为不同于内容源的格式,此功能在跨文档之间进行粘贴时非常实用。操作方法如下。

复制选中文本后,将鼠标指针移动至目标位置,在“开始”功能选项卡“剪贴板”组中单击“粘贴”按钮下方的下三角按钮,在下拉列表(图 5-13)中选择粘贴选项或者“选择性粘贴”命令,在弹出的“选择性粘贴”对话框中选择需要的粘贴选项,单击“确定”按钮即可,如图 5-14 所示。

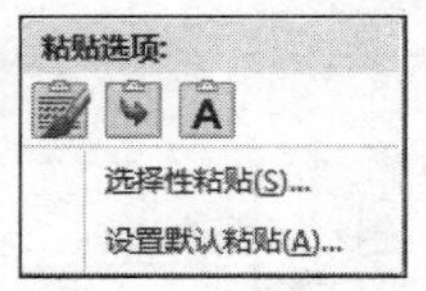

图 5-13　“粘贴选项”列表

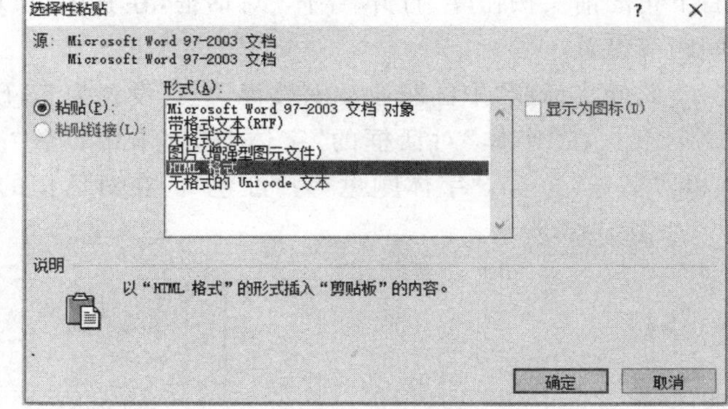

图 5-14　“选择性粘贴”对话框

9) 查找与替换

Word 查找功能不仅可以查找文档中的文本,还可以查找特殊符号(如段落标记、制表符等)。操作步骤如下。

(1) 在“开始”功能选项卡“编辑”组中单击“查找”按钮旁的下三角按钮,在下拉列表中选择“高级查找”命令。或者单击“开始”功能选项卡“编辑”组中的“替换”按钮,弹出“查找和替换”对话框。

(2) 在对话框中如果进行查找,选择“查找”选项卡;如果进行替换,选择“替换”选项卡。在“查找内容”和“替换为”文本框中输入要查找的内容和要替换的内容。如果是要查找或替换为特殊符号,则单击“更多”按钮,在下拉列表中进行选择,如图 5-15 所示。

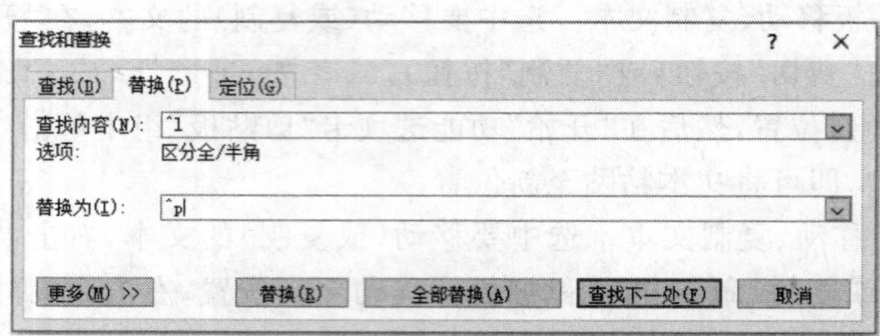

图 5-15 “查找和替换”对话框

(3) 单击对话框中的“查找下一处”按钮,会选中文档中的软回车,单击“替换”按钮,将其替换为硬回车符。如果单击“全部替换”按钮,可以一次将文档中的所有软回车符替换为硬回车符,全部替换之后会出现提示总共替换了多少处的提示。

10) 文字格式设置

设置 Word 文档中文本字体格式的方法有以下 3 种。

(1) 通过“开始”功能选项卡“字体”组设置。选中要设置格式的文本,在“开始”功能选项卡的“字体”组中单击相应的按钮,可以设置文本的字体、字号、颜色、加粗、阴影等效果。

(2) 通过“字体”对话框设置。选择要设置格式的文本,单击“开始”功能选项卡“字体”组右下角的箭头按钮,打开“字体”对话框,在其中可以进行字体、字形、字号、颜色、效果、间距等设置。

例如,此处将标题“中国职业技术教育学会”设置为 55 磅的方正小标宋简体,加粗,红色,缩放 75%。在“字体”对话框的“字体”选项卡中设置“中文字体”为“方正小标宋简体”,加粗,“字号”为 55,“字体颜色”为“红色”。在对话框的“高级”选项卡中设置“缩放”为 75%,如图 5-16 所示。

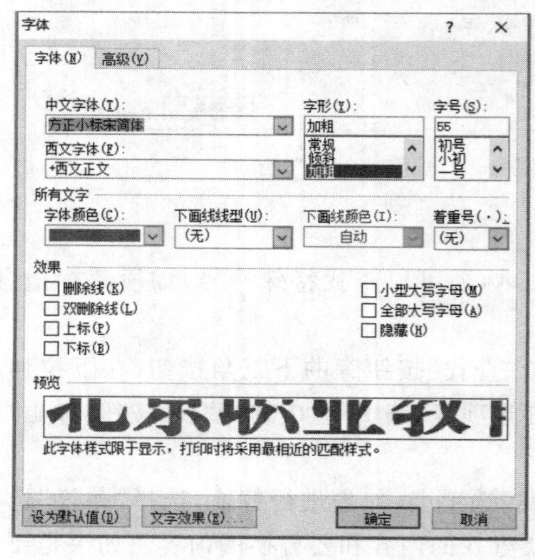

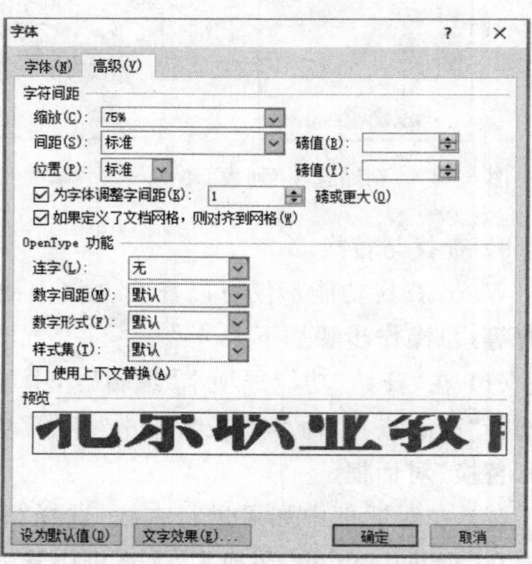

图 5-16 “字体”对话框

(3) 通过浮动工具栏设置。选中要设置格式的文本，此时在文本右上侧会出现一个若隐若现的“浮动工具栏”，鼠标指针越靠近它，它就显示得越清晰，直至完全清晰地显示出来。在“浮动工具栏”中提供了常用的字体格式化命令，如字体、字形、字号、对齐方式、文本颜色等(图 5-17)，根据需要单击相应按钮，即可将设置快速应用到选中字体上，这样就省去了在功能选项卡查找字体格式化命令的时间，进而可以高效地进行工作。

图 5-17　浮动工具栏

11) 段落格式设置

设置 Word 文档文本段落格式的方法有以下两种。

(1) 通过“开始”功能选项卡“段落”组设置。选中要设置格式的段落，在“开始”功能选项卡“段落”组中单击相关按钮，可以设置段落的对齐方式、行距、底纹等格式。

(2) 通过“段落”对话框设置。选择要设置格式的段落，单击“开始”功能选项卡“段落”组右下角的箭头按钮，打开“段落”对话框，在其中可以进行对齐方式，行距，段前、段后间距等设置。

例如，此处将正文设置为首行缩进 2 个字符，段前、段后间距为 0.5 行，行距为固定值 28 磅。设置如图 5-18 所示。

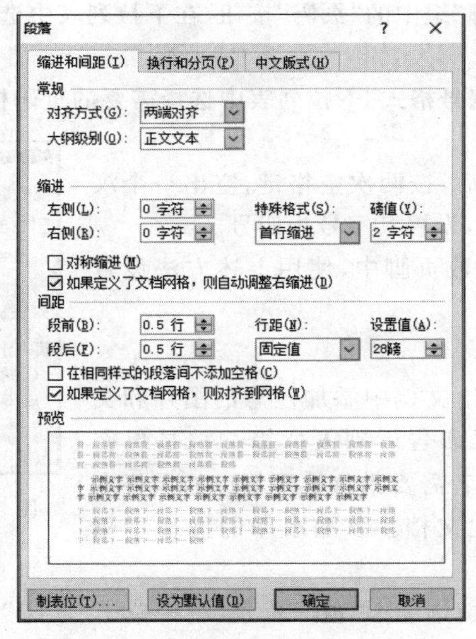

图 5-18　“段落”对话框

12) 插入页眉或页脚

页眉位于一页的顶部，通常用于设置整个文档的名称或某页文档的名称；页脚位于一页的底部，通常用于设置文档的页码、文档作者的姓名、文档写作的日期等。页眉和页脚只有在页面视图和打印预览方式中才能看到。

如果文档已经存在页眉、页脚，可以双击页面的顶部或底部的页眉、页脚区域，快速进入页眉、页脚编辑区。如果是首次设置页眉和页脚,操作步骤如下。

(1) 在"插入"功能选项卡"页眉和页脚"组中单击"页眉"按钮。在下拉列表中选择所需页眉版式,或者"编辑页眉"命令。

(2) 当前页的页眉进入编辑状态,输入页眉内容。此时功能区会出现"页眉和页脚工具"的"设计"功能选项卡,对页眉样式进行编辑。

(3) 编辑完成后单击"关闭页眉和页脚"按钮,即退出页眉的编辑状态。

(4) 与页眉设置方法类似,单击"插入"→"页眉和页脚"→"页脚"按钮,即可进行一系列页脚设置。

13) 插入页码

此处要求双面打印,奇数页页码居右,空一个汉字;偶数页页码居左,空一个汉字。页码数字为阿拉伯数字,大小为4号。页码左右各放一条一字线,左右的"—"符号和数字之间都应有一个半角空格。操作步骤如下。

(1) 将插入点置于奇数页中。单击"插入"→"页眉和页脚"→"页码"按钮,在下拉列表中选择"页面底端"下级菜单中的"普通数字3"。

(2) 此时进入"页眉页脚"编辑状态,在"页眉和页脚工具"的"设计"功能选项卡"选项"组中选中"奇偶页不同"复选框。

(3) 单击"页眉和页脚"组中的"页码"按钮,在下拉列表中选择"设置页码格式"命令,弹出"页码格式"对话框。

(4) 在对话框中的"编号格式"下拉列表中选择需要的页码格式,单击"确定"按钮,如图5-19所示。

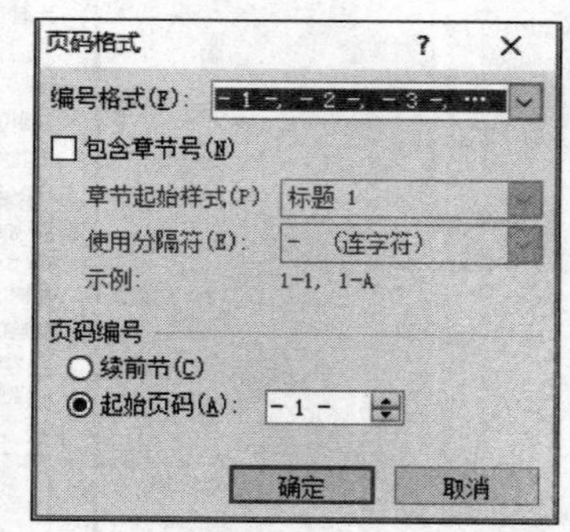

图5-19 "页码格式"对话框

(5) 将光标置于页码后,按两次空格键,空出一个汉字的位置。然后选中页码,设置其字号为四号。

(6) 将插入点置于偶数页脚中,使用上述方法设置偶数页页码。

14) 水印

Word 水印功能可以给文档中添加任意的图片和文字作为背景图片。通过水印告诉别人这篇文档是保密的,或者是某个人制作,或者需要紧急处理等。如果将水印设置为图片也可以美化文档。添加水印的操作步骤如下。

(1) 在"页面布局"功能选项卡"页面背景"组中单击"水印"按钮,在下拉列表中可以选择已经定义好的水印。

(2) 如果自定义水印,在下拉列表中选择"自定义水印"命令,打开"水印"对话框,在对话框中设置水印,如图5-20所示。添加水印后的效果如图5-21所示。

如果要删除水印,单击"页面布局"→"页面背景"→"水印"按钮,在下拉列表中选择"删除水印"命令即可。

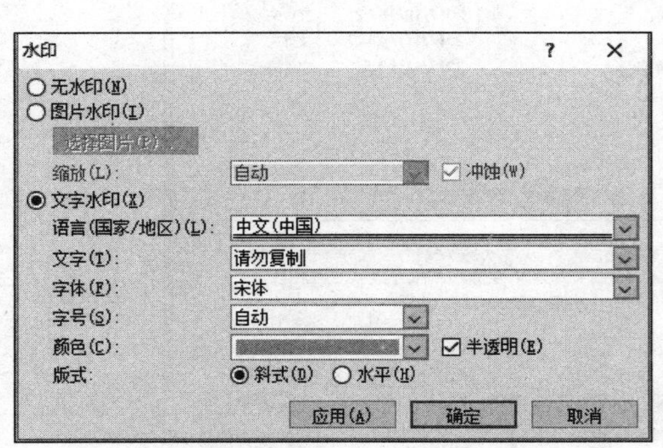

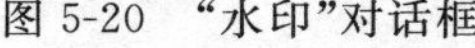

图 5-20 “水印”对话框

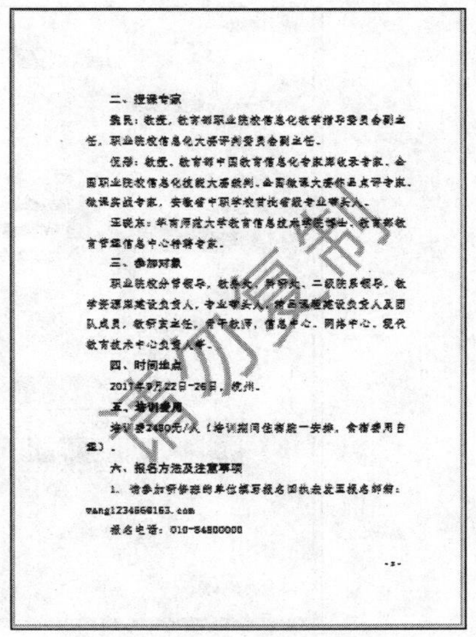

二、授课专家

熊民：教授，教育部职业院校信息化教学指导委员会副主任，职业院校信息化大赛评判委员会副主任。

倪彤：教授、教育部中国教育信息化专家库收录专家、全国职业院校信息化技能大赛裁判、全国微课大赛作品点评专家、微课实战专家，安徽省中职学校首批省级专业带头人。

王晓东：华南师范大学教育信息技术学院博士、教育部教育管理信息中心特聘专家。

三、参加对象

职业院校分管领导，教务处、科研处、二级院系领导，教学资源库建设负责人，专业带头人，精品课程建设负责人及团队成员，教研室主任，骨干教师，信息中心、网络中心、现代教育技术中心负责人等。

四、时间地点

2017年9月22日-26日，杭州。

五、培训费用

培训费2480元/人（培训期间住宿统一安排，食宿费用自理）。

六、报名方法及注意事项

1. 请参加研修班的单位填写报名回执表发至报名邮箱：wang123456@163.com

报名电话：010-84800000

-2-

图 5-21 添加水印后的效果

【思考与练习】

1. 如何删除页眉上的横线？

2. 在 Word 中进行排版时，有时会发现文档的最后一页只有一两行文字，比如，最后一页只有落款，该如何进行调整，才能让多余的一两行文字加入前一页中去，而且整个文档的效果不会发生明显变化？

3. 利用 Word 模板制作本年度的日历。

5.1.3 保存并打印文档

1. 保存文档

在退出 Word 前，要将已经输入或修改完毕的文档进行保存。对于新建的文档，首次保存文档的操作步骤如下。

(1) 选择“文件”→“保存”命令，或按 Ctrl+S 组合键，打开图 5-22 所示的“另存为”对话框。

(2) 在对话框的左边选择文档的保存位置，在“文件名”下拉列表框中选择或输入所保存的文档名称，在“保存类型”下拉列表框中选择合适的类型。

(3) 单击“保存”按钮完成文档的保存。

保存文档后，Word 2010 窗口标题栏上的文件名称会随之更改，保存后的文档窗口不会关闭，仍可继续输入或编辑该文档。

如果要把正在编辑的文档以另外的名字保存起来，则要执行“另存为”操作，方法为选择“文件”→“另存为”命令，打开“另存为”对话框，进行保存操作。文档执行“另存为”操作

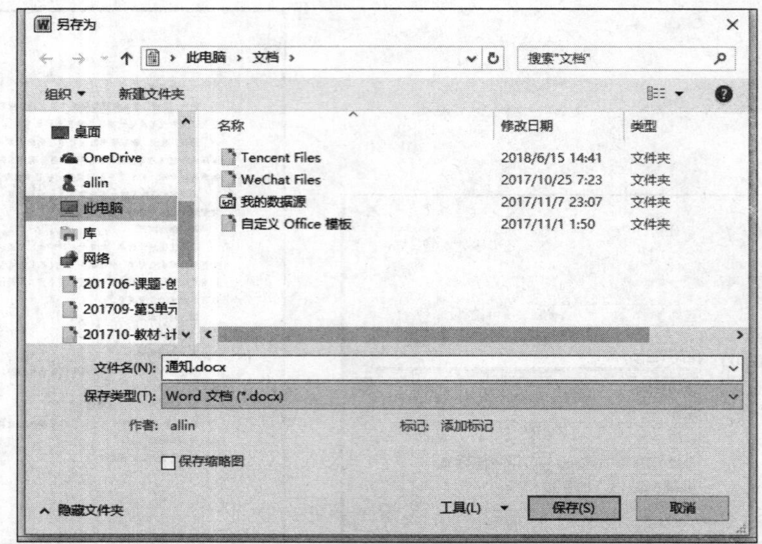

图 5-22 “另存为”对话框

后，原来的文件依然存在。

2. 设置自动保存时间间隔

在输入或修改一个较大的文档时，由于所耗时间较长，为避免计算机故障或其他因素导致的前功尽弃，应随时对文档进行保存操作。此外，也可以通过设置自动保存时间间隔的方法来进行自动保存，操作步骤如下。

(1) 选择“文件”→“选项”命令，弹出“Word 选项”对话框。

(2) 在对话框左侧选择“保存”选项，选中对话框右侧的“保存自动恢复信息时间间隔”复选框，在复选框后设置自动保存时间间隔，如图 5-23 所示。

(3) 单击“确定”按钮完成设置。

3. 保护文档

(1) 限制编辑方法如下。

① 在“审阅”功能选项卡“保护”组中单击“限制编辑”按钮。

② 在打开的“限制格式和编辑”任务窗格中选中“仅允许在文档中进行此类型的编辑”复选框，并在下拉列表中选择一项，然后单击“是，启动强制保护”按钮，打开“启动强制保护”对话框。在对话框中输入密码，单击“确定”按钮。

设置完成后，对于被保护的文档内容，只能进行上述选定的编辑操作，如图 5-24 所示。

(2) 加密文档方法如下。

① 在“另存为”对话框中单击“工具”按钮，在下拉列表中选择“常规选项”命令，弹出“常规选项”对话框。

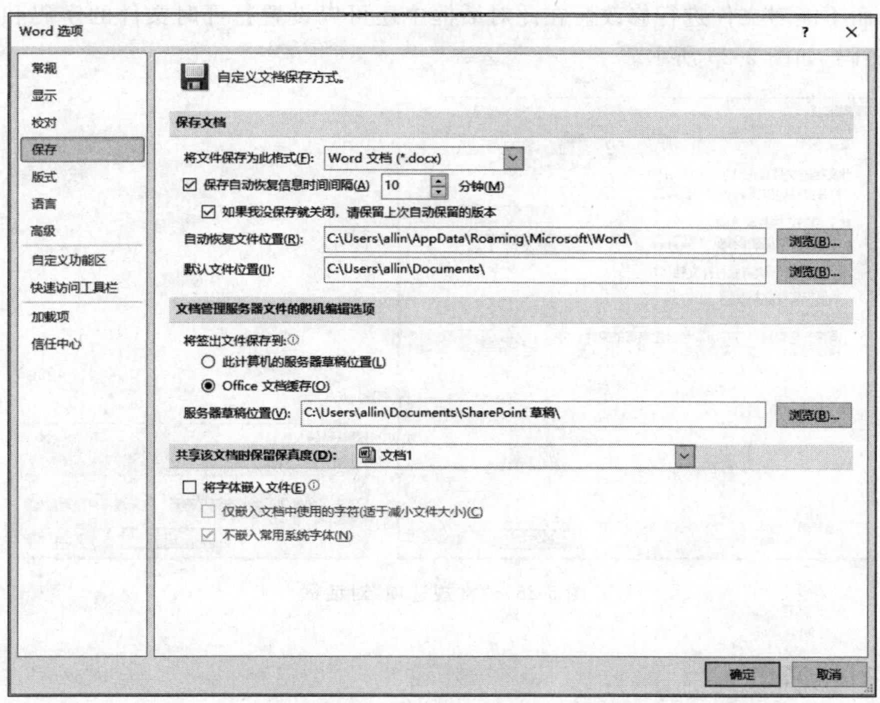

图 5-23　设置自动保存时间间隔

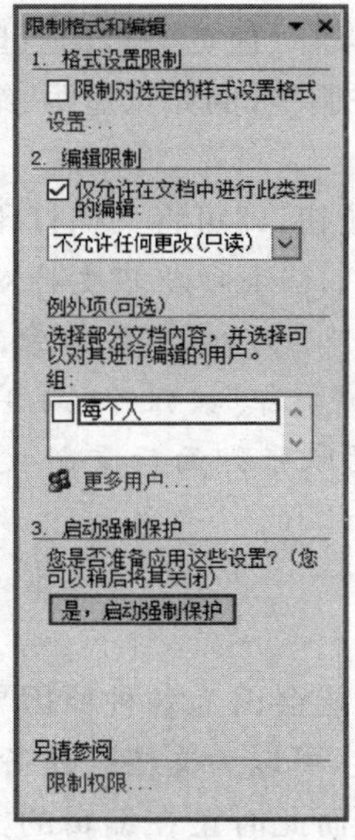

图 5-24　"限制格式和编辑"任务窗格

② 在对话框中如果选中“建议以只读方式打开文档”复选框,则将文档属性设置为“只读”,而不能对文件进行修改。在此对话框中还可以设置打开时文件的密码和修改文件时的密码,如图 5-25 所示。

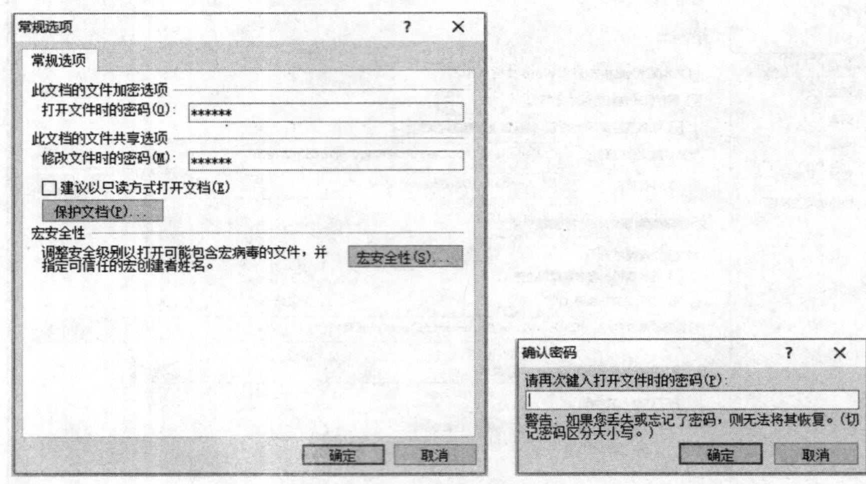

图 5-25 “常规选项”对话框

4. 打印文档

文档编辑完成后,可以通过下列步骤进行打印操作。

(1) 选择“文件”→“打印”命令,打开“打印”文档后台视图。

(2) 在该打印视图的右侧可以即时预览文档的打印效果。同时,可以在打印设置区域中对打印机或打印页面进行相关调整,例如页边距、纸张大小、打印份数、制定单面或双面打印、每版打印页数等。

(3) 设置完成后,单击“打印”按钮,即可将文档打印输出。

提示: 此处要求双面打印文档。当打印机不支持双面打印时,需要手动双面打印,方法为在“打印”文档后台视图中单击“单面打印”按钮旁的下三角按钮,在弹出的下拉列表中选择“手动双面打印”。然后单击“打印”按钮开始打印第一页,当奇数页打印完毕后,系统提示重新放纸。此时将打印好的纸张翻面后重新放入打印机。单击提示对话框中的“确定”按钮,完成打印。

【思考与练习】

1. 在编辑文档的过程中,有可能会因为各种原因导致文档丢失或者损坏,从而让工作受影响。为避免这种情况的发生,可以为文档创建备份,如何创建 Word 备份文档?

2. 如果计算机突然发生故障,而此时正在编辑的文档却没有保存,可以尝试借助于 Word 自动回复功能找回未保存前的文档,应该如何操作?

5.2　图文混排与刊物内页排版

【操作任务】

刊物内页排版

任务描述：某些企业有做企业内刊的需求，要求一个月出一期内刊，如果不想使用太复杂的专业软件排版，能否通过常用的较为熟悉的 Word 进行排版制作刊物内页？下面利用 Word 2010 制作图 5-26 所示的刊物内页。

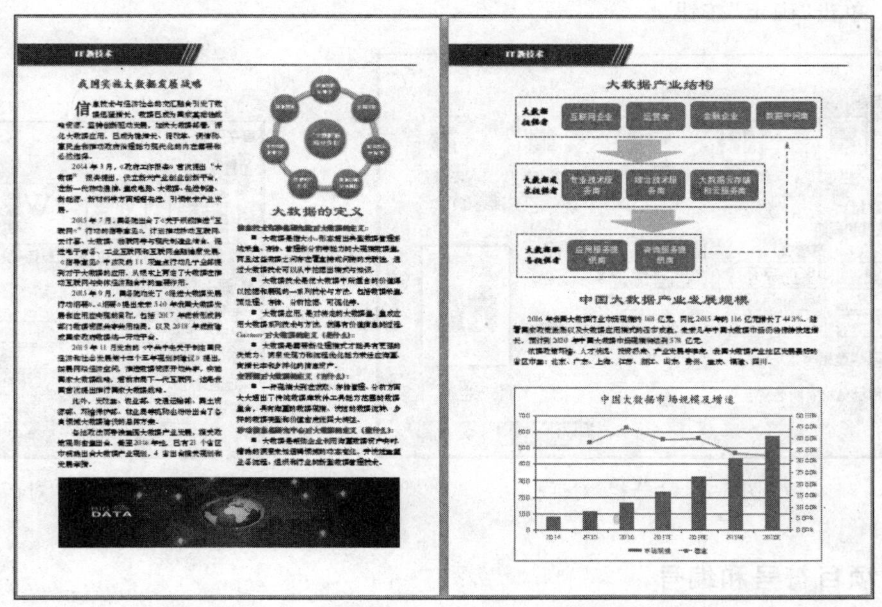

图 5-26　期刊内页效果

任务分析：通过 Word 图文混排功能可以完成本任务，涉及文本框、图片、形状、图表等对象的创建与编辑操作。

5.2.1　规划版式与编辑文档

1. 分栏

在期刊、杂志和报纸的排版中经常会看到分栏的现象，分栏可以使版面更生动，阅读更方便。分栏的操作步骤如下。

(1) 选中要分栏的文字，在“页面布局”功能选项卡“页面设置”组中单击“分栏”按钮。

（2）在下拉列表中选择相应的栏数。如果要进行精确设置，选择“更多分栏”命令，在弹出的“分栏”对话框中可以设置栏数、栏宽、间距、分隔线等，如图 5-27 所示。

2. 设置首字下沉

首字下沉是指文章段落的第一个字符放大显示，以使内容醒目。操作步骤如下。

（1）将插入点移至要设置首字下沉的段落的任意位置。

（2）在“插入”功能选项卡“文本”组中单击“首字下沉”按钮，在弹出的下拉列表中选择“首字下沉选项”命令。

（3）打开“首字下沉”对话框，在对话框中选择下沉的位置，设置下沉的首字的字体、下沉行数、距正文的距离等。例如，此处设置第一段首字下沉两行，如图 5-28 所示。

（4）单击“确定”按钮。

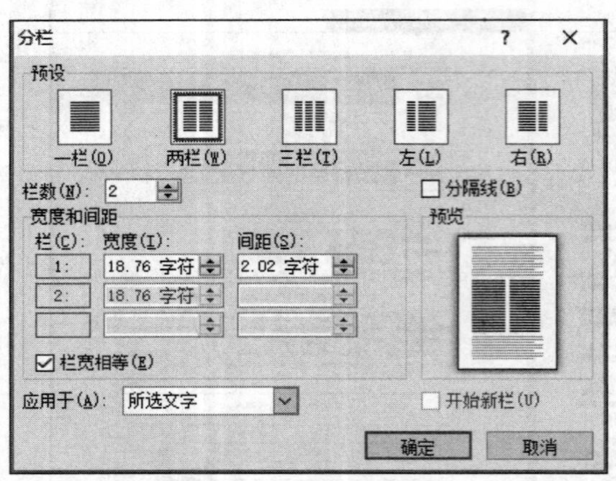

图 5-27 “分栏”对话框

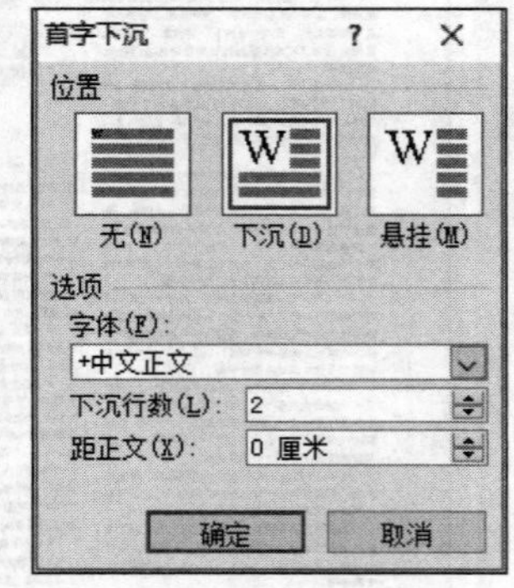

图 5-28 “首字下沉”对话框

3. 项目符号和编号

在文档的某些段落前加上编号或者某种特定符号(项目符号)，可以提高文档的可读性。对于有顺序的段落应使用编号，而对于并列关系的项目则宜用项目符号。在公文排版中，一般不使用自动编号功能。

添加编号的操作步骤如下。

（1）在“开始”功能选项卡“段落”组中单击“编号”按钮旁的下三角按钮，在弹出的下拉列表中提供了多种不同的编号样式可供选择。

（2）如果需要自定义编号样式，则在下拉列表中选择“定义新编号格式”命令，弹出“定义新编号格式”对话框，在对话框中设置编号样式、字体、对齐方式等，如图 5-29 所示。

（3）编辑完成后单击“确定”按钮。

添加项目符号的方法与添加编号的方法类似，单击“开始”→“段落”→“项目符号”按钮即可。

提示：撤销自动编号的方法有两种。

(1) 在输入编号1并按Enter键后，自动出现编号2，此时在编号左侧出现“自动更正选项”按钮，单击此按钮，在下拉列表中选择“撤销自动编号”命令可以撤销出现的自动编号2。在下拉列表中选择“停止自动创建编号列表”命令，则停止再次自动编号，如图5-30所示。

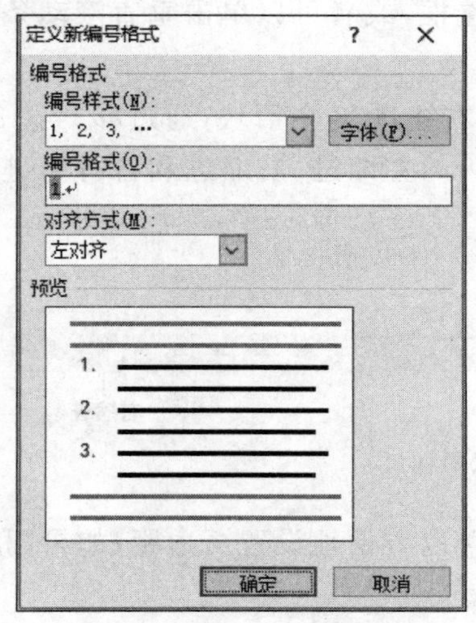

图5-29　定义新编号格式

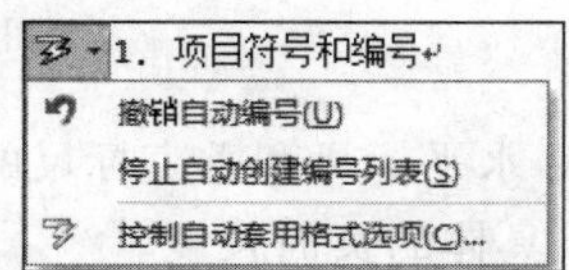

图5-30　“自动更正选项”列表

(2) 在“Word选项”对话框中单击“校对”选项下的“自动更正选项”按钮。在弹出的“自动更正”对话框的“键入时自动套用格式”选项卡中不选中“自动编号列表”复选框，单击“确定”按钮，如图5-31所示。

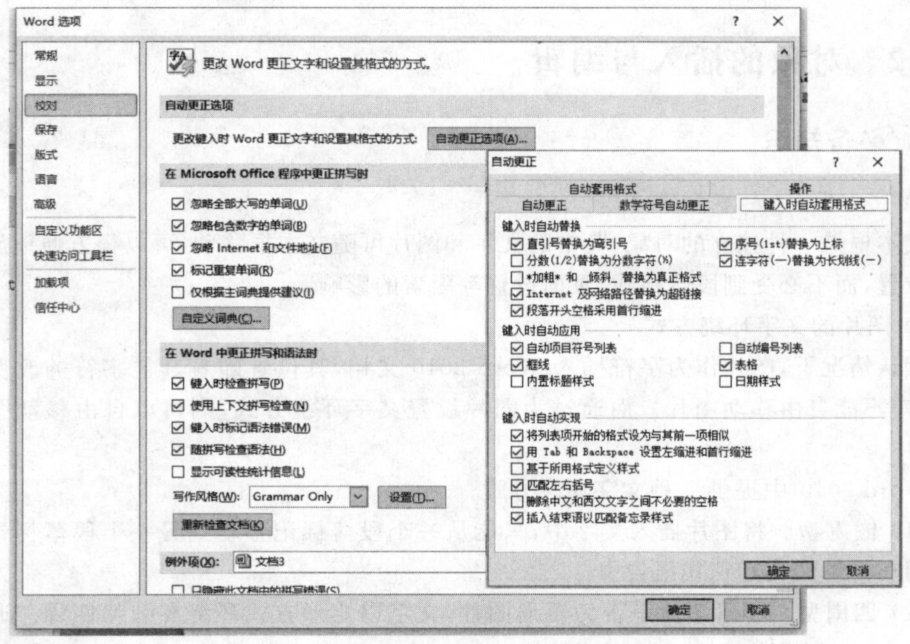

图5-31　撤销自动编号

4. 通过标尺调整段落格式

Word 中标尺分别有水平标尺和垂直标尺。标尺的作用常常用于对齐文档中的文本、图形、表格和其余一些元素。Word 2010 的界面默认情况下不显示标尺,可以通过选中“视图”功能选项卡“显示”组中的“标尺”复选框,或者可以单击垂直滚动条上方的“标尺”按钮,显示标尺或隐藏标尺。

水平标尺上有“首行缩进”“悬挂缩进”和“右缩进”3 个滑块,通过移动这 3 个滑块可以快速地设置段落(选定的或是光标所在段落)的左缩进、右缩进和首行缩进,如图 5-32 所示。

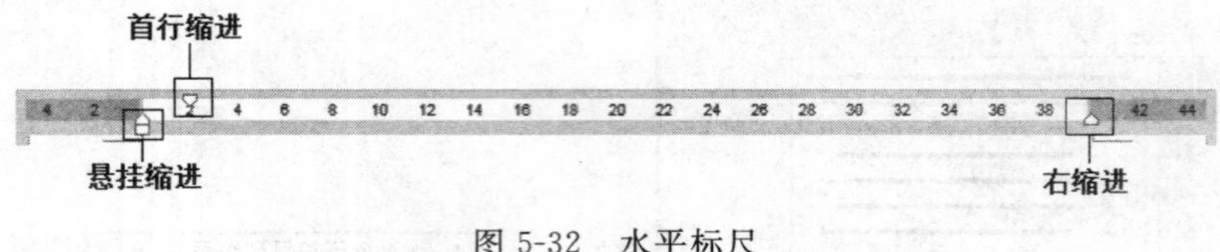

图 5-32 水平标尺

拖动 Word 水平标尺和垂直标尺的边界,可以方便地设置页边距;如果同时按下 Alt 键,可以显示出具体的页面长度。

【思考与练习】

1. 有些论文投稿要求分栏(一般是两栏),一般分栏后会出现文本末尾两栏不对齐的问题,如何解决?

2. 在填一些表格时,许多表格上要在方框中打√或×,如何实现?

5.2.2 对象的插入与编辑

1. 必备知识

1) 文本框

文本框是一种独立的对象,其中的文字和图片可随文本框移动,可以很方便地放置到指定位置,而不必受到段落格式、页面设置等因素的影响。

2) 图片的文字环绕方式

默认情况下,图片作为字符插入 Word 2010 文档,其位置随着其他字符的改变而改变,用户不能自由移动图片。而通过为图片设置文字环绕方式,则可以自由移动图片的位置。

Word 2010 中提供 7 种文字环绕方式。

(1) 嵌入型。将图片插入文字中,只能从一个段落标记移动到另一个段落标记。通常使用在简单文档和正式报告中。

(2) 四周型。不管图片是否为矩形图片,文字以矩形方式环绕在图片四周。通常用在带有大片空白的新闻稿和宣传单中。

(3) 紧密型。如果图片是矩形,则文字以矩形方式环绕在图片周围。如果图片是不规则图形,则文字将紧密环绕在图片四周。通常用在纸张空间很宝贵且可以接受不规则形状(甚至希望使用不规则形状)的出版物中。

(4) 穿越型。文字可以穿越不规则图片的空白区域环绕图片。

(5) 上下型。文字环绕在图片的上方和下方,但不会出现在图片的旁边。

(6) 衬于文字下方。图片在下、文字在上,分为两层,文字位于图片上方。通常用作水印或页面背景图片。

(7) 浮于文字上方。图片在上、文字在下,分为两层,文字位于图片下方。通常用在有意用某种方式来遮盖文字实现某种特殊效果的情况下。

3) SmartArt 图形

SmartArt 是自 Microsoft Office 2007 开始新加入的特性,用户可在 Word、Excel、PowerPoint 中使用该特性创建各种图形图表。SmartArt 图形是信息和观点的视觉表示形式,可以通过从多种不同布局中进行选择来创建需要的图形,从而快速、轻松、有效地传达信息。

2. 操作技能

1) 图片的插入

在 Word 文档中插入的图片可以使用来自外部的图片文件,也可以使用程序本身带有的剪贴画,还可以直接插入屏幕截图来丰富文档的表现力。

(1) 插入来自文件的图片。在 Word 中可以插入各类格式的图片文件,操作步骤如下。

① 在"插入"功能选项卡"插图"组中单击"图片"按钮,打开"插入图片"对话框。

② 选择图片所在的路径,找到并选中该图片,单击"插入"按钮,即可将图片插入文档。

(2) 插入剪贴画。Microsoft Office 提供了大量的剪贴画,并将其存储在剪辑管理器中。剪辑管理器中包含剪贴画、照片、影片、声音和其他媒体文件,统称为剪辑,可将它们插入文档,以便于演示或发布。当连接了 Internet 时,还可以快速搜索在 Microsoft Office Online 站点上免费提供的更多资源。

在 Word 文档中插入剪贴画的操作步骤如下。

① 单击"插入"→"插图"→"剪贴画"按钮,弹出"剪贴画"任务窗格,如图 5-33 所示。

② 在任务窗格的"搜索文字"文本框中输入搜索关键词,在"结果类型"下拉列表中选择剪贴画类型,单击"搜索"按钮则可显示所有剪贴画。

③ 将光标指向某一剪贴画,单击右侧的下三角按钮,在弹出的下拉列表中选择"插入"命令,将所选剪贴画插入

图 5-33 "剪贴画"任务窗格

文档。

2）调整图片格式

在文档中插入图片并将其选中后，功能区将出现“图片工具”的“格式”功能选项卡，通过该选项卡可以调整图片的大小、样式等。

（1）调整图片样式。可以将图片应用预定义图片样式，方法如下：单击“图片工具”→“格式”→“图片样式”→“其他”按钮 ▾，在展开的图片样式库中可以选择系统已定义好的图片样式并快速应用到当前图片上。

也可以自定义图片样式，方法如下：如果对系统已有的图片样式不满意，可以单击“格式”功能选项卡“图片样式”组中的“图片边框”“图片效果”“图片版式”按钮，用“调整”组中的“更正”“颜色”“艺术效果”按钮可以调整图片的效果。

或者选中图片后右击，在弹出的快捷菜单中选择“设置图片格式”命令，打开“设置图片格式”对话框，可以对图片的颜色、效果等格式进行设置，如图 5-34 所示。

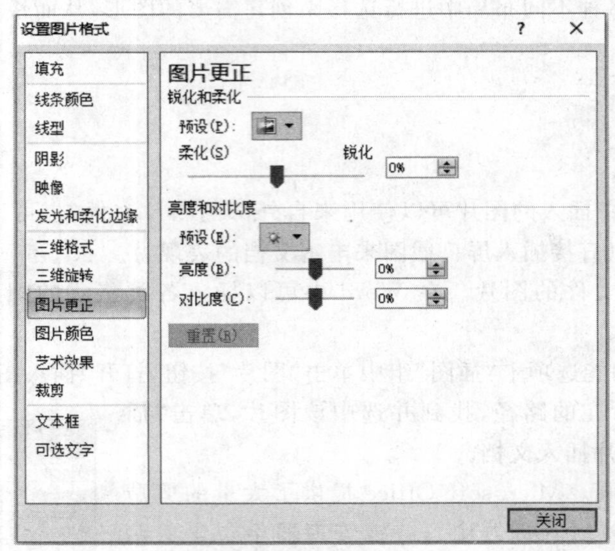

图 5-34 “设置图片格式”对话框

（2）设置图片的文字环绕方式。设置图片的文字环绕方式的操作步骤如下。

① 选中图片后，单击“图片工具”→“格式”→“排列”→“自动换行”按钮，在下拉列表中选择某一种文字环绕方式。

② 或者在下拉列表中选择“其他布局选项”命令，打开“布局”对话框，在对话框的“文字环绕”选项卡中进行设置，如图 5-35 所示。或者选中图片后右击，在弹出的快捷菜单中选择“大小和位置”命令，也可以打开“布局”对话框。

（3）裁剪图片。当图片中的某部分多余时，可以将其裁减掉，操作步骤如下。

① 选中图片后，单击“图片工具”→“格式”→“大小”→“裁剪”按钮。

② 此时，图片周围出现裁剪标记，拖动图片四周的裁剪标记，调整到适当的图片大小。

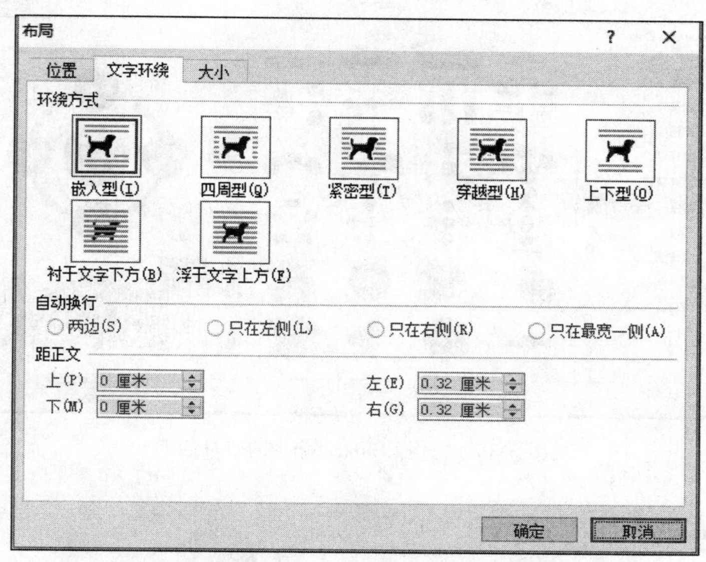

图 5-35　“布局”对话框的“文字环绕”选项卡

③ 调整完成后，在图片外任意位置单击或者按 Esc 键退出裁剪操作。

提示：如果单击“裁剪”按钮下方的下三角箭头，在打开的下拉列表中选择“裁剪为形状”命令，可以将图片按指定的形状进行裁剪。

(4) 调整图片的大小和位置。调整图片的大小和位置的操作步骤如下。

① 选中图片后，图片四周会出现调整点，用鼠标拖动图片边框上的调整点可以快速调整图片大小。绿色圆形的调整点用来旋转图形。当光标变为时，拖动鼠标即可移动形状至合适的位置。

② 如果要精确调整图片大小，单击“格式”功能选项卡“大小”组右下角的箭头按钮，在弹出的“布局”对话框的“大小”选项卡中对图片大小进行精确调整。

提示：在使用鼠标调整图片大小时，如果要锁定图片的长宽比例，可在拖动鼠标的同时按住 Shift 键；如果要固定图片的中心位置，可在拖动鼠标的同时按住 Ctrl 键；如果要固定图片的中心并且锁定图片长宽比例，可在拖动鼠标的同时按住 Shift+Ctrl 组合键。

3) SmartArt 图形的插入与编辑

插入与编辑 SmartArt 图形的操作步骤如下。

(1) 在“插入”功能选项卡“插图”组中单击 SmartArt 按钮，弹出“选择 SmartArt 图形”对话框。在该对话框中列出了所有 SmartArt 图形的分类，以及每个 SmartArt 图形的外观预览效果和详细的使用说明信息。例如，制作本任务中的 SmartArt 图形，在对话框中选择关系图里的“射线循环”图，单击“确定”按钮，如图 5-36 所示。

(2) 选择使用的图形后，在文档中会出现相应的 SmartArt 图形和文本窗格，但此时图形没有具体的信息，只有占位符文本的框架，如图 5-37 所示。

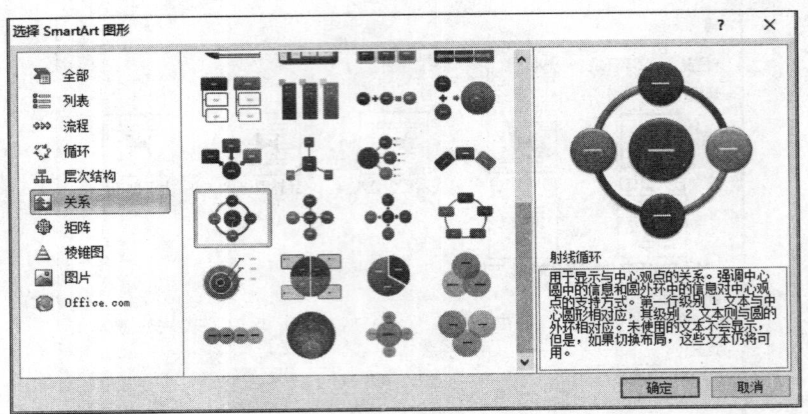

图 5-36 “选择 SmartArt 图形”对话框

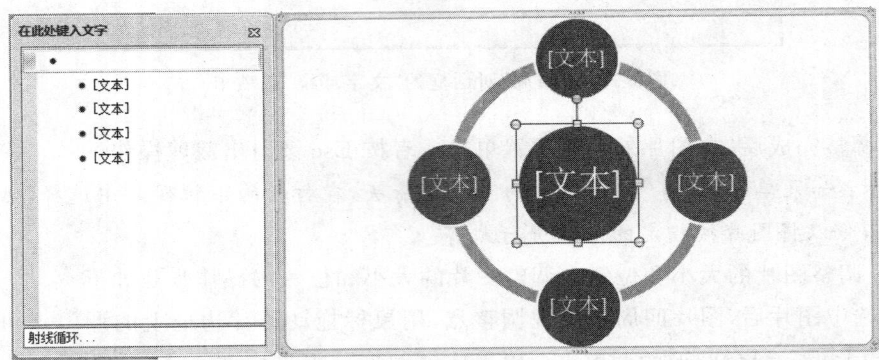

图 5-37 插入 SmartArt 图形

(3) 此时功能区会出现“SmartArt 工具”,有“设计”和“格式”两个功能选项卡,可以通过这两个功能选项卡对 SmartArt 图形进行设置。

例如,此处在射线循环图的外环中添加 3 个圆,方法如下:选中外环中的一个圆,单击“SmartArt 工具”→“设计”→“创建图形”→“添加形状”按钮,或者右击并在弹出的快捷菜单中选择“添加形状”命令,即可以添加一个圆。重复上述操作两次,再添加两个圆。然后单击“设计”→“SmartArt 样式”→“强烈样式”按钮,调整图形效果,如图 5-38 所示。

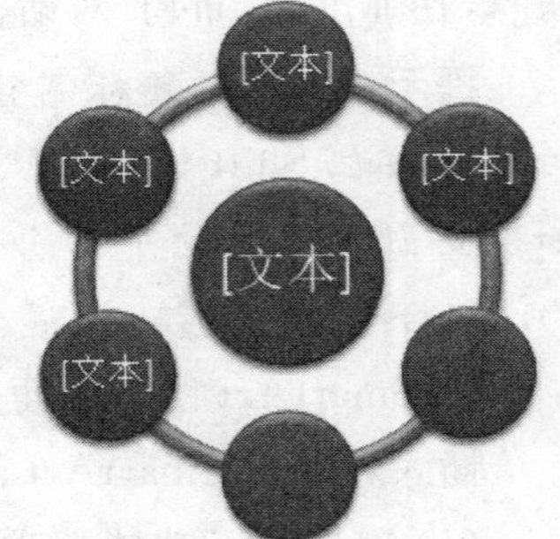

图 5-38 调整后的效果

(4) 在 SmartArt 图形上的文字编辑区内直接输入文本,也可以在左侧的“文本”窗格中输入内容。或者可以选中某个图形右击,在弹出的快捷菜单中选择“编辑文字”命令后即可输入文本。

提示:如果在 SmartArt 图形中看不到“文本”窗格,可以单击“SmartArt 工具”→“设计”→“创建图形”→“文本窗格”按钮,以显示出该窗格。或者单击 SmartArt 图形左侧的“文本”窗格控件将该窗格显示出来。

(5) 调整 SmartArt 图形大小和位置的方法与调整图片的大小和位置的方法一致，这里不再赘述。

提示：插入 SmartArt 图形或图片时，默认情况下它们的文字环绕方式是嵌入型，即它们是按字符占位，不能自由移动。如果想让 SmartArt 图形自由移动到任意位置时，必须先修改其文字环绕方式为除嵌入型以外的任意一种。

4）图形的绘制

绘制图形的操作步骤如下。

(1) 添加绘图画布。绘图画布可用来绘制和管理多个图像对象。使用绘图画布，可以将多个图形对象作为一个整体，也可以对其中的单个图形对象进行格式化操作。

在“插入”功能选项卡“插图”组中单击“形状”按钮，在下拉列表中选择“新建绘图画布”选项，在文档中插入绘图画布。选中画布，拖动画布四周的调整点可以调整画布大小。

(2) 插入形状。单击“插入”→“插图”→“形状”按钮，在下拉列表中选择需要的形状，可以绘制直线、箭头、星形等各种图形，当光标变成“十”字形状时，拖动鼠标即可绘制图形。

(3) 图形大小和位置的调整与图片大小和位置的调整类似，此处不再赘述。

(4) 在形状中添加文字。选中需要添加文字的图形，右击，在弹出的快捷菜单中选择“添加文字”命令。将插入点移至图形内部，输入相应的文字。

(5) 设置形状的效果与设置艺术字的效果方法相似，此处不再赘述。

5）调整图形的叠放次序

当两个或多个图形对象重叠在一起时，最近绘制的图形会覆盖原来的图形，可以通过调整图形的叠放次序，得到不同的效果。如图 5-39 所示，左侧的图月亮在云形的上层，右侧的图月亮在云形的下层。

图 5-39　图形的叠放次序

要调整图形的叠放次序，操作步骤如下。

(1) 选中要调整的图形。

(2) 在“设计”功能选项卡“排列”组中单击“上移一层”或“下移一层”按钮，在下拉列表中选择调整方式。

或者右击要调整的图形，在弹出的快捷菜单中选择“置于顶层”或“置于底层”命令中的子命令，调整图形叠放的次序。

6）图形的组合

当利用多个简单的图形组成一个复杂的图形时，每一个简单图形都是独立的对象。如果要移动整个图形，需要单独移动每一个简单图形，移动起来非常困难，而且还可能破坏刚刚构成的图形结构。Word 可以将多个图形进行组合，把多个简单图形组合成一个整体，进行移动或旋转等操作。组合图形的操作步骤如下。

(1) 选定要组合的所有图形对象。

(2) 单击“绘图工具”→“设计”→“排列”→“组合”按钮，在下拉列表中选择“组合”选项，可以组合图形，选择“取消组合”选项，可以取消刚才的组合。

或者右击选中图形，在弹出的快捷菜单中选择“组合”→“组合”命令即可组合图形；选择“组合”→“取消组合”命令即可取消图形的组合。

7）文本框的插入与编辑

在文档中插入文本框的操作步骤如下。

(1) 在“插入”功能选项卡“文本”组中单击“文本框”按钮，在弹出的下拉列表中的“内置”文本框样式中选择合适的文本框类型，也可以自由绘制横排或竖排文本框。如果绘制横排(或竖排)文本框，在下拉列表中选择“绘制(竖排)本文框”选项，然后在文档中合适位置拖动鼠标即可绘制一个文本框。

(2) 调整文本框格式与调整形状格式的方法类似。例如，此处需要设置文本框无填充无边框，方法如下：选中文本框后，单击“绘图工具”→“格式”→“形状样式”→“形状填充”按钮，在下拉列表中选择“无填充颜色”命令，再单击“形状轮廓”按钮，在下拉列表中选择“无轮廓”命令，则可设置无轮廓无填充的文本框。

8）插入与编辑图表

在 Word 中可以插入图表，如果数据源发生变化，则图表相应地进行变化。下面以本任务中的图表为例来说明插入图表的操作。

(1) 单击“插入”功能选项卡“插图”组中的“图表”按钮。

(2) 在弹出的“插入图表”对话框中选择要插入的图表的类型，此处选择“簇状柱形图”，单击“确定”按钮，如图 5-40 所示。

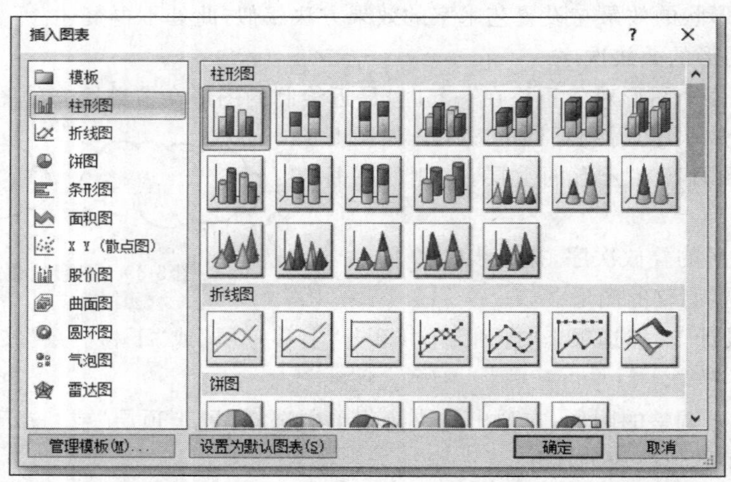

图 5-40 “插入图表”对话框

(3) 系统自动打开 Excel 模块和图表模板。删除 Excel 表中的 C 列和 D 列，然后将光标移至 B5 单元格的右下角，当光标变成斜向箭头时，单击鼠标并拖动至 B8 单元格，然后在 Excel 表中输入相应的数据，图表会随着数据的更改而变化，如图 5-41 所示。

(4) 数据输入完成后，关闭 Excel 模块。

(5) 单击图表标题，输入“中国大数据市场规模及增速”，设置字体和字号。

(6) 选中生成的图表，在“图表工具”的“设计”功能选项卡中可以修改图表类型、图表样式、图表布局，添加图表元素，编辑数据。如果选中图表中的绘图区，在“格式”功能选项卡中可以修改绘图区的格式；也可以右击并在弹出的快捷菜单中选择“设置绘图区格式”

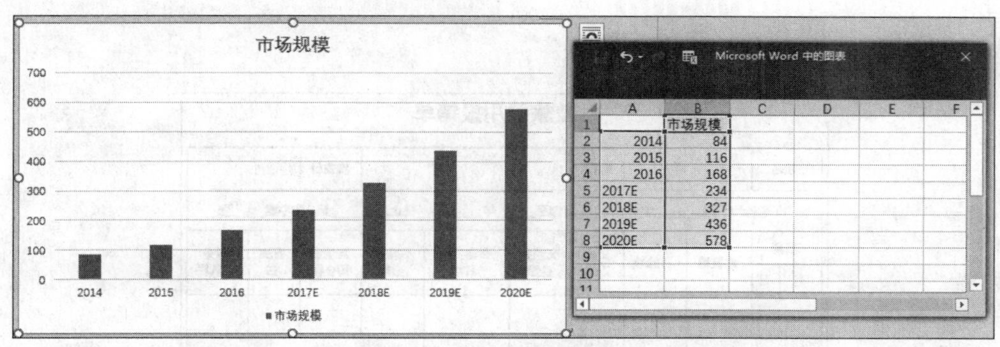

图 5-41　生成图表

命令，打开“设置绘图区格式”对话框来设置绘图区格式。

如果选中图表中的数据系列，在“格式”功能选项卡中可以修改数据系列的格式；也可以右击，在弹出的快捷菜单中选择“设置数据标签格式”命令，打开“设置数据标签格式”窗格，设置数据标签格式。

【思考与练习】

利用 Word 图文混排的功能，制作宣传海报。

5.3　表格设计与表格制作

【操作任务】

制作报销审批单

任务描述：单位的财务人员需要规范财务日常审批、报销管理的制度与流程，然后根据规范的流程制作报销单、审批单等单据。如何制作图 5-42 所示的差旅费报销单？

任务分析：要完成此任务，涉及 Word 中对表格的操作，一是要创建表格；二是要编辑美化表格。

5.3.1　表格的创建

Word 中表格的术语与 Excel 中的有关术语一致，如图 5-43 所示。

(1) 单元格。表格中容纳数据的基本单元称为单元格。

(2) 表格的行与列。表格中横向的所有单元格组成一行，行号可以以 1、2、3…命名；竖向的单元格组成一列，列标可以以 A、B、C...命名。

(3) 单元格名字。行列交叉点处单元格的列标和行号组成了该单元格的名字，如 3 行 B 列交叉点单元格的名字是 B3。

(4) 表格的标题栏和项目栏。用来输入表格各栏名称的一行称为表格的标题栏，位于表格上部；表格左侧的一列是表格的项目栏，位于表格左侧。

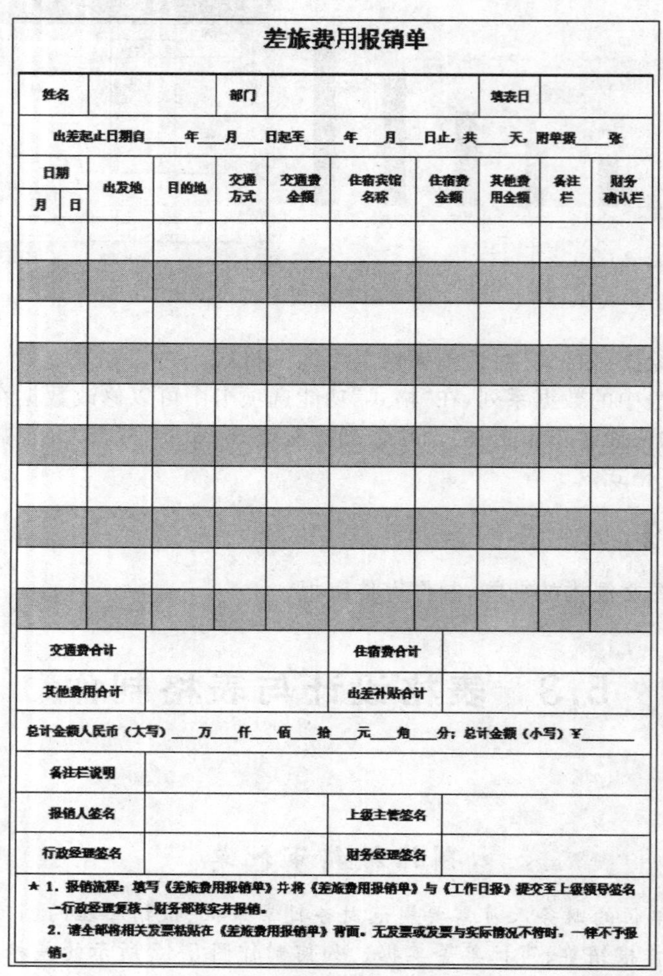

差旅费用报销单

姓名		部门		填表日	

出差起止日期自_____年___月___日起至_____年___月___日止，共____天，附单据_____张

日期		出发地	目的地	交通方式	交通费金额	住宿宾馆名称	住宿费金额	其他费用金额	备注栏	财务确认栏
月	日									

交通费合计		住宿费合计	
其他费用合计		出差补贴合计	

总计金额人民币（大写）___万___仟___佰___拾___元___角___分；总计金额（小写）¥_______

备注栏说明			
报销人签名		上级主管签名	
行政经理签名		财务经理签名	

★ 1．报销流程：填写《差旅费用报销单》并将《差旅费用报销单》与《工作日报》提交至上级领导签名→行政经理复核→财务部核实并报销。

2．请全部将相关发票粘贴在《差旅费用报销单》背面。无发票或发票与实际情况不符时，一律不予报销。

图 5-42　报销审批单效果

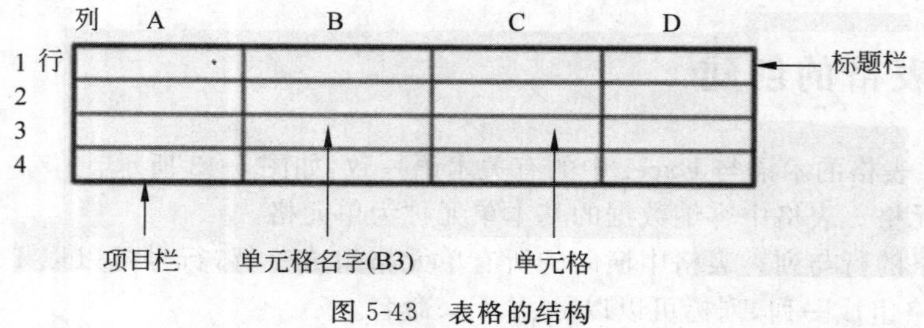

图 5-43　表格的结构

1. 创建表格

在 Word 中创建表格的方法有以下 4 种。

(1) 即时预览创建表格。

① 在“插入”功能选项卡“表格”组中单击“表格”按钮。

② 在弹出的下拉列表中用滑动鼠标的方式指定表格的行数和列数。此时,用户可以在文档中实时预览到表格大小的变化。选定表格的行数和列数后,单击即可在文档中插入指定行数、列数的表格。

(2) 使用“插入表格”命令创建表格。

① 单击“插入”→“表格”→“表格”按钮,在弹出的下拉列表中选择“插入表格”选项。

② 打开“插入表格”对话框,在对话框中可以设置表格的行数、列数、列宽等属性。此处创建一个 20 行 10 列的表格,如图 5-44 所示。

(3) 手动绘制表格。如果要创建不规则的复杂表格,可以采用手动绘制表格的方法,操作步骤如下。

① 单击“插入”→“表格”→“表格”按钮,在弹出的下拉列表中选择“绘制表格”命令。

② 此时光标将变成铅笔状,进入绘制模式。将铅笔状指针移至需要添加绘制表格的位置,按住鼠标左键拖动会出现虚线表格框,放开鼠标左键后出现实线表格外框。如果水平拖动铅笔状指针,则可以绘制出直线;如果垂直拖动铅笔状指针,则可以绘制出垂直线。

(4) 文本与表格的相互转换。将文本转换为表格的操作步骤如下。

① 选定要制作成表格的文本。

② 单击“插入”→“表格”→“表格”按钮,在弹出的下拉列表中选择“文本转换成表格”选项,在弹出的“将文字转换成表格”对话框中输入表格列数,在“文字分隔位置”选项中选择相应的分隔标记,如图 5-45 所示。

图 5-44　“插入表格”对话框

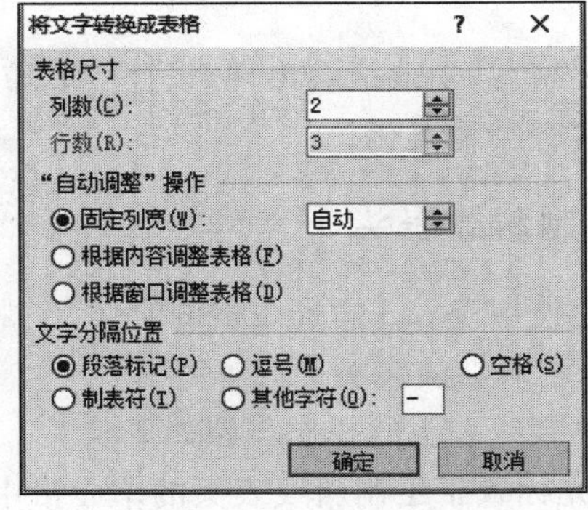

图 5-45　将文字转换为表格

③ 单击“确定”按钮,可将选中的文字自动转换为表格形式。

将 Word 中的表格转换为文本的操作步骤如下。

① 将插入点移至表格某单元格内,或选中整张表格。

② 在“布局”功能选项卡“数据”组中单击“转换为文本”按钮,弹出“表格转换成文

本”对话框，选择使用的文字分隔符，单击“确定”按钮，可将表格转换为文本，如图 5-46 所示。

(5) 插入快速表格。Word 2010 提供了一个“快速表格库”，其中包含一组预先设计好格式的表格，用户可以从中选择以迅速创建表格，这样大大节省了用户创建表格的时间，同时减少了用户的工作量，使插入表格的操作变得十分轻松。使用快速表格的方法如下。

单击“插入”→“表格”→“表格”按钮，在弹出的下拉列表中选择“快速表格”选项，打开系统内置的“快速表格库”，其中以图示化的方式为用户提供了许多不同的表格样式，如图 5-47 所示，用户可以根据实际需要进行选择。

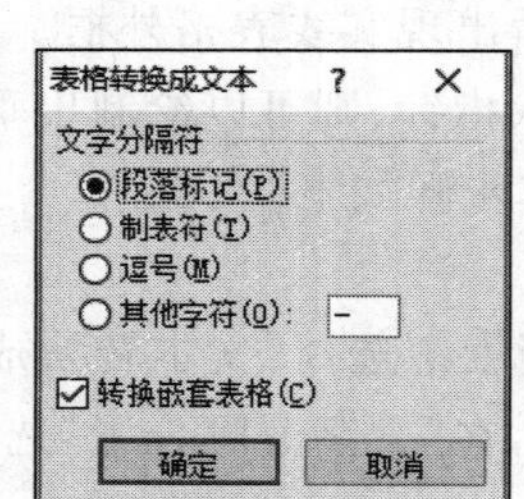

图 5-46　将表格转换为文本

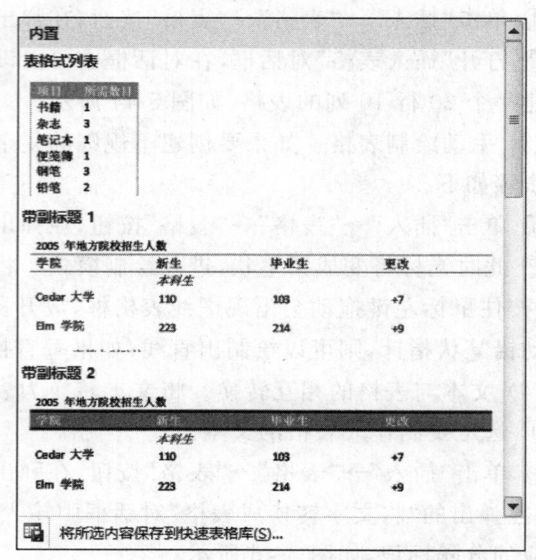

图 5-47　快速表格库

插入表格后，功能区会出现“设计”和“布局”两个功能选项卡，通过上面的工具按钮可以对表格进行编辑美化。

2. 绘制斜线表头

在日常使用 Word 插入表格的时候，经常需要绘制斜线的表头。

(1) 绘制单斜线表头。

绘制单斜线表头的操作步骤如下。

① 将光标置于绘制斜线表头的单元格中。

② 在“设计”功能选项卡“表格样式”组中单击“边框”按钮，在弹出的下拉列表中选择“斜下框线”命令，即可在当前单元格中添加斜线。

③ 在表头单元格中输入文字，通过空格键和回车键控制到适当的位置，如图 5-48 所示。

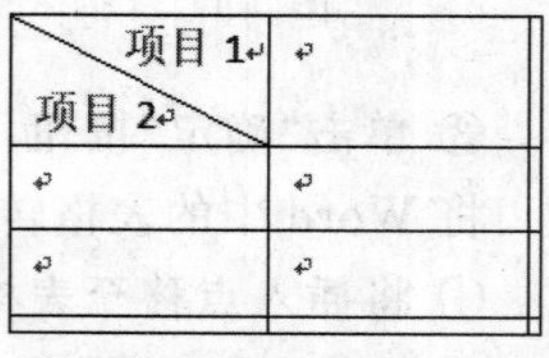

图 5-48　单斜线表头

(2) 绘制多斜线表头。绘制多斜线表头的操作步骤如下。

① 单击"插入"→"插图"→"形状"按钮,在下拉列表中选择"直线"选项。

② 根据需要,绘制相应的斜线。设置绘制的斜线样式与表格匹配,如图5-49所示。

③ 在表头单元格中输入文字,通过空格键和回车键控制到适当的位置。

3. 表格元素的选取

(1) 选择整张表格。将鼠标指针停留在表格上,直到表格的左上角出现表格移动控点⊞,单击此控点即可选中整张表格。

(2) 选择一行。将鼠标指针移至该行的左边,指针变成一个斜向上的空心箭头↗时,单击即可选中该行。按住鼠标左键拖动则可选择多行。

(3) 选择一列。将鼠标指针移至该列顶部的上边框上,指针变成一个竖直朝下的实心箭头⬇时,单击即可选中该列。按住鼠标左键拖动则可选择多列。

(4) 选择一个单元格。将鼠标指针移至该单元格的左下角,指针变成一个斜向上的实心箭头⬈时,单击即可选中该单元格。按住鼠标左键拖动则可选择多个单元格。

(5) 选择连续的单元格区域。在区域的左上角单击后,按住鼠标不放拖到区域的右下角松开。

(6) 选择分散的多个单元格。先选中第1个单元格或单元格区域,按住Ctrl键再选其余单元格或单元格区域。

提示:单击某单元格只能将插入点定位于该单元格,并不表示选中该单元格。

4. 调整表格结构

(1) 插入行、列或单元格。插入行、列或单元格的方法有以下3种。

① 在"布局"功能选项卡"行和列"组中单击相应按钮,即可插入行或列。

② 单击"布局"功能选项卡中"行和列"组右下角的箭头按钮◪,弹出"插入单元格"对话框,进行相应的选择,如图5-50所示。

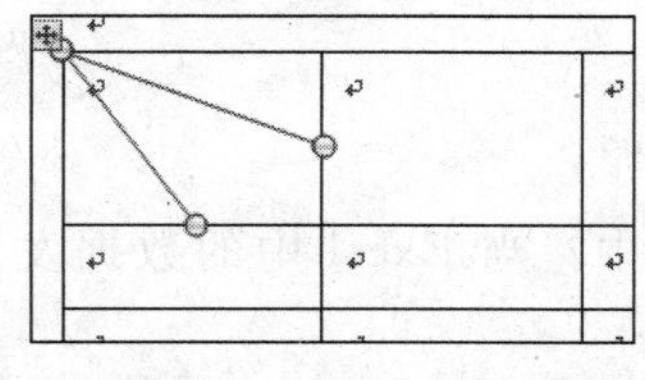

图5-49　多斜线表头

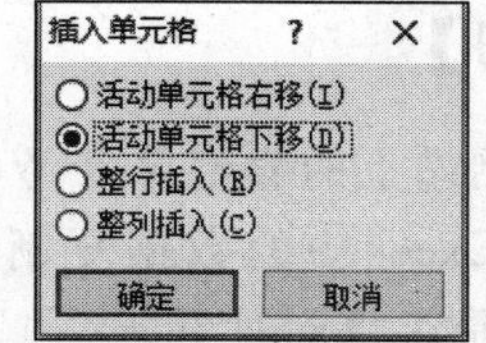

图5-50　"插入单元格"对话框

③ 选中单元格后右击,在弹出的快捷菜单中选择"插入"命令,在下级子菜单中进行相应的选择。

提示:将插入点移至要插入行的表格后面(表格外光标处),按Enter键可以在当前行下方增加一行。

(2) 删除行、列或单元格。删除行、列或单元格的方法如下。

① 单击"布局"→"行和列"→"删除"按钮,在列表中选择相应的按钮,即可删除行、列

或单元格。如果选中“删除单元格”选项,将会弹出“删除单元格”对话框,如图 5-51 所示。

② 右击选中的单元格,在弹出的快捷菜单中选择“删除单元格”命令,同样会弹出图 5-51 所示的“删除单元格”对话框。

提示:选中要删除的行及此行以外的回车符,右击,在弹出的快捷菜单中选择“删除行”命令,即可删除整行。

(3) 拆分单元格。拆分单元格的操作步骤如下。

① 将插入点置于要拆分的单元格内。

② 在“布局”功能选项卡“合并”组中单击“拆分单元格”按钮。或者右击,在弹出的快捷菜单中选择“拆分单元格”命令,弹出“拆分单元格”对话框。

③ 在对话框设置要拆分成的行数和列数,单击“确定”按钮。例如,此处将第三行第一列的单元格拆分成两行两列,如图 5-52 所示。

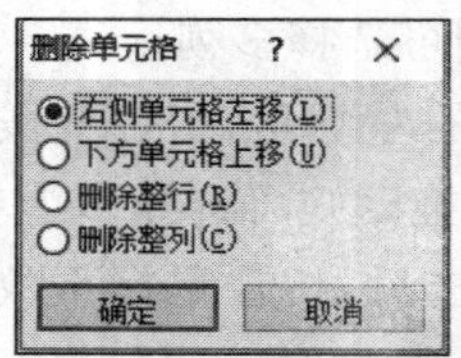

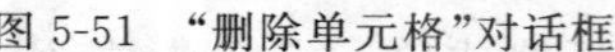
图 5-51 “删除单元格”对话框

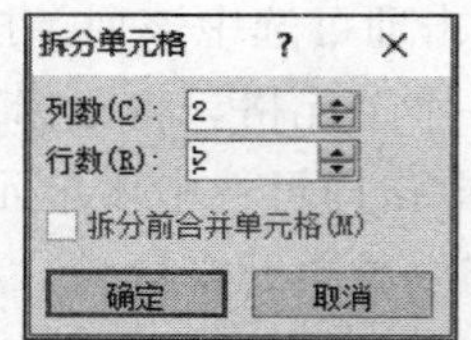

图 5-52 “拆分单元格”对话框

(4) 合并单元格。合并单元格的操作步骤如下。

① 选中要合并的单元格。

② 单击“布局”→“合并”→“合并单元格”按钮,或者右击并在弹出的快捷菜单中选择“合并单元格”命令,即可将选中的单元格合并。

提示:按 F4 快捷键可以重复最后一次操作。当需要多次重复相同的操作时,可以使用这个快捷键提高操作效率。这个快捷键在 Office 各套件中均可使用。例如,在合并一次单元格后,需要再次合并单元格时,首先选中要合并的单元格后,然后按 F4 快捷键即可重复刚才的操作,合并单元格。

【思考与练习】

1. 如何将网站上的表格导入 Word 文档中?

2. 如何将 Excel 中的数据复制到 Word 文档中?当 Excel 中的数据发生变化时,Word 中的数据是否也同时更新?

5.3.2 表格外观的美化

1. 设置单元格的对齐方式

设置单元格的对齐方式的方法如下。

在“表格工具”的“布局”功能选项卡“对齐”组中,可以设置“靠上两端对齐”“靠上居中对齐”“靠上右对齐”等 9 种单元格对齐方式。

在“布局”功能选项卡“对齐”组中单击“文字方向”按钮，可以将选中单元格的文字方向进行调整，如调整为竖向。

2. 设置表格的行高与列宽

设置表格的行高与列宽的方法有以下5种。

(1) 直接拖动表格表框线，改变行高和列宽。将光标置于要改变的行或列的边框线上，当光标外观变为双向箭头时，按住鼠标左键将行或列的边框线拖动到目标位置即可。若要精确调节，可以在按住Alt键的同时拖动鼠标。

(2) 拖动标尺中的调节标志来改变行高和列宽。将光标置于表格中任意位置，在标尺中将出现表格的列调节标志或行调节标志，将鼠标指针置于要调节的行或列的调节标志上，当鼠标指针变为双向箭头时，拖动到目标位置即可。若要精确调节，可以在按住Alt键的同时拖动鼠标。

(3) 使用“表格属性”对话框改变行高和列宽。选中要修改行高(列宽)的行(列)。然后在“布局”功能选项卡“表”组中单击“属性”按钮，弹出“表格属性”对话框；或者单击“单元格大小”组右下角的箭头按钮，也会弹出“表格属性”对话框。设置相应的行高或列宽即可，如图5-53所示。

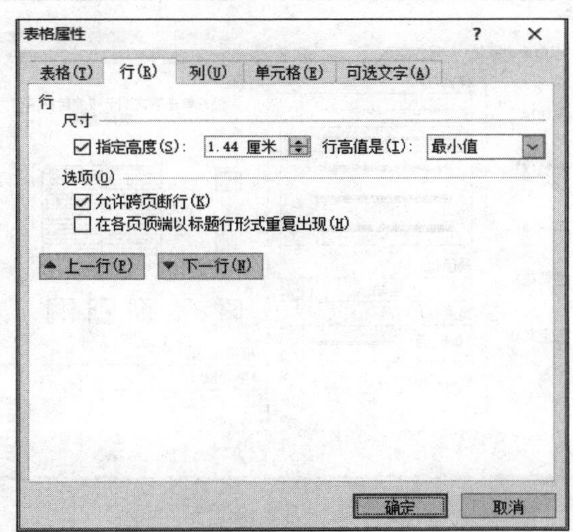

图5-53　“表格属性”对话框

(4) 通过表格的自动调整，改变行高和列宽。单击“表格工具”→“布局”→“单元格大小”→“自动调整”按钮，在弹出的下拉列表中选择“根据内容自动调整表格”“根据窗口自动调整表格”或“固定列宽”选项。

(5) 设置等行高或等列宽的各行。单击“表格工具”→“布局”→“单元格大小”→“平均分布各行”或“平均分布各列”按钮，则所选的各行或各列变为相等的行高或列宽。

3. 自动套用表格样式

在Word中除了采用手动的方式设置表格中的字体、颜色、底纹等表格格式以外，使用 Word 表格的“自动套用格式”功能可以快速将表格设置为较为专业的 Word 表格格式。在“设计”功能选项卡上的“表格样式”组中,选择内置的表格样式即可使表格自动套用该样式。

4. 设置单元格边框

设置单元格边框的操作步骤如下。

(1) 选中需设置的单元格或表格。

(2) 单击“表格工具”→“设计”→“表格样式”→“边框”按钮,在下拉列表中选择已定义好的边框;也可以在下拉列表中选择“边框和底纹”选项,打开“边框和底纹”对话框。

(3) 在此对话框中设置边框样式。例如,此处将第二行下边框设置为双线,方法如下:在对话框左侧设置区域选择“自定义”选项,中间的样式选择“双线”,“颜色”选择“自动”,“宽度”选择“0.5 磅”。右侧预览中先单击下边框按钮,取消框线,再单击一次下框线按钮,下框线变为双线,如图 5-54 所示。

(4) 单击“确定”按钮。

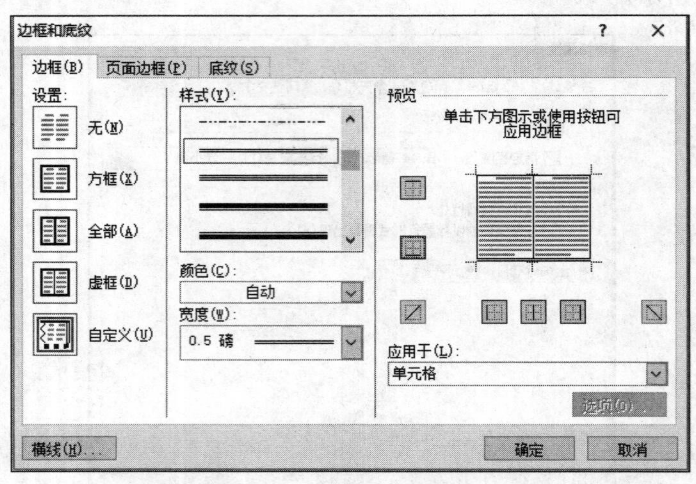

图 5-54 自定义边框

5. 设置单元格底纹

设置单元格底纹的操作步骤如下。

(1) 选中需设置的单元格或表格。

(2) 在“设计”功能选项卡“表格样式”组中单击“底纹”按钮,在下拉列表中选择底纹颜色。如果没有所需颜色,还可以选择“其他颜色”选项,在弹出的“颜色”对话框中进行颜色设置。

或者在“边框和底纹”对话框的“底纹”选项卡中设置底纹,如图 5-55 所示。

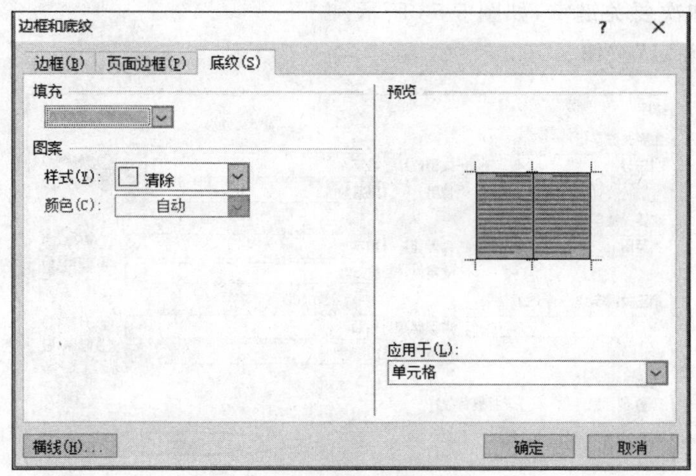

图5-55　自定义底纹

6. 设置标题行跨页重复

如果文档中表格较大,有可能会出现表格跨页,此时如果希望每一页都出现表格的标题,操作步骤如下。

(1) 将插入点移至表格的标题行中任意位置。

(2) 在"布局"功能选项卡中单击"数据"组中的"重复标题行"按钮。

【思考与练习】

1. 利用Word表格也可以制作宣传海报,请尝试使用Word表格制作一份宣传海报。

2. 在制作表格时,如果表格长度跨过一页,有时会出现断行现象,有什么办法可以避免吗?

5.3.3　数据的排序和计算

函数由函数名和参数组成,具体格式为:

函数名(参数1,参数2,……)

其中,函数名说明了函数要执行的运算;参数是函数用以生成新值或完成运算的数值或单元格区域地址;返回的结果称函数值。

Word中可以对表格进行排序以及利用函数进行简单的计算。

1. 排序

对表格中的数据进行排序的操作步骤如下。

(1) 将插入点移至要排序的表格中。

(2) 在"布局"功能选项卡"数据"组中单击"排序"按钮,在弹出的"排序"对话框中设置主要关键字和次要关键字,如图 5-56 所示。

(3) 单击"确定"按钮。

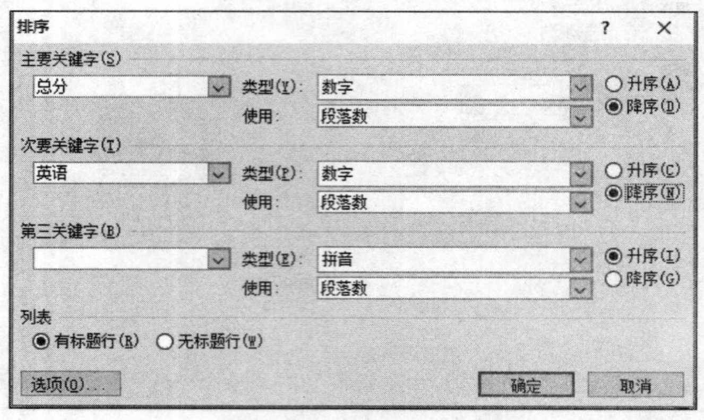

图 5-56 "排序"对话框

2. 计算

对表格中的数据进行计算的操作步骤如下。

(1) 将插入点移至需计算的单元格中。

(2) 在"布局"功能选项卡"数据"组中单击"公式"按钮,弹出"公式"对话框。

(3) 在对话框的"公式"文本框中输入公式,如"=sum(left)"。函数名也可以在"粘贴函数"下拉列表框中进行选择。在"编号格式"文本框中选择相应的格式,如图 5-57 所示。

(4) 单击"确定"按钮。

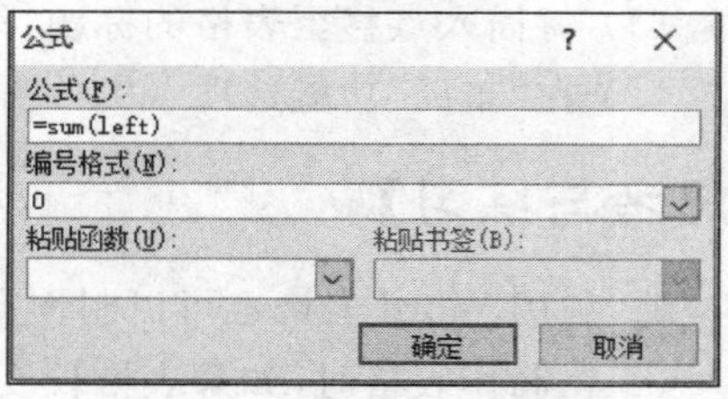

图 5-57 "公式"对话框

【思考与练习】

1. 制作本班的课程表。
2. Word 中如果更改了表格中的数据后,如何让相关单元格的数据自动重算并更新?

5.4 长文档编辑与论文排版

【操作任务】

毕业论文排版

任务描述:学院要求学生在毕业前撰写毕业论文。撰写毕业论文后小王要按学校对毕业论文格式的要求进行排版,毕业论文属于长文档编辑,下面通过本任务可了解如何利用 Word 对长文档进行编辑，又有哪些技巧能够提高长文档编辑的速度。效果见图 5-58。

图 5-58　毕业论文排版效果

任务分析：要完成此任务，涉及长文档编辑方面的知识及方法，一是长文档编辑技巧；二是文档排版完成后对文档的修订与共享。

5.4.1　长文档编辑

1. 必备知识

1）分隔符

文档中的分隔符有分页符和分节符两大类。

(1) 分页符。分页符又包括以下 3 类。

① 分页符。标记一页终止并开始下一页的点。

② 分栏符。指示分栏符后面的文字将从下一栏开始。

③ 自动换行符。分隔网页上的对象周围的文字，如分隔题注文字与正文。

(2) 分节符。Word 文档的最小单位为“字”，许多“字”组成“行”，许多“行”组成“段”，许多“段”组成“页”。在许多页的基础上，整个 Word 文档可分隔成一个节或多个节，便于一页之内或多页之间采用不同的版面布局。节是 Word 文档设计中页面设置的基本单位。

分节符主要包含以下几种。

① 下一页。插入分节符，并在下一页上开始新节。当不同的页面采用不同的页码样式、页眉和页脚或页面的纸张方向等时使用。

② 连续。插入分节符，并在同一页上开始新的一节。

③ 偶数页。插入分节符，并在下一个偶数页上开始新的一节。

④ 奇数页。插入分节符,并在下一个奇数页上开始新的一节。

2) 样式

样式是系统或用户定义并保存的字符和段落格式,包括字体、字号、字形、行距、对齐方式等。样式可以帮助用户在编排重复格式时无须重复进行格式化操作,而直接套用样式即可。此外,样式可以用来生成文档目录。

3) 脚注和尾注

在文档中,有时需要给文档内容加上一些注释、说明或补充,这些内容如果出现在当前页面的底部,称为“脚注”;如果出现在文档末尾,则称为“尾注”。

4) 题注和交叉引用

(1) 题注。在 Word 中,针对图片、表格、公式一类的对象,为它们建立的带有编号的说明段落,即称为“题注”。添加了题注之后,在删除或添加带题注的图片、表格和公式时,所有图片、表格和公式的编号会自动改变,以保持编号的连续性。

(2) 交叉引用。为图片和表格等设置题注后,还要在正文中设置引用说明,引用说明文字和图片、表格等是相互对应的,这一引用关系称为“交叉引用”。

5) 目录

目录是文档中各级标题的列表,旨在方便阅读者快速地检阅或定位到感兴趣的内容,同时比较容易了解文章的纲目结构。创建目录前,应对文档中各级标题实现样式的应用。

6) 文档导航

在“视图”功能选项卡“显示”组中选中“导航窗格”复选框后,在文档左侧会出现“导航”任务窗格。

(1) 文档标题导航。Word 会对文档进行智能分析,并将文档标题在导航窗格中列出,只要单击标题,就会自动定位到相关段落,如图 5-59 所示。但是在使用文档标题导航前必须事先设置有标题。如果没有设置标题,就无法用文档标题进行导航。

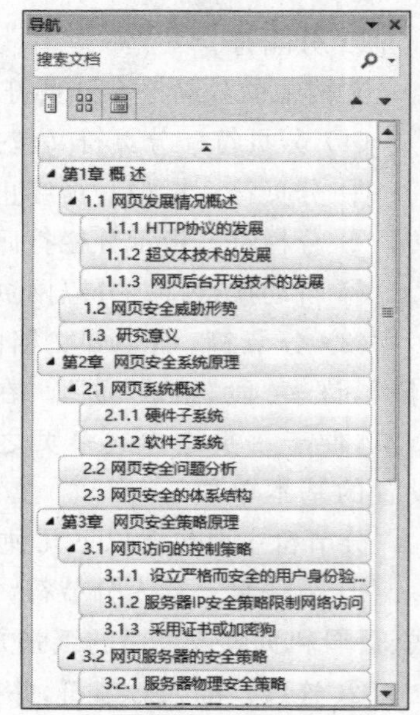

图 5-59　文档标题导航

(2) 文档页面导航。用 Word 编辑文档会自动分页,文档页面导航就是根据 Word 文档的默认分页进行导航的,Word 会在导航窗格上以缩略图形式列出文档分页,单击分页缩略图,就可以定位到相关页面查阅,如图 5-60 所示。

(3) 关键字(词)导航。在“导航”窗格的搜索框中输入关键字(词),在“标题”中会将包含此关键字(词)的节以黄色标识,在“结果”中会列出包含关键字(词)的导航链接,单击这些导航链接,就可以快速定位到文档的相关位置。

(4) 特定对象导航。一篇完整的文档,往往包含有图形、表格、公式、批注等对象,Word 导航功能可以快速查找文档中的这些特定对象。单击搜索框右侧放大镜后面的▼,在下拉列表中选择查找栏中的相关选项,就可以快速查找文档中的图形、表格、公式和批注等对象,如图 5-61 所示。

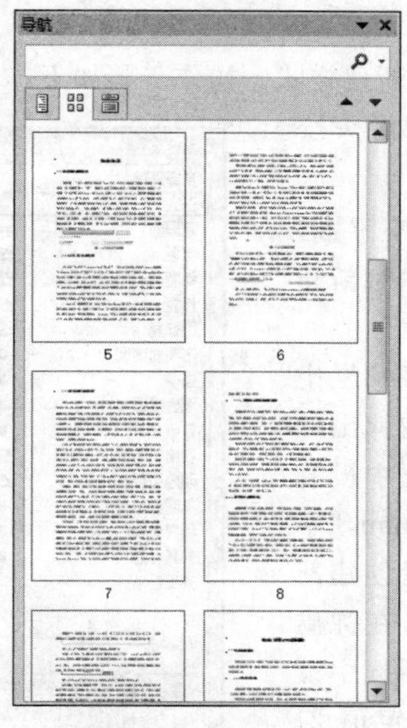

图 5-60　文档页面导航

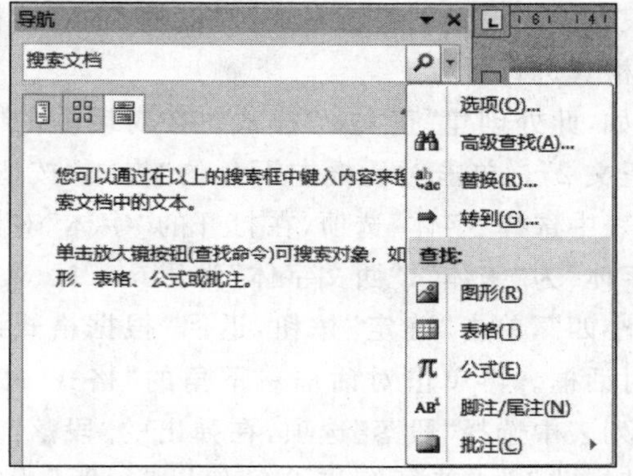

图 5-61　搜索下拉列表选项

2. 操作技能

1）分节

对于长文档，不同的页可能会有不同的格式要求，如在毕业论文排版中，摘要和正文的页码格式不一致，这时就需要分节操作。操作步骤如下。

(1) 将插入点移至要分节的位置。

(2) 在"布局"功能选项卡"页面设置"组中单击"分隔符"按钮，在弹出的下拉列表中选择"分节符"中的"下一页"命令，此时插入点移至下一页。

在撰写毕业论文时，首先要进行页面设置，然后就要对文档进行分节，分节后的效果如图 5-62 所示。

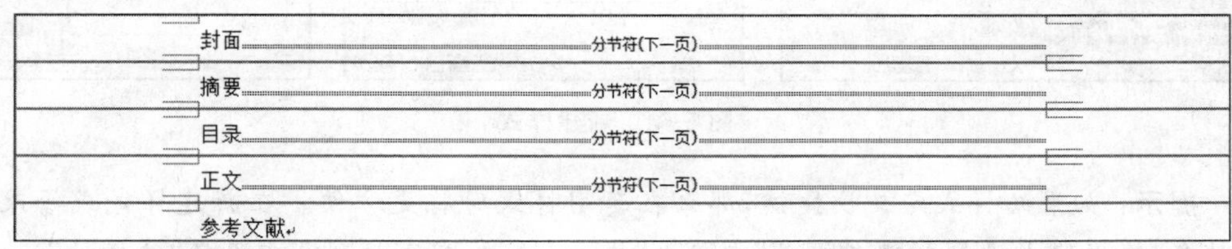

图 5-62　分节后的毕业论文

提示：

(1) 系统默认情况下会将分隔符标记隐藏，此时插入分隔符后，不会出现分隔符标记。单击"开始"功能选项卡"段落"组中的"显示/隐藏编辑标记"按钮，即可显示分隔符。

(2) 在 Word 文档的"页面视图"中页和页之间有一些空白以区分不同的页。如果希望减少空白而更多地显示文档内容，可以双击页面间的空白处来隐藏空白。

2）新建样式

如果系统预定义的样式不能满足文档需求，可以新建样式。操作步骤如下。

(1) 单击“开始”功能选项卡“样式”组右下角的箭头按钮，打开“样式”任务窗格，如图 5-63 所示。

(2) 单击“样式”任务窗格左下角的“新建样式”按钮，打开“根据格式设置创建新样式”对话框，在对话框中对新建样式的格式进行设置。

例如，此处创建“正文 2”样式。在对话框的“名称”栏中输入“正文 2”。单击对话框左下角的“格式”按钮，在弹出的下拉列表中选择“字体”选项，在打开的“字体”对话框中设置“中文字体”为“宋体”，“西文字体”为 Times New Roman，“字号”为“小四”，单击“确定”按钮，返回“根据格式设置创建新样式”对话框。再单击对话框右下角的“格式”按钮，在弹出的下拉列表中选择“段落”选项，在弹出的“段落”对话框中设置“特殊格式”为“首行缩进 2 字符”，“行距”为“固定值 21 磅”，不选中“如果定义了文档网格，则对齐到网格”复选框，然后单击“确定”按钮，返回“根据格式设置创建新样式”对话框。再单击“确定”按钮，创建“正文 2”样式，如图 5-64 所示。

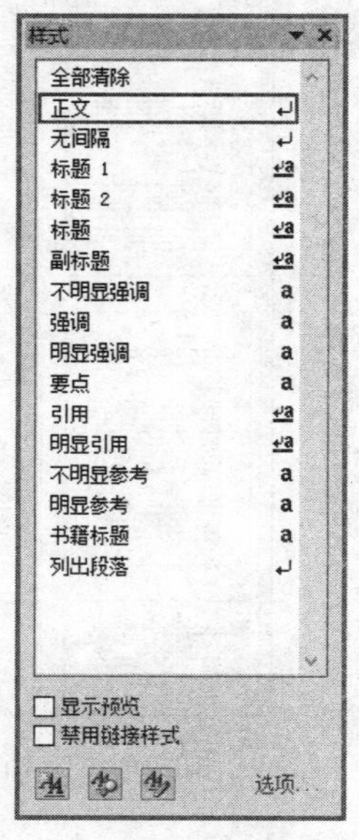

图 5-63 “样式”任务窗格

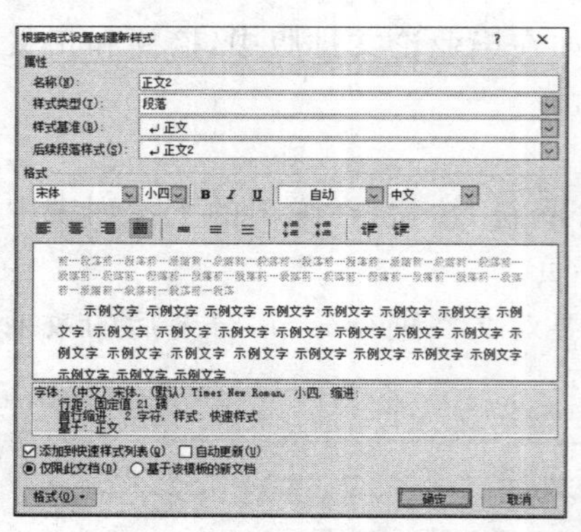

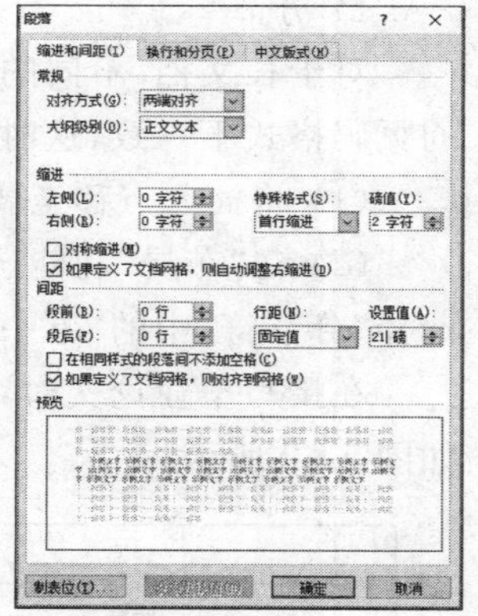

图 5-64 新建样式

提示：如果给样式定义快捷键，那么在套用样式时将更方便。在新建样式或修改样式时在“根据格式设置创建新样式”中单击“格式”按钮，在下拉列表中选择“快捷键”选项，打开“自定义键盘”对话框，可以设置快捷键。

3）修改样式

如果系统预定义的样式不能满足文档需求，也可以将当前已有的样式进行修改。例如，此处修改标题 1 的样式，操作步骤如下。

(1) 在“开始”功能选项卡“样式”组中单击样式“标题 1”，或者在“样式”任务窗格中单击“标题 1”样式，在弹出的下拉列表中选择“修改”选项。

(2) 在打开的“修改样式”对话框中对样式进行修改。修改方法与新建样式一致。此处将“标题 1”的样式修改为后续段落格式为“正文 2”,“字体”为“宋体”,“字号”为“四号”,居中。如果在“段落”对话框的“换行和分页”选项卡中选中“段前分页”复选框,效果和插入分页符一样,每一章都会在新的一页开始。

提示:默认情况下,在“开始”功能选项卡“样式”组或“样式”任务窗格中不显示样式“标题 2”的样式,此时可以单击“样式”任务窗格中的“管理样式”按钮,在弹出的“管理样式”对话框的“编辑”选项卡中选中“标题 2(使用前隐藏)”,单击“显示”按钮,再单击“确定”按钮,即可在“样式”组和“样式”任务窗格中显示“标题 2”样式,如图 5-65 所示。

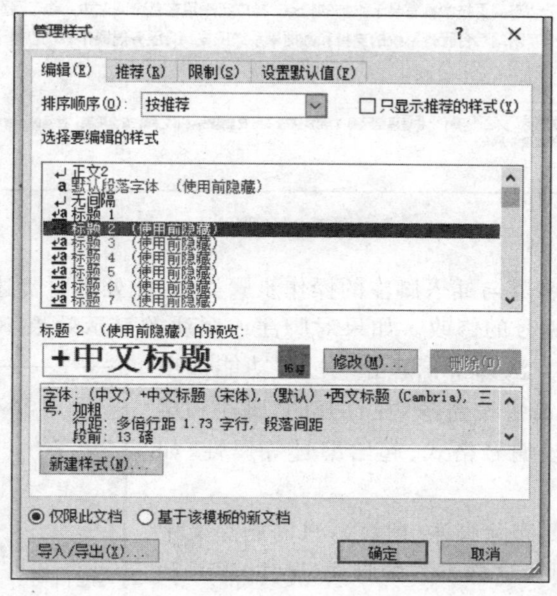

图 5-65　“管理样式”对话框

4) 套用样式

设置好样式后,将插入点置于要使用样式的行中,单击“开始”功能选项卡“样式”列表中的样式名称,或单击“样式”任务窗格中的样式名称,即可将其样式套用到相应的段落中。

提示:在本任务中对正文套用“正文 2”的样式后,如果在文中插入图片,则图片显示不全,这是因为“正文 2”的样式中设置了“行距”为“固定值 21 磅”。只要将图片所在行的行距修改为单倍行距后,图片即可正常显示。

5) 插入脚注和尾注

(1) 插入脚注的操作步骤如下。

① 将插入点置于要添加注释的文字后。

② 在“引用”功能选项卡“脚注”组中单击“插入脚注”按钮,在当前页面底部出现一条横线,横线下面有脚注编号,在编号后输入注释内容即可,如图 5-66 所示。

如果在同一页中添加多个脚注,每次出现的脚注编号会自动排序,默认情况下脚注编号为阿拉伯数字“1,2,3,…”。添加脚注后,在设置脚注的正文处,会出现一个类似上标的编号,每个编号对应着页面底部的一条脚注内容。

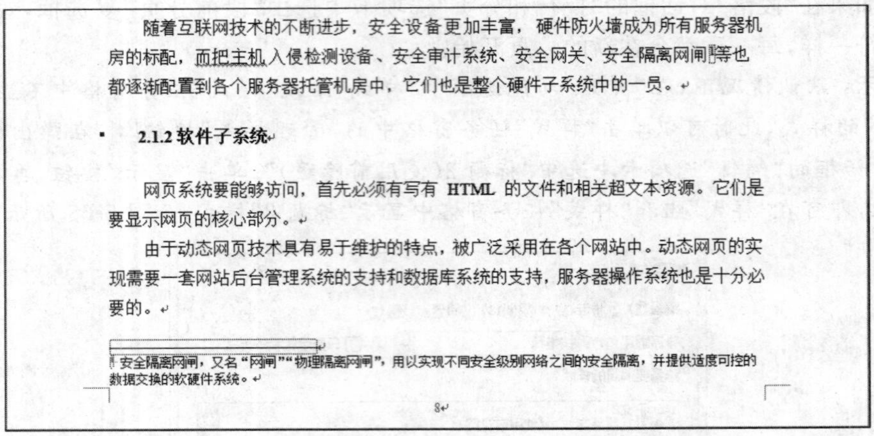

随着互联网技术的不断进步，安全设备更加丰富，硬件防火墙成为所有服务器机房的标配，而把主机入侵检测设备、安全审计系统、安全网关、安全隔离网闸[1]等也都逐渐配置到各个服务器托管机房中，它们也是整个硬件子系统中的一员。

2.1.2 软件子系统

网页系统要能够访问，首先必须有写有 HTML 的文件和相关超文本资源。它们是要显示网页的核心部分。

由于动态网页技术具有易于维护的特点，被广泛采用在各个网站中。动态网页的实现需要一套网站后台管理系统的支持和数据库系统的支持，服务器操作系统也是十分必要的。

[1] 安全隔离网闸，又名“网闸”“物理隔离网闸”，用以实现不同安全级别网络之间的安全隔离，并提供适度可控的数据交换的软硬件系统。

8

图 5-66 脚注

插入尾注的操作步骤与插入脚注的操作步骤类似,此处不再赘述。

(2) 脚注和尾注编号的修改。如果对脚注或尾注的显示效果不满意,可以调整脚注或尾注的编号格式。方法如下:单击“引用”功能选项卡“脚注”组右下角的箭头按钮,在打开的“脚注和尾注”对话框中可以修改编号格式、起始编号等属性,如图 5-67 所示。

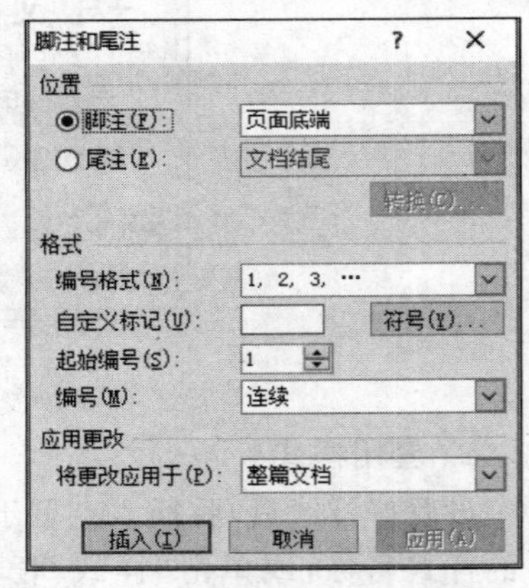

图 5-67 “脚注和尾注”对话框

(3) 删除脚注。要删除脚注(尾注),只需删除文中的脚注(尾注)序号即可,这样下方的脚注(尾注)序号和脚注(尾注)内容就会自动删除。

6) 添加题注

论文中经常会有图形、表格和公式等,根据论文的排版要求,这些对象都要有标题和编号。Word 中的题注功能可以帮助用户为图形、表格和公式自动添加编号。例如插入“图 1-1”样式的题注,操作步骤如下。

(1) 在“引用”功能选项卡“题注”组中单击“插入题注”按钮,打开“题注”对话框。

(2) 在对话框“标签”的下拉列表中选择一种标签。如果没有需要的,可以单击“新建标签”按钮,在弹出的“新建标签”对话框中输入标签名。单击“题注”对话框中“编号”按钮,弹出“题注编号”对话框,在其中选中“包含章节号”复选框,如图 5-68 所示。

7) 交叉引用

在插入题注后,就可以利用编号做交叉引用了。操作步骤如下。

(1) 将插入点置于要插入图表题注或编号的位置。

(2) 在“引用”功能选项卡“题注”组中单击“交叉引用”按钮,弹出“交叉引用”对话框。

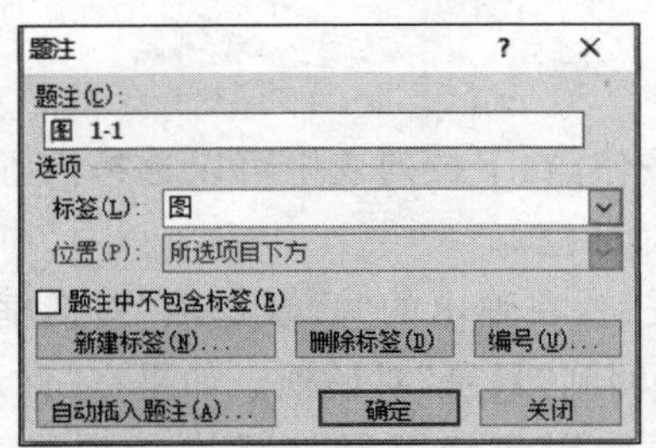

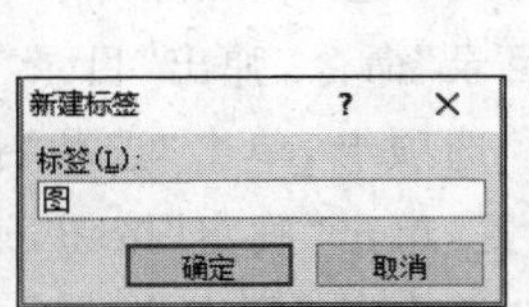

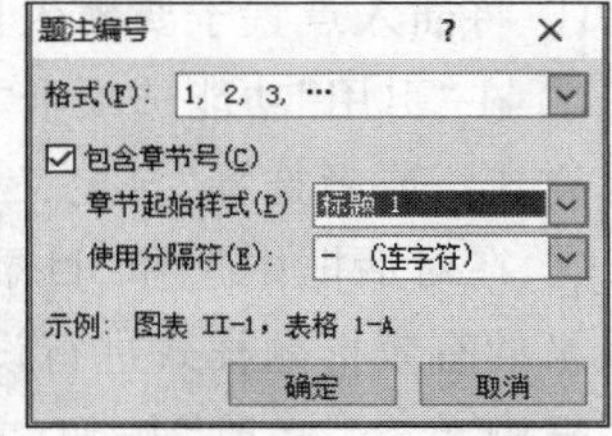

图 5-68　插入题注

（3）在对话框中选择“引用类型”并设置“引用内容”和“引用哪一个题注”，单击“确定”按钮，如图 5-69 所示。

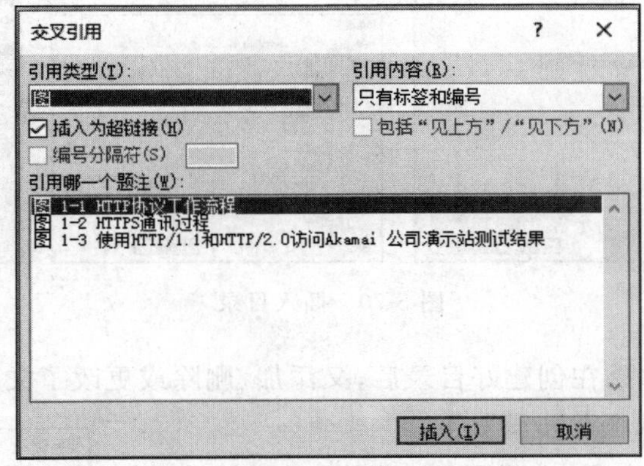

图 5-69　“交叉引用”对话框

8）不同节设置不同样式

在长文档的排版中经常不同节需要设置不同的样式，例如，在本任务中毕业论文的封面不包含标题，摘要和目录页的页码以罗马数字形式编号，正文以阿拉伯数字形式编号。操作步骤如下。

（1）将插入点置于摘要页中，双击页眉位置，此时插入点移至页眉中。在“页眉和页脚工具”的“设计”功能选项卡的“导航”组中单击“链接到前一条页眉”按钮，使此按钮处于未选中状态。

（2）在页脚中部插入页码，设置页码编号格式为罗马数字，在页码编号中选择起始页码为 1。

（3）将插入点置于目录页页脚的页码处，设置页码编号格式为罗马数字，页码编号选择“续前节”，这样目录页的页码随着前一节进行编号，格式与前一节保持一致。

（4）正文的页码格式设置类似，此处不再赘述。

9）自动生成目录

（1）创建目录。对论文格式排版好后，Word 可以自动生成目录。自动生成目录后，按住 Ctrl 键的同时单击目录中的章节标题，可自动连接到此节内容，帮助文档阅读者快速查找内容。操作步骤如下。

① 将插入点置于要插入目录的位置。

② 在“引用”功能选项卡“目录”组中单击“目录”按钮，在下拉列表中可以选择内置的目录样式。或者选择“自定义目录”命令，弹出“目录”对话框。

③ 在对话框中选择“目录”选项卡，单击“选项”按钮，在弹出的“目录选项”对话框中对目录的有效标题样式进行设置，单击“确定”按钮，返回到“目录”对话框。如果在“目录”对话框中单击“修改”按钮，在弹出的“样式”对话框中对每级目录格式进行设置，如图 5-70 所示。

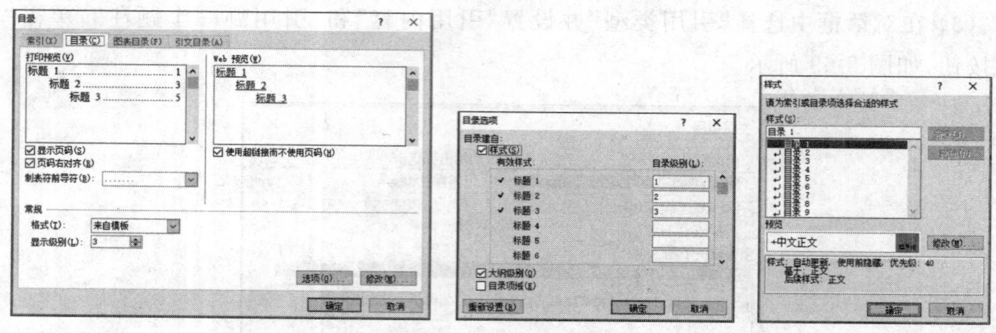

图 5-70　插入目录

(2) 更新目录。如果在创建好目录后，又添加、删除或更改了文档中的标题或其他目录项，则需要更新目录，操作步骤如下。

① 在“引用”功能选项卡“目录”组中单击“更新目录”按钮，或者在目录处右击并在弹出的快捷菜单中选择“更新域”命令，打开“更新目录”对话框，如图 5-71 所示。

② 在对话框中选中“只更新页码”或“更新整个目录”单选按钮，单击“确定”按钮，即可按照要求更新目录。

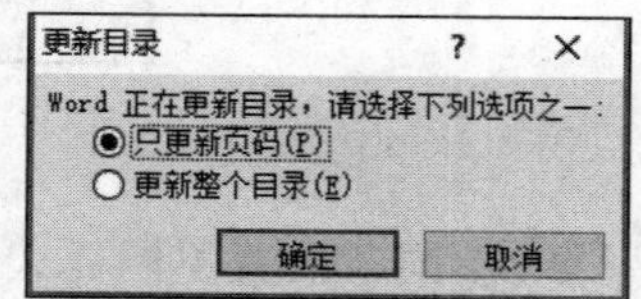

图 5-71　“更新目录”对话框

【思考与练习】

1. 如何快速将 Word 文档中所有的图片统一排版？如统一将图片居中对齐或者统一图片大小。

2. 当排版多篇样式相同的文档，或者想在新建的文档中使用以前文档或模板的某些样式，可以将已有文档或模板中的样式复制到当前文档中，应如何操作？

3. 如何批量加粗段首文字？

4. 在编辑较长文章时，常会有重复性的长条词语，如人物名称、公司名称、联系电话等，如果每次都输入会比较耗费时间，可以使用 Word 中提供的自动图文集功能存储需要重复使用的文字、段落、图片、表格等，如何使用自动图文集功能？

5. 对于有几十页甚至几百页的长文档，如何快速跳转到指定页面？

5.4.2 文档的修订与共享

1. 必备知识

1）批注和修订

批注和修订是 Word 提供的两项十分有用的功能。批注功能可对文档中的某些内容提出有针对性的意见或发表自己对这些内容的看法。修订功能则是将用户对文档的修改意见记录下来，并加以显示。

批注和修订都是对文稿进行标注的方法。文档的原作者对审阅者的批注和修订意见应逐条处理，决定是否采纳。对于不同的审阅者的意见，Word 将以不同颜色的笔迹加以显示。

熟练地使用批注和修订功能，能逐步养成用批注和修订功能来准确表达自己的看法的习惯，这属于信息能力的一个重要方面。

2）PDF

PDF（Portable Document Format，便携式文档格式），是由 Adobe Systems 用于与应用程序、操作系统并以与硬件无关的方式进行文件交换所发展出来的文件格式。PDF 文件以 PostScript 语言图像模型为基础，无论在哪种打印机上都可保证精确的颜色和准确的打印效果，即 PDF 会忠实地再现原稿的每一个字符、颜色以及图像。

PDF 格式是一种可移植文档格式，这种文档格式与操作系统平台无关，即 PDF 文件不管是在 Windows、UNIX 还是在苹果公司的 Mac OS 操作系统中都是通用的。这一特点使它成为在 Internet 上进行电子文档发行和数字化信息传播的理想文档格式。越来越多的电子图书、产品说明、公司文告、网络资料、电子邮件开始使用 PDF 文档格式。用 PDF 制作的电子书具有纸版书的质感和阅读效果，可以逼真地展现原书的面貌，而显示的大小可任意调节，给读者提供了个性化的阅读方式。

2. 操作技能

1）检查文档中文字的拼写与语法

在 Word 中开启拼写和语法功能后，如果文档中出现拼写错误，则系统自动用红色波浪线进行标记；如果文档中出现语法错误，则系统自动用绿色波浪线进行标记。开启拼写和语法功能的操作步骤如下。

（1）选择“文件”→“选项”命令，弹出“Word 选项”对话框。

（2）在对话框的左侧列表中选择“校对”选项卡，在右侧选中“键入时标记语法错误”和“键入时检查拼写”复选框，如图 5-72 所示。

（3）单击“确定”按钮。

2）审阅与修订文档

完成文档的初步排版后，可根据需要将文档发送给有关人员审阅。如果遇到一些不

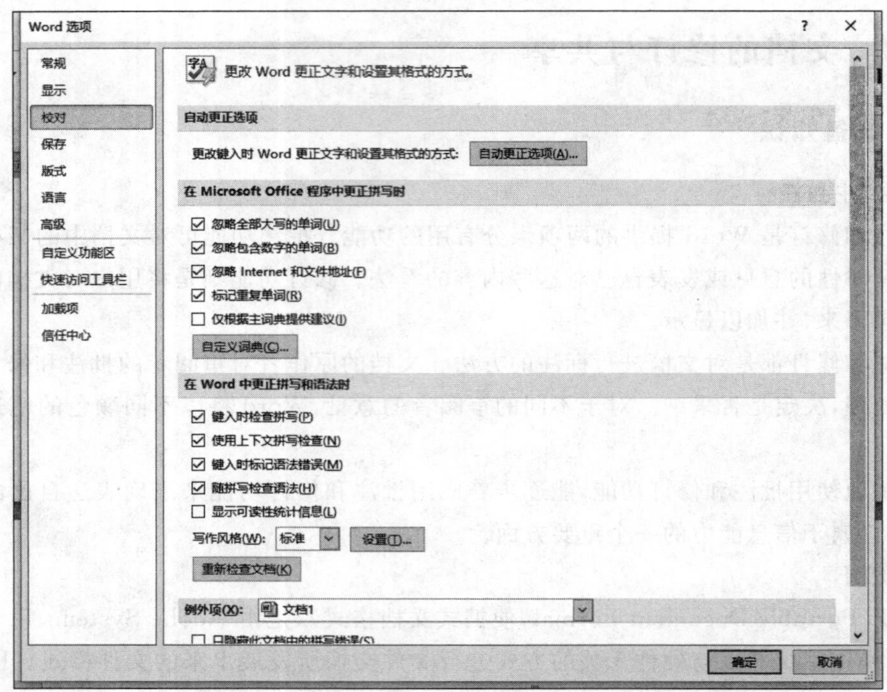

图 5-72　开启在文档中检查拼写和语法的功能

能确定是否要更改的地方，可以通过插入批注的方法暂时做记号。

(1) 修订文档。当用户在修订文档状态下修改文档时，Word 应用程序将跟踪文档中所有内容的变化状况，同时会把用户在当前文档中修改、删除、插入的每一项内容标记下来。

打开所要修订的文档，在“审阅”功能选项卡“修订”组中单击“修订”按钮，则可进入修订状态。用户在修订状态下直接插入的文档内容会通过颜色和下画线标记下来，删除的内容可以在右侧的页边空白处显示出来。

Word 能记录不同用户的修订记录，用不同的颜色表示出来。这个功能为以电子方式审阅书稿、总结归纳不同用户的意见提供了很大的方便。

(2) 批注。“批注”与“修订”的不同之处在于，“批注”并不在原文上进行修改，而是在文档页面的空白处添加相关的注释信息，并用有颜色的方框框起来。

① 添加批注。在 Word 文档中添加批注的操作步骤如下：选中需要进行批注的文字，在“审阅”功能选项卡“批注”组中单击“新建批注”按钮，此时被选中的文字就会添加一个用于输入批注的编辑框，并且该编辑框和所选文字显示为粉红色。在编辑框中可以输入要批注的内容，如图 5-73 所示。

② 删除批注。要删除某处批注，方法如下：右击此批注框，在弹出的快捷菜单中选择“删除批注”命令，即可将其删除。或者单击“审阅”→“批注”→“删除”按钮，在下拉列表中可以选择删除当前批注还是文档中所有批注。

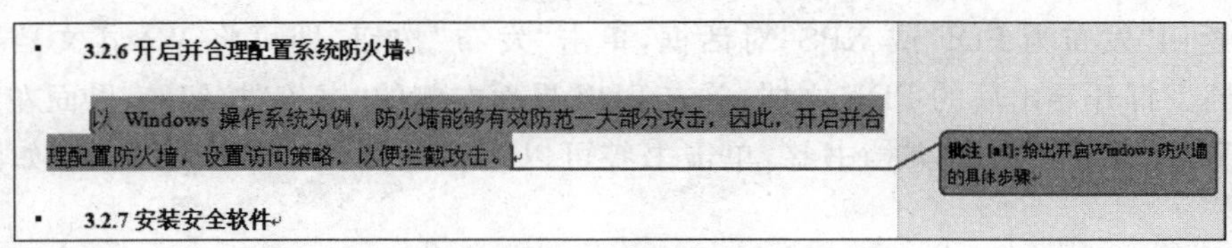

图 5-73　新建批注

(3) 审阅修订意见。对修订意见可以接受也可以拒绝，方法如下：将插入点移到当前修订的位置并右击，在弹出的快捷菜单中根据需要选择“拒绝修订”或者“接受修订”命令。或者单击“审阅”→“更改”中的“接受”或“拒绝”按钮，在下拉列表中选择“接受并移至下一条”或“拒绝并移至下一条”命令。

3）与他人共享文档

Word 文档除了可以打印出来供他人审阅外，也可以根据不同的需求通过多种电子化的方式完成共享目的。

(1) 通过电子邮件共享文档。如果希望将编辑完成的 Word 文档通过电子邮件方式发送给对方，可以选择“文件”→“保存并发送”→“使用电子邮件发送”→“作为附件发送”命令。

(2) 转换成 PDF 文档格式。将文档保存为 PDF 格式，既可以保证文档的只读属性，同时又确保没有安装 Office 的用户可以正常浏览文档内容。操作步骤如下。

① 选择“文件”→“保存并发送”→“创建 PDF/XPS 文档”命令并单击“创建 PDF/XPS”按钮，弹出“发布为 PDF 或 XPS”对话框。

② 在对话框中设置文档保存位置为文档名，然后单击“选项”按钮，在打开的“选项”对话框中选中“创建书签时使用”复选框，选中“标题”单选按钮，单击“确定”按钮，如图 5-74 所示。

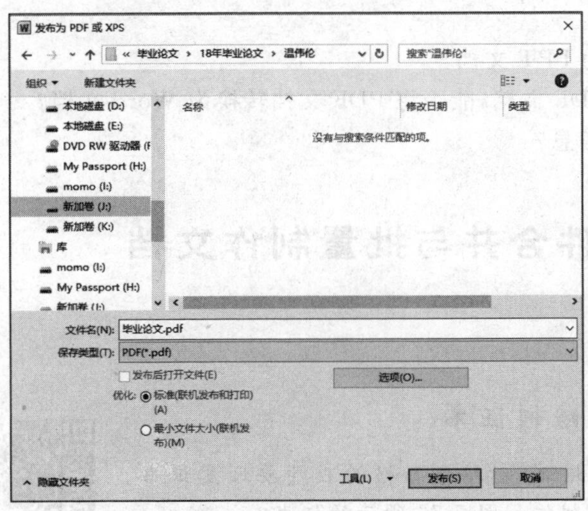

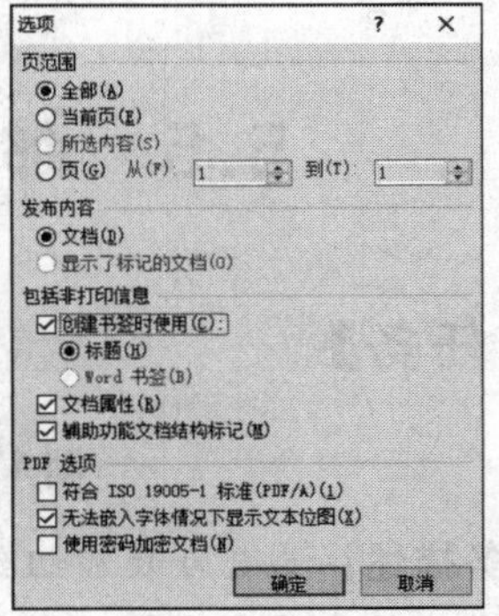

图 5-74　“发布为 PDF 或 XPS”对话框和“选项”对话框

③ 返回“发布为 PDF 或 XPS”对话框，单击“发布”按钮，即可将 Word 文档导出为 PDF 文档。打开导出后的 PDF 文档，单击 PDF 界面左侧的“书签”按钮，界面左侧出现类似于 Word 中的导航的文档书签，单击书签可以跳转到文档中相应的位置，如图 5-75 所示。

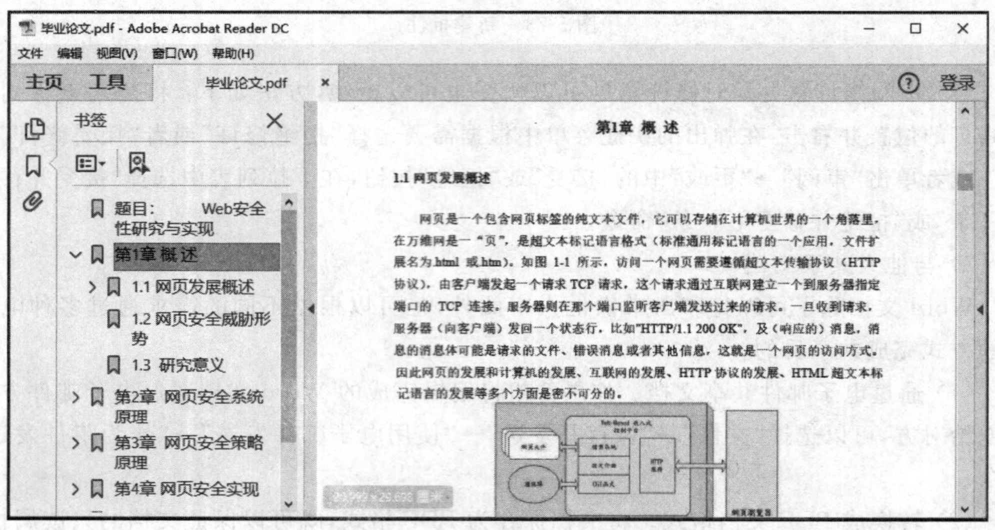

图 5-75 PDF 文档

【思考与练习】

1. 在 Word 中常会看到一些文字被标记为红色和蓝色波浪线，这是什么标记？如何删除这些标记？

2. 学校不但对毕业论文的格式有要求，对字数也同样有要求，如何统计论文中的字数？

3. 能否将 Word 文档转换为 PPT 文档？

4. Word 文档可以转换为 PDF 文档，能否将 PDF 文档转换为 Word 文档？

5. 如何删除文档中的个人信息？

5.5 邮件合并与批量制作文档

【操作任务】

制作培训证书

任务描述：学校为教师组织培训，对培训合格的教师要颁发证书。如何快速给所有培训合格的教师制作如图 5-76 所示的证书？

任务分析：要批量制作文档，可以通过 Word 邮件合并功能完成。

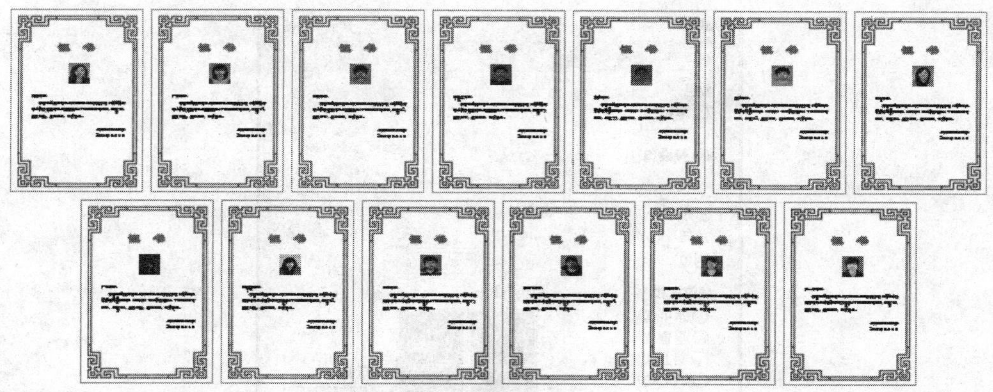

图 5-76　培训证书

5.5.1　制作主文档

1. 艺术字的插入与编辑

插入与编辑艺术字的操作步骤如下。

(1) 在“插入”功能选项卡“文本”组中单击“艺术字”按钮,打开艺术字样式列表。

(2) 在下拉列表中选择所需的艺术字样式,单击“确定”按钮,在艺术字编辑框中输入艺术字内容,即可插入艺术字。

(3) 选中艺术字后,功能区会出现“绘图工具”的“格式”功能选项卡,可以通过相关按钮进行艺术字格式设置。

或者选中艺术字后右击,在弹出的快捷菜单中选择“设置形状格式”命令,在打开的“设置形状格式”对话框中进行填充、线条、效果等格式的设置。

2. 设置页面背景

为了使文档更美观,可以对页面背景进行设置,操作步骤如下。

(1) 在“页面布局”功能选项卡“页面背景”组中单击“页面颜色”按钮,在下拉列表中从主题颜色或标准色列表中选择一种颜色,如图 5-77 所示,可以利用纯色对页面填充背景。

(2) 如果主题颜色或标准色中没有自己想要的颜色,可以在下拉列表中单击“其他颜色”选项来选择需要的颜色。

(3) 如果在下拉列表中单击“填充效果”按钮,会弹出“填充效果”对话框,如图 5-78 所示。在对话框中可以将页面背景进行“渐变”“纹理”“图案”“图片”等效果的设置。

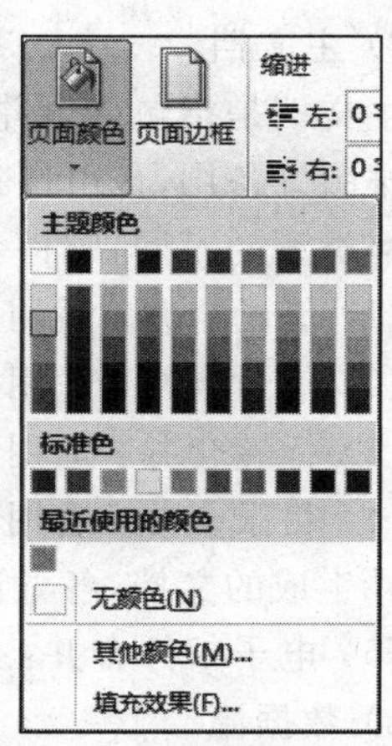

图 5-77　“页面颜色”下拉列表

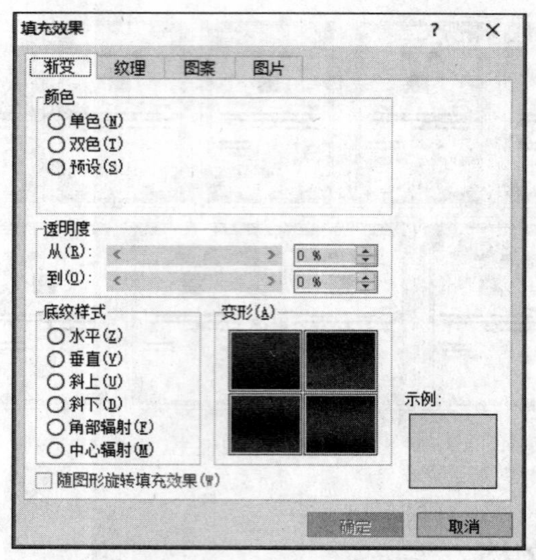

图 5-78 “填充效果”对话框

【思考与练习】

利用 Word 图文混排的功能,为朋友的生日制作一张贺卡。

5.5.2 邮件合并

1. 必备知识

1) 邮件合并

邮件合并是指将文件(主文档)和数据库(数据源)进行合并,快速批量地生成 Word 文档,用于解决批量分发文件或邮寄相似内容信件时的大量重复性问题,如批量制作成绩单、准考证、录用通知书,或给企业的众多客户发送会议信函、新年贺卡等工作。

2) 主文档

主文档是指包含合并文档中保持不变的文字和图形的文档。用户可以将主文档提前编辑排版好备用,也可以在邮件合并时根据需要新建信封或标签类型创建主文档。根据主文档类型的不同,邮件合并可以分为以下 5 类。

(1) 信函合并:适用于大多数普通打印文档的批量制作,如邀请函、通知书、请柬等。

(2) 信封合并:适用于各类信封的批量制作。

(3) 标签合并:适用于各类标签的批量制作,如超市商品价格标签、桌签等。

(4) 目录合并:适用于各种目录文档的制作,如带有单独标题行的工资条等。用目录合并生成的文档,各条记录之间不进行分页。

(5) 电子邮件合并:适用于电子邮件的批量发送。

3) 数据源

数据源是一种以表格的形式来存储的数据信息,一行数据为一条完整信息,也称为一条记录。用户可以事先准备好数据源;也可以在创建主文档后,使用"邮件"功能选项卡"开始邮件合并" 功能组中的"邮件合并分布向导"功能,利用内置的Office通讯簿来建立数据源。Word邮件合并功能支持很多类型的数据源,主要包括以下几种。

(1) Office地址列表:在邮件合并的过程中,"邮件合并"任务窗格为用户提供了创建简单的"Office地址列表"的机会,用户可以在新建的列表中填写收件人的姓名和地址等相关信息。适用于不经常使用的小型、简单列表。

(2) Word数据源:可以使用某个Word文档作为数据源。该文档应该只包含一个表格,表格的第一行必须用于存放标题,其他行必须包含邮件合并所需要的数据记录。

(3) Excel工作表:可以从工作簿内的任一工作表或命名区域选择数据。

(4) Microsoft Outlook联系人列表:可直接在"Outlook联系人列表"中检索联系人信息。

(5) Access数据库:在Access中创建的数据库。

(6) HTML文件:使用只包含一个表格的HTML文件。表格的第一行必须用于存放标题,其他行必须包含邮件合并所需要的数据。

4) 域

域是一种特殊的命令,由花括号{}、域名及域开关构成。域代码类似于公式,选项开关是Word中的一种特殊格式指令,在域中可触发特定的操作。

域是Word的精髓,其应用非常广泛。Word中的插入对象、页码、目录、索引、求和、排序等功能都使用了域,通过域可以插入某些特定的内容或自动完成某些复杂的功能。

2. 操作技能

在本任务中制作好主文档后,在"邮件"功能选项卡"开始邮件合并"组中单击"开始邮件合并"按钮,在下拉列表中选择"邮件合并分步向导"选项,则会在Word窗口的右侧出现"邮件合并"任务窗格,根据提示可以进行邮件合并操作。

1) 选择主文档类型

(1) 在"选择文档类型"选项区中选择一个要创建的文档类型,此处选中"信函"单选按钮,如图5-79所示。

或者在"邮件"功能选项卡"开始邮件合并"组中单击"开始邮件合并"按钮,在下拉列表中选中"信函"单选按钮。

(2) 选择"下一步:开始文档"选项。

2) 选择开始文档

(1) 在"选择开始文档"选项区中设置信函的选择方式,此处选中"使用当前文档"单选按钮,如图5-80所示。

(2) 选择"下一步:选取收件人"选项。

3) 选择收件人

(1) 在"选择收件人"选项区选择数据源。例如,此处单击"浏览"按钮(图5-81),打开"选择数据源"对话框,选择数据源所在文档,单击"打开"按钮,弹出"选择表格"对话框。

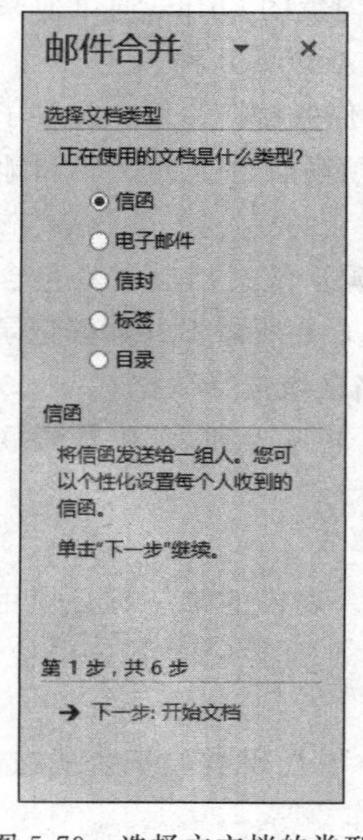

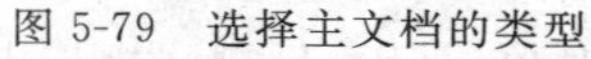
图 5-79　选择主文档的类型

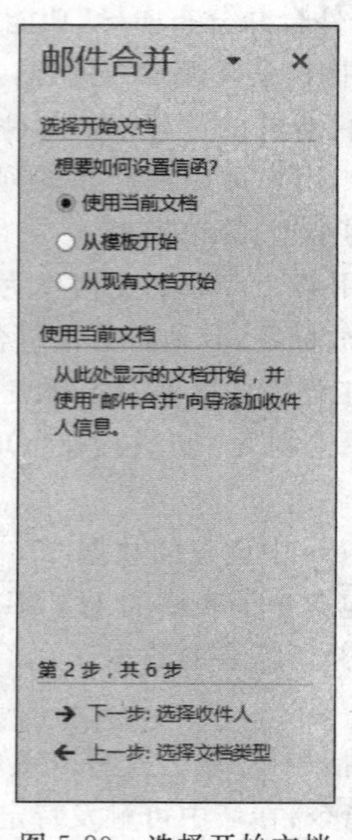

图 5-80　选择开始文档

图 5-81　选择收件人

或者单击“邮件”功能选项卡“开始邮件合并”组中的“选择收件人”按钮，在弹出的下拉列表中选择“使用现有列表”选项。

(2) 在“选择表格”对话框中选择数据源的工作表名称(图 5-82)，单击“确定”按钮，弹出“邮件合并收件人”对话框。

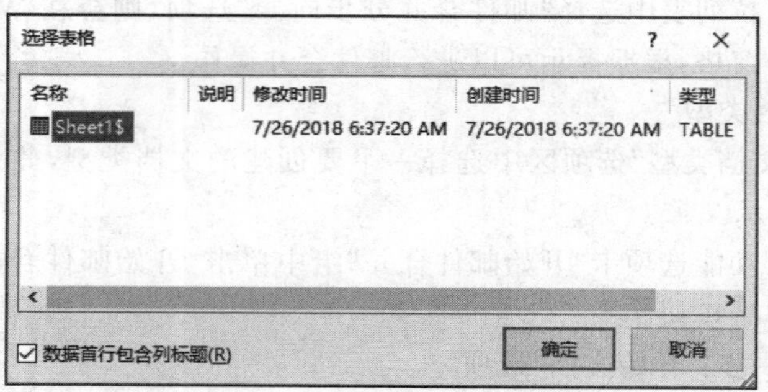

图 5-82　“选择表格”对话框

(3) 在“邮件合并收件人”对话框中可以对收件人信息进行修改。此处要选择培训总成绩及格的数据，则在此对话框中选择“筛选”选项(图 5-83)，弹出“筛选和排序”对话框。

或者在“邮件”功能选项卡“开始邮件合并”组中单击“编辑收件人列表”按钮。

(4) 在“筛选和排序”对话框的“筛选记录”选项卡中对记录按培训总成绩及格的条件进行筛选，如图 5-84 所示，单击“确定”按钮。返回“邮件合并收件人”对话框，再次单击“确定”按钮。

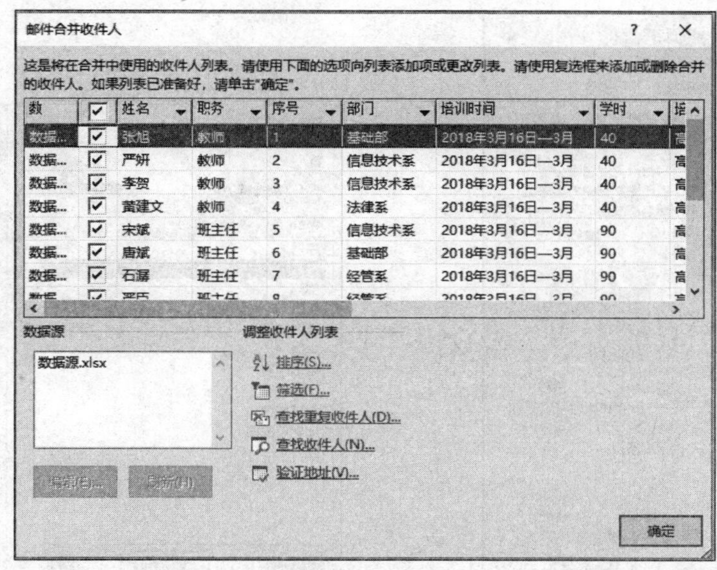

图 5-83　“邮件合并收件人”对话框

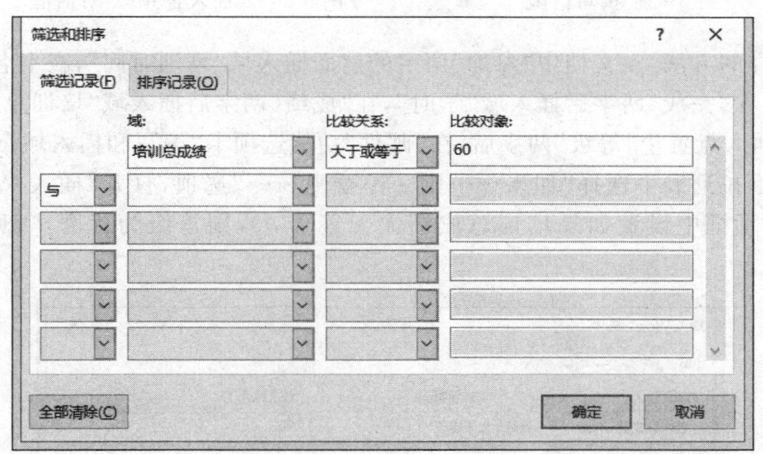

图 5-84　“筛选和排序”对话框

（5）单击“下一步：撰写信函”选项。

4）撰写信函

（1）将插入点置于需要插入收件人信息的位置，此处将插入点置于“同志”两字前，在“邮件合并”任务窗格中选择“其他项目...”选项（图 5-85），弹出“插入合并域”对话框。

（2）在“插入合并域”对话框的“域”下拉列表框中选择“姓名”，单击“插入”按钮，如图 5-86 所示，再单击“关闭”按钮。

或者在“邮件”功能选项卡“编写和插入域”组中单击“插入合并域”按钮，在下拉列表中选择“姓名”，则在当前位置会出现插入的域标记。

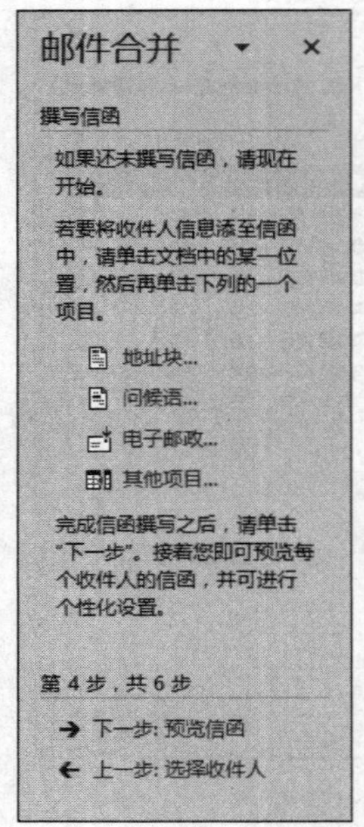

图 5-85 撰写信函

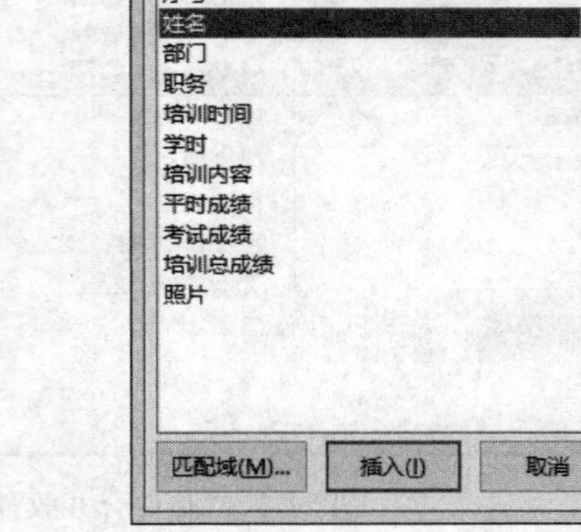

图 5-86 “插入合并域”对话框

使用同样的方法，在文档中“参加”两字的前面插入域“培训时间”，在书名号内插入域“培训内容”，在“完成”两字后插入域“学时”，在“成绩”两字后插入域“培训总成绩”。

(3) 将插入点置于“等级”两字后，在“邮件”功能选项卡“编写和插入域”组中单击“规则”按钮，在下拉列表中选择“如果……则……否则……”选项，打开“插入 Word 域：IF”对话框，在对话框中设置如果培训总成绩大于等于 90，则等级为优秀，否则为合格，如图 5-87 所示。

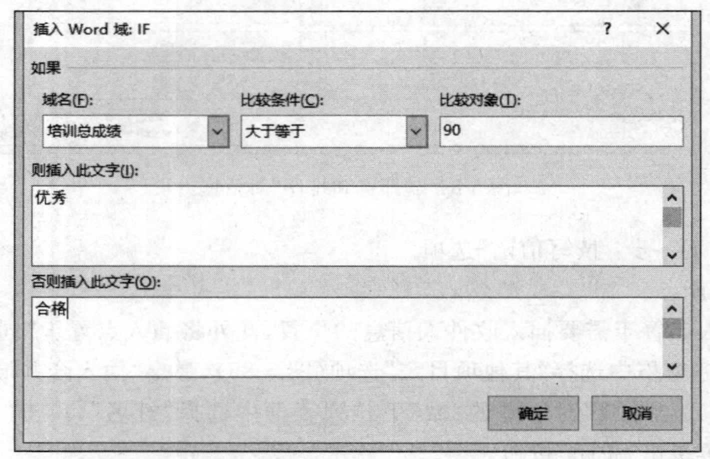

图 5-87 “插入 Word 域：IF”对话框

完成后的效果如图 5-88 所示。

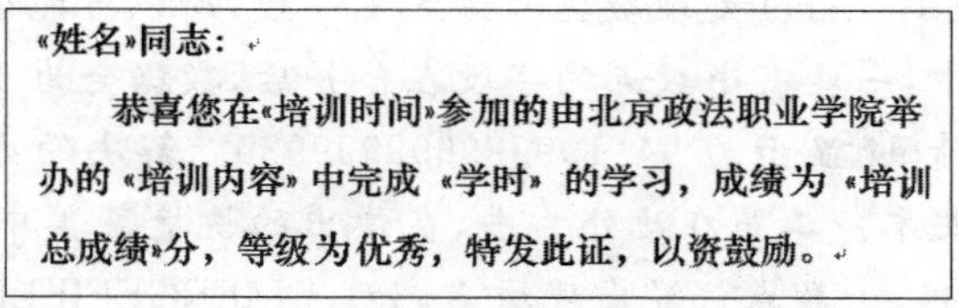

«姓名»同志：

恭喜您在«培训时间»参加的由北京政法职业学院举办的«培训内容»中完成«学时»的学习，成绩为«培训总成绩»分，等级为优秀，特发此证，以资鼓励。

图 5-88 插入域后的效果

(4) 在照片位置插入域。将插入点置于“证书”两字下方的文本框内。单击“插入”功能选项卡“文本”组中的“文档部件”按钮，在弹出的下拉列表中选择“域”命令，打开“域”对话框。在对话框中选择“域名”为 IncludePicture，“文件名或 URL”文本框中任意写一个名字，如 11，如图 5-89 所示。

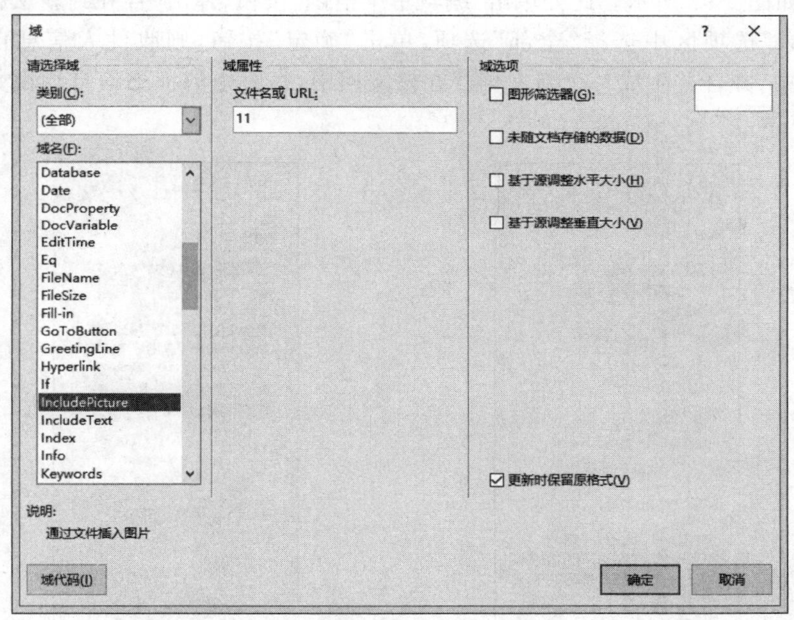

图 5-89 插入域

单击“确定”按钮后，在文本框内会出现一张图片。选中此图片，按 Shift＋F9 组合键，出现域名，如图 5-90 所示。在域名中选中 11(域名可以任意设置，此处的域名只是为修改域内容时便于操作，没有实际意义)，单击“邮件合并”→“编写和插入域”→“插入合并域”→“照片”按钮，则对域的文件名 11 进行修改。

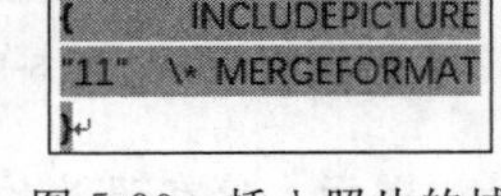

图 5-90 插入照片的域

此时不显示照片，等完成邮件合并操作的所有步骤后，此位置才会显示照片。

(5) 选择“下一步：预览信函”选项。

5) 预览信函

(1) 在“预览信函”选项区域中，单击＜＜或＞＞按钮(图 5-91)，可以查看所有人的信函。或者在“邮件”功能选项卡“预览”组中单击“预览结果”按钮来预览信函。

提示：由于 Word 与 Excel 处理数据的方式不一致，所以可能会造成在使用 Word 的邮件合并功能的过程中，一些有小数点的字段在合并后，数据会为 18 位(包含小数点)，如本任务第 2 页中的成绩 94 显示为 94.199999999999989。解决的办法一是在 Excel 表中将此列的格式设置为文本。二是在此处右击，在弹出的快捷菜单中选择“切换域代码”命令或按 Shift+F9 组合键，小数点位置出现域名，如{ · MERGEFIELD · 培训总成绩 · }，在域名后加上\#"0"(英文状态)，变成{ · MERGEFIELD · 培训总成绩\#"0" · }的形式，再右击并选择“更新域”命令，此时数字就变成整数。

(2) 选择“下一步：完成合并”选项。

6) 完成合并

在“合并”选项区中，可以根据实际需要单击“打印”或“编辑单个信函”按钮来完成邮件的合并，如图 5-92 所示。此处单击“编辑单个信函”按钮，弹出“合并到新文档”对话框，在“合并记录”选项区中选择“全部”选项，单击“确定”按钮，则收件人信息自动添加到 Word 文档中，并合并生成一个新文档。在该文档中，每页中的证书信息均由数据库源自动创建生成。

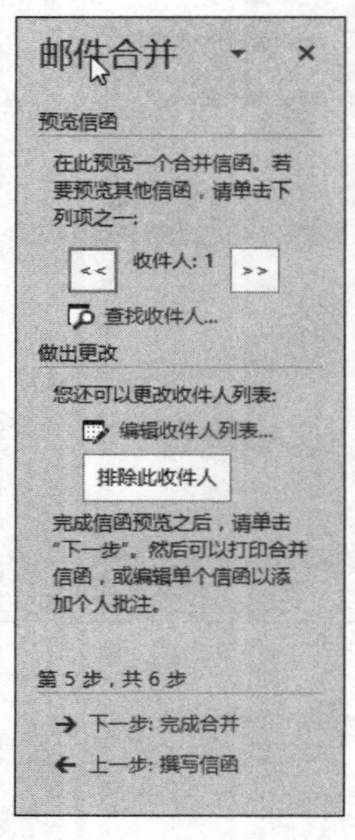

图 5-91 预览信函

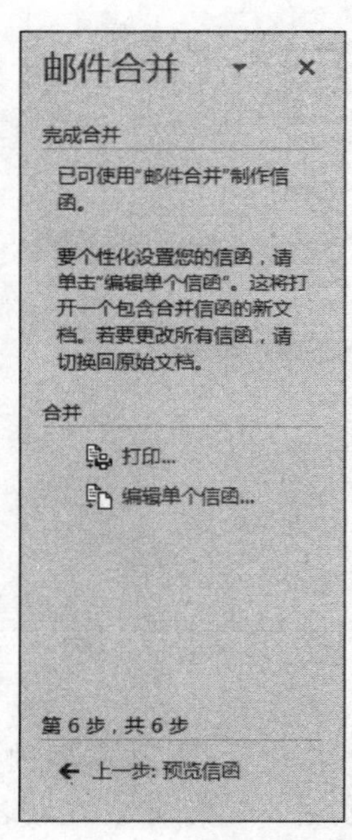

图 5-92 完成合并

提示：带有照片的邮件在完成合并后如果不显示照片，一般是因为在这种情况下要求照片与文档必须放在同一文件夹中。将合并的文档与照片保存在同一文档后，关闭此文档，再次打开文档，照片即可显示出来。

【思考与练习】

利用邮件合并功能制作邮寄证书时使用的信封。

第6单元　信息的统计与分析

单元学习目标

- 熟练地对工作表和工作簿进行管理。
- 会利用公式和函数对工作表中的数据进行计算。
- 掌握创建及编辑图表的方法。
- 会对工作表中的数据进行排序、筛选、分类汇总、合并计算等操作。
- 会用数据透视表查看工作表中的数据信息。
- 会进行工作表的页面设置及打印输出。

Microsoft Excel 2010 是 Microsoft Office 2010 程序组中的一员，是当今信息化办公中最常使用的电子表格处理软件之一，具有强大的数据统计与分析功能，可以进行各种数据的处理、统计分析和辅助决策操作，广泛地应用于管理、财经、金融等众多领域。本单元的学习旨在使大家掌握使用 Excel 进行数据处理的基本能力。本单元主要讲解利用 Excel 对各种信息进行输入、编辑、分类、汇总、排序、检索、查询、计算、输出的方法。

用 Excel 软件处理数据的一般流程如下：创建表格→编辑数据→数据计算→数据分析→打印输出。

6.1　电子表格高级应用

【操作任务】

制作计算机班学生信息表

任务描述：某学校计算机班有 18 名学生，班主任老师为掌握班级学生的信息，创建了学生信息表，如图 6-1 所示。

任务分析：完成本任务，主要涉及 3 个方面的电子表格基本编辑技术，一是创建表格并输入数据。数据有文本、数字、日期和时间等不同类型，主要是为了进行数据的规范化显示。二是工作表的格式化。包含单元格内容的格式设置、单元格边框和底纹的设置等，主要是为了规范表格数据的表示形式并美化表格。三是打印输出表格。打印输出选定内容、打印输出整个表格等，主要是为了方便交流及归档保存资料。

计算机班学生信息表

学号	姓名	性别	出生日期	身份证号	是否团员	入学成绩	毕业学校	联系电话
3637000516	魏晓萌	女	19990818	370481199908181548	中国共产主义青年团团员	355.5	善国中学	15092465965
3637000517	李汶校	男	19981228	370406199812285035	中国共产主义青年团团员	440.0	实验中学	15665235671
3637000518	胡慧敏	女	19990329	370481199903292222	中国共产主义青年团团员	452.0	滕东中学	13563262502
3637000519	张雨晴	女	19990713	370402199907133127	中国共产主义青年团团员	407.0	滕东中学	13963267079
3637000520	刘永莉	女	19980705	370481199807051824	中国共产主义青年团团员	332.0	善国中学	13561152593
3637000521	李峻州	男	19981228	370406199812285035	中国共产主义青年团团员	208.0	墨子中学	13276327811
3637000522	王介凡	男	19980204	370406199802040114	群众	331.5	北辛中学	18806322990
3637000523	闫茂进	男	20000906	370829200009062010	群众	330.5	墨子中学	15953458737
3637000524	丁同成	男	19990520	370406199905201814	群众	387.0	共青中学	13153062612
3637000525	王艺锟	男	19981218	370481199812185018	群众	441.5	滕东中学	13793707855
3637000526	赵浩宇	男	19970714	37048119970714381X	群众	255.0	实验中学	13455054468
3637000527	刘里响	男	19990323	370406199903232211	中国共产主义青年团团员	320.5	枣庄中学	13563250173
3637000528	郑帅杰	男	19981130	370481199811303836	中国共产主义青年团团员	407.0	墨子中学	15854692361
3637000529	渠思源	男	20000219	37048120000219601X	群众	338.5	墨子中学	18263750816
3637000530	戚贵勇	男	19980611	370481199806112218	中国共产主义青年团团员	457.0	级索中学	15544312976
3637000531	赵亚茹	女	20000914	370481200009144669	群众	449.0	北辛中学	13969482427
3637000532	张国庆	男	19971021	370481199710212935	群众	227.0	大坞中学	18266686987
3637000533	姜文铨	男	19990311	370481199903114653	中国共产主义青年团团员	502.0	鲍沟中学	15864041918

图 6-1 “计算机班学生信息表”效果

6.1.1 创建表格并输入数据

1. 必备知识

1) Excel 2010 窗口的组成

Excel 2010 启动后直接进入工作窗口，主要包含有标题栏、功能选项卡、快速访问工具栏、窗口控制按钮、编辑栏、工作区、视图按钮等，如图 6-2 所示。

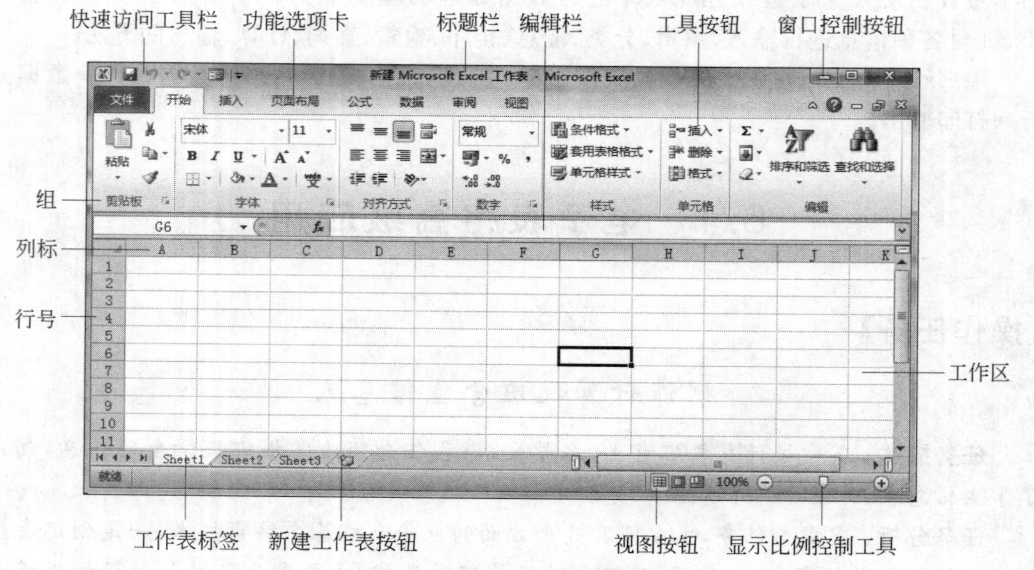

图 6-2 Excel 2010 的工作界面

Excel 窗口中的标题栏、功能选项卡、快速访问工具栏的使用方法同 Word 类似，这里就不具体介绍了。下面介绍其他功能。

(1) 列标。Excel 中给每一列编的序号,用英文字母表示(如 A,B,...,XFD)。

(2) 行号。Excel 中给每一行编的序号,用数字表示(如 1,2,…,1048576)。

(3) 单元格。单元格是组成工作表的最基本单位,不能再拆分成下一级单位。单元格地址由列标和行号组成,如 A1 表示 A 列第一行的那个单元格地址。

(4) 活动单元格。当前可以直接输入数据的单元格,在屏幕中表示为四周有黑色的粗边框,相应的行号与列标反色显示。图 6-2 中 G6 是活动单元格。

(5) 工作簿。工作簿就是 Excel 文件,其扩展名为".xlsx",第一次建立时的默认名称为"工作簿 1"。一个工作簿可以包括多张工作表,用户可以将一些相关工作表放在一个工作簿中,以便查看、修改、增删或者进行相关运算,例如,某单位的每个月份的工资表可以放在一个工作簿中。

(6) 工作表。工作簿就像一个活页夹,工作表如同其中一张张的活页纸,也叫电子表格,用来存储和处理数据。一张工作表存放着一组密切相关的数据。一个工作簿最多可包括 255 张工作表,其中只有一张是当前工作表,或称为活动工作表;每张工作表都有一个名称,对应一个标签,所以工作表名又称为标签名。默认情况下,一个工作簿包含 3 张工作表,工作表名为 Sheet1、Sheet2、Sheet3。

2) 数据类型

在 Excel 2010 中输入的数据类型有多种,最常用的数据类型有文本数据、数值数据和日期时间数据。

(1) 文本数据。文本数据常用来表示名称,可以是汉字、英文字母、数字、空格及其他键盘输入的字符。文本数据不能用来进行数学运算,但可以通过连接运算符(&)进行连接。

(2) 数值数据。数值数据表示一个数值或货币值,可以是整数(如 100、-30)、小数(如 3.1415926)、带千分位数(如 1,234,567.00)、百分数(如 23%)、带货币符号数(如 $122.00)、科学计数法数(如 1.2E+05)。

(3) 日期时间数据。日期时间数据表示一个日期或时间。日期的输入格式是"年-月-日"(如 2013-04-01),年份可以是 2 位,也可以是 4 位,建议使用 4 位年份。日期显示时系统会自动将年份补充为 4 位。在 Excel 2010 中,日期不论采用何种形式显示,其数值均表示自 1900 年 1 月 1 日起,所经过的天数。时间的输入格式是"时:分""时:分 AM""时:分 PM"(":"为冒号)。

2. 操作技能

1) 新建空白工作簿

启动 Excel 2010,进入工作界面并创建一个名为"工作簿 1"的空白工作簿。

2) 保存工作簿

(1) 选择"文件"→"保存"命令进行工作簿的保存,也可按 Ctrl+S 组合键或单击"保存"工具按钮。如果要另存为其他文件名,选择"文件"→"另存为"命令,打开"另存为"对话框,然后选择要保存的位置并输入要另存为的文件名。

(2) 如果用户要另行设置工作簿的默认保存位置等,则选择"文件"→"选项"命令,打开“Excel 选项”对话框，然会选择“保存”选项进行设置。可以通过设置“保存自动恢复信息时间间隔”，以防止异常情况导致的文件丢失。

3）设置默认工作表张数

选择“文件”→“选项”命令，打开“Excel 选项”对话框，然后在左侧选择“常规”选项，在右侧“新建工作簿时”选项区中进行设置，如图 6-3 所示。

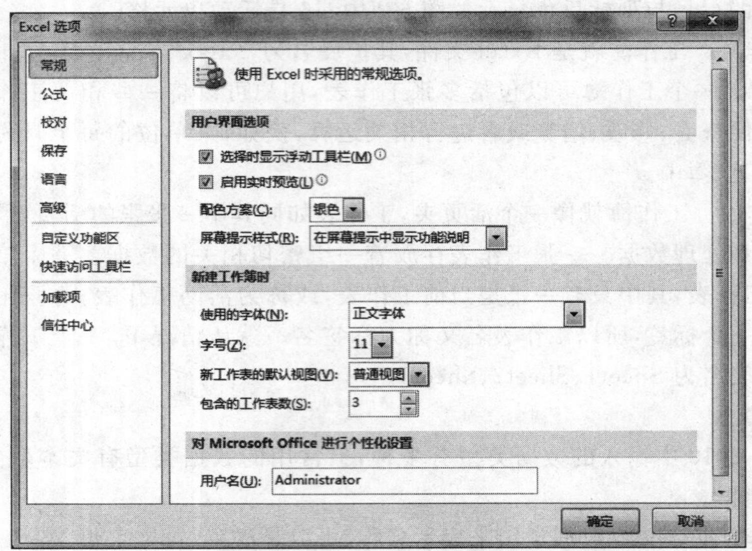

图 6-3 “Excel 选项”对话框

4）插入工作表

方法 1：单击工作表标签，选择“开始”→“单元格”→“插入”→“插入工作表”命令，就在当前工作表之前插入了一张新工作表。

方法 2：右击工作表标签，弹出快捷菜单，选择“插入”命令，打开“插入”对话框，然后选择“工作表”选项，单击“确定”按钮，即可在当前工作表之前插入一张新工作表。

方法 3：单击工作表标签，选择右侧的“新工作表”按钮(⊕)，就在当前工作表右面插入一张新工作表。

5）删除工作表

方法 1：单击一个或多个工作表标签，选择“开始”→“单元格”→“删除”→“删除工作表”命令，即可删除选中的工作表。

方法 2：单击一个或多个工作表标签，右击，弹出快捷菜单，选择“删除”命令，即可删除选中的工作表。

6）重命名工作表

方法 1：单击工作表标签，选择“开始”→“单元格”→“格式”→“重命名工作表”命令，输入新工作表名。

方法 2：右击工作表标签，弹出快捷菜单，选择“重命名”命令，可以为工作表更名。

方法 3：双击工作表标签，输入新工作表名。

说明：工作表名最多可含有31个字符，并且不能含有“、\ ？ ： * / [ ]”字符，可以含有空格。

7）移动和复制工作表

工作表可以在同一工作簿和不同工作簿之间移动和复制。

（1）在同一工作簿中移动和复制工作表。

拖动该工作表标签至所需位置，在拖动时如果按住Ctrl键则可以复制该工作表。

（2）在不同工作簿之间移动和复制工作表。

右击该工作表标签，选择“移动或复制”命令，打开“移动或复制工作表”对话框，然后选择移至的位置，如果选中“建立副本”复选框，则复制该工作表，如图6-4所示。

8）隐藏工作表

方法1：单击工作表标签，选择“开始”→“单元格”→“格式”→“隐藏和取消隐藏”命令，即可隐藏工作表。

方法2：右击工作表标签，弹出快捷菜单，选择“隐藏”命令。

9）数据的输入与编辑

不同类型的数据在输入过程中的操作方法是不同的。

（1）文本型数据。可直接在单元格内输入。在默认情况下，文本型数据在单元格中左对齐。

说明：

① 如果将数值数据作为文本，则应先输入一个半角状态的单引号“'”。

② 若要在一个单元格内输入分段内容，则按Alt＋Enter组合键表示一段结束。

③ 如果文本数据长度不超过单元格宽度，则数据在单元格内自动左对齐。如果文字长度超出单元格宽度，当右边单元格内无内容时，则扩展到右边列显示；当右边单元格有内容时，根据单元格宽度截断显示，如图6-5所示。

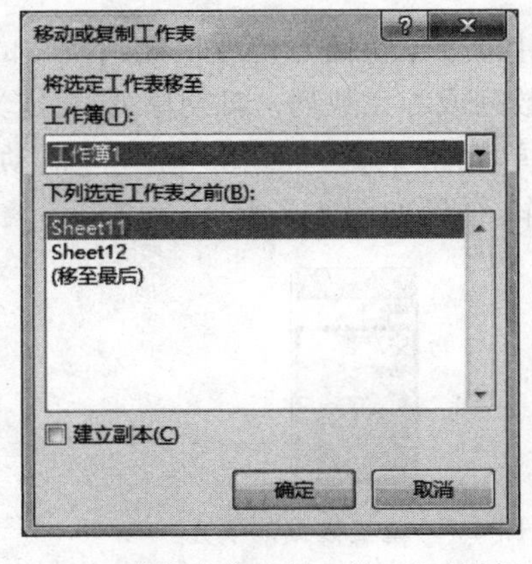

图6-4　“移动或复制工作表”对话框

	A	B	C
1	文本数据显示		
2	有数据截断	此单元格有内容	
3	扩展到右列显示		

图6-5　文本数据的显示

（2）日期和时间型数据。日期和时间的显示取决于单元格中所用的数学格式。在默认情况下，日期和时间型数据在单元格中右对齐。如果Excel 2010不能识别输入的日期或时间格式，输入的内容将被视作文本，并在单元格中左对齐。

说明：

① 输入日期格式主要有“年/月/日”“年-月-日”以及“×年×月×日”。年份可以是2位(00～29表示2000—2029年,30～99表示1930—1999年),也可以是4位。

② 如果只输入月和日,默认的年份是系统时钟的当前年份。

③ 时间分隔符一般使用“:”,格式有“时:分”“时:分 AM”“时:分 PM”“时:分:秒”“时:分:秒 AM”以及“时:分:秒 PM”。时间格式中“AM”表示上午,“PM”表示下午,使用大小写均可,AM、PM和前面的时间之间用空格隔开。

④ 按Ctrl+Shift+;组合键,即可输入系统的当前时间;按Ctrl+;组合键,即可输入当前日期。

⑤ 如果在一个单元格中既输入日期又输入时间,中间必须用空格隔开。

⑥ 设置日期或时间格式:右击要设置格式的单元格,弹出快捷菜单,选择“设置单元格格式”命令,打开对话框,设置日期或时间格式。

(3) 数值型数据。常见的数值型数据有整数形式、小数形式、指数形式、百分比形式、分数形式以及正数、负数等。

说明：

① 分数:不能直接输入,应先输入前导符“0”和空格,再输入分数。

② 负数:用()或者－,例如,输入“(100)”或者“－100”,单元格内的数均是“－100”。

③ 通过“设置单元格格式”对话框设置百分比样式、千位分隔样式等,也可以利用“开始”功能选项卡“数字”组中的相应按钮来设置。

④ 如果数值数据的长度不超过单元格的宽度,数据在单元格内自动右对齐。如果数值数据的长度超过单元格的宽度或超过11位时,数据自动以科学计数法形式表示。当科学计数法形式仍然超过单元格的宽度时,单元格内显示“####”,但可以通过调整列宽将其显示出来。

10) 自动填充功能

Excel 2010的自动填充功能可以将一些有规律的数据快捷方便地填充到所需的单元格中。有4类数据可以填充:重复数据、数列(等差数列或等比数列)、日期序列、自定义序列。

(1) 重复数据的填充。在填充区域的起始单元格中输入数据内容,再拖动填充柄(图6-6)到结束单元格,系统会自动完成填充操作,结果如图6-7所示。

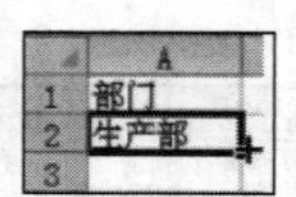

图6-6 填充柄

图6-7 重复数据的填充

(2) 数列的填充。

如果一行或一列的数据为等差数列,则只要输入前两项,并选定它们,按住鼠标左键,然后拖动填充柄到结束单元格,系统就自动完成填充操作。

如果一行或一列的数据为等比数列,则只要输入前两项,并选定它们,按住鼠标右键,然后拖动填充柄到结束单元格，在弹出的快捷菜单中选择“等比数列”命令，系统就自动完成填充操作。

(3) 日期序列的填充。日期序列的填充有4种填充方式可供选择，分别为“以天数填充”“以工作日填充”“以月填充”“以年填充”。拖动填充柄后，单击右下角的“自动填充选项”按钮，在下拉列表中可以选择不同的填充方式，如图6-8所示。

(4) 自定义序列的填充。如果一行或一列的数据为Excel自定义的序列，则只要输入第一项，并选定它，然后拖动填充柄到结束单元格，系统就自动完成填充操作，如图6-9所示。

	A	B	C	D
1	以天数填充	以工作日填充	以月填充	以年填充
2	2018年3月2日	2018年3月2日	2018年3月2日	2018年3月2日
3	2018年3月3日	2018年3月5日	2018年4月2日	2019年3月2日
4	2018年3月4日	2018年3月6日	2018年5月2日	2020年3月2日
5	2018年3月5日	2018年3月7日	2018年6月2日	2021年3月2日
6	2018年3月6日	2018年3月8日	2018年7月2日	2022年3月2日
7	2018年3月7日	2018年3月9日	2018年8月2日	2023年3月2日
8	2018年3月8日	2018年3月12日	2018年9月2日	2024年3月2日
9	2018年3月9日	2018年3月13日	2018年10月2日	2025年3月2日
10	2018年3月10日	2018年3月14日	2018年11月2日	2026年3月2日
11	2018年3月11日	2018年3月15日	2018年12月2日	2027年3月2日
12	2018年3月12日	2018年3月16日	2019年1月2日	2028年3月2日

图6-8　日期序列的填充

	A
1	星期一
2	星期二
3	星期三
4	星期四
5	星期五
6	星期六
7	星期日

图6-9　自动填充功能的使用

选择“文件”→“选项”命令，打开“Excel选项”对话框，在左侧选择“高级”选项卡，再在“常规”选项区中单击“编辑自定义列表”按钮，如图6-10所示。打开“自定义序列”对话框，可以看到已定义的列表数据，也可以在“输入序列”下拉列表框中输入自定义的序列，然后单击“添加”按钮，根据需要自己添加数据序列，如图6-11所示。

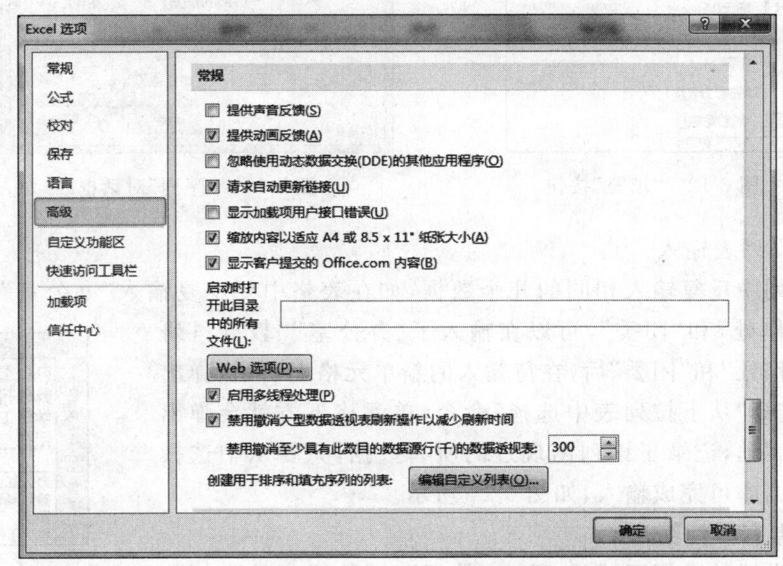

图6-10　“Excel选项”对话框的“高级”选项卡

说明：可选择“开始”→“编辑”→“填充”命令进行个性化填充，如图6-12所示。如果

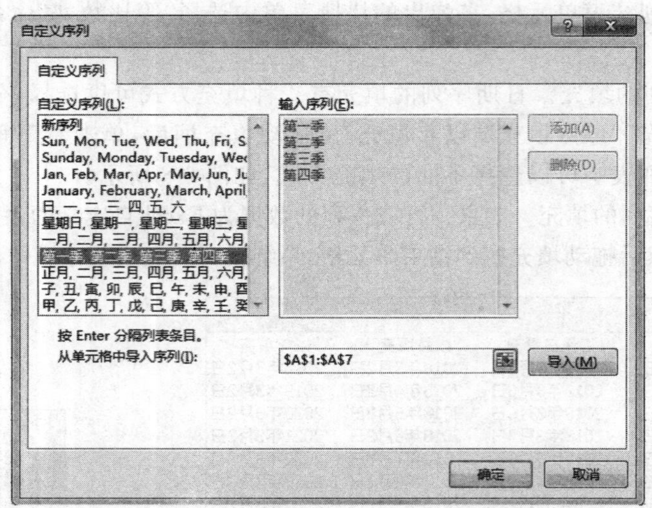

图 6-11 “自定义序列”对话框

选择“序列”选项，打开“序列”对话框，根据题目要求可以选择行、列，设置类型、日期单位、步长值、终止值，如图 6-13 所示。

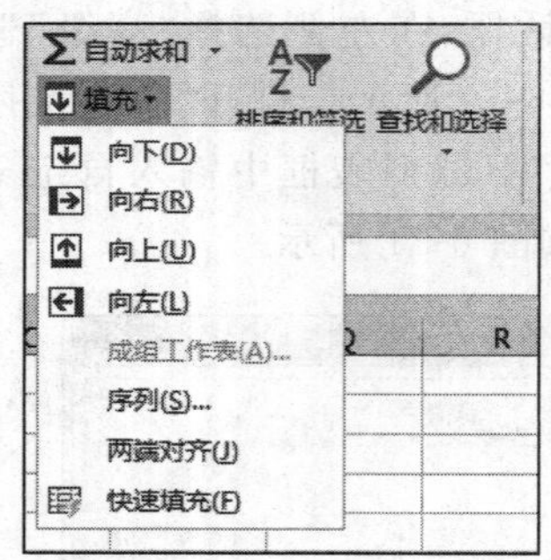

图 6-12 “填充”按钮

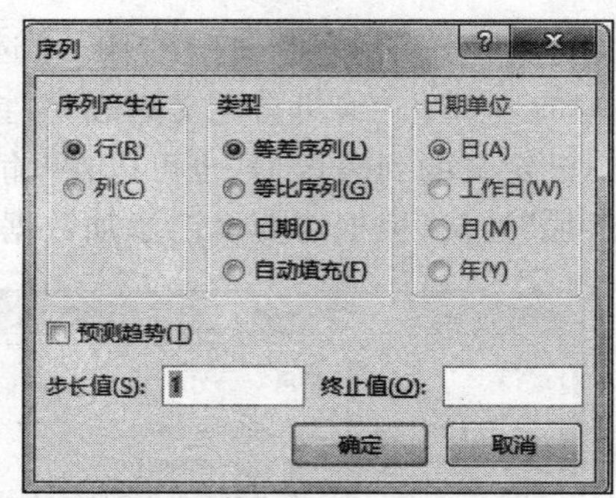

图 6-13 “序列”对话框

11）选择列表输入

在同一列中反复输入相同的几个数据，如在表格中要反复输入“办公室”“教务科研处”“学生工作处”和“团委”，可以在输入了“办公室”“教务科研处”“学生工作处”和“团委”后，在待输入的新单元格上右击，弹出快捷菜单，选择“从下拉列表中选择”命令，单元格下方就会弹出一个下拉列表框，记录了该列出现过的所有数据，只要从中选择待输入的数据即可完成输入，如图 6-14 所示。

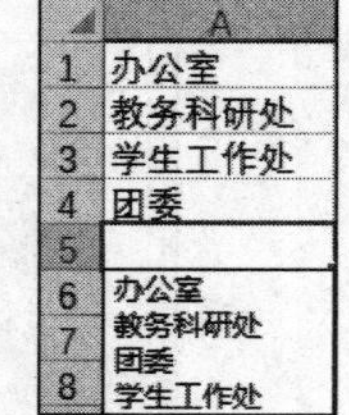

图 6-14 选择列表输入

12）数据有效性输入

选定要设置的数据区域后，选择“数据”→“数据工具”→“数据有效性”→“数据有效性”命令，打开“数据有效性”对话框，如图 6-15 所示。可设置数据有效范围，本例设置数据是介于 1～5 的整数，如图 6-16 所示。

然后在“出错警告”选项卡中设置如图 6-17 所示的错误信息，如果输入了无效数据，本例输入了 6，就会出现错误提示，如图 6-18 所示。

数据有效性
设置
输入信息
出错警告
输入法模式
有效性条件
允许(A):
任何值
忽略空值(B)
数据(D):
介于
对有同样设置的所有其他单元格应用这些更改(P)
全部清除(C)
确定
取消

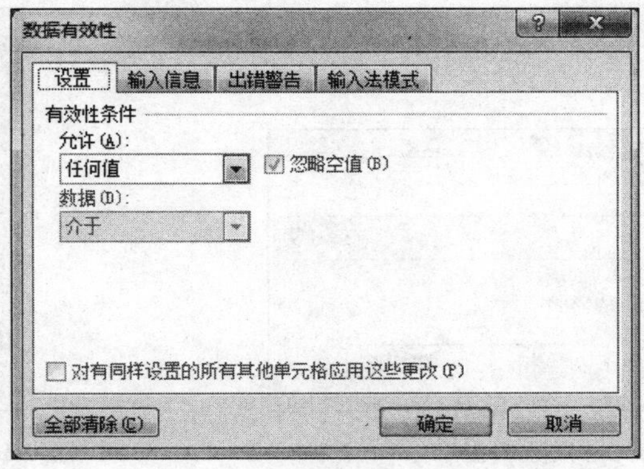

图 6-15　“数据有效性”对话框

数据有效性
设置
输入信息
出错警告
输入法模式
有效性条件
允许(A):
整数
忽略空值(B)
数据(D):
介于
最小值(M)
1
最大值(X)
5
对有同样设置的所有其他单元格应用这些更改(P)
全部清除(C)
确定
取消

图 6-16　设置有效性数据

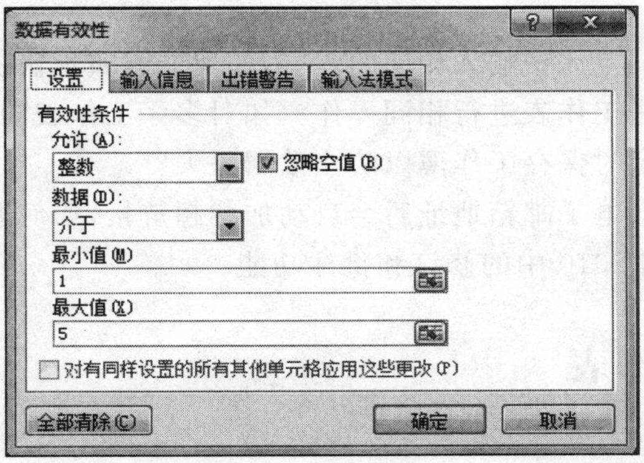

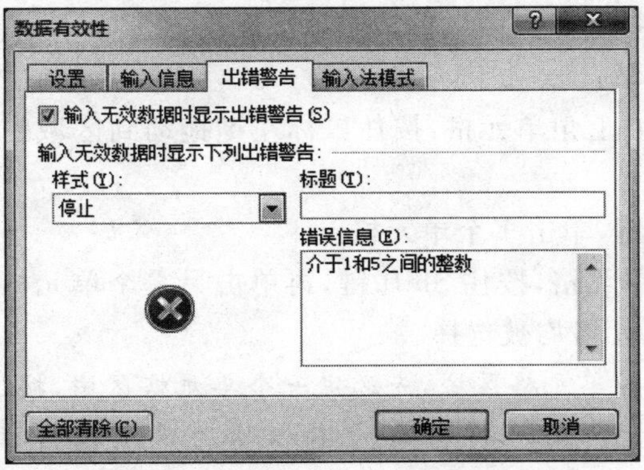

数据有效性
设置
输入信息
出错警告
输入法模式
输入无效数据时显示出错警告(S)
输入无效数据时显示下列出错警告:
样式(Y):
停止
标题(T):
错误信息(E):
介于1和5之间的整数
全部清除(C)
确定
取消

图 6-17　设置“出错警告”的出错信息提示

说明：可以用 Excel 2010 的数据有效性功能，快速找出表格中的无效数据。设置好数据有效性条件后，选择“数据”→“数据工具”→“数据有效性”→“圈释无效数据”命令，这时,表格中所有无效数据被一个红色的椭圆形标注出来,错误数据就一目了然了,如图 6-19 所示。

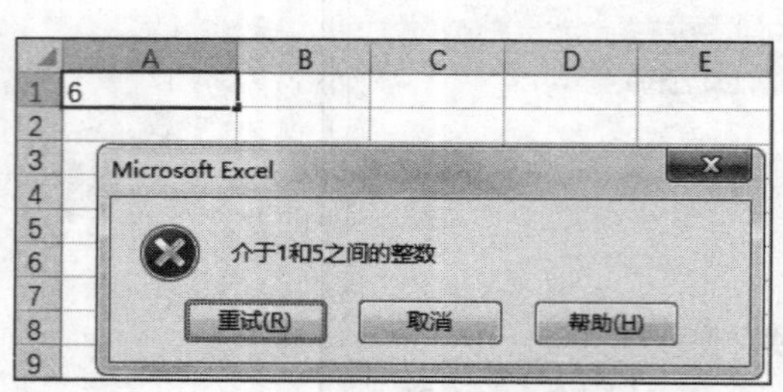

图 6-18　错误数据提示

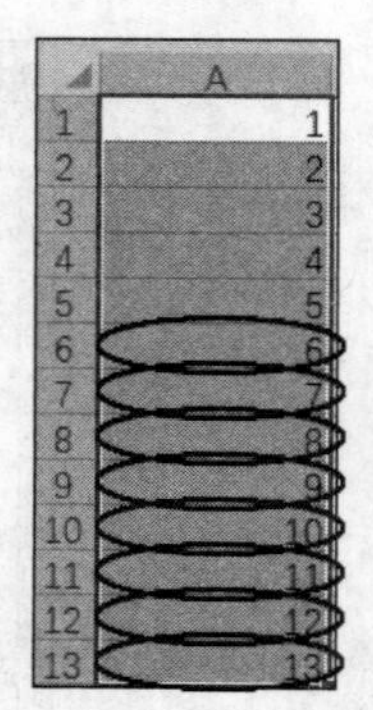

图 6-19　标注无效数据

【思考与练习】

1. 如果需要在不同单元格输入相同的内容,如何能够实现快速输入?
2. 能否同时对多张工作表进行相同操作?如对多张工作表同时调整行高?
3. 如何设置自动定时保存工作簿以防止数据丢失?
4. 在单元格中输入电子邮箱地址后会自动加载超链接,如何取消超链接?
5. 练习使用 Excel 2010 中的修订和批注功能。

6.1.2　美化工作表

1. 必备知识

1) 选定单元格

(1) 选定一个单元格:直接用鼠标单击该单元格。

(2) 选定单元格区域。

方法 1:单击区域左上角单元格,按住鼠标左键拖动到区域右下角单元格,则光标经过区域全部被选中。

方法 2:按住 Ctrl 键,单击多个单元格。

方法 3:选择一个单元格,按住 Shift 键,再单击另一个单元格,以这两个单元格作为对角线的矩形区域的单元格均被选择。

说明:选定不相邻的单元格区域,先选定一个单元格区域,按住 Ctrl 键的同时选定第二个单元格区域,重复操作,可将所需的不相邻的单元格区域全部选定,然后释放 Ctrl 键。

2) 选定行(列)

(1) 选定行(列):单击行号(列标)。

(2) 选定不相邻的多行(列):按住 Ctrl 键的同时单击行号(列标)。

(3) 选定相邻的多行(列):先选定一行(列),按住 Shift 键的同时再选定最后一行(列),则这两行(列)中的所有行(列)均被选定。

说明:选定整张工作表,单击行号和列标交汇处的"全选"按钮或者按 Ctrl+A 组合键即可选中整张工作表。

3) 插入单元格、行(列)

选定单元格,右击,弹出快捷菜单,选择"插入"命令,打开"插入"对话框,插入单元格、行(列),如图 6-20 所示。

4) 删除单元格、行(列)

选定要删除的单元格、行(列),选择"开始"→"单元格"→"删除"命令的下拉列表中的"删除单元格"和"删除工作表行(列)"选项,如图 6-21 所示,打开"删除"对话框,进行删除的选项设置。

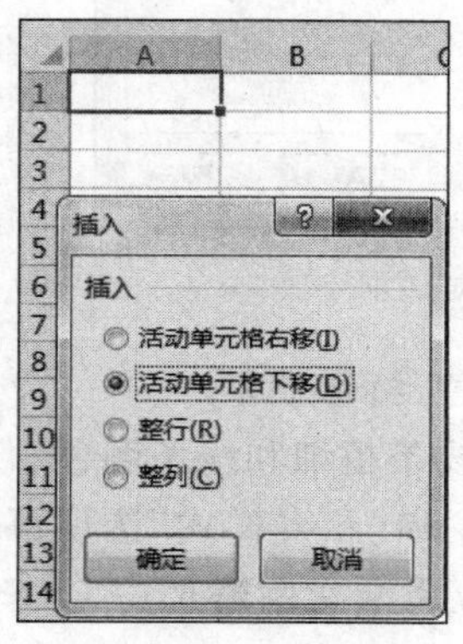

图 6-20 "插入"对话框

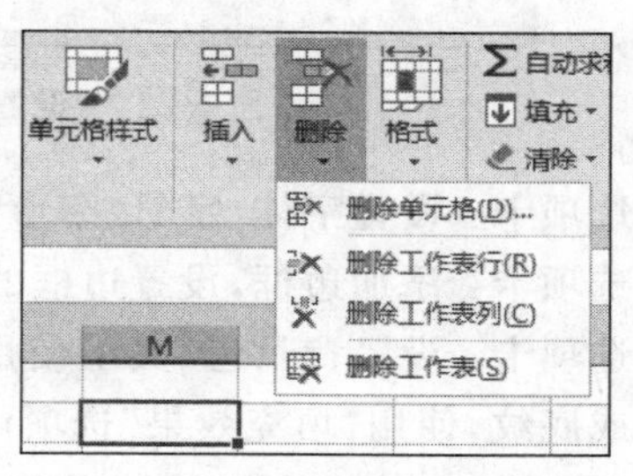

图 6-21 "删除"下拉列表

5) 调整行高(列宽)

方法 1:鼠标拖动调整。拖动行(列)标题的下边线(右边线)来设置所需的行高(列宽)。

方法 2:通过功能区按钮调整。选定要调整宽度的行(列),选择"开始"→"单元格"→"格式"→"行高"(列宽)或"自动调整行高"(自动调整列宽)命令,在出现的对话框中设置。

方法 3:快捷菜单调整。选中要调整行高的行(列),右击,弹出快捷菜单,选择"行高"(列宽)命令。

2. 操作技能

1) 单元格格式设置

方法 1:选定单元格,右击,弹出快捷菜单,选择"设置单元格格式"命令,如图 6-22 所示。

方法 2:选定单元格,选择"开始"→"数字"组中的箭头按钮,打开"设置单元格格式"对话框,如图 6-22 所示。

"数字"选项卡:设置单元格中数据的类型。

"对齐"选项卡:定位、更改方向并制定文本控制功能。

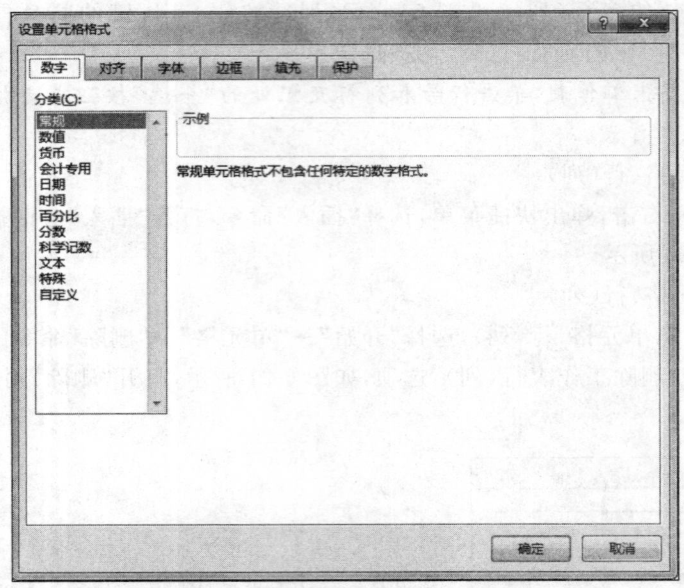

图 6-22 “设置单元格格式”对话框

“字体”选项卡：设置字体、字号、字形、下画线、颜色、特殊效果。

“边框”选项卡：添加边框，设置边框的线条样式、线条粗细和线条颜色。

“填充”选项卡：设置背景色，其中使用“图案颜色”和“图案样式”选项可以对背景应用双色图案或底纹，使用“填充效果”选项可以对背景应用渐变色填充。

“保护”选项卡：进行保护工作表数据和公式的相关设置。

2）使用条件格式

选择要设置条件格式的单元格区域，选择“开始”→“样式”→“条件格式”命令，会打开一个下拉列表，如图 6-23 所示，各选项的功能说明如表 6-1 所示。

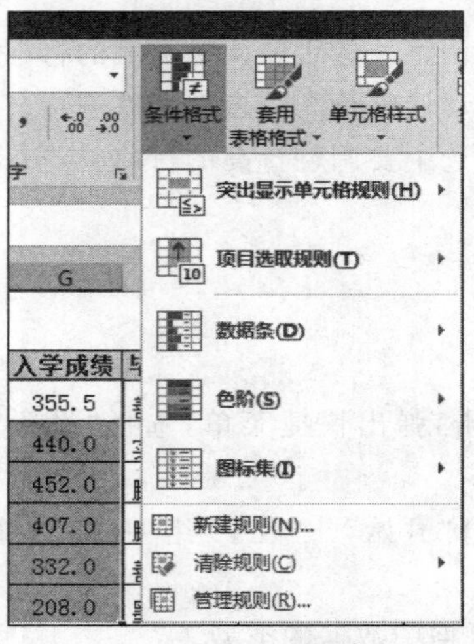

图 6-23 “条件格式”下拉列表

表 6-1　"条件格式"按钮的下拉列表中各选项的功能

选项	功能说明
突出显示单元格规则	可以选择"大于""小于""介于""等于""文本包含""发生日期""重复值"等选项，也可以选择"其他规则"进行自定义设置
项目选取规则	可以设置所选数据中的"值最大的 N 项""值最大的 N% 项""值最小的 N 项""值最小的 N% 项""高于平均值""低于平均值"的显示方式，其中 N 的默认值为 10。也可以选择"其他规则"进行自定义设置
数据条	用带颜色的数据条来区分单元格中的数据，数据条越长，表示数值越大。也可以选择"其他规则"来自定义数据条
色阶	工作表中的单元格数据是按底纹色阶排序的。也可以选择"其他规则"自定义色阶
图标集	在每个单元格中显示所选图标集中的一个图标，每个图标表示单元格中的一个值。也可以选择"其他规则"自定义图标
新建规则	根据需要新建规则
清除规则	清除所选数据区域的相关规则的设置，此时该区域不会再突出显示
管理规则	可以创建、编辑、删除和查看工作簿中所有的条件格式规则

下面以把学生入学成绩大于 400 分的分数的字体设置为红色为例，说明具体操作方法。选择 G3:G8 单元格区域，选择"开始"→"样式"→"条件格式"→"突出显示单元格规则"→"大于"命令，如图 6-24 所示，打开"大于"对话框，在左侧文本框中输入 400，右侧下拉列表框中选择"红色文本"，单击"确定"按钮，如图 6-25 所示。

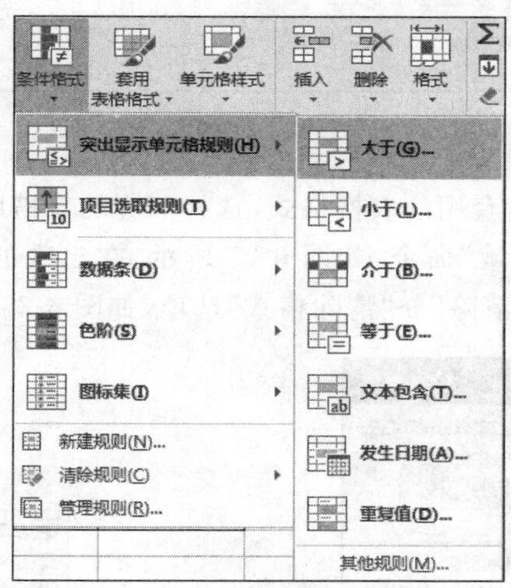

图 6-24　选择"大于"命令

图 6-25　"大于"对话框

3）套用表格格式

套用表格格式，就是通过选择预定义表格样式来快速设置一组单元格的格式。

(1) 转换。选择要套用表格格式的单元格区域，选择“开始”→“样式”→“套用表格格式”命令，在下拉列表中选择自己所需要的表格样式，如图 6-26 所示，然后在打开的“套用表格格式”对话框中单击“确定”按钮。

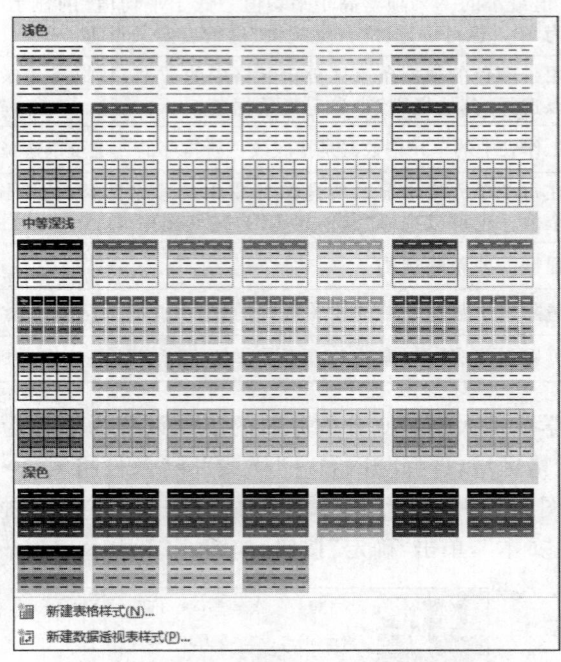

图 6-26 “套用表格格式”下拉列表

(2) 还原。如果要取消套用的表格格式，选择对应的表格区域，在“表格工具设计”→“工具”组中单击“转换为区域”命令，如图 6-27 所示，在出现的对话框中单击“是”按钮。再选择“开始”→“编辑”→“清除”→“清除格式”选项，如图 6-28 所示。

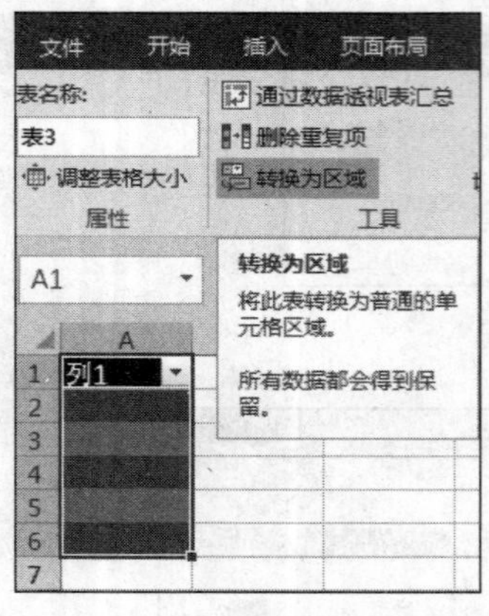

图 6-27 将表格转换为区域

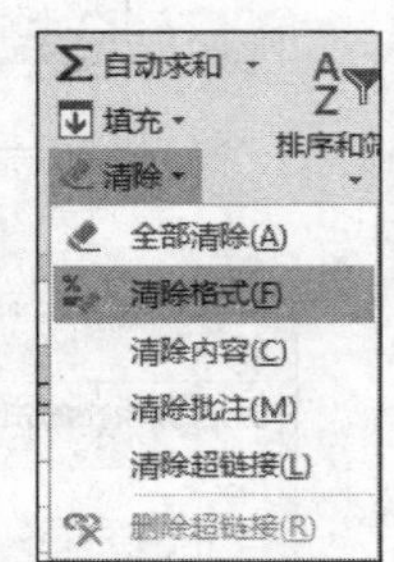

图 6-28 “清除格式”选项

4）单元格样式

（1）内置样式。Excel 2010 预置了一些典型的样式，用户可以直接套用这些样式来快速设置单元格格式。单击“开始”→“样式”→“单元格样式”命令，即可从打开的下拉列表中选择合适的选项进行样式设置，如图 6-29 所示。

好、差和适中
常规 差 好 适中
数据和模型
计算 检查单元格 解释性文本 警告文本 链接单元格 输出
输入 注释
标题
标题 标题 1 标题 2 标题 3 标题 4 汇总
主题单元格样式
20% - 着色 1 20% - 着色 2 20% - 着色 3 20% - 着色 4 20% - 着色 5 20% - 着色 6
40% - 着色 1 40% - 着色 2 40% - 着色 3 40% - 着色 4 40% - 着色 5 40% - 着色 6
60% - 着色 1 60% - 着色 2 60% - 着色 3 60% - 着色 4 60% - 着色 5 60% - 着色 6
着色 1 着色 2 着色 3 着色 4 着色 5 着色 6
数字格式
百分比 货币 货币[0] 千位分隔 千位分隔[0]
新建单元格样式(N)...
合并样式(M)...

图 6-29 “单元格样式”下拉列表

如果用户希望修改某个内置的样式，可以对其右击，弹出快捷菜单，选择“修改”命令，打开“样式”对话框，根据需要确定是否选中“数字”“对齐”“字体”“边框”“填充”“保护”等单元格样式，最后单击“确定”按钮，如图 6-30 所示。

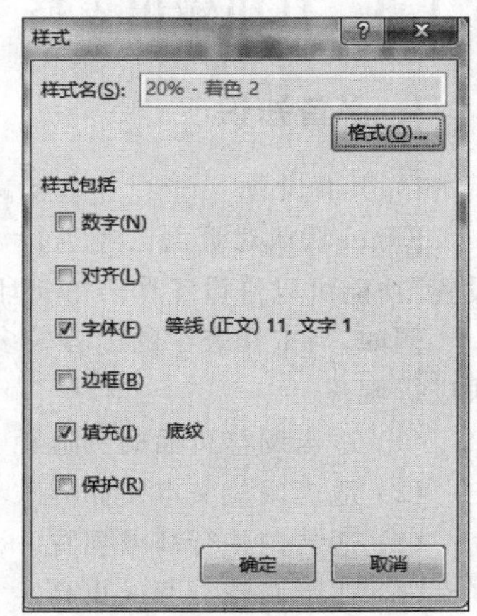

图 6-30 “样式”对话框

（2）自定义样式。当内置样式不能满足需要时，用户也可以通过“新建单元格样式”选项自定义样式。用户创建的自定义样式只会保存在当前工作簿中，不会影响其他工作簿样式。如果需要在其他工作簿中使用当前创建的自定义样式，可以使用“合并样式”功能来实现。

5）添加和删除单元格批注

单元格批注用于说明单元格内容的说明性文字，可以帮助 Excel 工作表使用者了解该单元格的意义。

方法 1：选中需要添加批注的单元格，在“审阅”→“批注”组中单击“新建批注”按钮，打开“批注”编辑框，然后输入批注内容即可。

方法 2：右击被选中的单元格，弹出快捷菜单，选择“插入批注”命令。

如果工作表中的单元格批注失去存在的意义，用户可以将其删除。方法是右击含有批注的单元格，弹出快捷菜单，选择“删除批注”命令。

6）冻结窗格

利用Excel工作表的冻结功能可以达到固定窗格的效果。窗格的冻结通常应用在数据量大的表中，一般将工作表的行或列标题冻结，这样当滚动条滚动时，行或列标题始终能够显示在屏幕上，以便于用户查看数据。

例如，要冻结工作表的前两行和前两列，可以先选定C3单元格，选择“视图”→“窗口”→“冻结窗格”→“冻结拆分窗格”命令，如图6-31所示。

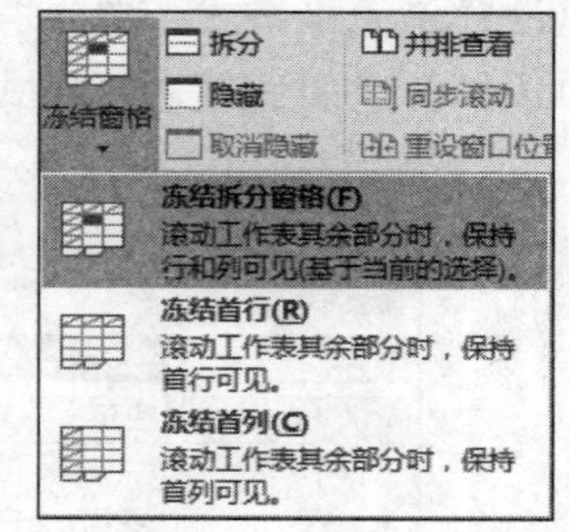

图6-31 “冻结窗格”下拉列表

说明：如果要取消窗格的冻结，只要选择“视图”→“窗口”→“冻结窗格”→“取消冻结窗格”选项即可。

7）快速清除单元格内容和格式

在使用表格时，可能对某个单元格设置了多种格式，但如果不再需要这些格式时，可以快速删除单元格的内容和格式。

选中要删除内容及格式的单元格，选择“开始”→“编辑”→“清除”→“全部清除”命令，就可以将单元格中的所有内容及格式设置清除。

【思考与练习】

1. 是否能将表格数据进行行列转置？如何操作？
2. 绘制本班课程表，注意斜线表头的制作方法。

6.1.3 打印输出表格

1. 必备知识

1）页面设置

Excel默认对页面已经进行了设置，可直接打印工作表。如有特殊需要，使用“页面设置”功能可以重设工作表的打印方向、缩放比例、纸张大小、页边距、页眉、页脚等。

例如，当工作表中的内容较多而又希望用较少的纸张打印输出时，可以用以下几种方法进行调整。

(1) 适当调整页面的页边距。

(2) 适当调整文本字体的大小。

(3) 适当调整行高或列宽。

(4) 适当调整页宽或页高。

2）打印预览

打印预览就是在屏幕显示将要打印的效果，以便确定是否需要修订。

2. 操作技能

1）设置纸张大小、纸张方向与页边距

在“页面布局”功能选项卡的“页面设置”组中可以设置纸张大小、纸张方向与页边距等，如图 6-32 所示。

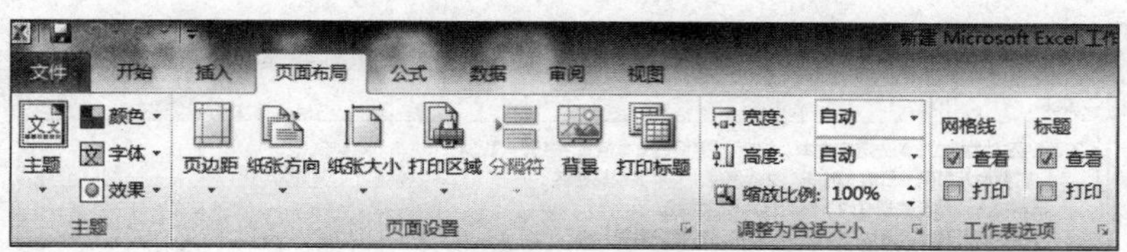

图 6-32　“页面布局”功能选项卡

2）设置页眉/页脚

单击“页面布局”→“页面设置”组右下角的箭头按钮，打开“页面设置”对话框，切换到“页眉/页脚”选项卡，如图 6-33 所示，在此可设置文档的页眉/页脚。

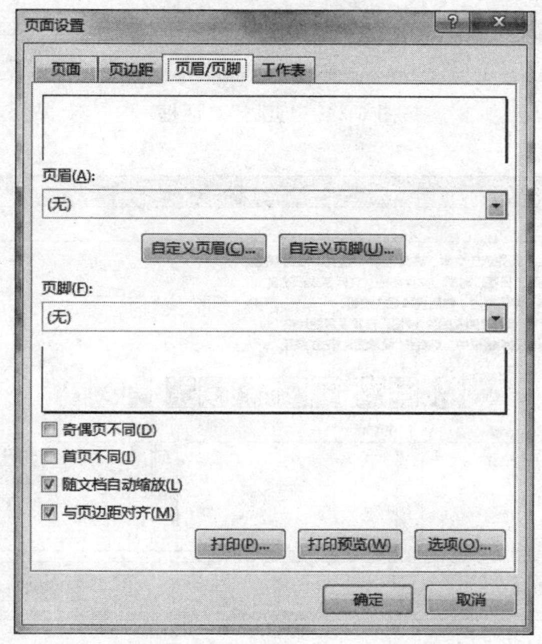

图 6-33　“页眉/页脚”选项卡

下面说明自定义页眉/页脚的具体操作方法。

（1）单击“自定义页眉”按钮，打开“页眉”对话框，将光标定位在“中”文本框中并输入“学生信息”，如图 6-34 所示，然后单击“确定”按钮。

（2）再单击“自定义页脚”按钮，打开“页脚”对话框，在“右”文本框中输入“辅导员：李亮”，如图 6-35 所示，然后单击“确定”按钮。

3）设置打印区域

在 Excel 中除了可以打印选定的工作表外，还可以一次打印整个工作簿的所有工作表，设置方法是选择“文件”→“打印”→“设置”→“打印整个工作簿”选项，如图 6-36 所示。如果希望根据需要打印内容，可以选择“打印选定区域”选项。

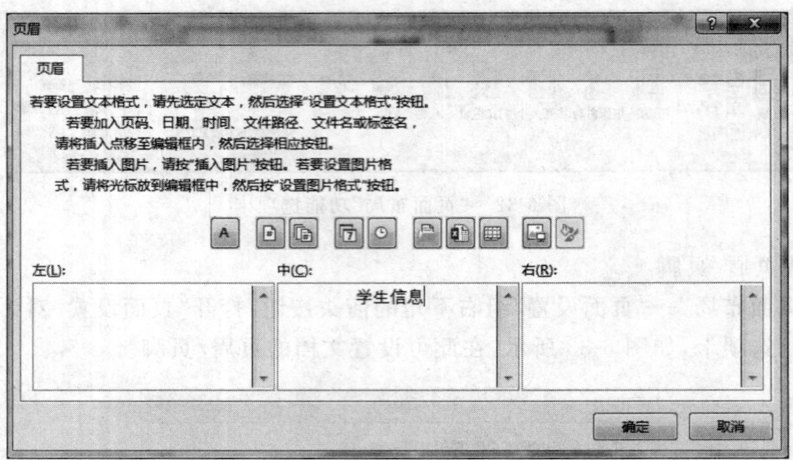

图 6-34 "页眉"对话框

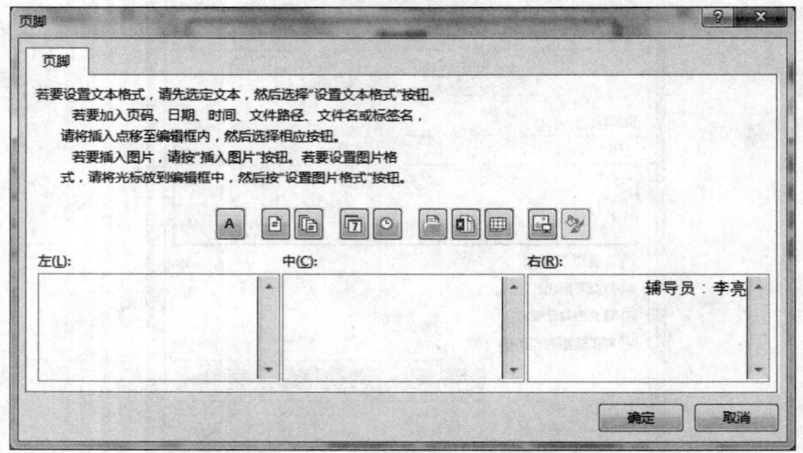

图 6-35 "页脚"对话框

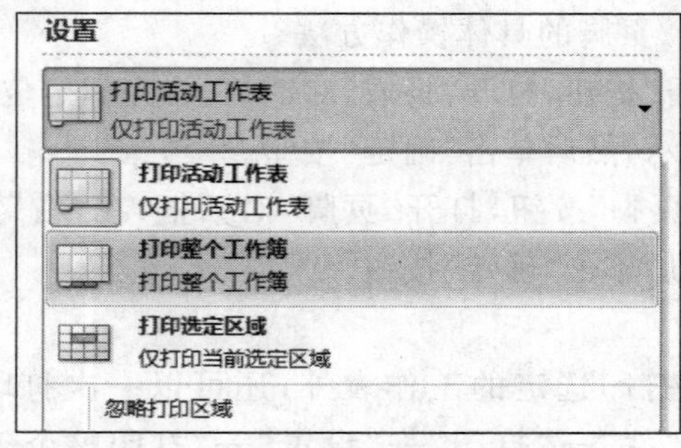

图 6-36 选择"打印整个工作簿"选项

4）设置打印标题行（列）

在实际工作中经常遇到这样的情况：一张工作表中的数据很多，如果不做任何设置，则除了第一页可以看到每行的标题外，其他页均为数据而没有标题行，使表格阅读起来不太方便。在 Excel 中，可以通过设置“打印标题”，使每页都能显示标题行。

操作方法：选择“页面布局”功能选项卡，单击“打印标题”按钮，打开“页面设置”对话框，在“工作表”选项卡的“打印标题”选项区中选定希望每页都打印的标题行，这里分为“顶端标题行”和“左端标题列”，如图 6-37 所示。

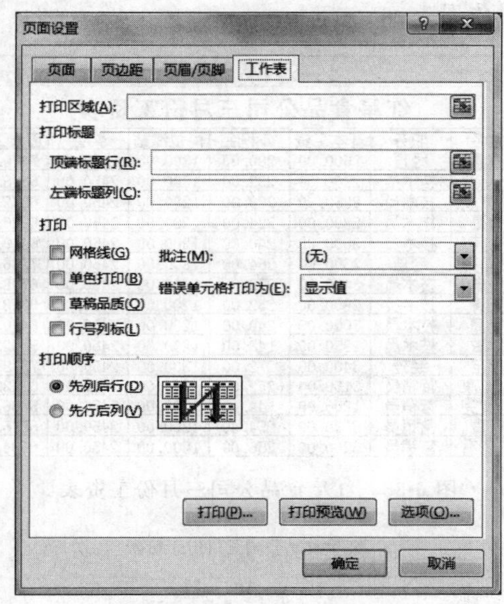

图 6-37　设置打印标题

【思考与练习】

在打印表格时，如何才能不显示出单元格中的底纹？

6.2　数值计算和图表

【操作任务】

制作公司员工工资表并根据实发工资制作图表

任务描述：红星食品公司根据员工的资历、岗位、工作绩效等因素，确定了公司的薪酬发放办法，其中公积金为本人基本工资的 8%；部门经理岗位津贴为 1800 元，其他员工为 1200 元；月奖金为最高基本工资的 70%。个人所得税算法：起征点为 3500 元，3500 元以内不扣个人所得税；超过起征点 1500 元以内的部分，税率为 3%；超过起征点 1501～4500 元的部分，税率为 10%；超过起征点 4501～9000 元的部分，税率为 20%；超过起征点 9001～35000 元的部分,税率为 25%。小明按公司要求,制作了员工工资发放表和图表显示效果,如图 6-38 和图 6-39 所示。

任务分析:

(1) 计算员工的公积金和奖金。

(2) 计算员工的应发工资。

(3) 计算员工的个人所得税。

(4) 计算员工的实发工资。

(5) 根据实发工资制作图表。

	A	B	C	D	E	F	G	H	I	J	K
1	红星食品公司三月份工资表										
2	部门	工号	姓名	职务	基本工资	公积金	岗位津贴	奖金	应发工资	所得税	实发工资
3	化验部	201801001	李丽	经理	3500.00	280.00	1800.00	2450.00	7470.00	292.00	7178.00
4	化验部	201801002	张小兰	技术员	2900.00	232.00	1200.00	2450.00	6318.00	176.80	6141.20
5	化验部	201801003	赵文斌	技术员	2850.00	228.00	1200.00	2450.00	6272.00	172.20	6099.80
6	化验部	201801004	肖豪	技术员	2800.00	224.00	1200.00	2450.00	6226.00	167.60	6058.40
7	化验部	201801005	徐萍	技术员	3000.00	240.00	1200.00	2450.00	6410.00	186.00	6224.00
8	生产部	201802001	孙美美	经理	3300.00	264.00	1800.00	2450.00	7286.00	273.60	7012.40
9	生产部	201802002	王志	技术员	3400.00	272.00	1200.00	2450.00	6778.00	222.80	6555.20
10	生产部	201802003	张涛	技术员	2900.00	232.00	1200.00	2450.00	6318.00	176.80	6141.20
11	生产部	201802004	杨潇	技术员	3000.00	240.00	1200.00	2450.00	6410.00	186.00	6224.00
12	生产部	201802005	罗敏	技术员	1850.00	148.00	1200.00	2450.00	5352.00	80.20	5271.80
13	销售部	201803001	徐苗	经理	3400.00	272.00	1800.00	2450.00	7378.00	282.80	7095.20
14	销售部	201803002	刘健康	营销员	3150.00	252.00	1200.00	2450.00	6548.00	199.80	6348.20
15	销售部	201803003	马雯雯	营销员	1800.00	144.00	1200.00	2450.00	5306.00	75.60	5230.40
16	销售部	201803004	宋青	营销员	3180.00	254.40	1200.00	2450.00	6575.60	202.56	6373.04
17	销售部	201803005	李彩霞	营销员	3200.00	256.00	1200.00	2450.00	6594.00	204.40	6389.60

图 6-38 红星食品公司三月份工资表

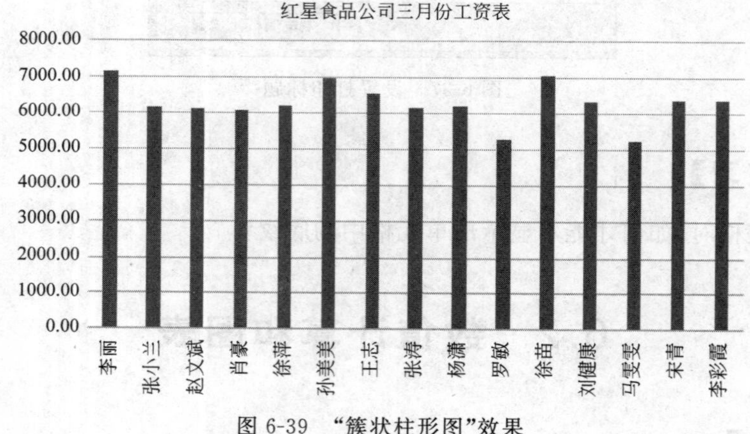

图 6-39 “簇状柱形图”效果

6.2.1 制作公司员工工资表

1. 必备知识

1) 公式

公式在 Excel 中的用途很多,利用它可以很容易地计算出表格中的数据。如在单元格中输入公式，Excel 就会自动按公式对数据进行计算。如果公式引用的单元格数据有变化，Excel 会自动更正，这是电子表格的一大优势。Excel 中的公式由等号、数值、运算符构成。

公式是对工作表中数据进行分析与计算的方程式。Excel 中所有的公式必须以符号“＝”开始。一个公式是由运算符和参与计算的元素(操作数)组成的。

操作数可以是常量、单元格引用、区域引用、名称和函数。例如，“＝(B4＋25)/SUM(D5:F5)”中，B4 为单元格引用；25 是常量；“D5:F5”为区域引用；而 SUM(D5:F5)是函数。

运算符是为了对公式中的元素进行某种运算而规定的符号。Excel 中有 4 种类型的运算符：算术运算符、比较运算符、文本运算符和引用运算符。

2）函数

函数是 Excel 2010 内部预定义的特殊公式，它可以对一个或多个数据进行操作，并返回一个或多个值，其作用是简化公式操作，把固定用途的公式表达式用“函数”的格式固定下来，实现方便的调用，避免了公式编辑的麻烦，大大提高了对表格中数据的处理效率。

函数由函数名和参数组成，具体格式：函数名(参数 1，参数 2，…)。其中，函数名说明了函数要执行的运算；参数是函数用于生成新值或完成运算的数值或单元格区域地址。函数返回的结果称函数值。

Excel 2010 中提供的函数有 12 类共 400 多个，包括了数学与三角函数、统计函数、数据库函数、财务函数、日期与时间函数、逻辑函数、文本函数、信息函数、工程函数、查找与引用函数、多维数据集函数、兼容性函数。下面介绍一些常用的函数。

(1) AVERAGE 函数。

函数名称：AVERAGE。

主要功能：求出所有参数的算术平均值。

使用格式：AVERAGE(number1,number2,...)。

参数说明：“number1,number2,...”表示需要求平均值的数值或引用单元格(区域)。参数不能超过 30 个。

注意：如果引用区域中包含值为 0 的单元格，则计算在内；如果引用区域中包含空白或字符单元格，则不计算在内。

(2) COUNT 函数。

函数名称：COUNT。

主要功能：求出包含数字以及包含参数列表中的数字单元格的个数。

使用格式：COUNT(number1,number2,...)。

参数说明：“number1,number2,...”是包含或引用各种类型数据的参数(1～30 个)，但只有数字类型的数据才被计数。

注意：COUNT 在计数时，将把数值型的数字计算进去；但是错误值、空值、逻辑值、日期、文字则被忽略。如果参数是一个数组或引用，那么只统计数组或引用中的数字；数组中或引用的空单元格、逻辑值、文字或错误值都将被忽略。

(3) COUNTIF 函数。

函数名称：COUNTIF。

主要功能：统计某个单元格区域中符合指定条件的单元格数目。

使用格式：COUNTIF(Range,Criteria)。

参数说明：Range 代表要统计的单元格的区域;Criteria 表示指定的条件表达式。

注意：允许引用的单元格区域中有空白单元格出现。

(4) IF 函数。

函数名称：IF。

主要功能：根据对指定条件的逻辑判断的真假结果,返回相对应的内容。

使用格式：IF(Logical,Value_if_true,Value_if_false)。

参数说明：Logical 代表逻辑判断表达式;Value_if_true 表示当判断条件为逻辑"真(TRUE)"时的显示内容,如果忽略则返回 TRUE;Value_if_false 表示当判断条件为逻辑"假(FALSE)"时的显示内容,如果忽略则返回 FALSE。

(5) MAX 函数。

函数名称：MAX。

主要功能：求出一组数中的最大值。

使用格式：MAX(number1,number2,...)。

参数说明："number1,number2,..."代表需要求最大值的数值或引用单元格(区域),参数不超过 30 个。

注意：如果参数中有文本或逻辑值,则忽略。

(6) MIN 函数。

函数名称：MIN。

主要功能：求出一组数中的最小值。

使用格式：MIN(number1,number2,...)。

参数说明："number1,number2,..."代表需要求最小值的数值或引用单元格(区域),参数不超过 30 个。

注意：如果参数中有文本或逻辑值,则忽略。

(7) RANK 函数。

函数名称：RANK。

主要功能：返回某一数值在一列数值中的相对于其他数值的排位。

使用格式：RANK(Number,Ref,Order)。

参数说明：Number 代表需要排序的数值;Ref 代表排序数值所处的单元格区域;Order 代表排序方式参数(如果为 0 或者忽略,则按降序排名,即数值越大,排名结果数值越小;如果为非 0 值,则按升序排名,即数值越大,排名结果数值越大)。

(8) SUM 函数。

函数名称：SUM。

主要功能：计算所有参数数值的和。

使用格式：SUM(number1,number2,...)。

参数说明："number1,number2,..."代表需要计算的值,可以是具体的数值、引用的单元格(区域)、逻辑值等。

注意：如果参数为数组或引用，只有其中的数字将被计算。数组或引用中的空白单元格、逻辑值、文本或错误值将被忽略。

(9) SUMIF 函数。

函数名称：SUMIF。

主要功能：计算符合指定条件的单元格区域内的数值和。

使用格式：SUMIF(Range,Criteria,Sum_Range)。

参数说明：Range 代表条件判断的单元格区域；Criteria 为指定条件表达式；Sum_Range 代表需要计算的数值所在的单元格区域。

(10) VLOOKUP 函数。

函数名称：VLOOKUP。

主要功能：在数据表的首列查找指定的数值，并由此返回数据表当前行中指定列处的数值。

使用格式：VLOOKUP(Lookup_value,Table_array,Col_index_num,Range_lookup)。

参数说明：Lookup_value 代表需要查找的数值；Table_array 代表需要在其中查找数据的单元格区域；Col_index_num 为在 Table_array 区域中待返回的匹配值的列序号(当 Col_index_num 为 2 时，返回 Table_array 第 2 列中的数值；为 3 时，返回第 3 列的数值……)；Range_lookup 为一逻辑值，如果为 TRUE 或省略，则返回近似匹配值，也就是说，如果找不到精确匹配值，则返回小于 Lookup_value 的最大数值；如果为 FALSE，则返回精确匹配值；如果找不到，则返回错误值 #N/A。

注意：Lookup_value 参数必须在 Table_array 区域的首列中；如果忽略 Range_lookup 参数，则 Table_array 的首列必须进行排序。在此函数的向导中，有关 Range_lookup 参数的用法是错误的。

3) 单元格引用

(1) 引用同一工作表上的单元格。在同一张工作表上，引用其他单元格的方法有相对引用、绝对引用和混合引用 3 种。

① 相对引用。如 E3、F7，其行号和列号都是相对的，这样的单元格地址也称为相对地址。

② 绝对引用。如 E3、F7，其行号和列标都是绝对的，这样的单元格地址也称为绝对地址。

③ 混合引用。如 $E3，其行号是相对的，列标是绝对的；E$3 的行号是绝对的，列标是相对的。这样的单元格地址也称为混合地址。在这里符号“$”表示引用是否为绝对引用，如果它在行号前，则行号是绝对的；如果它在列标前，则列标是绝对的。

在相对引用的条件下，如果公式的位置发生了变化，则公式中引用的单元格地址也随之改变。所谓相对，指的是引用地址与公式之间的相对位置关系保持不变。

在相对引用的条件下，复制公式后，其引用单元格中的地址会自动变化，而变化的结果与复制后单元格的位置有关。

在绝对引用的情况下，如果公式的位置改变，绝对引用的地址也不会变。

(2) 引用同一工作簿中其他工作表上的单元格。引用同一工作簿中其他工作表上的单元格,只要在引用单元格地址前加上工作表名和“!”。例如,如果要在Sheet2工作表中的D3单元格引用“5月份工资表”中的D3单元格数据值与D4单元格数据值之和,则在Sheet2工作表中的D3单元格中输入公式“=5月份工资表!D3+5月份工资表!D4”,按Enter键或单击“√”按钮之后,Excel会自动给出计算结果。

(3)引用其他工作簿中工作表上的单元格。工作中常会遇到一个工作簿中的部分数据来自另一个工作簿的情况,此时的引用方法是“[工作簿名称]工作表名称!单元格地址”。这种引用也称为外部引用,既保证了准确性,速度又非常快。

2. 操作技能

1)使用公式

输入公式必须以符号“=”开始,输入时需要切换到英文半角状态下输入,否则不能得到正常结果。以计算公积金为例,其使用方法如下。

(1)在F3单元格中输入公式“= E3 * 0.08”,按Enter键或单击编辑栏的“√”按钮,如图6-40所示。

(2)选择F3单元格,拖动填充柄到F17单元格。

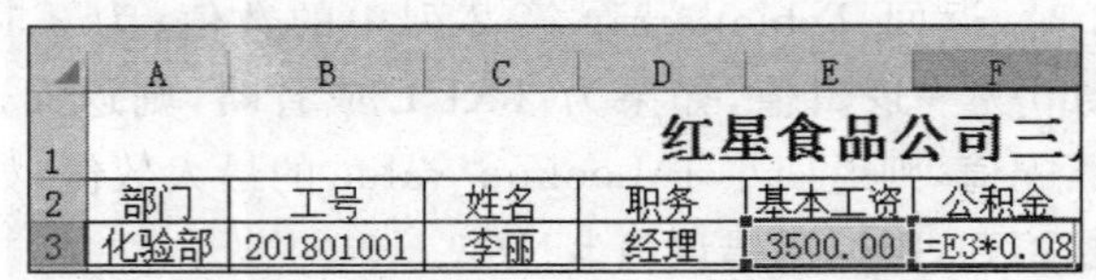

	A	B	C	D	E	F
1				红星食品公司三		
2	部门	工号	姓名	职务	基本工资	公积金
3	化验部	201801001	李丽	经理	3500.00	=E3*0.08

图6-40 公式的使用方法

说明:

(1)在输入公式以后,单元格中显示的是公式计算的结果,而不是公式本身。可以使用Ctrl+`(该键在数字1键的左边)组合键实现公式和计算结果之间的切换。

(2)对于单元格中公式引用的单元格以及公式错误检查,可以单击“公式”功能选项卡“公式审核”组的相应按钮进行查看跟踪。

2)使用函数

(1)直接输入函数。其操作方法:先在单元格或编辑栏中输入一个“=”,再在“=”右侧输入函数本身。下面以计算所得税为例说明操作步骤。

① 查找计税方法的规定。

② 将上述的规定转换为用Excel公式表示,然后在J3单元格中输入:=IF(I3<=3500,0,IF(I3<=5000,(I3-3500)*0.03,IF(I3<=8000,45+(I3-5000)*0.1,IF(I3<=12500,345+(I3-8000)*0.2)))),按Enter键或单击编辑栏的“√”按钮。

③ 选定J3单元格,拖动填充柄到J17单元格。

(2)插入函数。操作步骤如下。

① 单击要插入函数的单元格。

② 单击编辑栏左侧的插入函数按钮 fx,或单击“公式”→“函数库”→“插入函数”按钮,打开“插入函数”对话框,如图6-41所示,选择合适的函数后单击“确定”按钮即可。

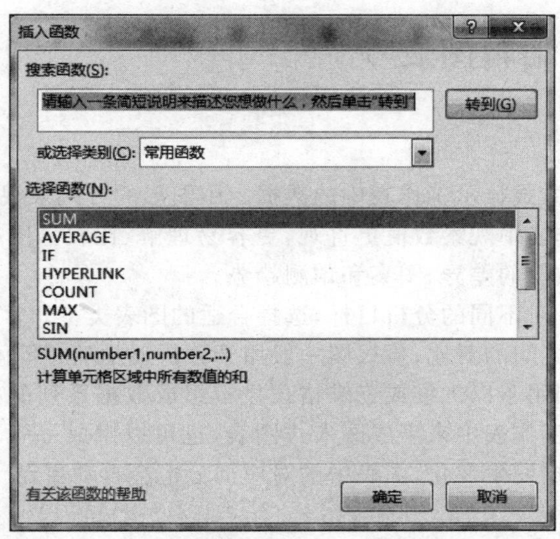

图 6-41　“插入函数”对话框

3）常见错误

在 Excel 中输入计算公式或函数后，经常会出现错误信息，这是由于执行了错误的操作所致，Excel 会根据不同的错误类型给出不同的错误提示，便于用户检查和排除错误。表 6-2 给出了 Excel 中常见的错误信息及出错原因和处理方法。

表 6-2　Excel 中常见的错误信息及出错原因和处理方法

错误信息	出错原因	处理方法
###	单元格中的数值太长，单元格无法全部显示	适当增加列宽
#DIV/0!	公式里存在分母为 0 的情况	采取措施避免分母为 0
#N/A	在公式或函数中引用了一个暂时没有数据的单元格	如果公式正确，可在被引用的单元格中输入有效的数据
#NAME?	公式中包含有 Excel 不能识别的文本或引用了一个不存在的名称	添加或修改相应的名称
#REF!	公式或函数中引用了无效的单元格，比如被引用的单元格已被删除	更改公式或函数中的单元格引用或撤销删除单元格的操作
#VALUE!	使用了错误的参数或运算对象类型	确认公式或函数中的参数或运算符是否正确，并确认公式引用的单元格有效

【思考与练习】

如何保护和隐藏工作表？

6.2.2 创建与编辑图表

1. 必备知识

图表是用图形的方式显示工作表中的数据。用图形的方式来观察数值的变化趋势和数据间的关系,比工作表中观察数值更直观,更容易理解、比较。图表具有较好的视觉效果,可方便用户查看数据的差异、图案和预测趋势。

制作图表时,应针对不同的分析目标,选择合适的图表类型。常用的柱形图用于比较一段时间内不同项目之间的对比;折线图一般用于分析显示随相等间隔的时间、日期或有序变化的趋势线;饼图用于以二维或三维格式显示组成数据系列的项目总和中所占的比例。图表既可以插入工作表中来生成嵌入式图表,也可以生成一张单独的工作表。工作表中作为图表的原数据发生变化,图表中的对应部分也会自动更新。

1）图表的基本组成

图表的基本组成如图 6-42 所示,主要包括以下 9 部分。

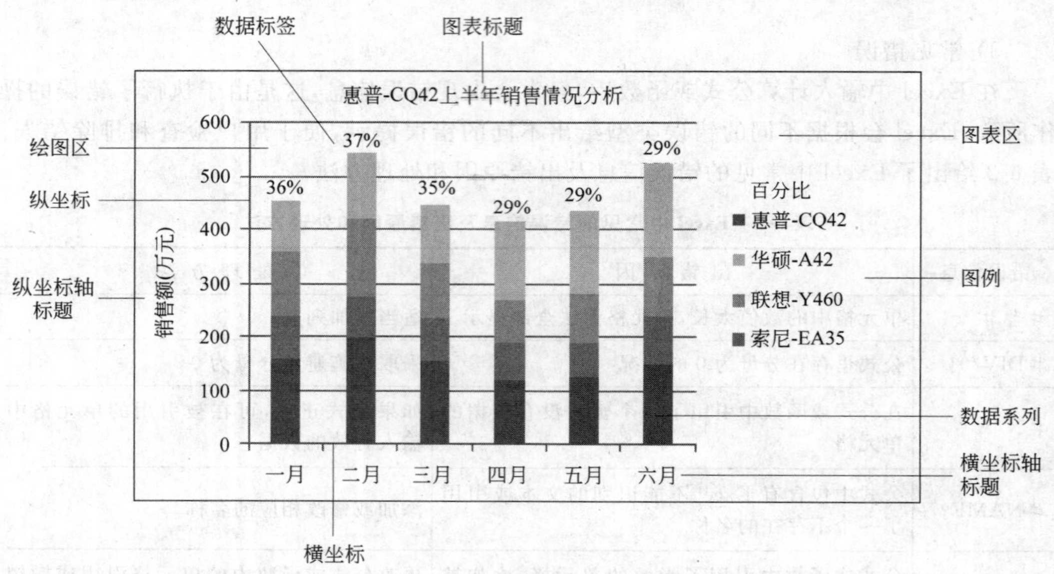

图 6-42 图表的基本组成

(1) 图表区：指整个图表,包括所有的数据系列、轴、标题等。

(2) 绘图区：指由坐标轴包围的区域。

(3) 图表标题：这是对图表内容的文字说明。

(4) 坐标轴：分 X 轴和 Y 轴,X 轴是横坐标,表示分类;Y 轴通常是纵坐标,包含数据。

(5) 横坐标轴标题：对分类情况的文字说明。

(6) 纵坐标轴标题：对数值轴的文字说明。

(7) 图例：显示每个数据系列的标识名称和符号。

(8) 数据系列：即图表中的相关数据点,它们源自数据表的行和列。每个数据系列都有唯一的颜色或图案，在图例中有表示。可以在图表中绘制一个或多个数据系列。饼图只有一个数据系列。

(9) 数据标签：用来标识数据系列中数据点的详细信息，它在图表上的显示是可选的。

2) 图表的类型

Excel 2010 内置了大量的图表类型，下面介绍应用较多的几种图表。

(1) 柱形图。用于显示一段时间内的数据变化或显示各项之间的比较情况，用柱长表示数值的大小，通常沿 X 轴组织类别，沿 Y 轴组织数值。

(2) 折线图。用直线将各数据点连接起来而组成的图形，用来显示随时间变化的连续数据，因此可用于显示相等时间间隔的数据变化趋势。

(3) 饼图。用于显示一个数据系列中各项的大小与各项总和的比例。

(4) 条形图。一般用于显示各个相互无关数据项目之间的比较情况，横坐标表示数据值的大小，纵坐标表示类别。

(5) 面积图。强调数量随时间而变化的程度。与折线图相比，面积图强调变化量，用曲线下面的面积表示数据总和，可以显示部分与整体的关系。

(6) 散点图。又称 XY 轴图，主要用于比较成对的数据。散点图具有双重特性，既可以比较几个数据系列中的数据，也可以将两组数值显示在 XY 坐标系中的同一个系列中。

除上述几种图表外，Excel 中还有股价图、曲面图、圆环图、气泡图、雷达图等，分别适用于不同类型的数据。

2. 操作技能

1) 建立图表

在工作表中选择图表数据，在“插入”功能选项卡的“图表”组中选择要使用的图表类型，如图 6-43 所示。

图 6-43　“图表”组的图表类型

说明：默认情况下，图表嵌入在工作表中。如果要将图表放在单独的工作表中，可以执行下列操作：选中要移动位置的图表，选择“图表工具”→“设计”→“位置”→“移动图表”命令(或者在图表上右击，弹出快捷菜单，选择“移动图表”命令)，打开“移动图表”对话框，如图 6-44 所示。在对话框中如果选中“新工作表”单选按钮，则将创建的图表显示在图表工作表(只包含一个图表的工作表)中；如果选中“对象位于”单选按钮，则创建的是嵌入式图表，并位于指定的工作表中。

2) 编辑图表

(1) 调整图表大小。

方法 1：单击图表，拖动四周的尺寸控制点，将其调整为所需大小。

方法 2：选择“图表工具”→“格式”→“大小”→“高度”(“宽度”)命令，进行设置。

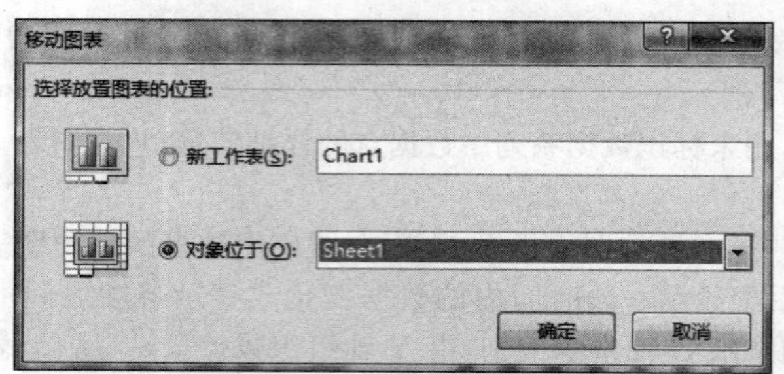

图 6-44 “移动图表”对话框

(2) 更改图表类型。

方法 1：选择“图表工具”→“设计”→“类型”→“更改图表类型”命令，打开“更改图表类型”对话框，重新选择图表类型。

方法 2：右击图表区空白处，弹出快捷菜单，选择“更改图表类型”命令，打开“更改图表类型”对话框，重新选择图表类型。

(3) 选择图表元素。

单击图表，在“图表工具”→“格式”→“当前所选内容”组的下拉列表中选择所需的图表元素，如图 6-45 所示。

(4) 更改图表布局。

选择“图表工具”→“设计”→“图表布局”组中的布局进行设置，如图 6-46 所示。

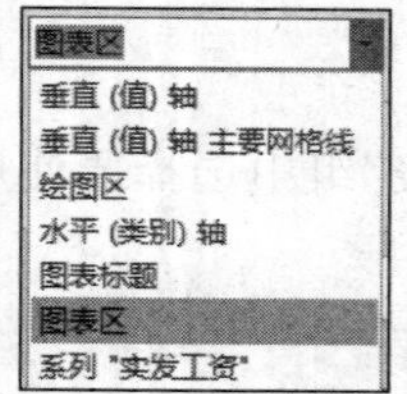

图 6-45 选择“图表元素”

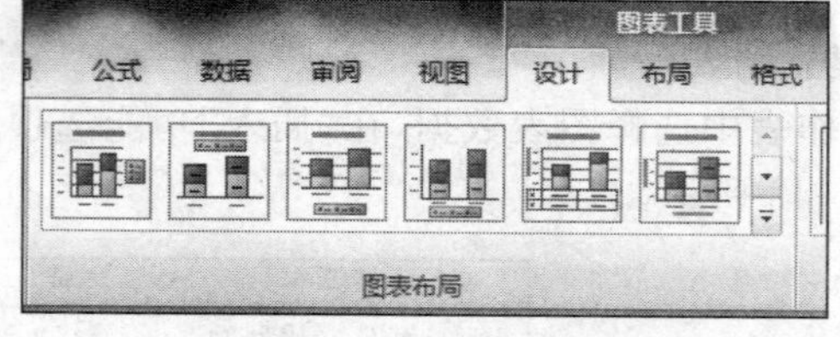

图 6-46 更改“图表布局”

(5) 设置图表元素的格式。

方法 1：选中要更改格式的图表元素，单击“图表工具”→“格式”→“当前所选内容”→“设置所选内容格式”按钮，打开图 6-47 所示的“设置图表区格式”对话框，设置相应的格式即可。

方法 2：双击图表中的图表区、标题、图例、坐标轴、网格线等元素，也可以打开相应元素的对话框进行格式设置。

【思考与练习】

完成某班学生考试成绩的输入与处理，基本要求如下。

(1) 制作本学期开设课程的成绩表(如学号、姓名、计算机应用基础、英语……总分、名次)，工作簿命名为“学号+姓名”，工作表自行命名。

(2) 设置不及格的分数以红色显示。

(3) 用函数或公式计算每个人的总分。

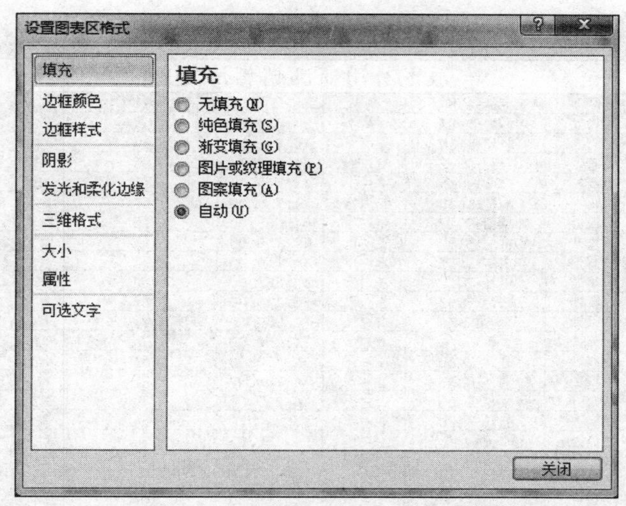

图 6-47　“设置图表区格式”对话框

(4) 按科目统计出 90～100 分、80～89 分、70～79 分、60～69 分及低于 60 分 5 个不同分数段的人数(提示：用 COUNTIF 函数)。

(5) 在保持学号顺序不变的前提下进行成绩排名(提示：用 RANK 函数)。

(6) 制作总分最高的同学的成绩分布饼图。

(7) 打印出输出成绩表。

6.3　数据的统计分析

【操作任务】

制作商品销售情况表

任务描述：第一季度结束了，辰龙公司总部想从各个方面了解第一销售处、第二销售处、第三销售处在 1～3 月的各种商品的销售情况，这就需要制作商品销售情况表(图 6-48)，并进行数据分析。

任务分析：此任务必须使用数据排序功能、数据筛选功能、数据分类汇总功能和合并计算功能，才能实现各销售处、各种商品的数据分析，并根据数据制作数据透视表，以便更直观地表达数据的分析处理情况。

6.3.1　制作商品销售情况分析表

1. 必备知识

1) 数据清单

数据清单又称数据列表，它是包含相关数据的一系列数据行的集合。数据清单可以

	A	B	C	D	E	F
1	辰龙公司商品销售情况表					
2	销售部门	商品名称	月份	单价（元）	销售数量（台）	销售金额（元）
3	第一销售处	索尼-EA35	1月份	¥4,750.00	100	¥475,000.00
4	第一销售处	联想-Y460	2月份	¥5,799.00	69	¥400,131.00
5	第一销售处	惠普-CQ42	3月份	¥4,369.00	85	¥371,365.00
6	第二销售处	华硕-A42	3月份	¥4,750.00	75	¥356,250.00
7	第三销售处	索尼-EA35	2月份	¥4,750.00	50	¥237,500.00
8	第三销售处	惠普-CQ42	1月份	¥4,369.00	12	¥52,428.00
9	第二销售处	索尼-EA35	2月份	¥4,750.00	15	¥71,250.00
10	第二销售处	索尼-EA35	3月份	¥4,750.00	8	¥38,000.00
11	第二销售处	惠普-CQ42	1月份	¥4,369.00	80	¥349,520.00
12	第二销售处	联想-Y460	1月份	¥5,799.00	69	¥400,131.00
13	第二销售处	华硕-A42	2月份	¥4,750.00	80	¥380,000.00
14	第一销售处	华硕-A42	3月份	¥4,750.00	100	¥475,000.00
15	第一销售处	联想-Y460	1月份	¥4,750.00	59	¥280,250.00
16	第一销售处	索尼-EA35	2月份	¥4,750.00	82	¥389,500.00
17	第三销售处	索尼-EA35	2月份	¥4,750.00	80	¥380,000.00
18	第三销售处	联想-Y460	1月份	¥5,799.00	54	¥313,146.00
19	第一销售处	华硕-A42	2月份	¥4,750.00	80	¥380,000.00
20	第三销售处	华硕-A42	3月份	¥4,750.00	35	¥166,250.00
21	第一销售处	惠普-CQ42	2月份	¥4,369.00	28	¥122,332.00
22	第一销售处	索尼-EA35	3月份	¥4,750.00	99	¥470,250.00
23	第一销售处	惠普-CQ42	1月份	¥4,369.00	50	¥218,450.00
24	第三销售处	华硕-A42	2月份	¥4,069.00	17	¥69,173.00
25	第一销售处	联想-Y460	2月份	¥5,799.00	90	¥521,910.00
26	第二销售处	惠普-CQ42	1月份	¥4,369.00	25	¥109,225.00
27	第二销售处	华硕-A42	2月份	¥4,069.00	66	¥268,554.00
28	第二销售处	惠普-CQ42	3月份	¥4,369.00	70	¥305,830.00
29	第一销售处	华硕-A42	3月份	¥4,069.00	35	¥142,415.00
30	第一销售处	惠普-CQ42	2月份	¥4,369.00	27	¥117,963.00
31	第一销售处	联想-Y460	3月份	¥5,799.00	67	¥388,533.00

图 6-48 “辰龙公司商品销售情况表”原始表

像数据库一样使用,其中的行表示记录,列表示字段。数据清单可以像一般工作表一样进行编辑,数据清单可通过“记录单”命令查看。

创建数据清单说明如下。

(1) 一个数据清单是一片连续的单元格区域,不允许出现空行和空列。

(2) 标题行各单元格是文本型数据,表示字段名。

(3) 各记录行(除第一行)的同一列(同一字段)数据的类型应该一致。

(4) 数据清单与工作表中其他数据要相互独立。

(5) 各单元格数据前后不要输入空格,以免影响排序和搜索。

(6) 数据清单中的行和列必须保持显示状态,不能隐藏。

2) 记录排序

工作表中的数据是按照输入顺序排列的。如果想要让数据按照某一特定顺序排列,就需要对数据进行排序。排序是根据数据清单中的一列或多列数据的大小重新排列记录的顺序。

3) 数据筛选

数据筛选是指只在数据表中显示符合条件的数据,而把不符合条件的数据隐藏起来的操作。

主要的数据筛选方式有两类:“自动筛选”和“高级筛选”。自动筛选时,各筛选条件之间的逻辑关系是“与”的关系;高级筛选中,各筛选条件之间的逻辑关系可以是“与”的关系,也可以是“或”的关系。

4）分类汇总

分类汇总是对数据清单中某个字段进行分类，并对各类数据进行快速的汇总统计。汇总的类型有求和、平均值、最大值、最小值和计数等操作。

创建分类汇总时，首先要对分类的字段进行排序。

5）合并计算

合并计算是将多个区域的值合并到一个新区域中，是对一系列同类数据进行汇总。分类汇总操作是针对一张工作表的汇总计算，而合并计算是对多张工作表中的数据进行汇总，以产生合并报告，并把合并报告放在指定的工作表中。合并计算要求进行合并计算的数据必须具有相同的结构（行或列标题）。

6）数据透视表

数据透视表是 Excel 中具有强大分析能力的工具，它可以从数据清单中提取数据，产生一个动态汇总表格，快速对工作表中的大量数据进行分类汇总分析。它不仅可以转换行和列来显示数据的不同汇总结果、显示不同页面来筛选数据，还可以根据需要显示区域中的明细数据。

2. 操作技能

1）将“记录单”命令添加到快速访问工具栏

默认情况下“记录单”命令不在功能区中，如需添加，则在打开的 Excel 工作簿中选择“文件”→“选项”命令，打开“Excel 选项”对话框，选择“快速访问工具栏”选项卡，再在“从下列位置选择命令”下拉列表中选择“不在功能区中的命令”，随后找到“记录单”命令并将其添加到快速访问工具栏中，如图 6-49 所示，此时就可以在快速访问工具栏中找到“记录单”命令。

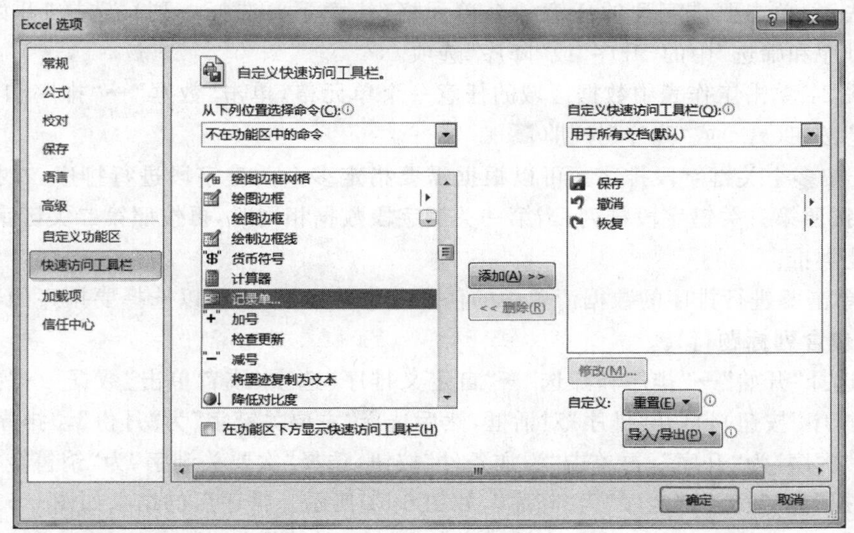

图 6-49　添加“记录单”命令到快速访问工具栏

2) 使用“记录单”命令

单击数据区域内任意单元格,然后单击添加到快速访问工具栏的“记录单”命令,打开“排序源文件”对话框,如图 6-50 所示。

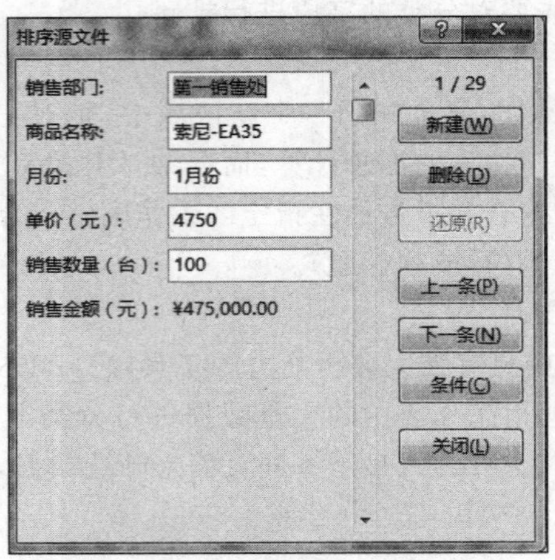

图 6-50 “排序源文件”对话框

对话框最左列显示记录的各字段名(列名),其后显示各字段内容;右上角显示的分母为总记录数,分子表示当前显示的记录内容为第几条记录。

说明:很多不在功能区中的命令如果会经常用到,可参考添加“记录单”命令到快速访问工具栏的操作。

3) 排序

(1) 按一个关键字段排序。共有以下两种方法。

方法 1:单击要排序列的任意一个单元格(注意不要选择一列),选择“开始”→“编辑”→“排序和筛选”中的“升序”或“降序”选项。

方法 2:单击工作表中数据区域的任意一个单元格,单击“数据”→“排序和筛选”中的“升序”按钮()或“降序”按钮()。

(2) 按多个关键字段排序。可以根据需要指定多个关键字段进行排序,在排序过程中,首先按照第一关键字段排列;当第一关键字段数据相同时,再按照第二关键字段排列;其他依此类推。

① 单击要进行排序的数据清单中的任意一个单元格,也可以选择要排序的数据区域(注意要包含列标题行)。

② 选择“开始”→“排序和筛选”→“自定义排序”选项(或者单击“数据”→“排序和筛选”→“排序”按钮),打开“排序”对话框,然后选择“主要关键字”为“月份”,“排序依据”为“数值”,“次序”为“升序”;再单击“添加条件”按钮,选择“次要关键字”为“销售金额(元)”,“排序依据”为“数值”,“次序”为“降序”,如图 6-51 所示。排序后的结果如图 6-52 所示。

说明:如果想按自定义的次序排列数据,可在“排序”对话框中的“次序”下拉菜单中选择“自定义序列”。如果想区分大小写,可在“排序”对话框中单击“选项”按钮,打开“排序选项”对话框,如图 6-53 所示,选中“区分大小写”复选框,这样大写字母将位于小写字

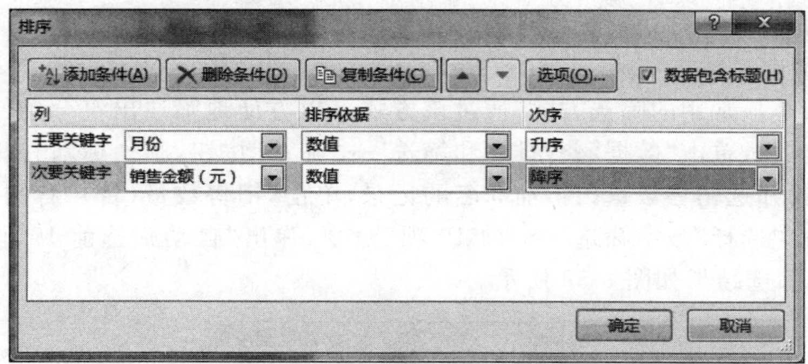

图 6-51　“排序”对话框

	A	B	C	D	E	F
1	辰龙公司商品销售情况表					
2	销售部门	商品名称	月份	单价（元）	销售数量（台）	销售金额（元）
3	第一销售处	索尼-EA35	1月份	¥4,750.00	100	¥475,000.00
4	第二销售处	联想-Y460	1月份	¥5,799.00	69	¥400,131.00
5	第二销售处	惠普-CQ42	1月份	¥4,369.00	80	¥349,520.00
6	第三销售处	联想-Y460	1月份	¥5,799.00	54	¥313,146.00
7	第一销售处	联想-Y460	1月份	¥4,750.00	59	¥280,250.00
8	第一销售处	惠普-CQ42	1月份	¥4,369.00	50	¥218,450.00
9	第二销售处	惠普-CQ42	1月份	¥4,369.00	25	¥109,225.00
10	第三销售处	惠普-CQ42	1月份	¥4,369.00	12	¥52,428.00
11	第一销售处	联想-Y460	2月份	¥5,799.00	90	¥521,910.00
12	第一销售处	联想-Y460	2月份	¥5,799.00	69	¥400,131.00
13	第一销售处	索尼-EA35	2月份	¥4,750.00	82	¥389,500.00
14	第二销售处	华硕-A42	2月份	¥4,750.00	80	¥380,000.00
15	第三销售处	索尼-EA35	2月份	¥4,750.00	80	¥380,000.00
16	第一销售处	华硕-A42	2月份	¥4,750.00	80	¥380,000.00
17	第二销售处	华硕-A42	2月份	¥4,069.00	66	¥268,554.00
18	第三销售处	索尼-EA35	2月份	¥4,750.00	50	¥237,500.00
19	第一销售处	惠普-CQ42	2月份	¥4,369.00	28	¥122,332.00
20	第一销售处	惠普-CQ42	2月份	¥4,369.00	27	¥117,963.00
21	第二销售处	索尼-EA35	2月份	¥4,750.00	15	¥71,250.00
22	第三销售处	华硕-A42	2月份	¥4,069.00	17	¥69,173.00
23	第一销售处	华硕-A42	3月份	¥4,750.00	100	¥475,000.00
24	第一销售处	索尼-EA35	3月份	¥4,750.00	99	¥470,250.00
25	第一销售处	联想-Y460	3月份	¥5,799.00	67	¥388,533.00
26	第一销售处	惠普-CQ42	3月份	¥4,369.00	85	¥371,365.00
27	第二销售处	华硕-A42	3月份	¥4,750.00	75	¥356,250.00
28	第二销售处	惠普-CQ42	3月份	¥4,369.00	70	¥305,830.00
29	第三销售处	华硕-A42	3月份	¥4,750.00	35	¥166,250.00
30	第一销售处	华硕-A42	3月份	¥4,069.00	35	¥142,415.00
31	第二销售处	索尼-EA35	3月份	¥4,750.00	8	¥38,000.00

图 6-52　排序结果

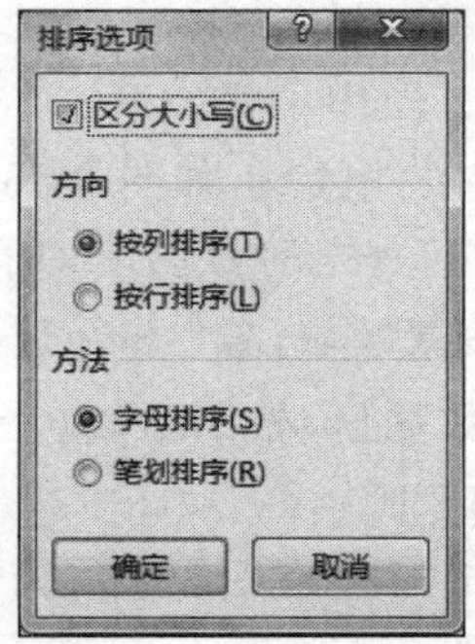

图 6-53　“排序选项”对话框

母前面;此对话框中还可以设置排序方向和排序方法。

4）自动筛选

自动筛选是最常用的筛选方式,通过该方式可以方便地筛选出符合条件的数据。基本使用方法是通过单击"数据"→"排序和筛选"→"筛选"按钮,则列标题右侧会出现下拉按钮。比如,要筛选销售数量(台)前 5 名的记录,单击"销售数量(台)"右侧的下拉按钮,在弹出的列表中选择"数字筛选"→"前 10 项"命令,弹出"自动筛选前 10 个"对话框,如图 6-54 所示,筛选结果如图 6-55 所示。

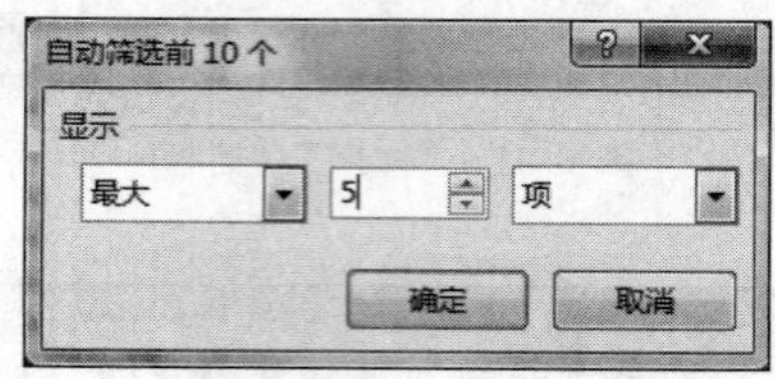

图 6-54 "自动筛选前 10 个"对话框

	A	B	C	D	E	F
1	辰龙公司商品销售情况表					
2	销售部门	商品名称	月份	单价（元）	销售数量（台）	销售金额（元）
3	第一销售处	索尼-EA35	1月份	¥4,750.00	100	¥475,000.00
5	第一销售处	惠普-CQ42	3月份	¥4,369.00	85	¥371,365.00
14	第一销售处	华硕-A42	3月份	¥4,750.00	100	¥475,000.00
22	第一销售处	索尼-EA35	3月份	¥4,750.00	99	¥470,250.00
25	第一销售处	联想-Y460	2月份	¥5,799.00	90	¥521,910.00

图 6-55 筛选销售数量(台)前 5 名的结果

5）高级筛选

高级筛选一般用于条件复杂的筛选操作。其筛选的结果可显示在原数据表格中,不符合条件的记录被隐藏起来;也可以在新的位置显示筛选结果,不符合条件的记录同时保留在数据表中而不会被隐藏起来,便于进行数据对比。

用户使用高级筛选,一定要先建立一个条件区域,用来指定筛选的数据需要满足的条件。要求:条件区域的首行中包含的字段名拼写必须正确,与数据表中的字段保持一致;条件区域并不要求包含数据表中的所有字段,只要求包含作为筛选条件的字段名,字段名与条件的描述应该在同一列不同行分别给出,条件区域与数据表之间至少空一行。例如,如果要筛选出"销售数量(台)＜80"或"销售金额(元)＞¥300 000.00"的记录,用自动筛选是无法实现的,只能用高级筛选。操作步骤如下。

(1) 在工作表中其他位置设置条件区域,如图 6-56 所示。

(2) 单击"数据"→"排序和筛选"→"高级"按钮,打开"高级筛选"对话框,单击"列表区域"后的按钮,选择要筛选的数据区域,如"sheet1! ＄A＄2:＄F＄31";单击"条件区域"后的按钮,选择设置的条件数据区域"sheet1! ＄A＄33:＄B＄35",如图 6-57 所示。单击"确定"按钮,结果如图 6-58 所示。

说明:在输入条件时,同行表示"与"的关系,不同行表示"或"的关系。

6）清除筛选

筛选并不意味着删除不满足条件的记录,而只是暂时将其隐藏起来了。如果想恢复隐藏的记录，或要取消筛选，可直接单击“数据”功能选项卡“排序和筛选”组中的“清除”按钮 。

	A	B
33	销售数量（台）	销售金额（元）
34	<80	
35		>￥300,000.00

图 6-56　设置“条件区域”

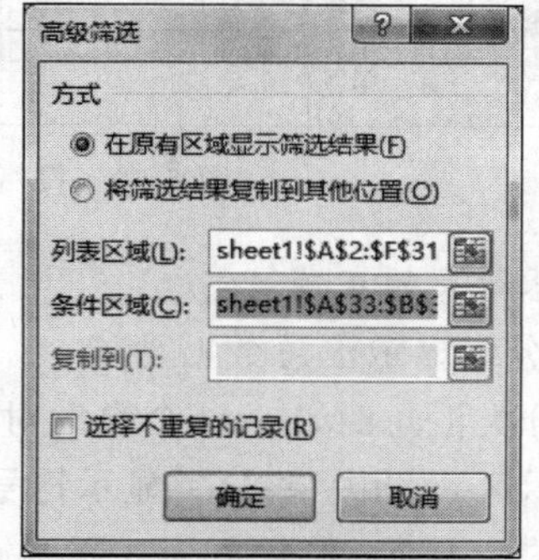

图 6-57　“高级筛选”对话框

	A	B	C	D	E	F
1	辰龙公司商品销售情况表					
2	销售部门	商品名称	月份	单价（元）	销售数量（台）	销售金额（元）
4	第一销售处	联想-Y460	2月份	¥5,799.00	69	¥400,131.00
6	第二销售处	华硕-A42	3月份	¥4,750.00	75	¥356,250.00
7	第三销售处	索尼-EA35	2月份	¥4,750.00	50	¥237,500.00
8	第三销售处	惠普-CQ42	1月份	¥4,369.00	12	¥52,428.00
9	第二销售处	索尼-EA35	2月份	¥4,750.00	15	¥71,250.00
10	第二销售处	索尼-EA35	3月份	¥4,750.00	8	¥38,000.00
12	第二销售处	联想-Y460	1月份	¥5,799.00	69	¥400,131.00
15	第一销售处	联想-Y460	1月份	¥4,750.00	59	¥280,250.00
18	第三销售处	联想-Y460	1月份	¥5,799.00	54	¥313,146.00
20	第三销售处	华硕-A42	3月份	¥4,750.00	35	¥166,250.00
21	第一销售处	惠普-CQ42	2月份	¥4,369.00	28	¥122,332.00
23	第一销售处	惠普-CQ42	1月份	¥4,369.00	50	¥218,450.00
24	第三销售处	华硕-A42	2月份	¥4,069.00	17	¥69,173.00
26	第二销售处	惠普-CQ42	1月份	¥4,369.00	25	¥109,225.00
27	第二销售处	华硕-A42	2月份	¥4,069.00	66	¥268,554.00
28	第二销售处	惠普-CQ42	3月份	¥4,369.00	70	¥305,830.00
29	第一销售处	华硕-A42	3月份	¥4,069.00	35	¥142,415.00
30	第一销售处	惠普-CQ42	2月份	¥4,369.00	27	¥117,963.00
31	第一销售处	联想-Y460	3月份	¥5,799.00	67	¥388,533.00

图 6-58　高级筛选结果

7）分类汇总

（1）将数据清单按分类字段进行排序。

（2）在要进行分类汇总的数据列表中选取一个单元格，单击“数据”→“分级显示”→“分类汇总”按钮，打开“分类汇总”对话框。

（3）在“分类字段”列表框中选择分类字段、汇总方式、汇总项。图 6-59 所示就是按“销售部门”分类汇总辰龙公司第一季度商品销售情况的操作对话框。

（4）单击“确定”按钮，就可以看到分类汇总结果。图 6-60 所示就是按“销售部门”分类汇总辰龙公司第一季度商品销售情况的收缩显示操作结果。

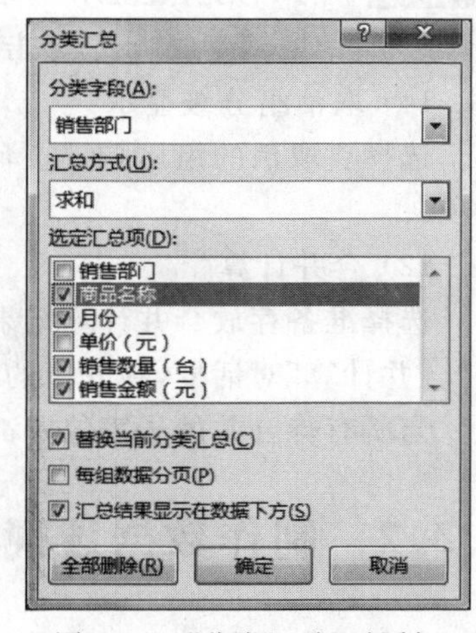

图 6-59　“分类汇总”对话框

说明：分类汇总前，必须先按分类字段进行排序，以

	A	B	C	D	E	F
1	辰龙公司商品销售情况表					
2	销售部门	商品名称	月份	单价（元）	销售数量（台）	销售金额（元）
12	第二销售处 汇总	0	0		488	¥2,278,760.00
19	第三销售处 汇总	0	0		248	¥1,218,497.00
34	第一销售处 汇总	0	0		971	¥4,753,099.00
35	总计	0	0		1707	¥8,250,356.00

图 6-60　按“销售部门”分类汇总结果

保证分类汇总结果的正确。

8）使用分级显示汇总数据功能

在进行分类汇总时，Excel 会自动对列表中的数据进行分级显示，在工作表窗口左边出现分级显示区，列出一些分类显示符号，允许用户对数据的显示进行控制。

在默认的情况下，数据会分 3 级显示，可以通过单击分级显示区上方的“1”“2”“3”3 个按钮进行控制。单击 1 按钮，将只显示列表中的列标题和总计结果；单击 2 按钮，则会显示列标题、各个分类汇总结果和总计结果；单击 3 按钮，则会显示所有的详细数据。

说明：出现在左边窗格中的“+”和“—”表示对应级别的展开和折叠，单击可实现“—”“+”按钮的转换。“—”出现，列出明细记录和汇总值；“+”出现，只列出汇总值。

9）清除分类汇总

对于不再需要的或者错误的分类汇总，可以将其清除。在“分类汇总”对话框中单击“全部删除”按钮即可实现。

10）创建组分级显示

如果需要把工作表中的某个范围的单元格关联起来，从而将其统一折叠或展开显示，可以通过创建组实现。如将上述辰龙公司商品销售情况表按“销售部门”分为 3 组，操作步骤如下。

（1）选中第 3～11 行，选择“数据”→“分级显示”→“创建组”→“创建组”选项。

（2）方法同上，分别选择第 13～18 行和第 20～33 行，选择“数据”→“分级显示”→“创建组”→“创建组”选项，则将整张工作表内容分组显示，如图 6-61 所示。单击左上角按钮 1 2 3 4 中的 1，则折叠显示；单击 2 按钮则展开显示。单击工作表左边的某一个 - 按钮，则将该组折叠，“—”变成“+”；单击 + 按钮，则该组又展开显示，“+”变成“—”。

11）取消组分级显示

选择要取消的组区域，选择“数据”→“分级显示”→“取消组合”→“清除分级显示”选项。

12）合并计算

选择准备存放合并计算结果的区域，单击“数据”→“数据工具”→“合并计算”按钮，打开“合并计算”对话框，在其中的“引用位置”文本框右侧输入子表引用位置，单击“添加”按钮。当所有待合并的子表位置都添加后，单击“确定”按钮，如图 6-62 所示。

6.3.2　制作数据透视表

数据透视表是一种对大量数据快速汇总和建立交叉列表的交互式表格，可以轻松排

	A	B	C	D	E	F
2	销售部门	商品名称	月份	单价（元）	销售数量（台）	销售金额（元）
3	第二销售处	华硕-A42	3月份	¥4,750.00	75	¥356,250.00
4	第二销售处	索尼-EA35	2月份	¥4,750.00	15	¥71,250.00
5	第二销售处	索尼-EA35	3月份	¥4,750.00	8	¥38,000.00
6	第二销售处	惠普-CQ42	1月份	¥4,369.00	80	¥349,520.00
7	第二销售处	联想-Y460	1月份	¥5,799.00	69	¥400,131.00
8	第二销售处	华硕-A42	2月份	¥4,750.00	80	¥380,000.00
9	第二销售处	惠普-CQ42	1月份	¥4,369.00	25	¥109,225.00
10	第二销售处	华硕-A42	2月份	¥4,069.00	66	¥268,554.00
11	第二销售处	惠普-CQ42	3月份	¥4,369.00	70	¥305,830.00
12	**第二销售处 汇总**	0	0		488	¥2,278,760.00
13	第三销售处	索尼-EA35	2月份	¥4,750.00	50	¥237,500.00
14	第三销售处	惠普-CQ42	1月份	¥4,369.00	12	¥52,428.00
15	第三销售处	索尼-EA35	2月份	¥4,750.00	80	¥380,000.00
16	第三销售处	联想-Y460	1月份	¥5,799.00	54	¥313,146.00
17	第三销售处	华硕-A42	3月份	¥4,750.00	35	¥166,250.00
18	第三销售处	华硕-A42	2月份	¥4,069.00	17	¥69,173.00
19	**第三销售处 汇总**	0	0		248	¥1,218,497.00
20	第一销售处	索尼-EA35	1月份	¥4,750.00	100	¥475,000.00
21	第一销售处	联想-Y460	2月份	¥5,799.00	69	¥400,131.00
22	第一销售处	惠普-CQ42	3月份	¥4,369.00	85	¥371,365.00
23	第一销售处	华硕-A42	3月份	¥4,750.00	100	¥475,000.00
24	第一销售处	联想-Y460	1月份	¥4,750.00	59	¥280,250.00
25	第一销售处	索尼-EA35	2月份	¥4,750.00	82	¥389,500.00
26	第一销售处	华硕-A42	2月份	¥4,750.00	80	¥380,000.00
27	第一销售处	惠普-CQ42	2月份	¥4,369.00	28	¥122,332.00
28	第一销售处	索尼-EA35	3月份	¥4,750.00	99	¥470,250.00
29	第一销售处	惠普-CQ42	1月份	¥4,369.00	50	¥218,450.00
30	第一销售处	联想-Y460	2月份	¥5,799.00	90	¥521,910.00
31	第一销售处	华硕-A42	3月份	¥4,069.00	35	¥142,415.00
32	第一销售处	惠普-CQ42	2月份	¥4,369.00	27	¥117,963.00
33	第一销售处	联想-Y460	3月份	¥5,799.00	67	¥388,533.00
34	**第一销售处 汇总**	0	0		971	¥4,753,099.00

图 6-61　创建组分级显示

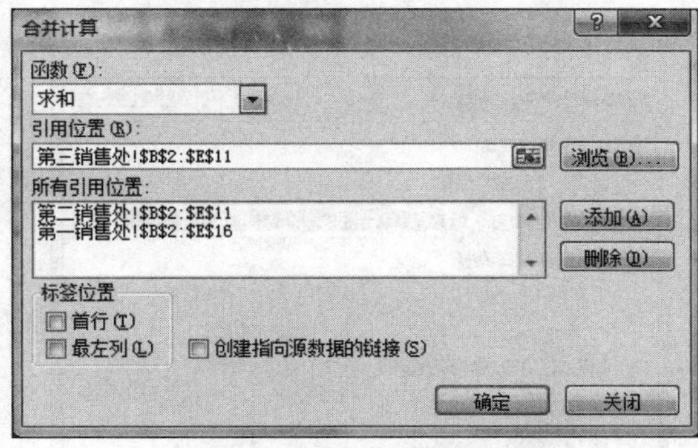

图 6-62　“合并计算”对话框

列和汇总复杂数据，并可以查看详细信息，从而帮助用户分析、组织数据。利用它可以很快地从不同角度对数据进行分类汇总。

当然，用分类汇总的办法也可以完成各数据的分析，但是需要首先对数据进行相应的排序。如果我们需要产生报表，还需要自己设置相应的表格。而用数据透视表来完成，则可以自动产生相应的报表，省却了设计表格的麻烦；同时通过调整行标签和列标签等，可以很方便地创建不同要求的报表，还可进一步进行排序和筛选等操作。

1. 创建数据透视表

下面以“辰龙公司第一季度商品销售情况表”为例，介绍数据透视表的创建方法。

(1) 创建"辰龙公司第一季度商品销售情况表.xlsx"文件,如图 6-63 所示,选中该数据表中的任意数据单元格。

	A	B	C	D	E	F	G	H
1	辰龙公司第一季度商品销售情况表							
2	销售部门	购买单位	地区	商品名称	月份	单价(元)	销售数量(台)	金额(元)
3	第一销售处	绿森数码	济南	索尼-EA35	一月份	¥4,599.00	100	¥459,900.00
4	第一销售处	合纵传媒	菏泽	华硕-A42	一月份	¥4,069.00	75	¥305,175.00
5	第一销售处	广电集团	济南	索尼-EA35	二月份	¥4,599.00	80	¥367,920.00
6	第一销售处	索乐数码	青岛	华硕-A42	二月份	¥4,069.00	102	¥415,038.00
7	第一销售处	大中电器	烟台	华硕-A42	三月份	¥4,069.00	82	¥333,658.00
8	第一销售处	广电集团	济南	索尼-EA35	三月份	¥4,599.00	100	¥459,900.00
9	第二销售处	炫酷科技	威海	联想-Y460	一月份	¥5,799.00	69	¥400,131.00
10	第二销售处	大中电器	烟台	华硕-A42	二月份	¥4,069.00	120	¥488,280.00
11	第二销售处	合纵传媒	菏泽	惠普-CQ42	二月份	¥4,369.00	100	¥436,900.00
12	第二销售处	绿森数码	济南	索尼-EA35	二月份	¥4,599.00	100	¥459,900.00
13	第二销售处	冠华科技	潍坊	惠普-CQ42	三月份	¥4,369.00	70	¥305,830.00
14	第三销售处	海洋集团	日照	华硕-A42	一月份	¥4,069.00	85	¥345,865.00
15	第三销售处	大中电器	烟台	联想-Y460	一月份	¥5,799.00	50	¥289,950.00
16	第三销售处	炫酷科技	威海	联想-Y460	二月份	¥5,799.00	69	¥400,131.00
17	第三销售处	索乐数码	青岛	惠普-CQ42	二月份	¥4,369.00	102	¥445,638.00
18	第三销售处	绿森数码	济南	索尼-EA35	三月份	¥4,599.00	100	¥459,900.00

图 6-63 辰龙公司第一季度商品销售情况表

(2) 选择"插入"→"表格"→"数据透视表"→"数据透视表"选项,打开"创建数据透视表"对话框,如图 6-64 所示。

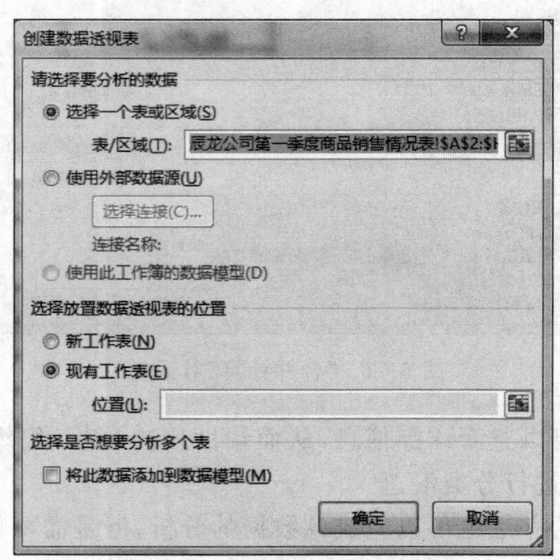

图 6-64 "创建数据透视表"对话框

(3) 在该对话框"请选择要分析的数据"选项区中设定数据源,此时在"表/区域"文本框中已经显示数据源区域;可在"选择放置数据透视表的位置"选项区中设置数据透视表放置的位置。选中"现有工作表"单选按钮;单击"位置"文本框后的按钮,暂时隐藏"创建数据透视表"对话框。切换到 Sheet1 工作表并选中 A1 单元格后,再次单击该按钮,返回

"创建数据透视表"对话框，就可以看到已设置的位置，最后单击"确定"按钮。

(4) 经过以上操作，在 Sheet1 工作表中会显示刚刚创建的空的数据透视表和"数据透视表字段"任务窗格，如图 6-65 所示。

图 6-65　空数据透视表和"数据透视表字段"任务窗格

(5) 要统计一月份到三月份各销售处的销售额，可以拖动"月份"字段到"行"区域，拖动"金额"字段到"值"区域，拖动"销售部门"字段到"列"区域，结果如图 6-66 所示。

	A	B	C	D	E
1	求和项:金额（元）	列标签			
2	行标签	第二销售处	第三销售处	第一销售处	总计
3	二月份	1385080	845769	782958	3013807
4	三月份	305830	459900	793558	1559288
5	一月份	400131	635815	765075	1801021
6	**总计**	**2091041**	**1941484**	**2341591**	**6374116**

图 6-66　各销售处一月份到三月份的销售额

(6) 此时可以拖动行标签中各项，使各行按月份顺序排列。此例中，选中"一月份"单元格 A5，当鼠标指针变为十字箭头形状时，拖动该行到"二月份"单元格上部即可；同理，也可拖动列，最终结果如图 6-67 所示。

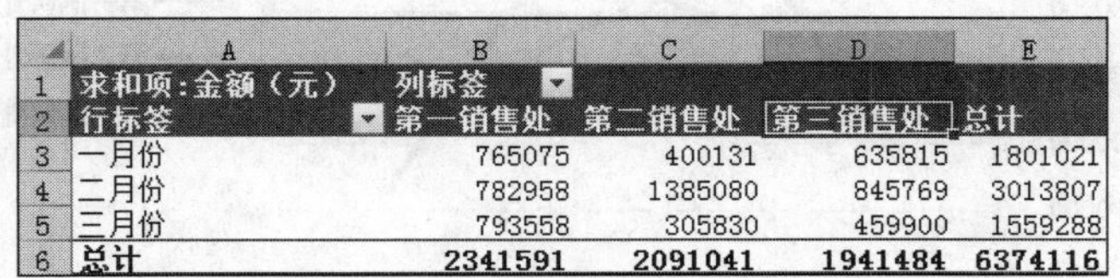

	A	B	C	D	E
1	求和项:金额（元）	列标签			
2	行标签	第一销售处	第二销售处	第三销售处	总计
3	一月份	765075	400131	635815	1801021
4	二月份	782958	1385080	845769	3013807
5	三月份	793558	305830	459900	1559288
6	**总计**	**2341591**	**2091041**	**1941484**	**6374116**

图 6-67　调整行列顺序后的数据透视表

2. 修改数据透视表

如果要更改或删除数据透视表，单击"数据透视表"的任意一单元格，就出现"数据透视表工具"，根据需要单击相应按钮即可进行相应修改。如要修改字段列表中的"数值"，则单击"选项"→"字段列表"按钮，打开"数据透视表字段"对话框，单击"求和项：金额(元)"右侧的下拉箭头，选择"值字段设置"命令，在打开的"值字段设置"对话框中修改为

"平均值项：金额(元)"，如图 6-68 所示。修改完毕后，单击"确定"按钮。

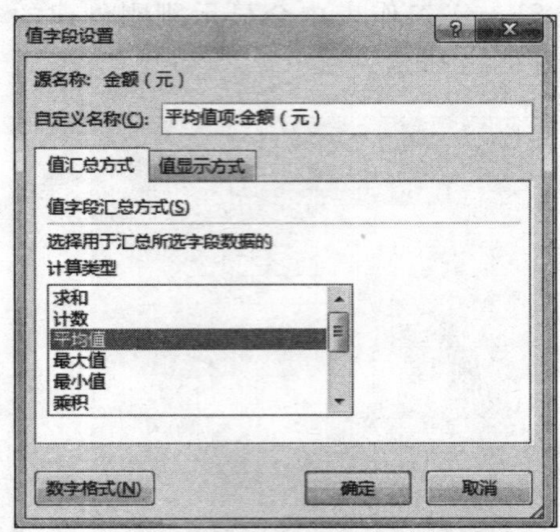

图 6-68 "值字段设置"对话框

3. 通过数据透视表创建数据透视图

之前我们根据"辰龙公司第一季度商品销售情况表"在 Sheet1 工作表中创建了数据透视表，下面我们就用此数据透视表创建销售业绩折线图，以此介绍创建数据透视图的方法。

选择图 6-67 所示的"数据透视表"数据区域中任一单元格，单击"选项"→"数据透视图"按钮，打开"插入图表"对话框，然后选择"折线图"，单击"确定"按钮，形成如图 6-69 所示的数据透视图。

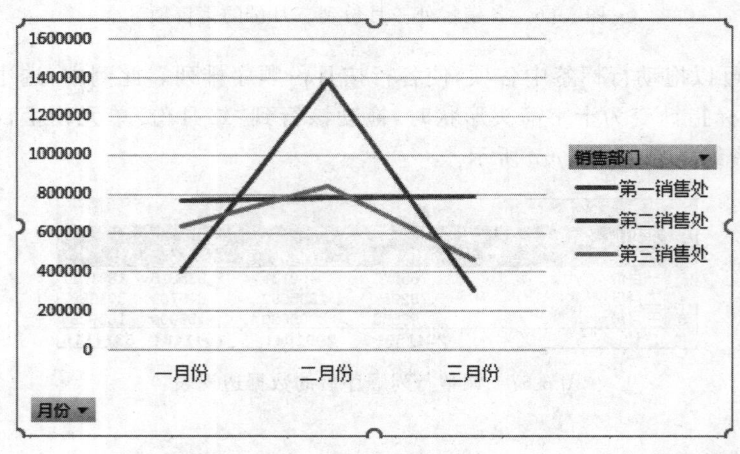

图 6-69 数据透视图

【思考与练习】

本例中如何统计所有购买单位在一月份到三月份的商品购买力？

第7单元　多媒体信息处理

单元学习目标

- 了解多媒体、多媒体技术、多媒体关键技术等的概念。
- 了解多媒体计算机系统的组成和常用的多媒体软件。
- 会用多种方法获取音频信息。
- 会简单地处理音频文件。
- 会用多种方法获取图像信息。
- 会简单地处理图像。
- 会简单地处理视频文件。
- 掌握多媒体存储技术。

早期的计算机只能处理数字和文字信息，人机交流界面呆板，人们迫切希望计算机能以人类习惯的方式提供信息服务。进入20世纪80年代后，一种综合性电子信息技术迅速发展，它将有利于理念表达的传播方式，如声音、图像、动画和视频等融入计算机科技中，并集成为一种具有交互性的一体化技术，这便是多媒体技术。多媒体技术的出现给传统的计算机系统带来了全新的技术革命，改善了信息交流的方式，对人们的工作、生活和娱乐产生了深远的影响。用户可通过文字、图像和声音等方式来了解感兴趣的对象，并能够参与或改变信息的展示，这便是多媒体信息处理。

本单元将循序渐进地介绍多媒体的相关知识，使大家从更高的理论层次、更全面的角度对多媒体技术的相关知识有所了解。

由于多媒体技术的应用已经渗透到我们学习、生活的各个领域，我们对它并不陌生，希望大家在学习本单元内容的过程中做到以下几点。

(1) 增加见识。通过互联网了解更多的多媒体应用的知识。

(2) 分类学习。由于课时的限制，本单元只介绍一些较为浅显的多媒体知识，大家可以选取音频、视频、图形图像、二维动画、三维动画软件各一款，对其功能做较为深入的了解，并制作简单的多媒体作品。

(3) 注重素材的获取。如何获取各类多媒体素材是本单元的学习重点。

(4) 注重综合应用。大家可以试着用PowerPoint 2010软件来设计多媒体演示文稿，以训练自己对多媒体信息处理技能的综合应用。

7.1 多媒体技术

【导入案例】

智慧教室

多媒体技术给教育领域带来了前所未有的便利,甚至改变了教师的教学模式。比如,现在大多数教师在教学活动中已不仅仅是使用黑板、粉笔等传统手段,而是运用多媒体计算机并借助于预先制作的多媒体教学软件来开展教学活动,教学过程更加形象生动,交互性增强,教学效果显著提高。

随着多媒体技术和移动信息化教学的需要,智慧教室作为一种适应当前教学模式而推出的新型教学设备应运而生,打破了传统单向的教学模式,结合多种互动教学工具,实现双向高效的互动式教学。智慧教室以交互智能平板为核心设备,表面采用抗划伤、防眩光、高透光率处理工艺的光电玻璃;配套移动授课终端、视频展台、智能笔和一体化有源音箱等相关周边产品,增强了教学展示效果,丰富了教学展示手段,让学生参与到课堂中,真正实现互动式课堂。图 7-1 和图 7-2 所示为智慧教室及其相关设备。

图 7-1 智慧教室

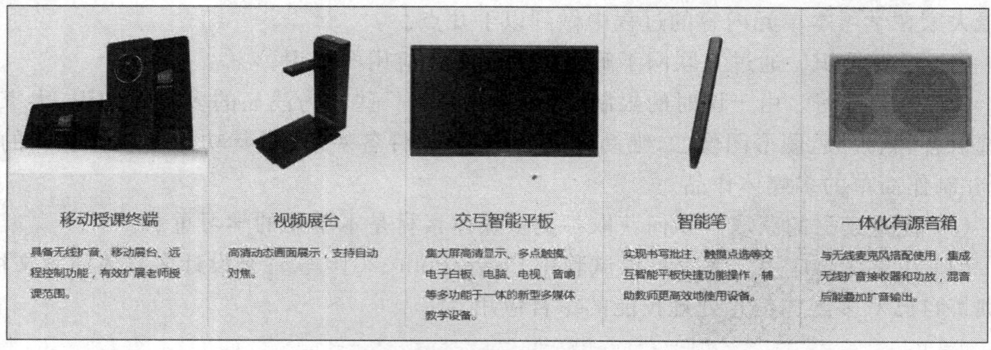

图 7-2 智慧教室相关设备

【分析】

20世纪90年代以来，计算机发展的一个重要方向就是多媒体技术。多媒体技术是一门融合了微电子技术、计算机技术、通信技术、数字化声像技术、高速网络技术、移动互联技术和虚拟现实技术于一体的综合的高新技术。它使计算机能综合处理图形、图像、文字、声音等信息，从而提高了计算机的应用能力，为计算机进入人类工作的各个领域打开了大门。

7.1.1 了解多媒体及多媒体技术

1. 多媒体的概念

多媒体(multimedia)是多种媒体的综合，一般包括文本、声音和图像等多种媒体形式。在计算机系统中，多媒体是指组合两种或两种以上媒体的一种人机交互式信息交流和传播媒体。使用的媒体包括文本、图片、照片、声音、动画和影片，以及通过程序控制所实现的互动功能。

国际电话电报咨询委员会(CCITT)把媒体分成以下5类。

(1) 感觉媒体(perception medium)。指直接作用于人的感觉器官，使人产生直接感觉的媒体，如引起听觉反应的声音、引起视觉反应的图像等。

(2) 表示媒体(representation medium)。指传输感觉媒体的中介媒体，即用于数据交换的编码，如图像编码(JPEG、MPEG等)、文本编码(ASCII码、GB 2312等)和声音编码等。

(3) 表现媒体(presentation medium)。指进行信息输入和输出的媒体，如键盘、鼠标、扫描仪、话筒、摄像机等为输入媒体，显示器、打印机、喇叭等为输出媒体。

(4) 存储媒体(storage medium)。指用于存储表示媒体的物理介质，如硬盘、磁盘、光盘、U盘等。

(5) 传输媒体(transmission medium)。指传输表示媒体的物理介质，如电缆、光缆等。

因此，多媒体计算机中所说的媒体，是指计算机不仅能处理文字、数值之类的信息，还能处理声音、图形、图像等各种不同形式的信息。“多媒体”一词译自英文multimedia，而该词又是由multiple和media复合而成的。顾名思义，多媒体就是由单媒体复合而成的，在计算机系统中是一种组合两种或两种以上媒体的人机交互式的信息交流和传播媒体。

2. 多媒体技术的概念

多媒体技术(multimedia technology)是利用计算机对文本、图形、图像、声音、动画、视频等多种信息综合处理、建立逻辑关系和人机交互作用的技术。

多媒体技术除信息载体的多样化以外，还具有以下的关键特性。

(1) 集成性。多媒体计算机技术是结合文本、图形、影像、声音、动画等各种媒体的一种应用，并且是建立在数字化处理基础上的。它利用计算机技术的应用来整合各种媒体，其集成性包含两个方面：一是媒体信息的集成，集文本、音频、图形、图像、视频等多种媒体信息于一体；二是传输、存储和呈现媒体设备的集成。多媒体系统一般不仅包括了计算机本身，而且包括了像音响、数码相机等外部设备。

(2) 交互性。数据能否转变为有用的信息，取决于数据的接收者是否需要这些数据。长期以来，我们都是被动地接收信息，不能干涉它，不能改变它，如看电视、听广播等。交互性是多媒体技术的特色之一，使用者可以进行交互式沟通，这也正是它和传统媒体最大的不同。借助这种交互活动，我们可以主动获得所关心的内容，获取更多的信息，从而按照自己的意愿来解决问题，更可借助这种交互式的沟通来帮助我们学习、思考，达到增长知识及解决问题的目的。

(3) 实时性。多媒体技术是多种媒体集成的技术，在这些媒体中，有些媒体(如声音和图像)是与时间密切相关的，它们要求连续处理和播放才有意义，这就决定了多媒体系统在处理信息时有着严格的时间要求和很高的速度要求。如果对具有时间要求的媒体不能保证播放时的连续性，就失去了它的应用价值。当系统应用扩大到网络范围后，这个问题将更突出，将对系统结构、媒体同步等提出相应的实时化要求。

3. 多媒体关键技术

多媒体包括了以下关键技术。

(1) 多媒体数据压缩技术。多媒体计算机中要表示、传输、处理大量的声音、图像和视频信息，数据量非常大，所以为了使多媒体技术达到实用水平，除了采用新的技术手段增加存储空间和通信带宽外，对数据进行有效压缩是多媒体发展中必须解决的最关键的技术之一。目前，已经产生了各种各样针对不同用途的压缩算法、压缩手段和实现这些算法的大规模集成电路或计算机软件。

(2) 多媒体数据库技术。多媒体数据是一个由若干多媒体对象所构成的集合，它具有数据量大、种类繁多、关系复杂和非结构性等特性，数据的组织和管理问题尤为突出。这就需要用多媒体数据库管理系统完成多媒体数据模型的表达和模拟，能组织、存储数据，并能管理、操纵和查询这些数据。

(3) 人机交互技术。在传统的计算机应用中，大多数都采用文本信息，所以对信息的表达和输入仅限于“显示”和“输入”。在多媒体环境下，各种媒体并存，视觉、听觉、触觉、味觉和嗅觉等媒体信息综合并集成在一起，因而不能仅仅用“显示”和“输入”来完成媒体的展现与交互了。随着信息技术的广泛应用，人们借助计算机，通过键盘、显示器、鼠标、数据手套、摄像头、麦克风等外部输入设备以及与相应的软件配合就可以实现人机交互的功能。人机交互已经从早期的命令行式交互，发展为基于窗口、菜单、图标、指针的可视化图形界面，并向着多通道、多感官自然式交互的方向发展。

(4) 多媒体通信技术。多媒体通信技术是多媒体技术与通信技术的有机结合，突破了计算机、通信、电视等传统产业间相对独立发展的界限，是计算机、通信和电视领域的一次革命。在计算机的控制下，可以对多媒体信息进行采集、处理、表示、存储和传输。多媒体通信中传输的数据种类繁多，如音频、视频、文字等，并且它们具有不同的形式和格式，这就需要一种全新的多媒体数据存储和文件管理技术，如现在的媒体内容的云存储技术等。多媒体通信系统的出现大大缩短了计算机、通信和电视之间的距离,将计算机的交互性、通信的分布性和电视的真实性完美地结合在一起,向人们提供全新的信息服务。

(5) 虚拟现实技术。虚拟现实技术是通过综合应用计算机图像与仿真、传感器、显示系统等技术和设备,以模拟仿真的方式,给用户提供一个真实反映对象变化与相互作用的三维图像环境所构成的虚拟世界。虚拟现实为人们提供一种感受并控制事物的新方法,从而使人们能够体验一种以前在幻觉中才有的情境,就像投身于现实情境或场景之中一样,实现用户与虚拟环境的直接交互。

(6) Web3D 技术。Web3D 又称在线虚拟现实技术,是一种在虚拟现实技术的基础上,将现实世界中有形的物品通过互联网进行虚拟的三维立体展示并可互动浏览操作的一种虚拟现实技术。相比目前网上主流的以图片、Flash、动画的展示方式来说,Web3D 技术让用户有了浏览的自主感,可以从自己的角度去观察,还有许多虚拟特效和互动操作。该技术是下一代互联网展示技术的核心,是目前互联网技术的换代与升级的趋势。它是随着互联网与虚拟现实技术的发展而产生的,其目的在于在互联网上建立三维的虚拟世界。

4. 多媒体技术的应用

多媒体技术已经日益渗透到不同行业的多个应用领域,影响人们工作、学习、生活及娱乐的各个方面。

(1) 教育、培训应用领域。在多媒体的应用中,教育、培训占了很大的比重。由文字、音频、图形、图像和视频组成的多媒体课件图文并茂,声形并存,给学习者带来更多的学习体验,从而激发学习者的学习兴趣。交互式的学习环境充分发挥了学习者学习的主动性,提高了学习的接受能力。随着网络技术的发展与普及,多媒体技术在远程教育中同样扮演着重要的角色,这种跨时空的新的学习方式强烈地冲击着传统的教育模式。

(2) 电子出版物。电子出版物以电子信息为媒介进行信息传播。随着光盘技术的发展,光盘作为超大容量的存储媒体和多媒体技术相结合,使出版业突破了传统出版物的种种限制并进入了新时代。多媒体电子出版物是多媒体技术与文化、艺术、教育等的完美结合,它将枯燥的静态读物转化为文本、声音、图像、动画和视频相结合的视听享受,具有容量大、体积小、成本低、检索快、易于保存等优点。

(3) 展示宣传。虚拟网上展馆是一个利用 Web3D 技术形成将展览馆放到互联网上进行展示的平台。在这个平台上,用户可以自行操作,可以对场景中的物体进行实时交互操作,同时也可和网页结合起来,将三维场景嵌入网页中,通过二维信息对三维场景进行有效的管理和应用。图 7-3 所示为虚拟网上展馆。

(4) 信息咨询。利用多媒体技术制作的信息咨询服务系统,可以为公众提供各种服务。用户可以利用多媒体终端,从数据库中查询需要的信息,如证券交易咨询系统、旅游指南信息咨询系统、房地产交易咨询系统等。例如,北京街头的"数字北京信息亭",可以为市民提供新闻、公交、旅游指南、天气预报和订购机票等服务。

(5) 多媒体娱乐和游戏。多媒体技术在娱乐和游戏领域应用广泛,使电影和游戏发生了革命性的变化,如大屏幕电影和虚拟现实游戏等。虚拟游戏的种类很多,有角色扮演

图 7-3 虚拟网上展馆

类、益智类等，绚丽的画面和音效，方便、易懂的交互和帮助，使游戏者在精致的虚拟空间中体验游戏带来的快乐。

多媒体技术的不断发展，使计算机不再只是办公室和实验室的专用品，而是进入了教育、商业、文化、旅游、娱乐等大多数的社会与生活领域。在人们的日常生活中，它可提供任何你想要得知的信息，使我们的生活更加便利。

【思考与练习】

1. 从网络上下载一首 MP3 歌曲，保存至计算机硬盘中，并播放这首 MP3 歌曲。请问这一过程涉及几种媒体？

2. 请访问相关多媒体技术网站，了解多媒体技术及其特性，举例说明什么是多媒体技术的交互性。

3. 请根据日常生活中的体验，列举有关多媒体关键技术的两个案例。

7.1.2 了解多媒体信息的类型

1. 文本

文本是以文字和各种专用符号表达的信息形式，它是现实生活中使用最多的一种信息存储和传递方式。文本主要用于对知识的描述性表示，如阐述概念、定义、原理和问题以及显示标题、菜单等内容。相对于其他类型的多媒体信息，文本对存储空间和信道传输能力的要求都是最少的。

常用的文本文件格式有纯文本文件格式(＊.txt)、写字板文件格式(＊.wri)、Word 文件格式(＊.doc 或＊.docx)、WPS 文件格式(＊.wps)、Rich Text Format 文件格式(＊.rtf)等。

2. 声音

声音是人们用来传递信息、交流情感最方便的方式之一。声音是一种模拟信号，计算机中只能处理数字化的信号，所以为了使计算机能够处理声音，必须将声音转换成数字编码的形式，即声音信号数字化。常见的音频格式及其优缺点如表 7-1 所示。

表 7-1　常见的音频格式及其优缺点

音频格式	优　点	缺　点
WAV	这是由微软公司开发，目前 PC 上广为流行的声音文件格式，支持多种音频位数、采样频率和声道。WAV 格式的声音文件质量和 CD 相近	文件占用空间太大
MP3	这是目前最广为流传的声音格式。MP3 对声音采取有损压缩方式，相同时间长度的声音，MP3 文件的大小通常为 WAV 文件的 1/10 左右，在网络上比较流行	音质不如 CD 格式或 WAV 格式的声音文件。如果要制作高质量的节目，MP3 格式的音频文件无法达到要求
CD	这是目前音质最好的音频格式，它的文件扩展名是.cda。CD 音轨可以说是近似无损的，它的声音基本上是忠于原声的	*.cda 文件是一个索引信息，不真正包含声音信息，在计算机上播放时，不能直接复制 *.cda 文件到硬盘上播放，需要转换成 WAV 格式才能播放
MID	该格式的最大用处是用在计算机作曲领域。*.mid 文件可以用作曲软件写出，它不是一段录制好的声音，而是记录声音的信息并由声卡再现音乐的一组指令	音质的好坏与声卡有一定关系
WMA	该格式在压缩比和音质方面都超过了 MP3，即使在较低的采样频率下也能产生较好的音质	因为出现较晚，不是所有的音频软件都支持 WMA

3. 图形、图像

图形是指从点、线、面到三维空间的黑白或彩色的几何图形，也称矢量图。图形文件是通过数学方式描述曲线类型和曲线围成的色块特征，只记录生成图形的算法和图形的某些特点，因此，图形文件的格式就是一组描述点、线、面等几何元素特征的指令集合。而矢量图占用系统空间小，图形显示质量与分辨率无关，适用于标志设计、图案设计、版式设计等场合。

图像是人对视觉感知到的物质的再现，是由像素点构成的矩阵，也称位图。位图中用二进制来记录图中每个像素点的颜色和亮度。图像是多媒体软件中最重要的信息表现形式之一，是决定一个多媒体软件视觉效果的关键因素。

常见的图形、图像格式及其优缺点如表 7-2 所示。

表 7-2　常见的图形、图像格式及其优缺点

图形、图像格式	优　点	缺　点
JPEG	这是最常见的格式之一，是一种与平台无关的格式，支持最高级别的压缩。摄影作品或写实作品支持高级压缩，利用可变的压缩比可以控制文件的大小	有损压缩会使原始图片的质量下降。不适用于所含颜色很少、具有大块颜色相近的区域或亮度差异十分明显的较简单的图片

续表

图形、图像格式	优点	缺点
BMP	这种格式可以使 Windows 位图文件格式与现有 Windows 程序(尤其是较老的程序)广泛兼容	BMP 不支持压缩,所以造成文件非常大。BMP 文件不支持 Web 浏览器
PNG	这种格式支持高级别无损压缩,支持最新的 Web 浏览器。作为 Internet 文件格式,与 JPEG 的有损压缩相比,PNG 提供的压缩量较少	较老的浏览器和程序可能不支持 PNG 文件,PNG 不支持一些图像文件或动画文件
GIF	广泛支持 Internet 标准,支持无损压缩和透明度。GIF 动画在网上很流行	只支持 256 色调色板,详细的图片和写实摄影图像采用这种格式会丢失颜色信息
PSD	这是 Photoshop 的专用图像格式,可以保存图片的完整信息,图层、文字等都可以被保存	图像文件一般较大

4. 动画

动画是利用人的视觉暂留特性,快速播放一系列连续变化的图形、图像,也包括画面的缩放、旋转、变换、淡入/淡出等特殊效果。通过动画,可以把抽象的内容形象化,使许多难以理解的内容变得生动有趣,因而有利于观众理解和接受。常见的动画格式及其特点如表 7-3 所示。

表 7-3　常见的动画格式及其特点

动画格式	特点
SWF	这是 Flash 软件的专用格式,是一种支持矢量和点阵图形的动画文件格式,具有缩放不失真、文件体积小等特点。它采用了流媒体技术,可以一边下载一边播放,目前被广泛应用于网页设计、动画制作等领域
GIF	这是常见的二维动画格式。GIF 是将多幅图像保存为一个图像文件,从而形成动画
MAX	这是 3DS Max 软件文件格式。3DS Max 是制作建筑效果图和动画的专业工具。无论是室内建筑装饰效果图,还是室外建筑设计效果图,3DS Max 强大的功能和灵活性都是实现创造力的最佳选择
FLA	这是 Flash 源文件存放格式。所有的原始素材都保存在 FLA 文件中,可以在 Flash 中打开、编辑和保存 FLA 文件

5. 视频

视频是一组静态图像的连续播放,具有时序性与丰富的信息内涵,常用于交代事物的发展过程。视频非常类似于我们熟知的电影和电视,有声有色,在多媒体中充当着重要的角色。常见的视频格式及其优缺点如表 7-4 所示。

表 7-4　常见的视频格式及其优缺点

视频格式	优　点	缺　点
3GP	这是 3G 流媒体的视频编码格式，主要是为了配合 3G 网络的高传输速率而开发的，也是目前手机中最为常见的视频格式之一	清晰度较差
ASF	这是可以直接在网上观看视频节目的文件压缩格式，压缩率和图像质量都很不错	图像质量比 VCD 稍差
AVI	这是由微软公司发布的视频格式，在视频领域可以说是最悠久的格式之一，其运动图像和伴音数据是以交织的方式存储的，并独立于硬件设备，有着非常好的扩充性。AVI 格式调用方便、图像质量好，压缩标准可任意选择，是应用最广泛的格式之一	由于 AVI 特有的编码格式，所占内存稍大
FLV	FLV 流媒体格式是一种新的视频格式，由于它形成的文件极小、加载速度也极快，使得网络观看视频文件成为可能	质量差，只能用来播放一些对质量要求不高的视频
MKV	它可在一个文件中集成多条不同类型的音轨和字幕轨，而且其视频编码的自由度也非常大，可以是常见的 DivX、XviD、3IVX，甚至可以是 RealVideo、QuickTime、WMV 这类流式视频。实际上，它是一种全称为 Matroska 的新型多媒体封装格式，这种先进的、开放的封装格式下，画质清晰，具备错误检测以及修复能力，容错性强	视频容量普遍较大，而且对计算机配置有一定要求。普通播放器不支持此格式
MOV	这是美国苹果公司开发的视频格式，具有很高的压缩比率和较完美的视频清晰度，具有跨平台、存储空间要求小的技术特点。而采用了有损压缩方式的 MOV 格式文件，画面效果比 AVI 格式要稍微好一些	文件较大，普通播放器不支持此格式
MP4	该格式能适合大部分手机和多媒体工具	图像清晰度一般，画质较差
MPEG	MPEG 不是简单的一种文件格式，而是编码方案，目前主流的为 MPEG-4。MPEG-4 提供了惊人的压缩率和较好的网络交互能力，利用很窄的带宽，通过帧重建技术压缩和传输数据，力求以最少的数据获得最佳的图像质量	该格式采用有损压缩，会出现轻微的马赛克和色彩斑驳等在 VCD 中常见的问题
RMVB	RMVB 是由 RM 视频格式升级而延伸出的新型视频格式，在保证平均压缩比的基础上，合理地利用了比特率资源，在图像质量和文件大小之间达到了平衡，可以最大限度地压缩影片的大小，最终拥有近乎完美的接近于 DVD 品质的视听效果	因为有损压缩而使声道变窄，不支持多音轨
WMV	WMV 是微软推出的一种采用独立编码方式且可以直接在网上实时观看视频节目的文件压缩格式。优点包括：可扩充的媒体类型、本地或网络回放、可伸缩的媒体类型、流的优先级化、多语言支持、扩展性等	文件比较大，网络上这类视频资源不太多

6. VR/AR/MR

虚拟现实（virtual reality，VR）是近年来出现的高新技术，也称灵境技术或人工环境。

虚拟现实是利用计算机模拟产生一个三维空间的虚拟世界,为使用者提供关于视觉、听觉、触觉等感官的模拟,让使用者如同身历其境一般,可以及时、无限制地观察三维空间内的事物。

增强现实(augmented reality,AR)也称为混合现实,它通过计算机技术,将虚拟的信息应用到真实世界中,真实的环境和虚拟的物体实时地叠加到了同一个画面或空间并同时存在。

混合现实(mix reality,MR)即包括增强现实和增强虚拟,指的是合并现实和虚拟世界而产生的新的可视化环境。在新的可视化环境里物理和数字对象共存,并实时互动。系统通常具有 3 个主要特点:结合了虚拟和现实;可以呈现在虚拟的三维环境中;实时运行。

下面介绍虚拟现实的核心技术。图 7-4 展示了虚拟现实技术的原理。

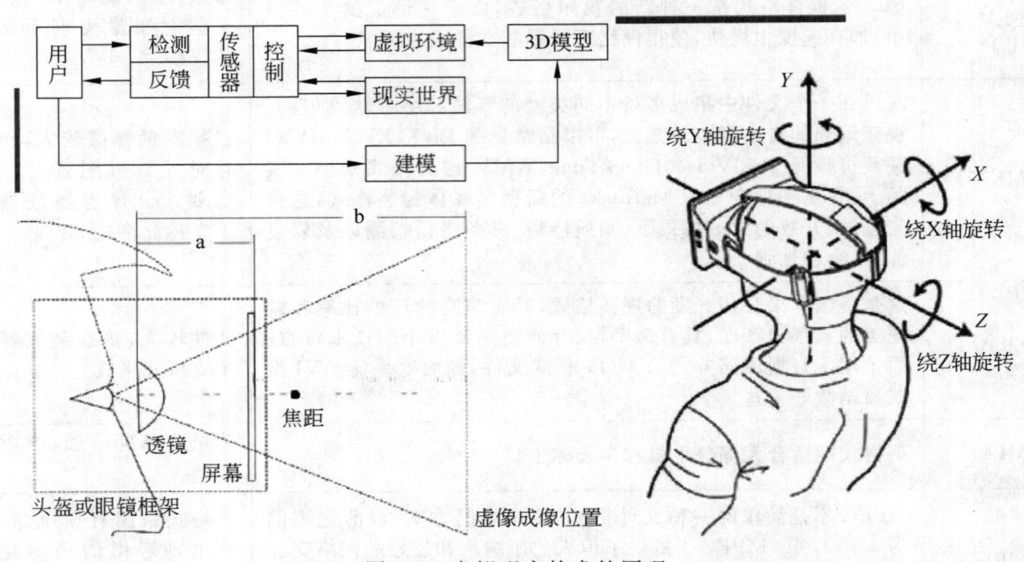

图 7-4　虚拟现实技术的原理

1) 环境建模技术

环境建模技术用于虚拟环境的建立,目的是获取实际三维环境的三维数据,并根据应用的需要,利用获取的三维数据建立相应的虚拟环境模型。

2) 立体声合成和立体显示技术

在虚拟现实系统中消除声音的方向与用户头部运动的相关性,同时在复杂的场景中实时生成立体图形。

3) 触觉反馈技术

在虚拟现实系统中让用户能够直接操作虚拟物体并感觉到虚拟物体的反作用力,从而产生身临其境的感觉。

4) 交互技术

虚拟现实中的人机交互远远超出了键盘和鼠标的传统模式。利用数字头盔、数字手套等复杂的传感器设备,三维交互技术与语音识别、语音输入技术一起,成为重要的人机交互手段。

5）系统集成技术

由于虚拟现实系统中包括大量的感知信息和模型，因此系统的集成技术为重点，包括信息同步技术、模型标定技术、数据转换技术、识别和合成技术等。

VR/AR/MR 设备性能和使用场景见表 7-5。

表 7-5　VR/AR/MR 设备性能和使用场景一览表

	虚拟现实(VR)	移动端增强现实(AR)	头衔增强现实(AR)	混合现实(MR)
是否可见	否	是	是	是
体验方式	沉浸式	手机屏	投射式	融合式
活动范围	固定或有限	不适用	固定	无限
运算性能	移动/桌面	移动	桌面	移动
适用场景	商场娱乐、影片	小游戏、移动应用	专业领域	商业领域
典型人群	大众消费者	大众消费者	专业技术人员	企业工作者

【思考与练习】

1. 总结文字信息的获取渠道。

2. 查阅资料并列表说明“图形”和“图像”的区别。

3. 请用任意一款声音处理器软件(如 Windows Media Player)将音乐 CD 分别存成 MP3 与 WMA 格式(存储时也可尝试设定不同的音质)，并比较其文件大小和音乐品质。

4. 查阅资料，了解 MPEG 对音频和视频的压缩存储技术。

5. 获取一段计算机二维和三维动画，并进行播放。

7.1.3　了解多媒体计算机系统的组成

本小节介绍媒体计算机系统的组成。工欲善其事，必先利其器，我们要处理多媒体信息，首先应该了解能够胜任这样工作的多媒体计算机系统由哪些部分组成。多媒体计算机不是一种全新的计算机，而是在原有计算机基础上增加了一些硬件和相应的软件，使其具有综合处理文字、声音、图形、图像、视频和动画等信息的功能。换言之，多媒体计算机系统就是指可以交互式处理多媒体信息，即获取、存储、处理和传输多媒体信息并将其综合数字化的一个完整的计算机系统。一个多媒体计算机系统一般包括多媒体硬件系统(包括计算机硬件、声像等多种媒体的输入/输出设备和装置)和多媒体软件系统。

1. 多媒体计算机硬件系统

一套完整的多媒体计算机硬件系统包括主机、多媒体接口卡和多媒体外部设备，如表 7-6 所示。

表 7-6 多媒体计算机硬件系统

名　称	说　明
主 机	与常规配置不同,多媒体计算机的主机配置较高,稳定性较好,扩展性较强,可连接多种接口以及外部设备
多媒体接口卡	多媒体接口卡是根据多媒体系统获取、编辑多媒体信息的需要而设计,插接在计算机上,输入/输出各种媒体数据。常用的接口卡有声卡、显卡、视频压缩卡、视频捕捉卡、视频播放卡和光盘接口卡等
多媒体外部设备	多媒体外部设备主要完成输入和输出功能,按其功能可分为 4 类:视频、音频输入设备(如数码相机、摄像机、扫描仪、传真机等),视频、音频播放设备(如电视机、投影仪、音响)等,人机交互设备(如键盘、鼠标、触摸屏、绘图板及手写输入设备等),存储设备(如磁盘、光盘、移动硬盘、U 盘等)

2. 多媒体计算机软件系统

多媒体计算机除了满足一定的硬件配置要求外,还必须有相应的软件来支持。硬件是多媒体系统的基础,软件是多媒体系统的灵魂。多媒体软件可以划分成不同的层次或类别,这是在发展过程中形成的,一般没有绝对标准,所以将多媒体计算机软件分为多媒体操作系统、多媒体素材采集与制作软件、多媒体创作软件及多媒体应用软件。

(1) 多媒体操作系统。多媒体操作系统是其软件子系统最主要的部分,它管理着计算机系统的硬件资源和软件资源,所有的软件都是在操作系统的基础上运行的。所谓多媒体操作系统,是指除具有普通操作系统的功能外,还扩充了多媒体功能,内置多媒体程序,支持高层多媒体信息的采集、编辑、播放和传输等处理功能的系统。

(2) 多媒体素材采集与制作软件。用于实现多媒体数据的采集、输入、存储、处理和导出等任务,根据多媒体信息的不同类型,可分为文本制作软件、图形图像制作编辑软件、声音制作编辑软件、视频制作编辑软件、动画制作编辑软件等几种类型,如表 7-7 所示。

表 7-7 多媒体素材采集与制作软件

软件类型	说　明
文本制作软件	文本是实现多媒体作品和主题的主要方式,可以通过键盘和输入法将文本输入计算机中进行处理,也可以通过麦克风和手写板等设备进行语音或者笔迹识别的自动输入。常见的文字编辑软件有微软的 Word、金山公司的 WPS 字处理软件等
图形图像制作编辑软件	图形图像是传达信息的重要手段。Windows 或 Linux 等桌面操作系统都带有非常丰富的图形图像制作软件,例如,Windows 操作系统自带的画图软件是简单的位图图像绘制工具;而 Adobe Photoshop 是专业的图像加工处理软件,有许多图像工具和特效。目前流行的美图秀秀和光影魔术手等软件,其功能丰富,简单易学,也能满足普通用户的图像处理需求
声音制作编辑软件	音乐、音效和语音在多媒体作品中是不可缺少的,是作品主题和环境渲染所必需的。通过声卡和专门的音频处理软件,可采集或处理声音。Windows 操作系统自带小巧方便的录音机,而 Cool Edit、Adobe Audition 是功能更丰富、更专业的声音处理软件,这些软件不但可以进行录音,而且可以编辑音轨、混合多种音轨及添加音效等

续表

软件类型	说　明
视频制作编辑软件	Adobe Premiere 是专业的视频制作和编辑软件，可以制作出精彩的视频及特殊效果。除了这些专业软件外，还有操作简单的友立公司的会声会影，它是一款适合普通用户使用的视频编辑和特效制作软件，可导出多种常见的视频格式，甚至可以直接制作成 DVD 和 VCD 光盘。此外，Windows 自带的 Movie Maker 和影音制作软件，操作简单，也可制作视频短片来满足普通用户的需求
动画制作编辑软件	动画制作编辑软件可分为三维动画制作软件和二维动画制作软件。3DS Max 和 Maya 等都是专业的三维动画制作软件，Fash 是常见的二维动画制作软件

（3）多媒体创作软件。多媒体创作软件根据设计需要，可以集合多媒体素材合成多媒体作品。早期多媒体作品依靠专门的编程语言来制作，限制了进行多媒体创作的人群。随着技术的进步，操作越来越简单、功能越来越强大的多媒体制作软件被开发出来，普通用户通过简单的学习就可以进行多媒体作品的创作，从而能够更多地关注多媒体作品的设计和内容组织而不是技术本身。例如，Authorware、Flash、PowerPoint、Dreamweaver 等都是多媒体创作软件。多媒体创作软件可以分为不同的类型，如表 7-8 所示。

表 7-8　多媒体创作软件

软件类型	说　明
图标类型	利用不同类型的图表组成流程图，从而控制所用的多媒体播放，如 Macromedia Authorware
时间轴类型	通过时间轴的进程来组织多媒体元素和播放的呈现与发生，如 Macromedia Flash、MacroDirector
页面/幻灯片类型	多媒体元素及其内容通过一个完整的页面或幻灯片形式呈现，通过页面跳转来控制多媒体作品的播放，如 PowerPoint 及金山 WPS 中的演示等
网页类型	以超链接方式链接多媒体元素，并通过超链接实现多媒体元素的浏览，常用在电子多媒体图书的制作上（如 eBook Edit Pro），以及用于各种网页的制作上（如 Macromedia Dreamweaver 等）
屏幕捕获类型	用来实时捕获计算机屏幕上的操作，并提供旁白录制及添加注释功能，可输入格式为 AVI 的文件或者 SWF 动画文件，常用在计算机辅助教学中，如 Macromedia Captivate 等

（4）多媒体应用软件。多媒体应用软件是综合运用多媒体制作软件编辑的面向应用的软件，是用户最终使用的多媒体产品，广泛用于各行各业，如教学演示软件、游戏产品和广告等，它是推动多媒体应用发展的动力所在。

【思考与练习】

1. 有人说“现在的数字电视实质上就是一个多媒体计算机系统”，请从计算机多媒体的定义出发，判断上述的论断正确与否。

2. 试以 Windows 7 操作系统为例，介绍其具有哪些多媒体功能。

3. Movie Maker 是 Windows XP 内置的应用软件，可支持数码摄像机，能进行视频剪辑，而在 Windows 7 中并未收录该软件，请上网下载该软件的最新版本，并尝试使用。

7.2 多媒体素材的获取与制作

【导入案例】

制作国产飞机宣传片

2017 年 12 月 17 日 10 点 34 分，第二架 C919 飞机(编号 102 架机)在上海浦东国际机场第四跑道起飞，经过 2h 飞行完成预定试飞科目后，于 12 时 34 分安全返航着陆，首次飞行任务圆满成功。本次飞行完成了“102 架机”的起飞、着陆性能以及各主要系统和设备等相关的 29 个试验点的试飞任务。这是 C919 大型客机项目继 2017 年 5 月 5 日“101 架机”成功首飞，11 月顺利转场西安阎良机场之后取得的又一重要进展，意味着已有两架 C919 飞机全面进入试飞状态，项目迈入试验试飞的新阶段。

【任务描述】

学生会宣传干事小李被安排收集“第二架 C919 首次飞行圆满完成”的相关音频、图片和视频等资料，制作一部宣传短片，以展示中华民族百年的“大飞机梦”取得了历史性突破，并刻录光盘留档保存。

【分析】

小李经过思考，决定先收集相关素材，再根据需要将素材进行简单处理后，最后制作成完整的视频短片。要完成本任务，具体可以分为 5 个步骤：一是根据需要录制“C919 飞机”解说词的音频，下载相应的背景音乐，使用相关软件进行混音处理；二是通过互联网收集相关的图片，并根据需要进行一定的处理；三是通过互联网收集相关的视频，并截取与主题相应的片段备用；四是综合所有素材，应用相关软件制作视频短片；五是将宣传短片刻录在光盘中保存。

7.2.1 获取与处理音频

1. 必备知识

1）音频的获取方式

音频的获取方式主要有自行录制、素材库和网络下载两种，具体如表 7-9 所示。

表 7-9 常见的音频获取方式

获取方式	说明
自行录制	Windows 操作系统自带的录音机是一种简单实用的音频获取工具，同时也可以进行简单的编辑。更专业的录音软件还有 Sound Forge、Adobe Audition 等。使用录音笔录音后，再将声音文件导入计算机
素材库和网络下载	从专业公司出品的音效素材库中获取音频；或者在网上查找，如百度音乐、中国音乐网等都能下载音频资料，在目前的网络环境下很容易获得中意的音频素材，但在使用的同时需要注意保护知识产权

2）数码录音笔

数码录音笔（数码录音棒或数码录音机，如图 7-5 所示）是数字录音设备的一种，为了便于操作和提升录音质量，其造型并非以单纯的笔形为主，但是大多都携带方便，同时拥有多种功能，如激光笔、FM 调频、MP3 播放等功能。与传统录音机相比，数码录音笔是通过数字存储的方式来记录音频的，如图 7-5 所示。

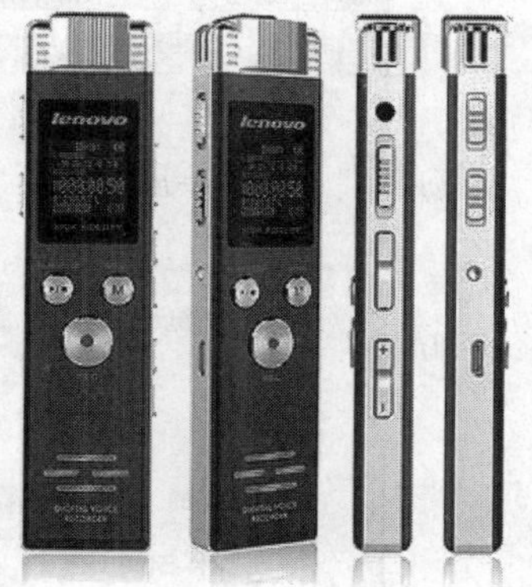
图 7-5　数码录音笔

数码录音笔通过对模拟信号的采样、编码将模拟信号通过数模转换器转换为数字信号，并进行一定的压缩后进行存储。而数字信号即使经过多次复制，声音信息也不会受到损失，仍保持原样不变。因为是录音设备，录音时间的长短是其最重要的技术指标。根据不同产品之间闪存容量、压缩算法的不同，录音时间的长短也有很大的差异。内存为 1GB 的数码录音笔的录音存储时间为 20～272h，电池连续工作时间一般为 2～26h，可以满足大多数情况下的需要。数码录音笔一般通过 USB 接口和计算机连接。在使用时，要先安装驱动程序。

3）音频处理软件 Cool Edit

Cool Edit 是一款功能强大、效果出色的多音轨音频处理软件。Cool Edit 中文版提供先进的音频混合、编辑、控制和效果处理功能，可以简单而快速地完成各种各样的声音编辑操作，包括声音的淡入/淡出、声音的移动和剪辑、音调调整、播放速度调整等。利用它可以轻松地对音乐进行处理或制作特效等。现在很多网络歌曲就是歌手使用 Cool Edit 来创作的。

2. 操作技能

1）使用 Windows 自带录音机录制声音

操作方法如下。

（1）将麦克风的插头插入计算机对应的插口，然后测试一下麦克风，确保能听到麦克风中传出的声音。

（2）选择“开始”→“所有程序”→“附件”→“录音机”命令，启动“录音机”程序。

Windows 7 自带的“录音机”程序的操作界面非常直观和方便，如图 7-6(a)所示。

（3）单击“开始录制”按钮，对着麦克风讲话，即可进行录音。录音时，在操作界面上可以看到当前已经录制的时间。若要停止录音，单击“停止录制”按钮即可，如图 7-6(b)所示。

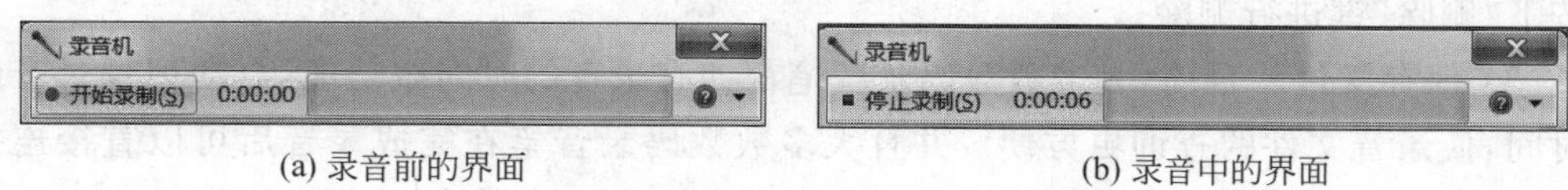

(a) 录音前的界面　　(b) 录音中的界面

图 7-6　Windows 7 自带“录音机”程序的界面

（4）停止录音后，将弹出图 7-7 所示“另存为”对话框。

在“文件名”文本框中为录制的音频命名，然后单击“保存”按钮，即可将录制的音频存

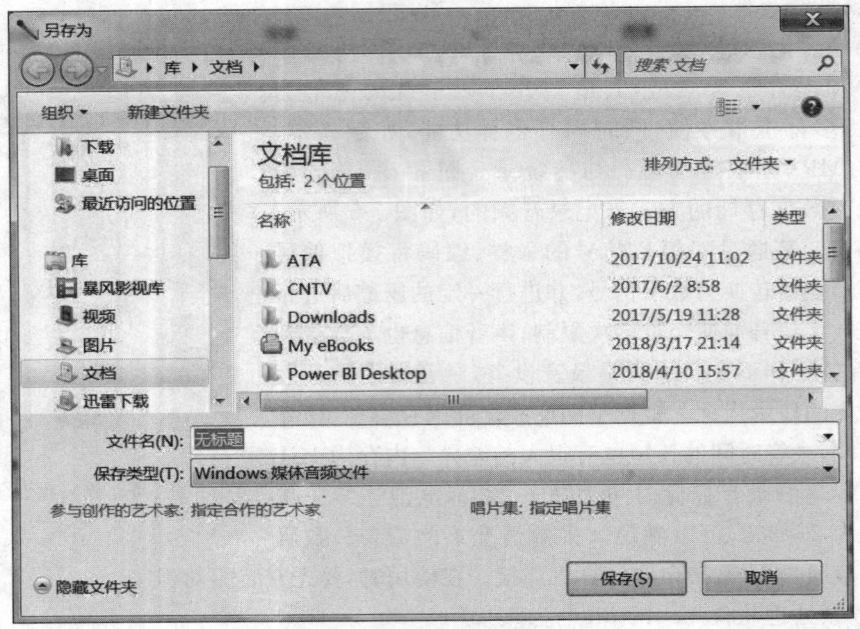

图 7-7 “另存为”对话框

为 WMA 格式的音频文件。

注意：使用“录音机”程序时，计算机上必须装有声卡和扬声器。如果要录制声音，则还需要麦克风(或其他音频输入设备)。如果单击“停止录制”按钮后还想继续录制音频，则需单击“另存为”对话框中的“取消”按钮，然后单击“继续录制”按钮。确定录制完成后，再单击“停止录制”按钮保存声音文件。播放计算机上已保存的音频文件需使用媒体播放机程序。

2) 使用数码录音笔进行录音

目前市场上的数码录音笔种类繁多，下面以某品牌数码录音笔为例介绍数码录音笔的使用方法。

(1) 录制声音文件。录音前，首先开启“电源”键，使数码录音笔进入工作状态。通过“菜单”键进行录音前期的一些基础设置。按下“录音”键开始录音，数码录音笔顶端的内置麦克风开始收集声音。按下“停止”键可结束录音，并自动保存音频文件。

(2) 听取录音文件。音频文件录制完毕后，按下“播放/确认”键，可即时播放收听，并可通过“音量＋”“音量－”“前进”“后退”等键进行播放控制。如果音频文件录制不理想，可按下“删除”键进行删除。

(3) 保存文件。目前，大多数数码录音笔都拥有录音的时间戳功能，自动记录录音起始时间，使录音文件的查询更方便。并且大多数数码录音笔在完成录音后可以直接连接计算机，不再需要安装驱动程序。数码录音笔录制的音频文件为 WAV 格式。

【知识卡片】

目前，大多数数码录音笔的录音距离可达到 15m 以上，且在录音笔电池耗尽时将自动保存文件，保证信息不遗失。录音过程中，采用数字降噪技术可以提高录音的品质。数码录音笔还拥有 A-B 复读功能，并内置扬声器，可进行耳机和外放双模式的自由切换，便于整理文件，适合采访、会议录音及学习培训。

3）从网上下载背景音乐

（1）打开百度搜索引擎，选择“音乐”类别，在搜索框中输入关键字，如“背景音乐”，然后单击“百度一下”按钮，如图 7-8 所示。

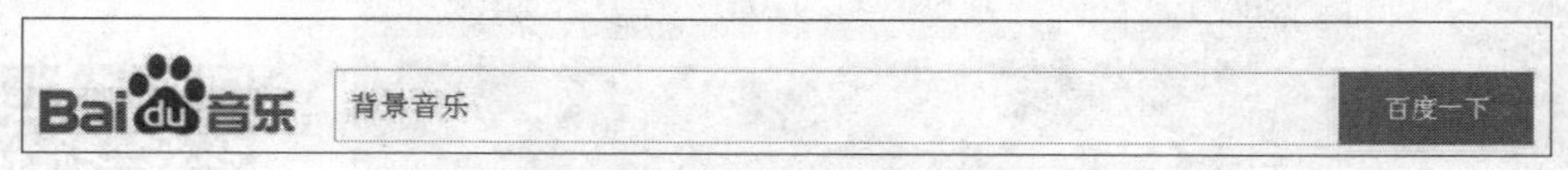

图 7-8　在“百度音乐”中搜索背景音乐

（2）在搜索结果中可以选择试听音乐，如图 7-9 所示。

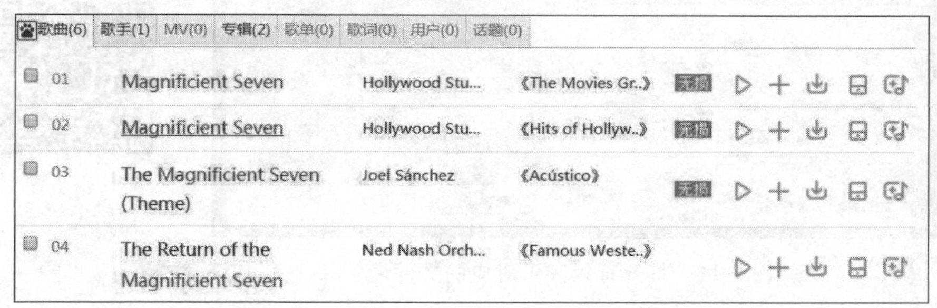

图 7-9　试听相关背景音乐

（3）根据试听结果选择合适的音乐，下载并保存。

4）使用 Cool Edit 处理音频

Cool Edit 的操作界面如图 7-10 所示。Cool Edit 能够完成音频混音、编辑和效果处

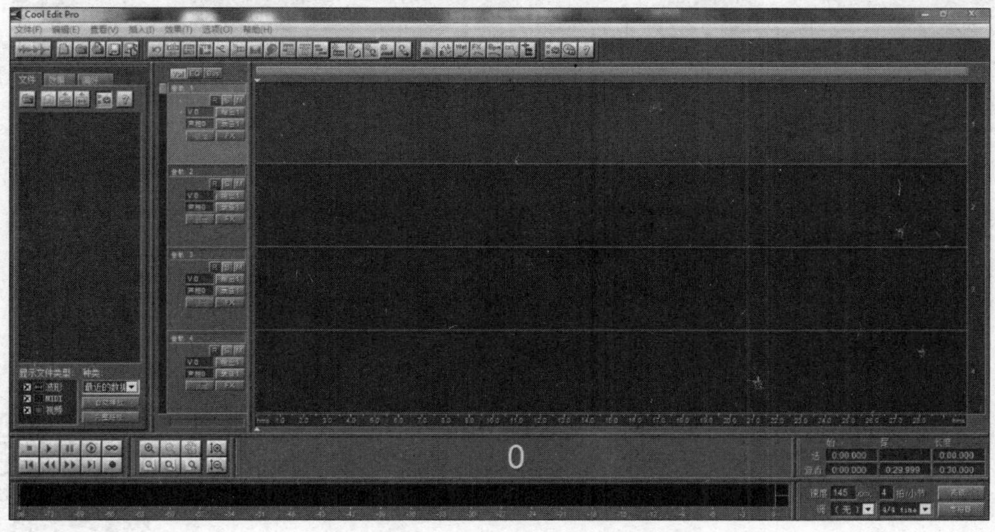

图 7-10　Cool Edit 的操作界面

理,可制作出音质饱满、细致入微的最高品质音效。下面仅介绍如何截取音频,如何为音频添加淡入/淡出效果及在多轨模式下制作混音。

(1) 插入背景音乐。打开 Cool Edit,在菜单上选择"文件"→"打开"命令,在弹出的对话框中选择需要插入的背景音乐,单击"打开"按钮,如图 7-11 所示。插入音频之后的界面如图 7-12 所示。

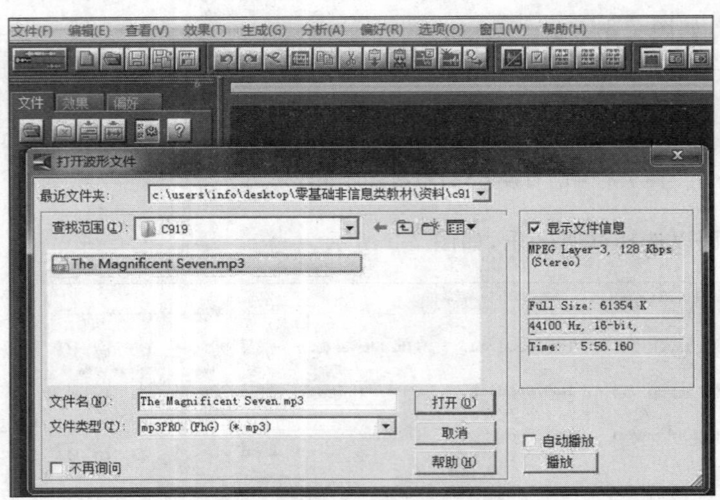

图 7-11 打开背景音乐对应的文件

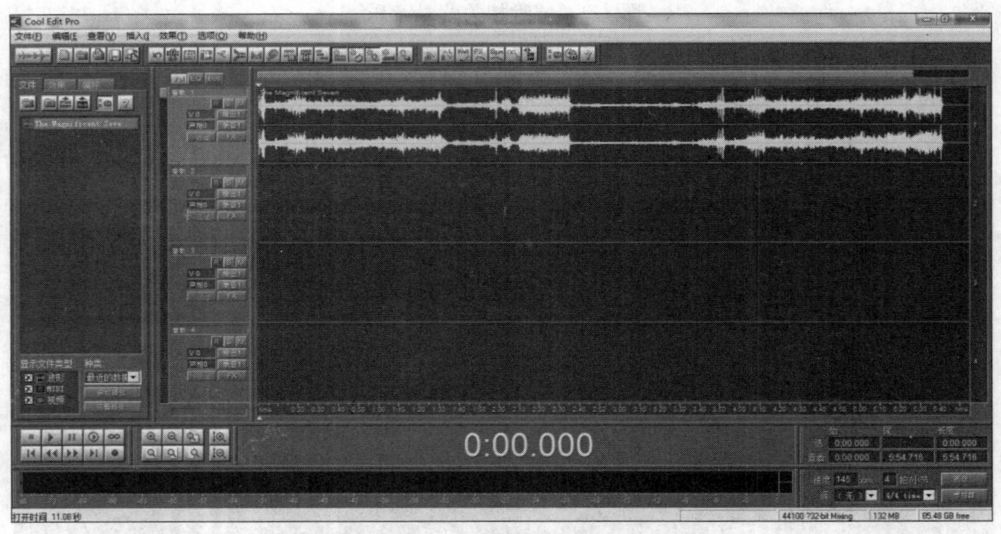

图 7-12 插入音频后的界面

(2) 为背景音乐做淡入效果。如果选用的背景音乐节奏较为强烈,可以做一个淡入效果。双击背景音乐,进入编辑状态,在编辑窗口右下方的区域中输入"开始"和"结束"时间,如图 7-13 所示。

然后,依次选择"效果"→"波形振幅"→"渐变"命令,如图 7-14

	始	尾	长度
选	0:01.068	0:10.162	0:09.094
查看	0:01.068	5:54.716	5:53.648

图 7-13　输入开始时间和结束时间

所示。

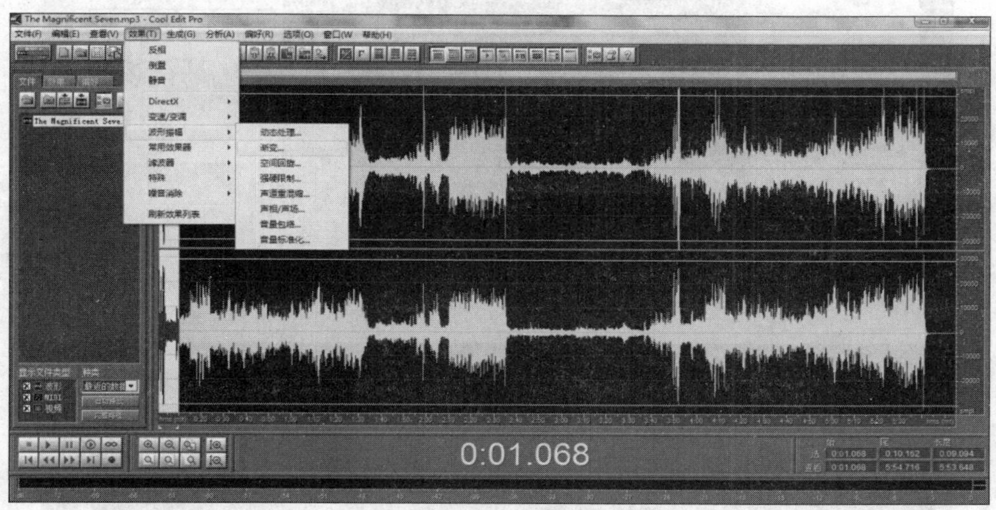

图 7-14　添加渐变效果

在打开的对话框中选择“淡入/出”选项卡，单击“确定”按钮，完成选定部分的淡入设置，如图 7-15 所示。

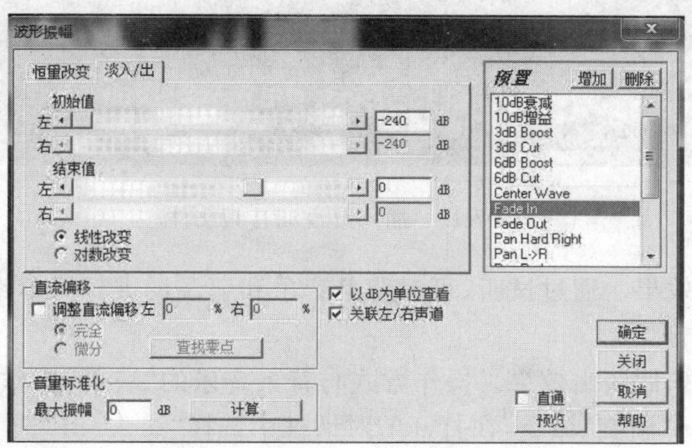

图 7-15　淡入设置

(3) 截取时长适宜的背景音乐。如果背景音乐时间过长，则需对背景音乐进行截取。具体操作如下：选中要删除的时间段，在右下角区域中设置要删除的“开始”和“结束”时间段，然后选择“编辑”→“删除所选区域”命令，可将所选部分删除，如图 7-16 所示。

(4) 插入解说词。选择“查看”→“多轨操作窗”命令，选中另一个音轨，插入解说词音频文件，方法与插入背景音乐相同，如图 7-17 所示。

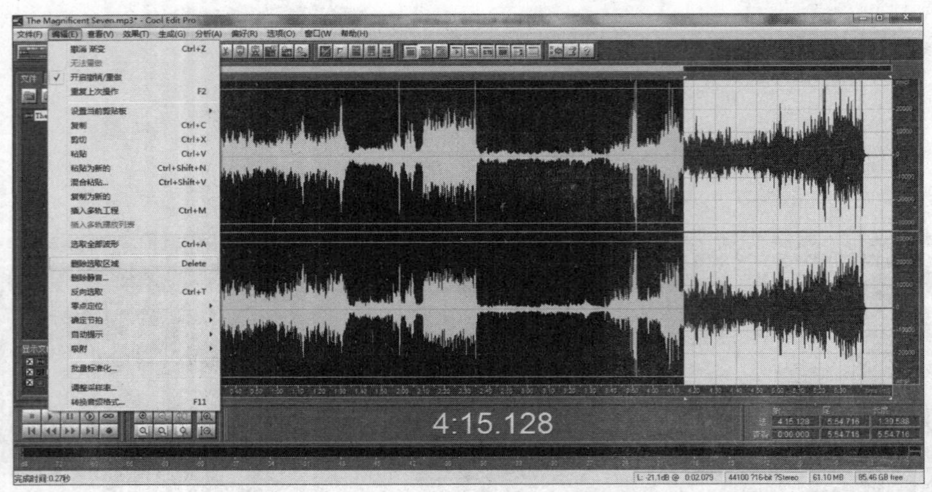

图 7-16　截取音频

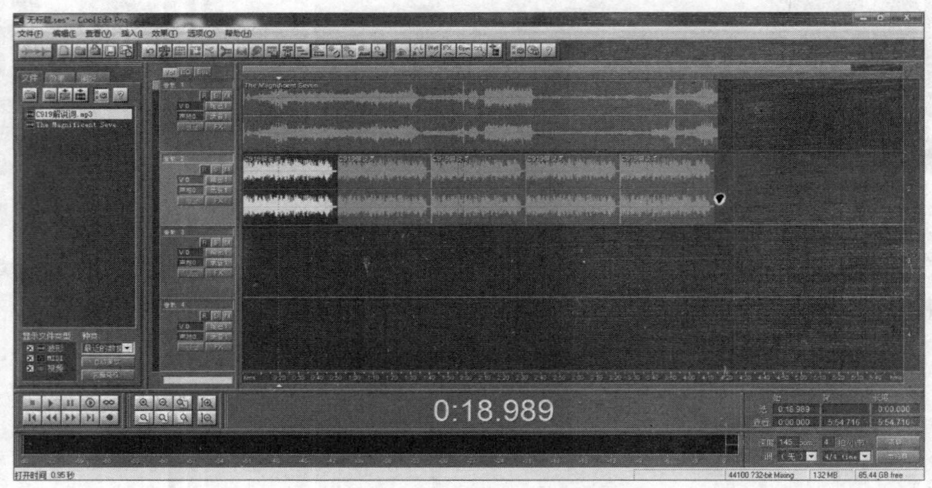

图 7-17　插入解说词音频文件

(5) 试听混音效果。通过试听,可对背景音乐和解说词进行简单编辑,根据需要分别调整两个音轨的声音。

(6) 为背景音乐做淡出效果。操作方式与背景音乐的"淡入"操作类似,依次选择"效果"→"波形振幅"→"渐变"命令,在打开的对话框中选择"淡入/出"选项卡,设置"淡出"效果即可,如图 7-18 所示。

(7) 混音合并。试听满意之后,可将背景音乐和解说词双轨合成到一个音轨中。具体操作方法:在空白音轨处右击并选择"混缩为音轨"→"全部波形"命令,如图 7-19 所示,屏幕出现创建混缩的进度条,进度条显示完毕后,新的混缩创建成功,如图 7-20 所示。

(8) 导出混音。选择"文件"→"混缩另存为"命令,可将混缩音频导出,如图 7-21 所示。在弹出的"另存 16 位混缩音频"对话框中命名文件,导出的混缩音频为 WMA 格式。

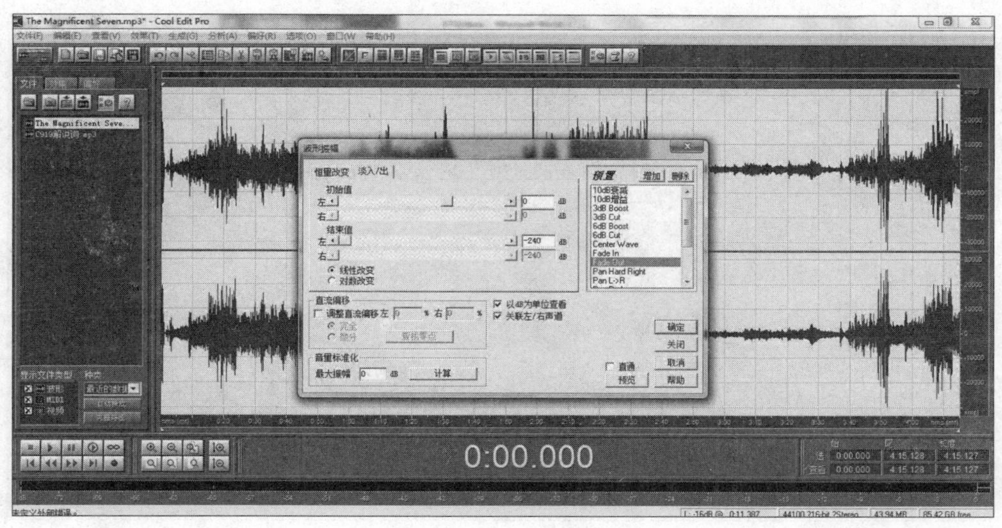

图 7-18 淡出设置

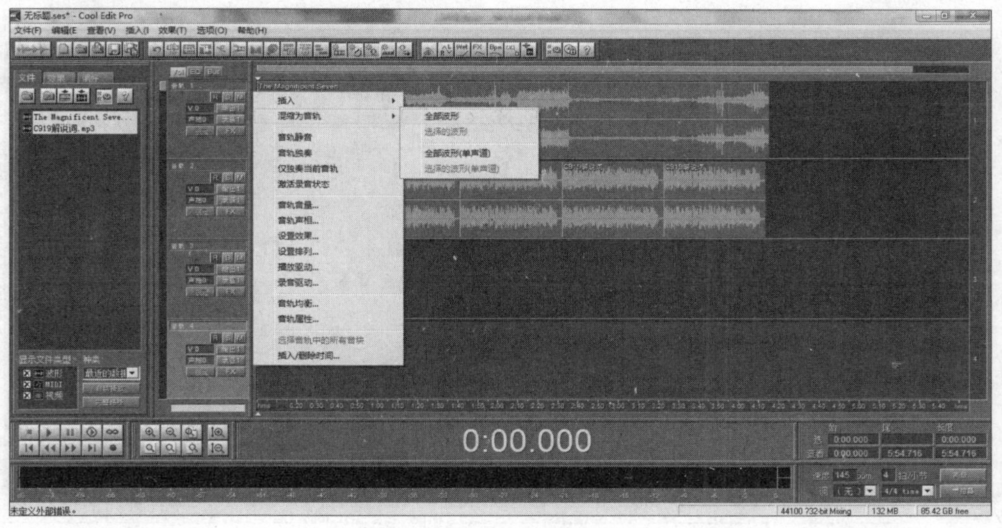

图 7-19 音频混缩

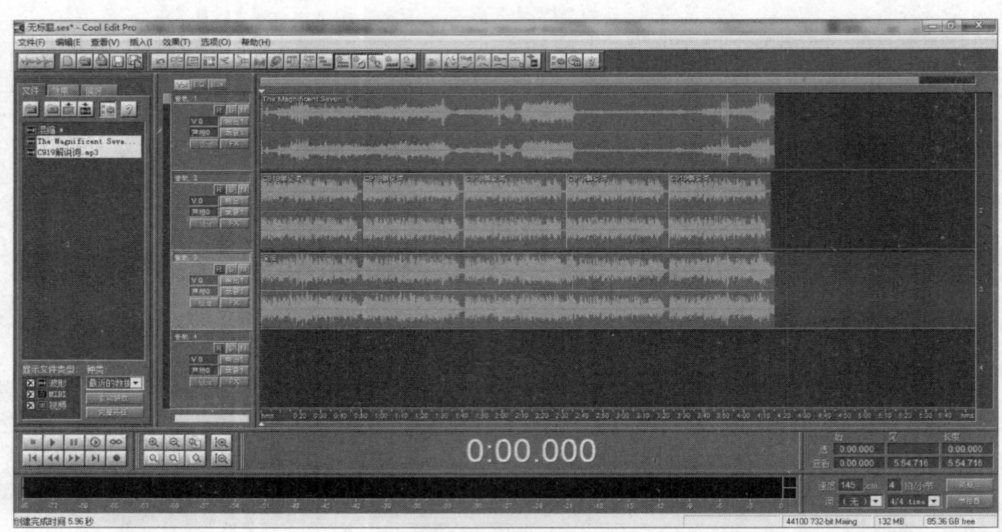

图 7-20 混缩音频创建成功

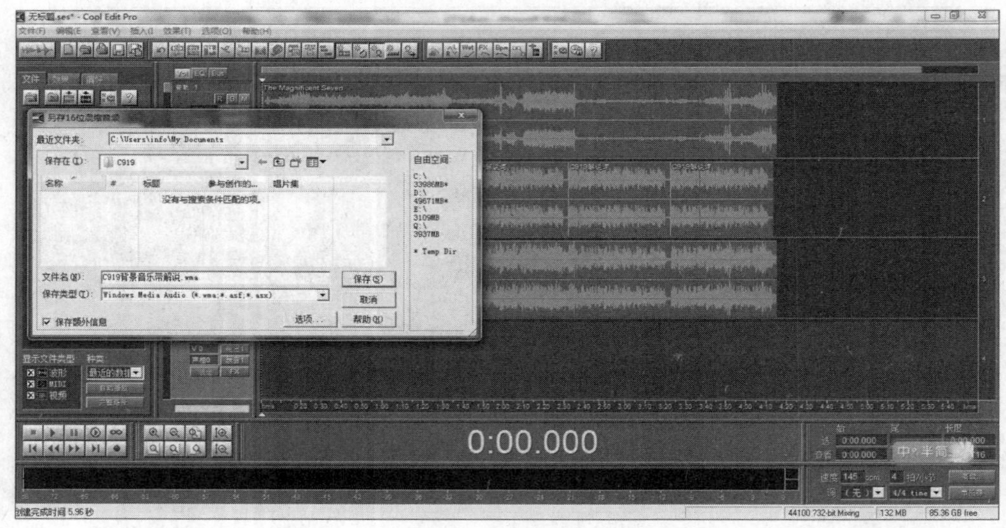

图 7-21 另存混缩音频

7.2.2 图像的获取与处理

根据设备及软件的不同,可以有多种图像的获取方式,如表 7-10 所示。

表 7-10 获取与处理图像

获取方式	相关操作
通过网络下载	利用搜索引擎搜索图像,并将其保存到本地计算机中
利用截图软件抓图	利用 Snagit、QQ 截图工具等抓取桌面上显示的画面
利用扫描仪扫描图像	通过扫描仪将纸质介质上的画面扫描并保存为图像
利用手机、相机、摄像机拍摄	利用相应设备拍摄照片,并将其导入本地计算机中

光影魔术手是一款很好用的免费图片处理软件,简单易用。光影魔术手具有强大的调图参数、丰富数码暗房特效、海量精美边框素材和文字特效等特点,用户无须进行专业学习,就可以对图片进行美容、拼图、布置场景、添加边框和饰品等流行的特效处理,可以做出专业照片。Adobe Photoshop 则是专业的图片处理软件,更适合专业人士使用。

1. 从网上下载图片

(1) 打开百度搜索引擎,选择“图片”选项,输入关键字,如 C919,得到图 7-22 所示的搜索结果。

图 7-22 百度中搜索图片

(2) 选择合适的图片,右击该图片后选择“下载”命令,选择好路径保存。

2. 利用软件“光影魔术手”美化图片

(1) 启动“光影魔术手”软件,单击“打开”按钮,选择图片后在软件中打开,如图 7-23 所示。

(2) 观察图片,想将图片下方文字去掉。单击软件右上角的“数码暗房”按钮,出现“数码暗房”特效功能组,如图 7-24 所示。

(3) 选择“祛斑”选项,然后根据要去除的文字的大小来选择合适的“半径”和“力量”参数,如图 7-25 所示。

图 7-23 利用"光影魔术手"打开图片

图 7-24 "数码暗房"特效功能组

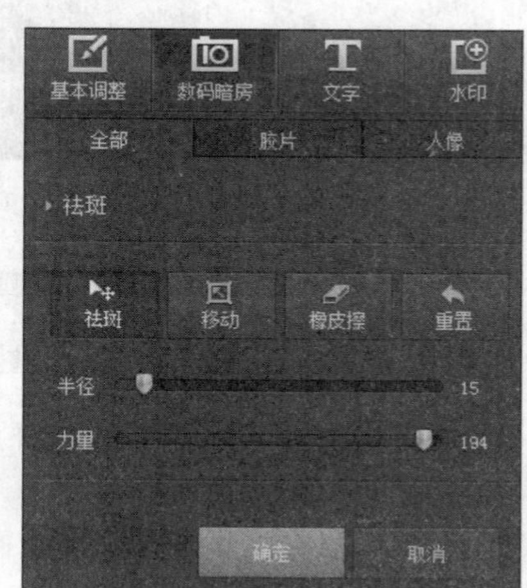

图 7-25 "祛斑"参数

(4) 鼠标指针移动到图片上会变成一个十字加红色圈的符号,将这个符号移动到需要去除的文字上,然后反复多次单击,效果如图 7-26 和图 7-27 所示,直到满意为止。

图 7-26　擦除文字

图 7-27　最终效果

(5) 经过对比,如果对修正的效果满意,不再更改,即可单击软件左上角的"保存"按钮,该图片的美化过程结束。

7.2.3　了解多媒体计算机系统的组成

根据设备及软件的不同,可以有多种视频的获取方式,如表 7-11 所示。

表 7-11　常用的视频获取方式

获 取 方 式	相 关 操 作
导入视频光盘中的视频素材	将光盘放入光驱,将其中的视频素材复制到本地计算机中
通过网络下载	利用搜索引擎搜索视频,并将其下载到本地计算机中
利用视频编辑软件制作	利用会声会影等视频制作软件制作视频素材
利用手机、相机、摄像机录制	利用相应设备录制影片,并将其导入本地计算机中

微软开发的影音合成制作软件 Windows Live,可以使用视频和照片在很短的时间里轻松制作出精美的影片或幻灯片,并在其中添加各种各样的转换和特效;还可以提供简体中文语言界面,包括开始、动画、视觉效果、查看、编辑等多个标签栏。Windows Live 还可以轻松导入和编辑电影,使之更具视觉效果。

1. 从网上下载视频

(1) 打开百度搜索引擎,选择“视频”选项,输入关键字,如 C919,得到图 7-28 所示的搜索结果。

图 7-28　视频搜索

(2) 在搜索结果中选择合适的视频进行下载。

提示:目前,各个视频网站的下载方法和规则有所差异,具体下载方法请参照相关网站的操作程序进行。

2. 使用“Windows Live 影音制作”软件截取视频

(1) 选择“开始”→“所有程序”→Windows Live→“Windows Live 影音制作”命令,启动“Windows Live 影音制作”程序,界面如图 7-29 所示。

(2) 选择“开始”→“添加视频和照片”命令,添加视频文件。

(3) 选择“编辑”→“剪裁工具”命令,设置“起始点”和“终止点”,如图 7-30 所示。设置完毕后单击“保存剪裁”按钮,完成视频的截取。

(4) 选择“开始”左侧的“影音制作”菜单,依次选择“保存电影”→“推荐设置”→“建议该项目使用”命令,将视频导出,如图 7-31 所示。

3. 制作视频短片

(1) 插入图片和视频。打开“Windows Live 影音制作”软件,选择“开始”→“添加视频和照片”命令,插入选中的图片,然后将光标定位到

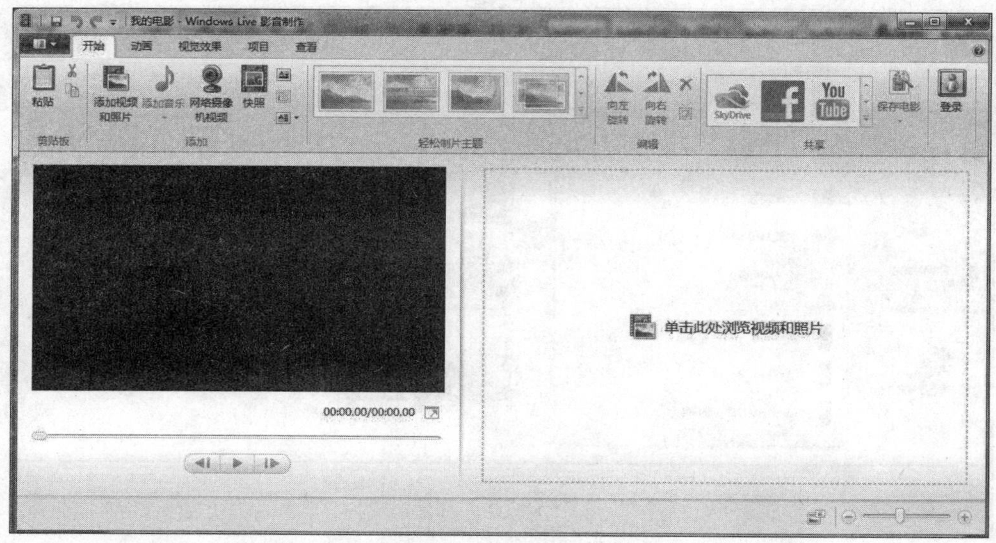

图 7-29　“Windows Live 影音制作”界面

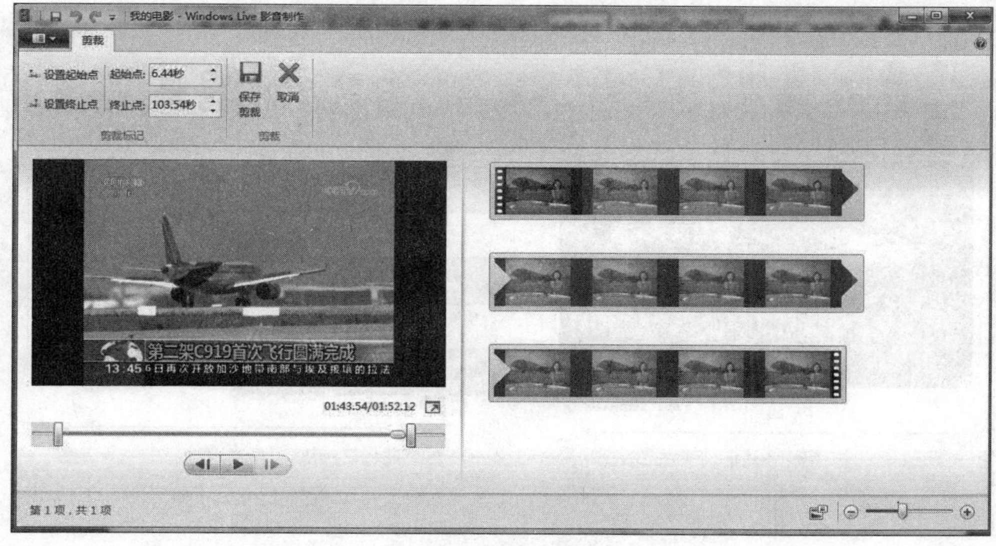

图 7-30　视频截取界面

最后一幅图片后，插入选中的视频，如图 7-32 所示。

提示：*在添加图片时，可以在对话框中按 Ctrl＋A 组合键全选图片，再单击“打开”按钮，一次性添加所有图片。*

(2) 添加字幕并制作片头和片尾。“Windows Live 影音制作”软件中，片头背景一般只有普通的颜色，可以选择一幅合适的图片，将其移动到第一张图片中，然后添加字幕即可作为片头。如图 7-33 所示，选中第一张图片，单击“字幕”按钮，添加文字并进行简单的文字格式设置。用同样的方法添加“谢谢观看”到片尾中。

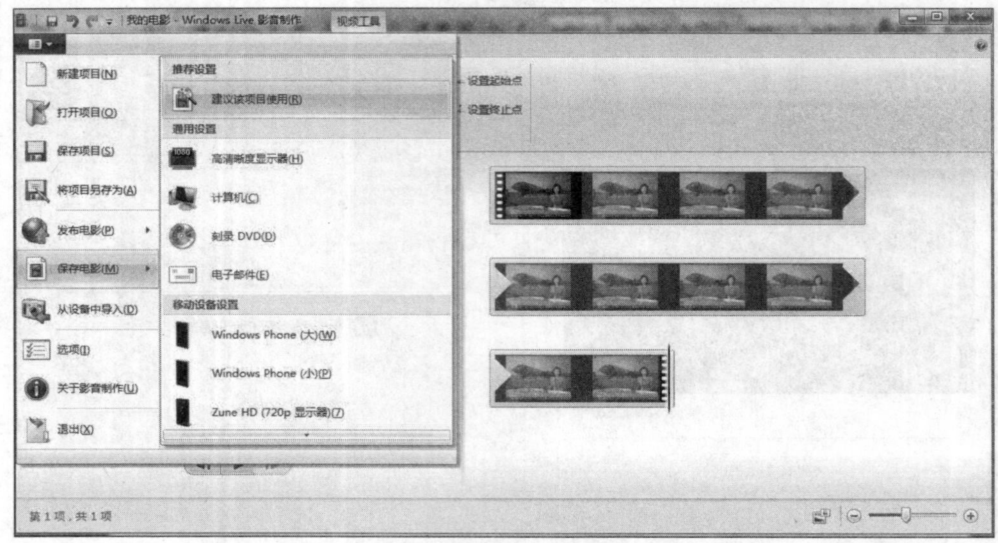

图 7-31　导出视频

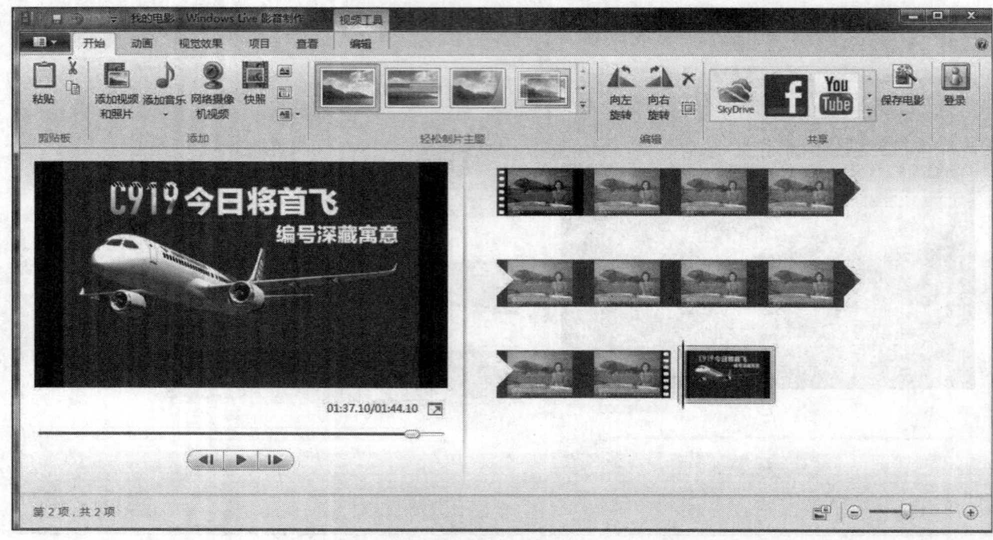

图 7-32　插入图片和视频

（3）添加过渡特技。选中所有图片，选择“动画”→“过渡特技”→“电影”→“由灰色淡化”命令，在“平移和缩放”中选择“自动”，即可完成过渡效果的设置，如图 7-34 所示。然后观察视频长度，根据已知的背景音乐时长，选择“编辑”→“时长”命令，修改“时长”，使视频时长与背景音乐时长吻合。

（4）添加背景音乐。选择“开始”→“添加音乐”命令，插入制作好的视频背景音乐。

（5）输出视频文件。视频短片制作完成后，选择“共享”→“高清晰度(720p)”命令，将视频命名后导出。

图 7-33　制作片头

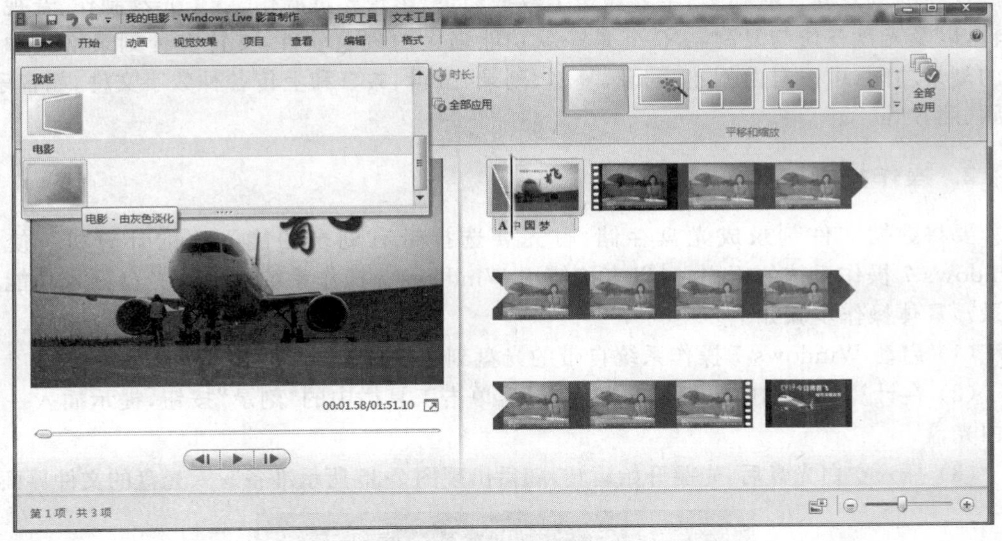

图 7-34　添加过渡特技

【思考与练习】

1. 许多数码相机有拍摄视频的功能，请尝试将用数码相机拍摄的视频转存到计算机中并观看。

2. 练习使用“Windows Live 影音制作”软件制作视频短片。

7.2.4 刻录光盘

1. 必备知识

1）光盘

光盘是利用激光原理进行读/写的设备，是迅速发展的一种辅助存储器，可以存放各种文本、声音、图形、图像和动画等多媒体数字信息。我们听的 CD 是一种光盘，看的 VCD、DVD 也是一种光盘。CD 光盘的最大容量约为 700MB，DVD 光盘单面容量约为 4.7GB，最多能刻录约 4.59GB 的数据。蓝光 DVD(BD)的容量则较大，根据不同的种类，能刻录的数据为 15～100GB。

2）光盘刻录机

光盘刻录机是一种数据写入设备，利用激光将数据写到空光盘上，从而实现数据的储存，其写入过程可以看作是普通光驱读取光盘的逆过程。刻录机可以分为两种：一种是 CD 刻录；另一种是 DVD 刻录。绝大部分 DVD 刻录机都能"向下兼容"进行刻录。

3）刻录软件

现在的刻录软件有很多，主要涵盖了数据刻录、影音光盘制作、音乐光盘制作、音视频编辑，以及光盘备份与复制。Nero 是一款功能强大的刻录软件，支持多种刻录格式和完善的刻录功能，可以自由创建、翻录、复制、刻录、编辑、共享和上传各种数字文件，如音乐、视频、照片等。

2. 操作技能

要将数据文件刻录成光盘存储，首先要选择带有刻录功能光驱的计算机。使用 Windows 7 操作系统的用户，可以直接使用 Windows 7 操作系统自带的光盘刻录功能来刻录。具体操作步骤如下。

(1) 启动 Windows 7 操作系统自带的光盘刻录软件。

(2) 在计算机中选中要刻录的文件，然后单击工具栏中的"刻录"按钮，提示插入一张空白光盘。

(3) 插入空白光盘后，光驱开始运转，随后出现图 7-35 所示准备写入光盘的文件界面。

图 7-35 将文件刻录到光盘

(4) 单击“将文件刻录到光盘”按钮，在弹出的“刻录光盘”对话框中设置“光盘标题”，再单击“下一步”按钮，如图 7-36 所示。

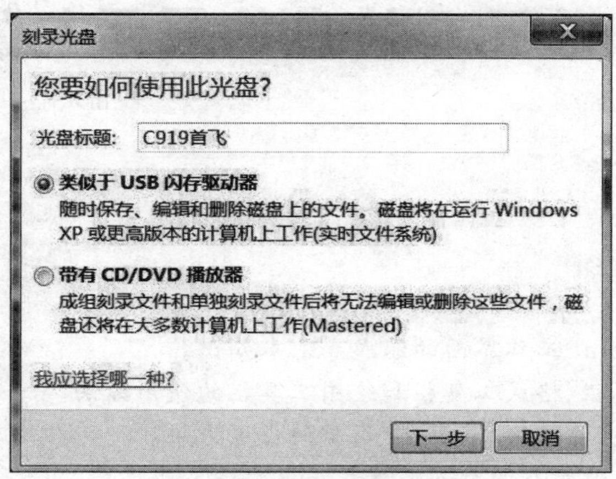

图 7-36　设置光盘标题

(5) 计算机开始刻录光盘，并提示“请稍候…”。刻录完毕后，光驱将已刻录好的光盘弹出，再单击“完成”按钮，结果如图 7-37 所示。

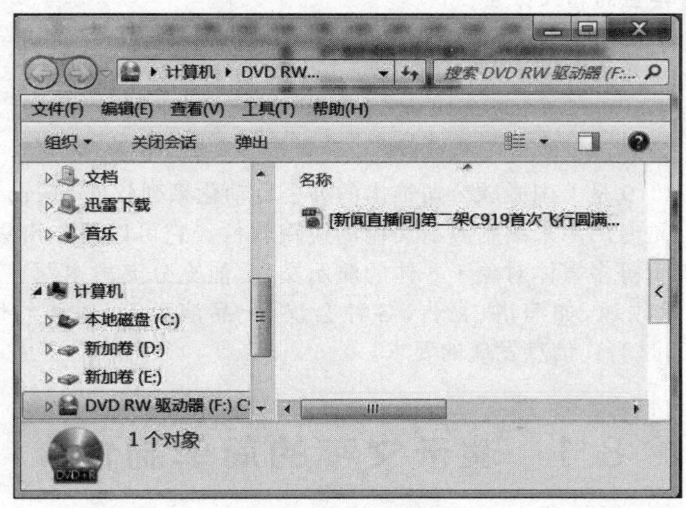

图 7-37　刻录完成

(6) 将已刻录好的光盘放入光驱，双击打开已刻录的视频短片，测试刻录是否无误。本书仅介绍如何利用有刻录功能的光驱和 Windows 自带的刻录软件刻录视频，如果想更深入地了解光盘刻录的知识，请参考相关专业书籍。

【思考与练习】

1. 请通过查找资料等方法总结光盘驱动器的主要性能指标及其含义。
2. 试用 Nero 刻录软件，并总结其用法。

第8单元　信息的展示与发布

单元学习目标

- 了解 PowerPoint 工作界面的组成和基本知识。
- 熟悉常用工具栏、格式工具栏和绘图工具栏的使用方法。
- 掌握选择版式、背景格式、页眉/页脚的设置方法。
- 掌握图片与其他对象的插入及格式设置方法。
- 掌握演示文稿模板的使用及主题的设置。
- 掌握幻灯片中对象的动画效果设置和幻灯片切换效果的设置方法。
- 掌握超链接的插入、删除与编辑方法。
- 掌握动作按钮的插入方法。
- 掌握 SmartArt 图形的绘制和设置方法。
- 熟悉幻灯片母版的使用及幻灯片放映方式的设置方法。
- 熟悉演示文稿的保存及发送方法。

PowerPoint 2010 是美国微软公司推出的办公自动化系列软件 Microsoft Office 2010 版中的组件之一，是专门用来编制演示文稿的应用软件。它可以制作出集文本、图形、图像、声音及视频剪辑等多媒体对象于一体的演示文稿，能充分突出主题且表现形式灵活，可应用于信息展示领域，如演讲、报告、各种会议、产品演示等，俗称幻灯片，学会使用 PowerPoint 2010，是当代信息发展的要求。

8.1　演示文稿的简单制作

【操作任务】

制作一个简单的演示文稿

任务描述：利用 PowerPoint 制作如图 8-1 所示的演示文稿，题为“奥斯卡金像奖——十部获奖电影”。

任务分析：完成演示文稿的制作，一是需介绍 PowerPoint 的基本操作界面、各种视图的使用及工作区的组成；二是演示文稿的创建及保存；三是输入每页幻灯片的文字及图片；四是设置幻灯片的背景、日期、页码及放映方式等。

图 8-1　演示文稿样张

8.1.1　介绍工作界面、视图、工作区

PowerPoint 2010 的工作界面，如图 8-2 所示。

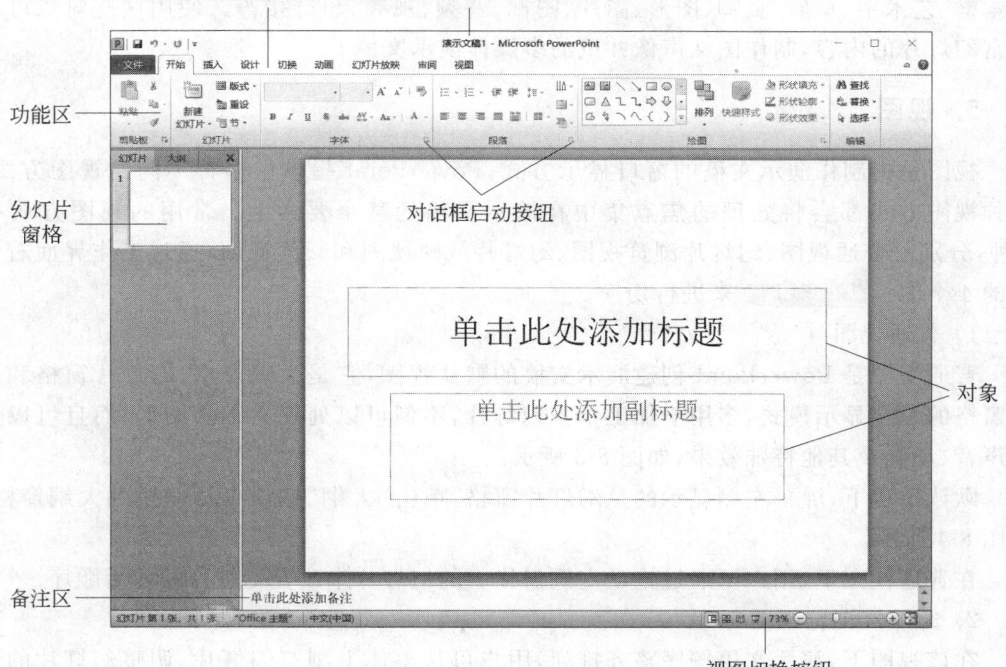

图 8-2　PowerPoint 2010 的工作界面

1. 演示文稿

演示文稿由一组幻灯片组成,集文本、图片、声音以及视频剪辑等多媒体元素于一体,并使用专门软件进行设计制作并播放电子文档,具有向公众传递信息的作用,已广泛应用于多媒体教学、公众演讲、公共信息展示等诸多领域。PowerPoint 2010 是一款演示文稿制作与放映软件,用其制作的演示文稿文件扩展名为.pptx。

2. 幻灯片

幻灯片是演示文稿的基本组成单元,用户要演示的全部信息,包括文字图形、表格、图表、声音和视频等都以幻灯片为单位进行组织。

3. 占位符

占位符是 PowerPoint 中的特有概念,是指创建新幻灯片时出现的虚线方框,这些方框代表特定的对象,用来放置标题、正文、图表、表格和图片等。占位符是幻灯片设计模板的主要组成元素。在占位符中添加文本和其他对象,可以方便地建立规整、美观的演示文稿。在文本占位符上单击,可以输入或粘贴文本。如果文本大小超出了占位符的大小,PPT 会自动调整输入的字号和行间距,以使文本大小合适。

4. 对象

对象是指 PowerPoint 中可编辑、可展示,并具有特定功能的一些信息展示模式,包括文本框、艺术字、页眉/页脚、图形、图片、图标、音频、视频、超链接等。使用这些对象可以丰富幻灯片的内容,制作图文声像并茂的多媒体演示文稿。

5. 视图

视图是指制作演示文稿的窗口显示方式,PowerPoint 提供了多种不同的视图方式,每种视图方式都会将处理的焦点集中在演示文稿的某个要素上。常用的视图方式有 4 种,分别是普通视图、幻灯片浏览视图、幻灯片放映视图和阅读视图,通过工作界面右下角的 4 个图标来进行切换。

1) 普通视图

普通视图是 PowerPoint 创建演示文稿的默认视图,它是大纲窗格、幻灯片窗格和备注窗格的综合显示模式,多用于加工单张幻灯片,不但可以处理文本和图形,而且可以处理声音、动画及其他特殊效果,如图 8-3 所示。

默认情况下,屏幕左侧显示的是幻灯片窗格,单击“大纲”选项卡可切换到大纲窗格,如图 8-4 所示。

在普通视图下,用户可通过拖动左侧窗格中的幻灯片来改变幻灯片的前后顺序。

2) 幻灯片浏览视图

在该视图下,演示文稿按序整齐排列,用户可从整体上浏览幻灯片,调整幻灯片的背景、主题,同时对多张幻灯片进行复制、移动、删除或隐藏等操作,但该视图下无法对单张

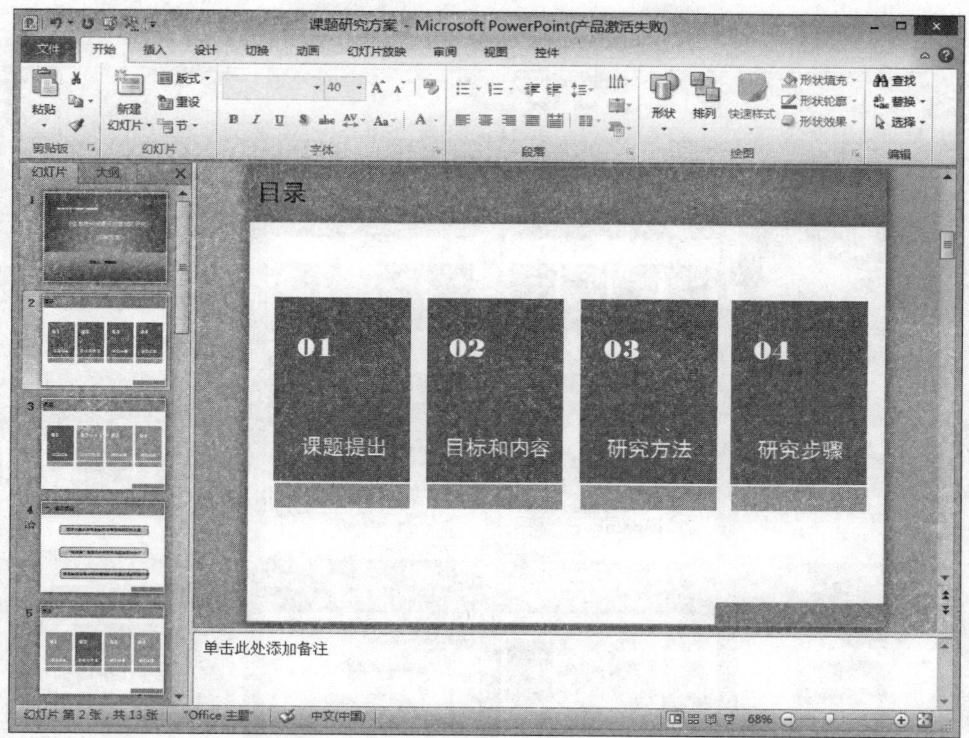

图 8-3　普通视图——幻灯片模式

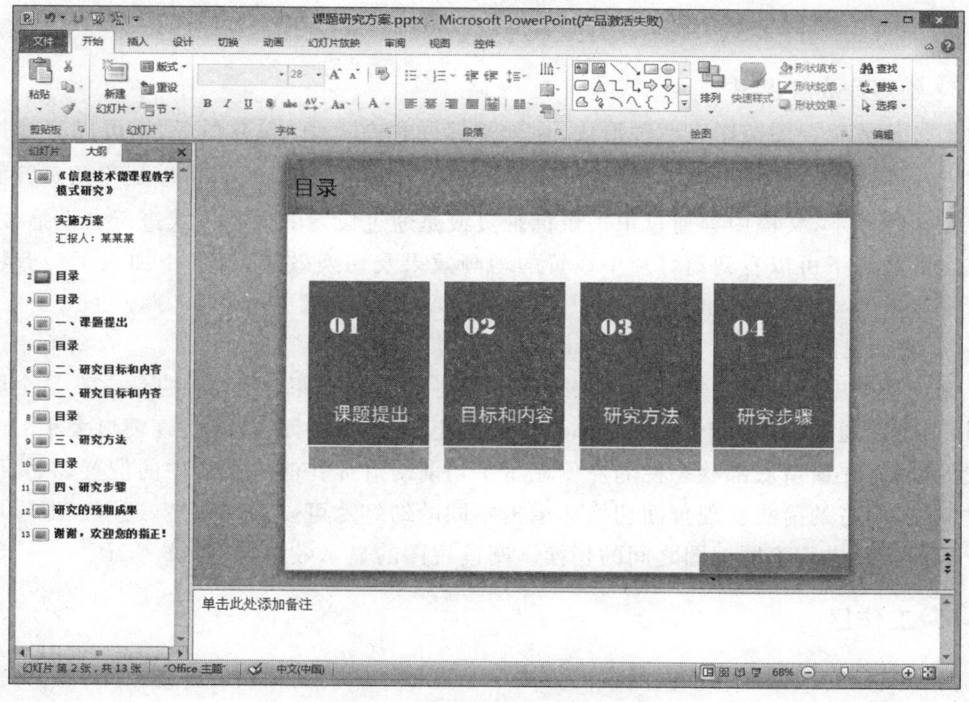

图 8-4　普通视图——大纲模式

幻灯片的内容进行编辑和修改,如图 8-5 所示。

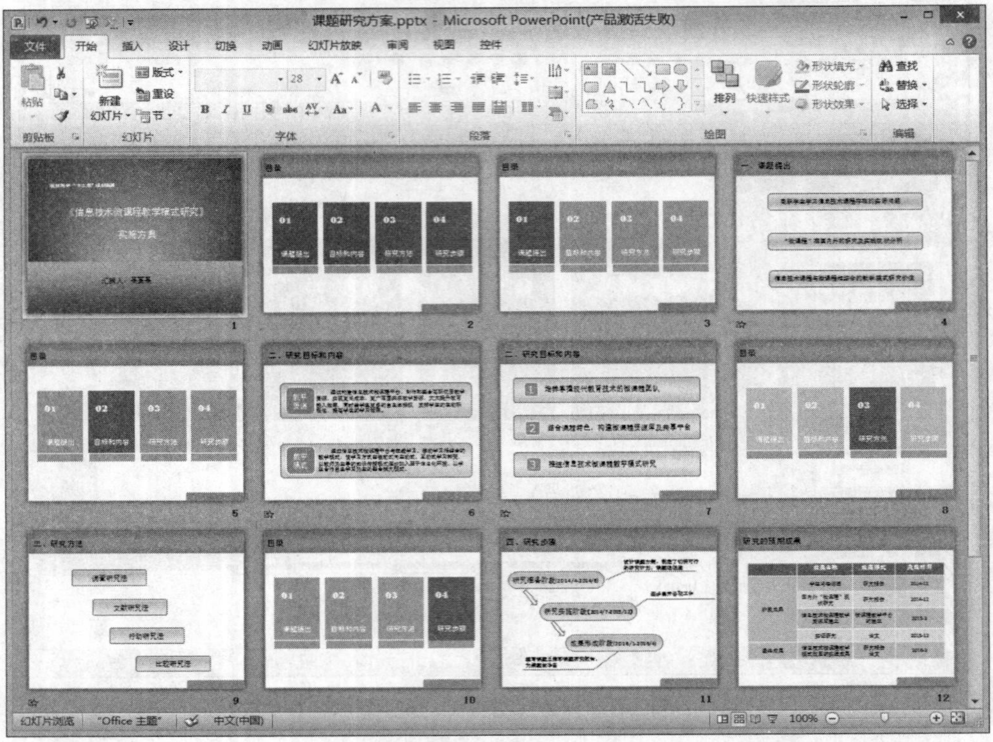

图 8-5　幻灯片浏览视图

3）幻灯片放映视图

幻灯片放映视图按钮有两种形式,一种是标题栏左上角的图标,也可以直接按快捷键 F5,可以从第一页开始播放;另一种是状态栏右下角的图标,可以从当前页开始播放。在该视图下,文稿内容通过单击鼠标翻页或是通过设置的放映方式进行自动播放,用户在全屏状态下可以看到幻灯片中设置的动画效果及切换效果,若其中加入了声音特效和背景音乐等,也可以同步听到。

4）阅读视图

阅读视图中可以看到幻灯片放映视图下的各类动画效果,所不同的是它不是全屏显示,用户可以通过单击右上角的"最小化""最大化/还原""关闭"按钮实现窗口大小的改变及关闭,同时在窗口底部状态栏的左侧显示了当前幻灯片在演示文稿中的位置,右侧可以通过向左、向右的箭头实现页面切换。单击不同的幻灯片可以实现跳转,还可以通过单击各个视图按钮进行不同视图之间的切换。阅读视图的显示效果如图 8-6 所示。

6. 工作区

演示文稿的工作区在不同的视图方式下会显示不同的窗格内容。通常用户大部分的时间都用于编辑幻灯片,因此以普通视图窗口显示居多。在该视图下,工作区被分为以下

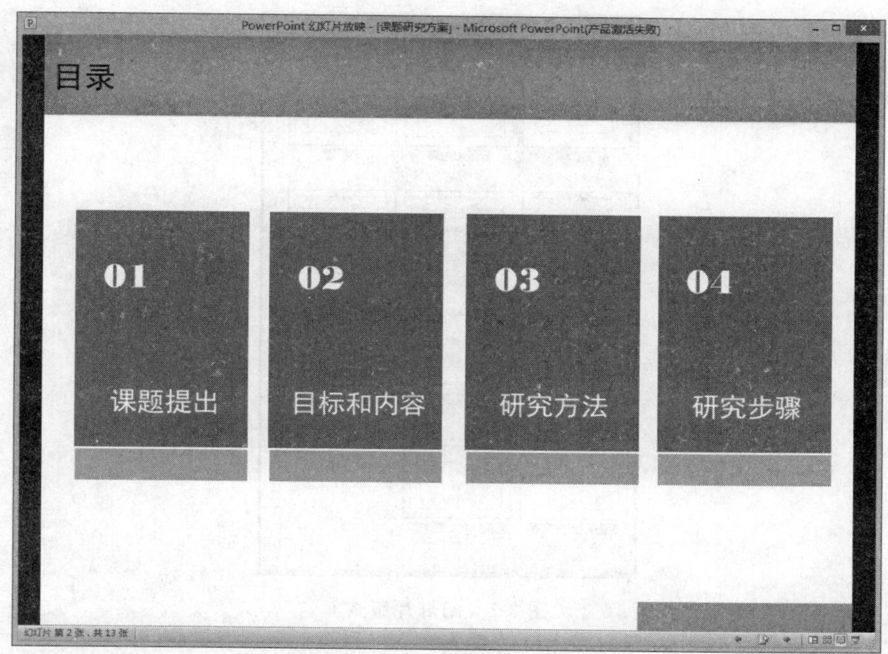

图 8-6　阅读视图

3 个窗格。

(1) 幻灯片窗格：该窗口位于工作界面最中间，其主要任务是进行幻灯片的制作，编辑和添加各种动画效果，还可以查看每张幻灯片的整体效果。

(2) 大纲窗格：该窗格位于幻灯片窗格的左侧，主要用于显示幻灯片的文本，并可以插入、复制、删除、移动整张幻灯片，可以很方便地对幻灯片的标题段落和段落文本进行编辑。

(3) 备注窗格：该窗格位于幻灯片窗口下方，主要用于给幻灯片添加备注，为演讲者提供更多的信息。

8.1.2　新建并保存演示文稿

新建演示文稿可以选择不同的幻灯片版式。

幻灯片版式是 PowerPoint 2010 软件中一种常规排版格式，通过幻灯片版式的应用，可以对文字、图像等进行合理简洁、快速地布局。通常 PowerPoint 中已经内置了几种常用的版式类型供用户使用，利用这些版式可以轻松完成幻灯片的制作，也可以根据实际需要进行相应的修改。一般新建的演示文稿第一张幻灯片是标题版式，如图 8-7 所示。

本实例的素材存放在“实验 8.1”文件夹中，如图 8-8 所示，其中幻灯片中涉及的图片均放在“图片”文件夹中，文字素材均放在“影片介绍.txt”文件中。

(1) 单击“开始”按钮，单击“应用程序”中的 Microsoft PowerPoint 2010 图标，或者双击桌面快捷方式图标，均可启动 PowerPoint 2010，并新建一张“标题幻灯片”版式的演示文稿 1，如

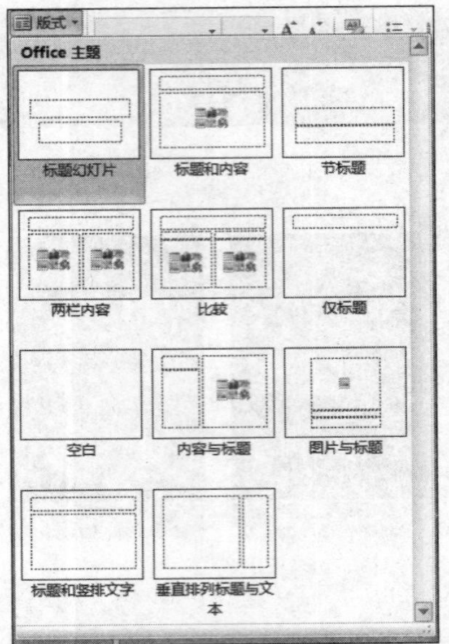

图 8-7　幻灯片版式

图 8-8　素材文件夹

图 8-9 所示。

(2) 如果要新建其他版式的演示文稿,可通过选择"文件"→"新建"命令来实现,如图 8-10 所示。

(3) 选择"文件"菜单下的"保存"命令,或"另存为"命令,都会出现"另存为"对话框,如图 8-11 所示,设置保存位置、文件名称("奥斯卡金像奖")、保存类型(PowerPoint 演示文稿),单击"确定"按钮。

(4) 此时,标题栏显示为"奥斯卡金像奖"。

8.1.3　对幻灯片进行图文编辑

1. 必备知识

1) 文本的输入和编辑

(1) 文本的输入方式有两种:一是在占位符中输入(在文本占位符上单击,可以输

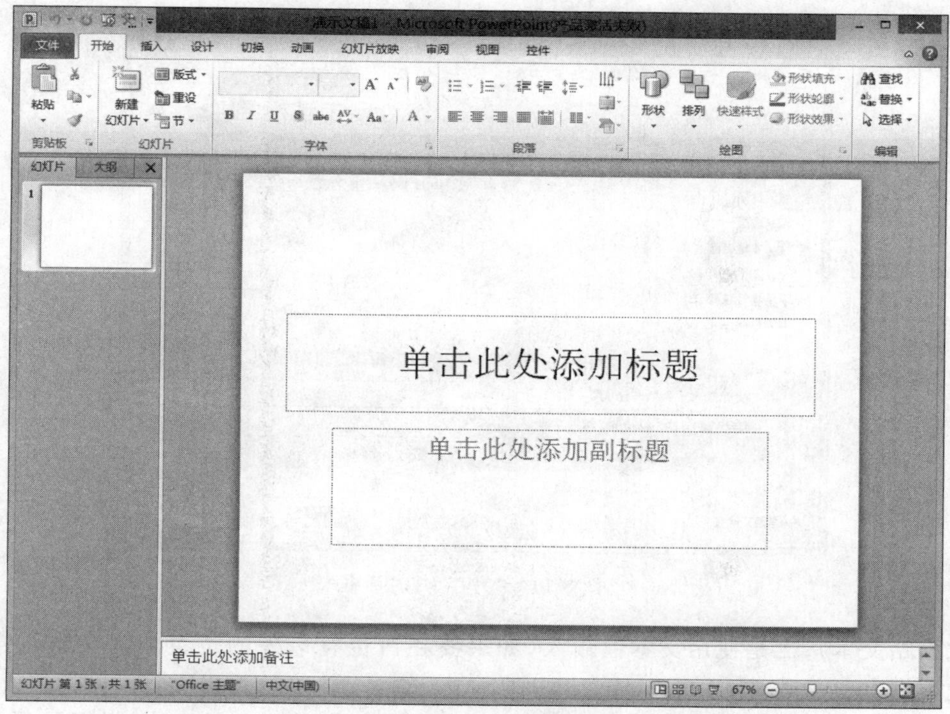

图 8-9　新建演示文稿

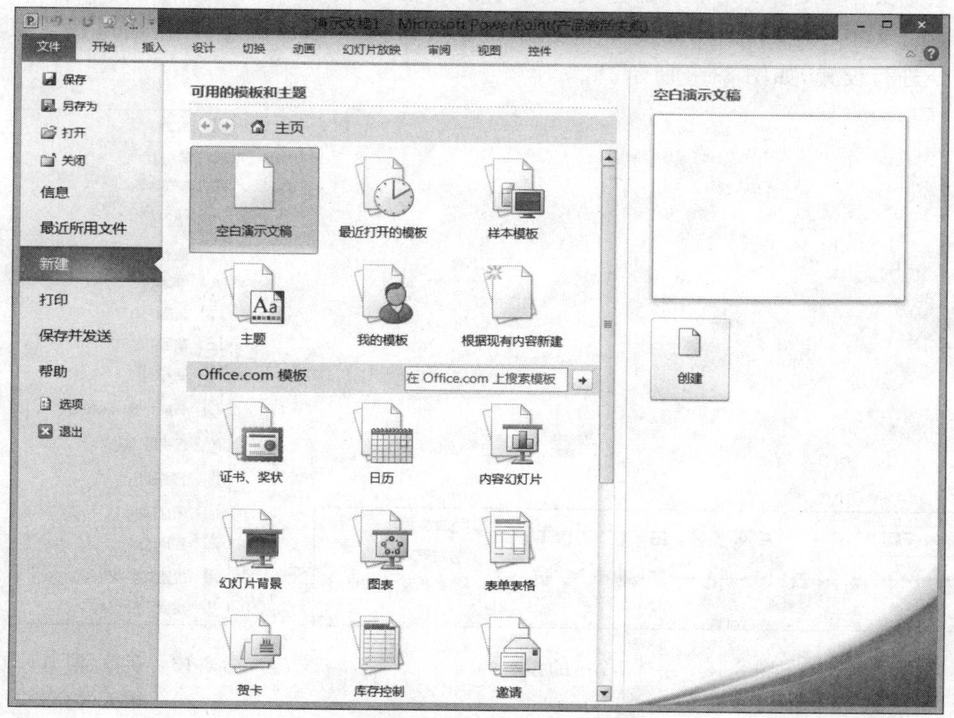

图 8-10　新建其他版式的幻灯片

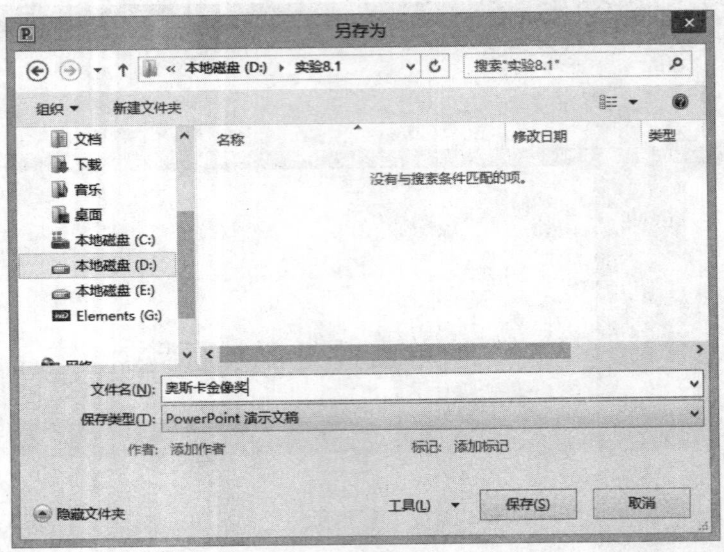

图 8-11 “另存为”对话框

入或粘贴文本)；二是使用文本框输入(如果要在占位符以外的位置输入文本，必须使用文本框)。

(2) 要对幻灯片中的某一部分的文本进行编辑，必须先选择该文本，根据需要，可以选取整个文本框、整段文本或部分文本。利用“开始”菜单里面的“字体”和“段落”组的选项可进行文本相应的设置，如图 8-12 所示。也可在选取的部分上右击，通过快捷菜单中的命令进行设置，如图 8-13 所示。

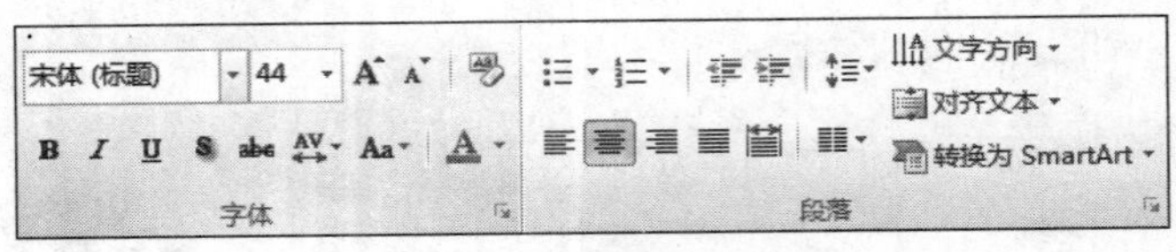

图 8-12 字体、段落的设置

图 8-13 字体、段落设置相关的命令

(3) 幻灯片的文本编辑通常在普通视图下进行,主要包括插入、删除、复制、移动等,方式与 Word 中基本相同。

2) 格式刷

双击“格式刷”按钮,可将相同格式应用到文档中的多个位置。如果不要应用此格式,可通过单击此按钮或按 Esc 键取消此格式的应用。如果用户只想在文档中某处应用该格式,则单击“格式刷”按钮,使用一次后格式刷自动取消。格式刷所在位置及按钮形状如图 8-14 所示。

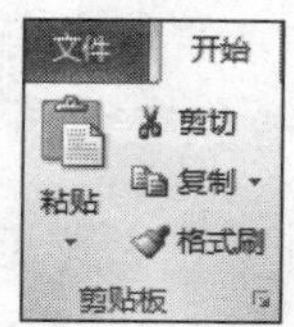

图 8-14 格式刷

2. 操作技能

1) 制作标题幻灯片

(1) 单击标题栏,输入“奥斯卡金像奖”,副标题栏输入“——十部获奖电影”。

按表 8-1 要求,设置标题和副标题的字体、字号、颜色、文本效果、字形及对齐方式。用鼠标选中标题文字,选择“开始”→“字体”选项组中的选项进行相关设置。其中,颜色的设置要把光标停留在某种颜色上一段时间,让其出现具体颜色的电子注释,然后才能准确地选择颜色,如图 8-15 所示。其他文字效果的设置如图 8-16 所示。

表 8-1 标题和副标题的设置要求

设置项	字体	字号	颜色	文本效果	字形	对齐方式
标题(奥斯卡金像奖)	华文隶书	88	主题颜色:红色,强调文字颜色 2	内部居中阴影	加粗	居中
副标题(——十部获奖电影)	华文中宋	60	标准色:深蓝	文字阴影	倾斜	右对齐

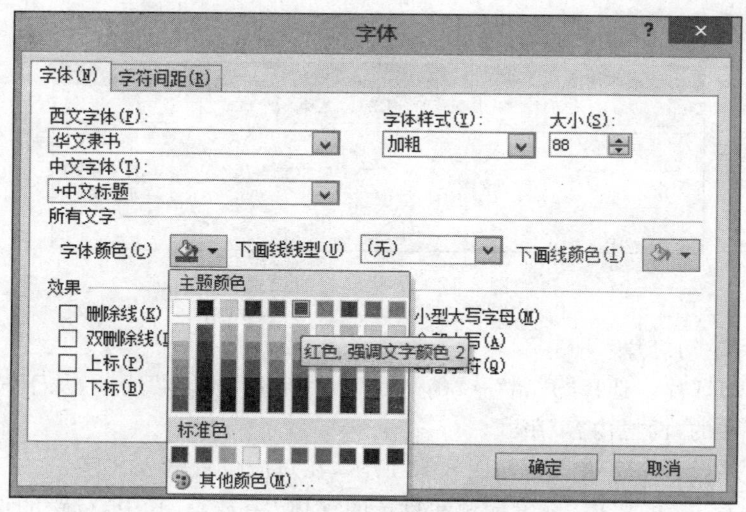

图 8-15 具体颜色的设置

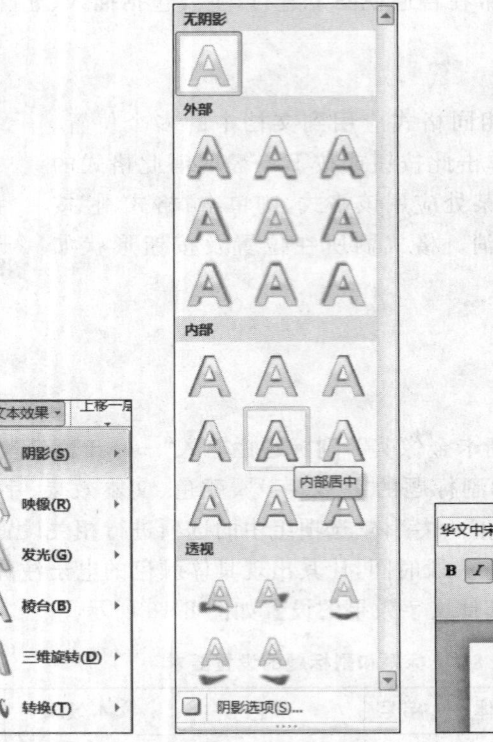

图 8-16　文本效果的设置

(2) 在标题文字下方插入一条直线,形状样式为“粗线—强调颜色 2”。选择“插入”→“插图”→“形状”下拉列表并从中选择“直线”,在标题文字下方拖动鼠标绘制直线。选中直线,在功能区出现“绘图工具”→“格式”功能选项卡,如图 8-17 所示,可进行形状填充、形状轮廓的设置。

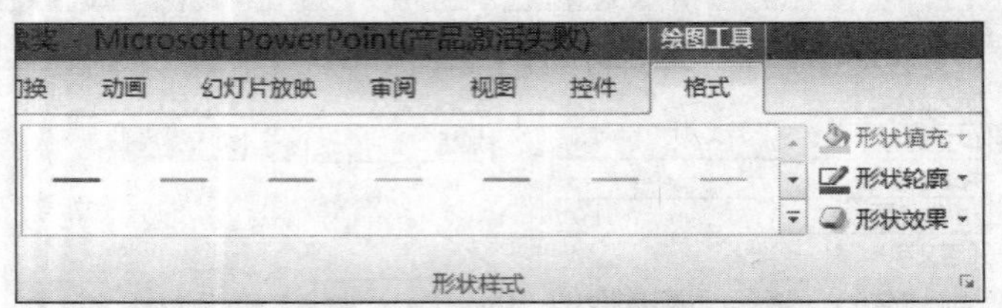

图 8-17　形状样式的设置

2) 制作目录幻灯片

(1) 新建幻灯片。选择“开始”→“幻灯片”→“新建幻灯片”选项,从下拉列表中选择“Office 主题”中的“两栏内容”版式。

(2) 输入并设置文字格式。如图 8-18 所示,在对应位置输入文字。

(3) 根据表 8-2 的要求,设置标题和目录的字体、字号等,其中,行距的设置可以通过“开始”→“段落”选项打开的“段落”对话框设置,如图 8-19 所示。

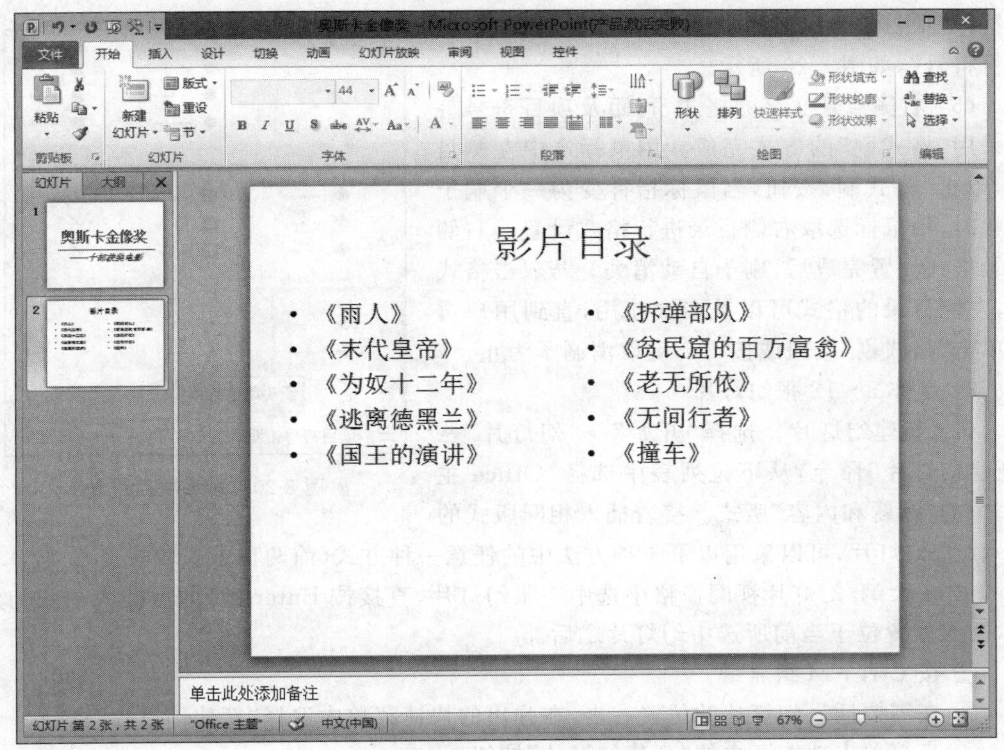

图 8-18　影片目录

表 8-2　设置标题和目录的字体、字号

设置项	字体	字号	颜色	文本效果	对齐方式	行距
标题	华文隶书	60	主题颜色：红色，强调文字颜色 2	外部右下斜偏移阴影	居中	单倍
目录	华文中宋	32	标准色：深蓝	文字阴影	左对齐	1.5 倍

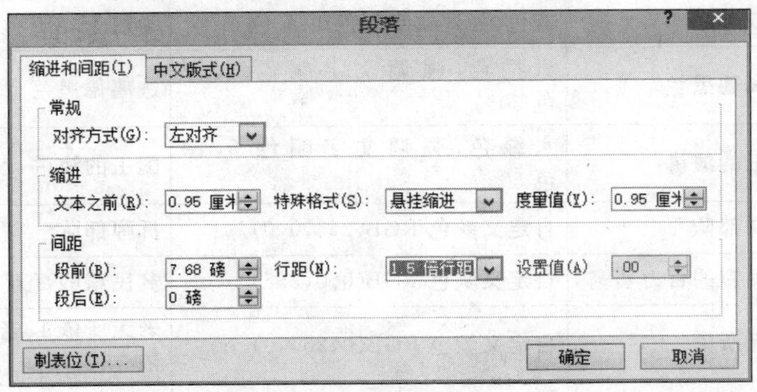

图 8-19　行距的设置

(4) 设置"箭头项目符号"。用鼠标选中左侧目录中的文字,右击,从弹出的快捷菜单中选择"项目符号"命令,在右侧列表中选择"箭头项目符号",如图 8-20 所示。

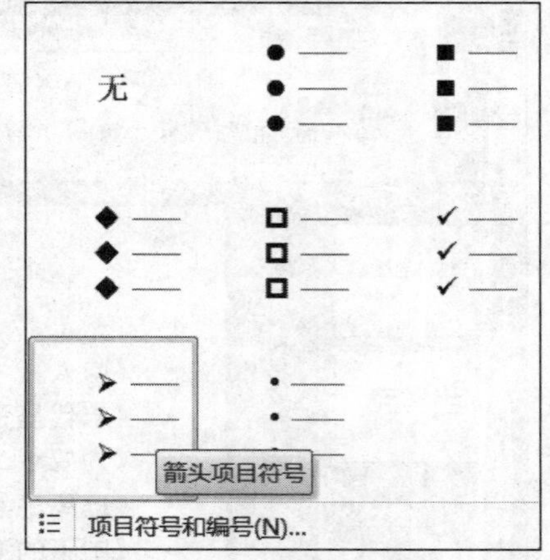

图 8-20　箭头项目符号

(5) 右侧目录文字的格式、行距及项目符号等可采用"格式刷"的方式完成。用鼠标选中左侧目录,单击"格式刷"按钮,当鼠标指针变为一个刷子形状时,用鼠标选取右侧目录进行格式设置。右侧目录格式设置完成后,刷子自动消失。若双击格式刷,左侧目录的格式可以被多次使用,直到用户再次单击"格式刷"按钮或按 Esc 键取消刷子为止。

3) 制作 3～12 张幻灯片

(1) 新建幻灯片。选择"开始"→"幻灯片"→"新建幻灯片"命令,从下拉列表中选择"Office 主题"中的"标题和内容"版式。接着插入相同版式的 4～12 张幻灯片,可以采用以下 4 种方法中的任意一种方式(前两种方式较快捷)。

① 在大纲/幻灯片视图窗格中选中一张幻灯片,直接按 Enter 键,即可插入一张幻灯片,插入位置位于当前所选中幻灯片之后。

② 按 Ctrl+M 组合键。

③ 在需要插入幻灯片的位置右击,在弹出的快捷菜单中选择"新建幻灯片"命令。

④ 直接单击功能区内的"新建幻灯片"按钮。

(2) 结合素材文件夹中的 txt 文件,在 3～12 页幻灯片中输入文字,并根据表 8-3 设置文字格式。

表 8-3　幻灯片 3～12 页文字格式及插入的图片

幻灯片编号	标　　题	标题和文本的字体颜色设置	图　　片
3	雨人	茶色,背景 2,深色 90%	雨人
4	末代皇帝	橙色,强调文字颜色 6,深色 50%	末代皇帝 1、末代皇帝 2
5	为奴十二年	蓝色,强调文字颜色 1,深色 50%	为奴十二年
6	逃离德黑兰	橄榄色,强调文字颜色 3,深色 50%	逃离德黑兰 1、逃离德黑兰 2
7	国王的演讲	水绿色,强调文字颜色 5,深色 50%	国王的演讲
8	拆弹部队	自定义颜色 RGB(255,0,0)	拆弹部队
9	贫民窟的百万富翁	自定义颜色 RGB(0,0,255)	贫民窟的百万富翁
10	老无所依	自定义颜色 RGB(0,255,0)	老无所依 1、老无所依 2、老无所依 3
11	无间行者	自定义颜色 RGB(128,128,128)	无间行者 1、无间行者 2
12	撞车	自定义颜色 RGB(255,0,255)	撞车

(3) 根据表 8-3 插入对应的图片。调整文本栏大小。在文本栏旁边插入图片。通常图片的插入方式有两种：一种是选择“插入”→“图片”命令，打开的对话框(图 8-21)中找到图片所在位置，选中图片，双击或单击“插入”按钮，然后根据样张调整图片的大小和位置。另一种是找到图片所在位置，单击选中图片进行复制，再粘贴至幻灯片中，根据样张调整图片的大小和位置。

图 8-21　插入图片

(4) 制作完成后，可按 F5 键或单击屏幕左上角的“播放”按钮，即可放映幻灯片，观看放映效果。若想退出放映状态，可按 Esc 键。

8.1.4　设置幻灯片背景并插入时间、日期及页码

1. 必备知识

1) 背景功能

为了增强版面的美感，可利用 PowerPoint 提供的背景功能。在“设计”→“背景”组中单击对话框启动器，或在任意幻灯片的空白处右击并在弹出的快捷菜单中选择“设置背景格式”命令，均可打开“设置背景格式”对话框。

对话框中“填充”标签主要有 4 种填充方式：纯色填充(图 8-22)、渐变填充(图 8-23)、图片或纹理填充(图 8-24)和图案填充(图 8-25)。

2) 时间、日期、页脚、编号

同 Word 软件一样，也可以在每张幻灯片上插入页眉/页脚，这儿的页眉/页脚可以有自动更新或者固定的时间和日期，有幻灯片的编号，也可以插入页脚说明。如果不想在标题幻灯片中显示页眉/页脚的设置，可以选择“标题幻灯片中不显示”。

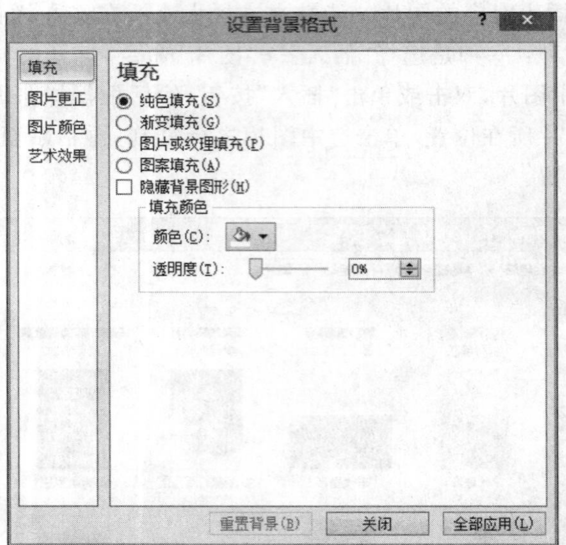

图 8-22 纯色填充

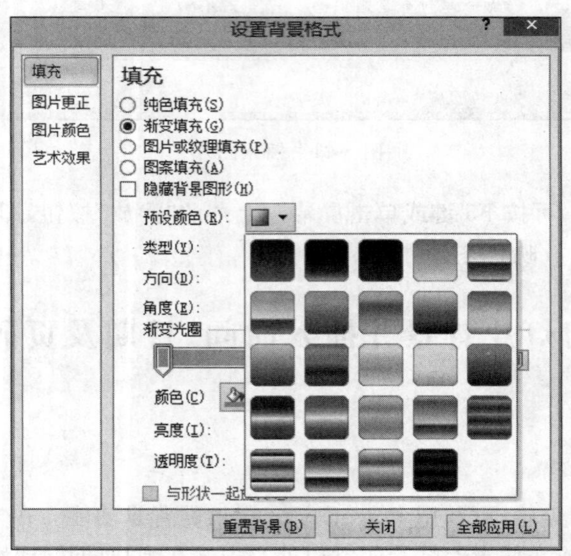

图 8-23 渐变填充——预设颜色

2. 操作技能

(1) 所有幻灯片的背景预设为羊皮纸效果。

选择"设计"→"设置背景格式"→"渐变填充"→"预设颜色"→"羊皮纸"选项，如图 8-26 所示。

(2) 给全部幻灯片插入自动更新日期、编号及页脚，页脚内容为"奥斯卡金像奖"，幻灯片中不显示标题。

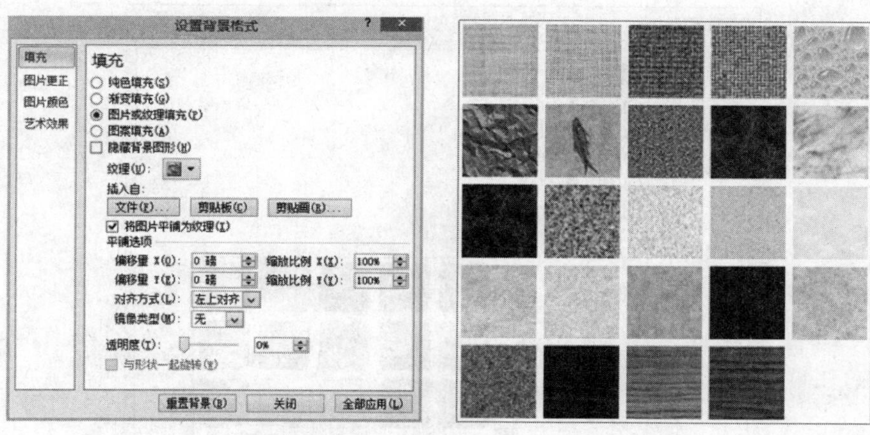

图 8-24　图片或纹理填充(纹理图案)

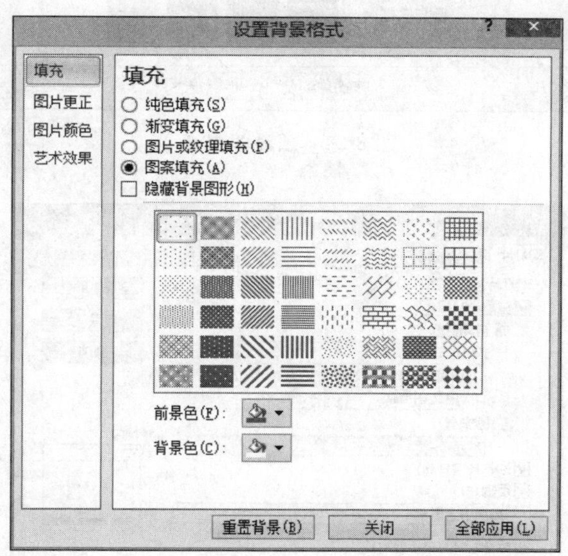

图 8-25　图案填充

选择“插入”→“页眉和页脚”命令,打开的对话框及相关设置,如图 8-27 所示。

8.1.5　设置幻灯片的切换方式及放映方式

1. 必备知识

1) 幻灯片的切换方式

在演示文稿放映过程中,从一张幻灯片进入另一张幻灯片就是幻灯片之间的切换。为了增强演示文稿的观赏性,在切换时可以使用不同的技巧和效果,同一组幻灯片既可以设置同一种切换方式,也可以各不相同。

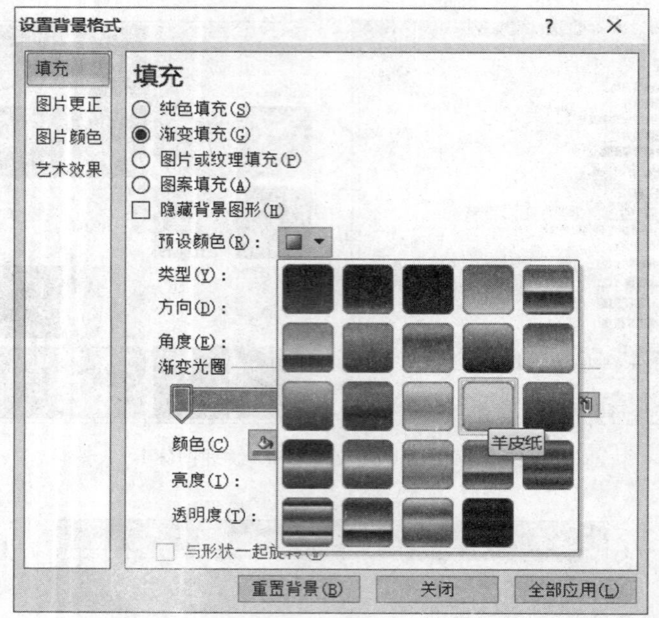

图 8-26　预设羊皮纸

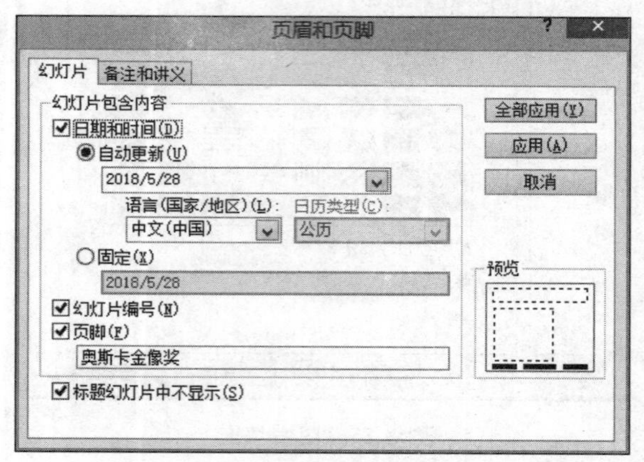

图 8-27　幻灯片日期、编号、页脚的设置

2）幻灯片的放映方式

幻灯片的放映分为人工控制和自动放映，系统默认通过人工方式放映每张幻灯片，人工控制时可以通过键盘和鼠标的各种操作控制幻灯片放映进度，而自动放映则不需要人工干预，按照设置会自动地一张一张放映。设定自动放映时间有两种方法：一种是人工设定每一张幻灯片的放映时间；另一种是通过计算机自动设定。

2. 操作技能

(1) 设置所有奇数页幻灯片的切换方式为立方体，偶数页幻灯片的切换方式为菱形。

切换方式在幻灯片浏览视图中设置是最为方便的。单击状态栏右侧的浏览视图图标，切换至幻灯片浏览视图状态，单击选中第 1 张幻灯片，按住 Ctrl 键，逐个单击第 3、5、7、9、11 页幻灯片，这时，所有奇数页幻灯片呈现被选中状态，单击“幻灯片切换”，再单击立方体。同理，偶数页幻灯片的设置也是如此，不同的是菱形的设置应在“形状”的效果选项中选取，如图 8-28 所示。

图 8-28　幻灯片的切换方式

设置完成后，可按 F5 键预览切换效果，或单击“幻灯片放映”按钮观看切换效果。若所有幻灯片采用同一种切换效果，只需在设置一张幻灯片后单击“全部应用”按钮即可。用户在设置幻灯片切换过程中也可设置声音、持续时间、切换方式等，如图 8-29 所示。

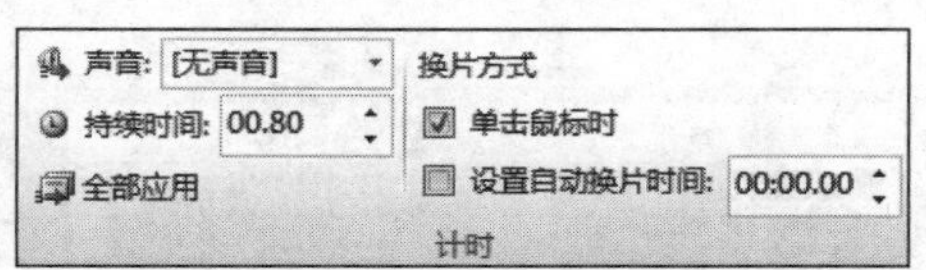

图 8-29　幻灯片的切换方式

幻灯片的切换方式有两种：单击鼠标时（默认形式）；按设定值自动切换。

(2) 设置幻灯片放映类型为演讲者放映，循环放映，按 Esc 键终止。

选择“幻灯片放映”→“设置幻灯片放映”命令，在打开的对话框中按图 8-30 所示设置即可。

所有设置完成后，单击“确定”按钮，演示文稿会以原文件名原路径保存。至此，简单的演示文稿就制作完成了。

【思考与练习】

1. 请简述插入演示文稿的日期、时间的方法。
2. 请简述设置幻灯片的背景及放映方式的方法。

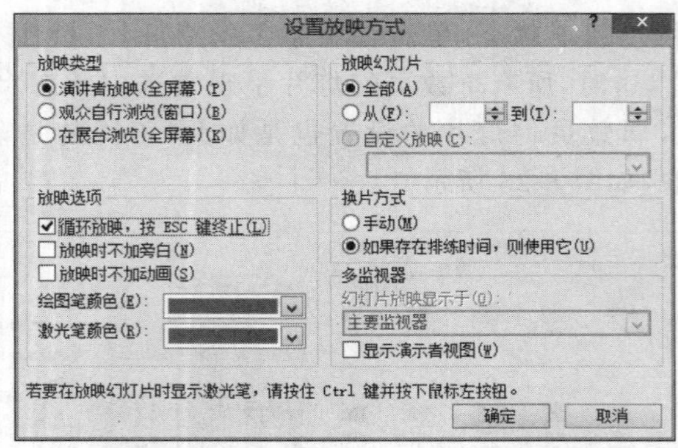

图 8-30　幻灯片放映方式的设置

8.2　演示文稿的编辑美化

【操作任务】

文稿的美化

工作任务：编辑并美化演示文稿。

任务描述：对 8.1 节中所制作的演示文稿按要求进行美化设置，实现的效果如图 8-31 所示。

图 8-31　美化效果

任务分析：要完成图 8-31 的美化效果，会涉及幻灯片主题的设置，SmartArt 图形的使用，超链接的建立与编辑，动画效果的设置，动作按钮的使用及幻灯片母版的使用。

8.2.1　幻灯片模板

1. 必备知识

1）幻灯片模板

PowerPoint 模板都是图案或蓝图幻灯片，或一组可以另存为. potx 文件的幻灯片。模板可以包含布局、主题颜色、主题字体、主题效果、背景样式等。传统的 PPT 模板包括封面、内页两张背景，供添加 PPT 内容。近年来，国内外的专业 PPT 设计公司对 PPT 模板进行了提升和发展，内含片头动画、封面、目录、过渡页、内页、封底、片尾动画等页面，使 PPT 文稿更美观生动。同时现在一些新的 PPT 版本，更是加载了很多设计模块，方便用户快速地进行 PPT 的制作，极大地提高了效率，节约了时间。一套好的 PPT 模板，可以让一篇演示文稿的外观美化效果迅速提升，增加可观赏性。同时 PPT 模板可以让 PPT 思路更清晰、逻辑更严谨，更方便大家处理图表、文字、图片等内容。

PowerPoint 软件本身携带了很多免费的模板，包括“业务”“个人”“主题”等 36 个类别的模板，可以满足很多用户的需求。选择“文件”→“新建”命令，即可打开“可用的模板和主题”，如图 8-32 所示。单击“个人”文件夹，出现许多种模板和各种带有特殊效果的幻灯片，如图 8-33 所示。

图 8-32　可用的模板和主题

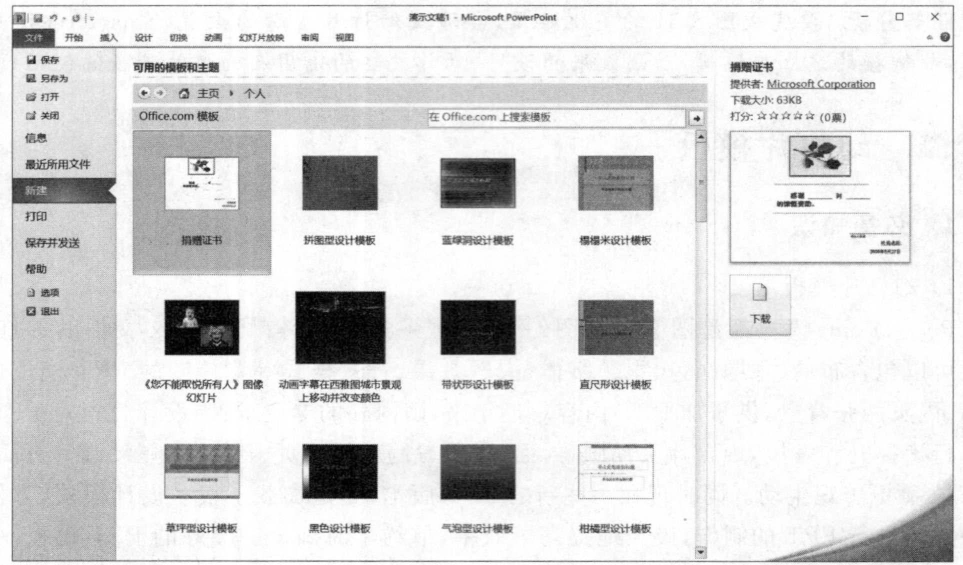

图 8-33　个人模板

可以制作有特殊效果的幻灯片,以“十分钟定时幻灯片”为例,如图 8-34 所示。图片下面的备注区讲解了该幻灯片的具体使用方法。

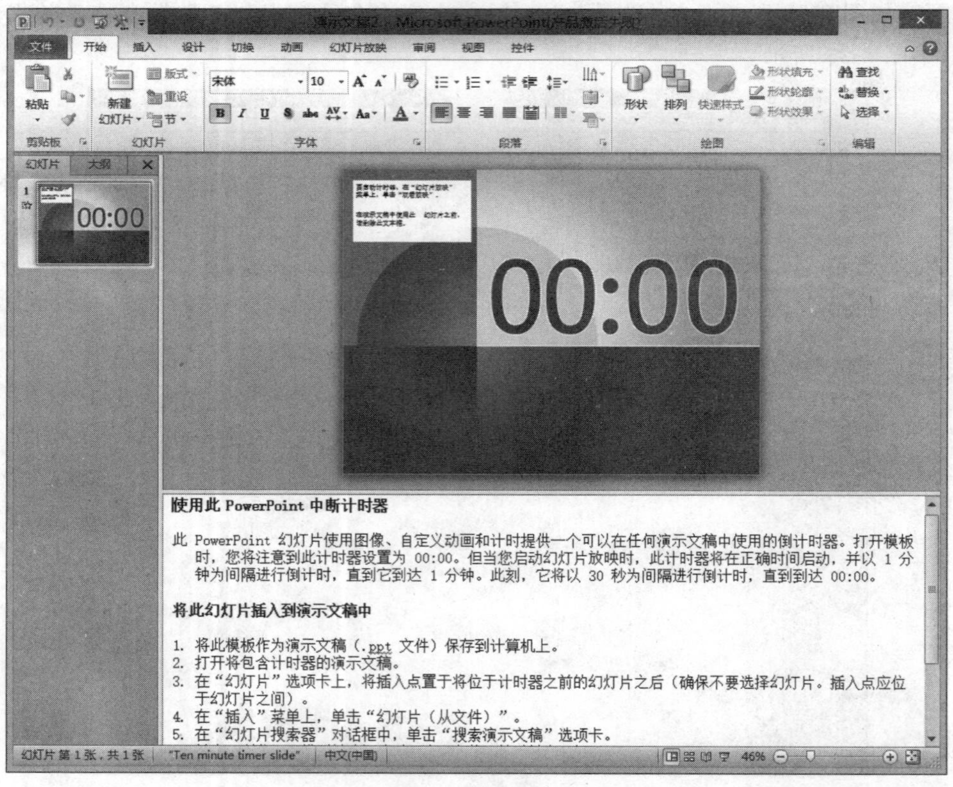

图 8-34　十分钟定时幻灯片

下面以“蓝色波浪设计模板”为例，具体讲解如何使用该模板。单击“蓝色波浪设计模板”，单击窗口右侧“下载”按钮将其下载之后，出现新演示文稿，如图 8-35 所示。选择“文件”→“另存为”命令，将文件保存为“蓝色波浪设计模板. potx”，注意保存路径及文件的类型。打开已有演示文件，选择“设计”→“主题”组，单击选项框下方的“浏览主题”按钮，打开“选择主题或主题文档”对话框，找到用户刚才存放的“蓝色波浪设计模板. potx”文件，单击“应用”按钮，演示文稿的效果如图 8-36 所示，演示文稿的背景设置、幻灯片的字体颜色等都有了变化，用户应预览所有幻灯片，进行适当调整。

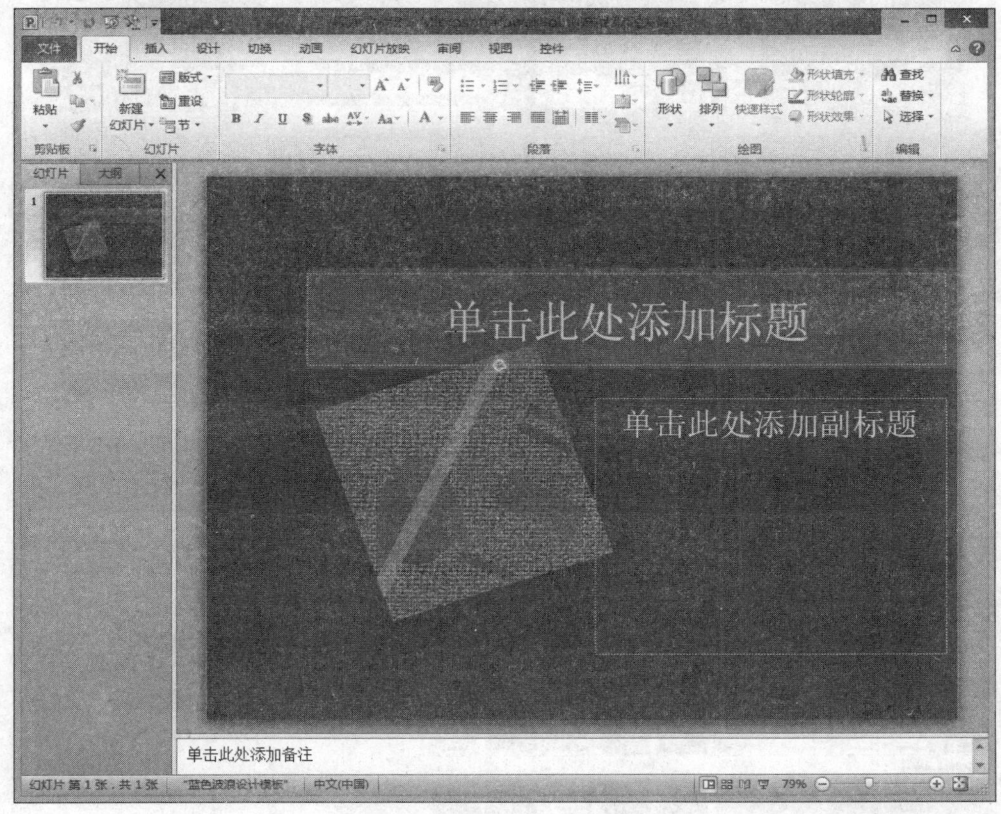

图 8-35　蓝色波浪设计模板

随着网络的发展，网上 PPT 模板资源越来越丰富，有免费的，有收费的，根据用户需求，可以自行下载。用户下载的文件若是 pptx 格式，可自行在该文件上完善自己的内容、图片等，对已有的演示文稿也可用“格式刷”的方式设置相同版式的幻灯片；若是 potx 格式，可参照上方“浏览主题”方式进行设置并应用。

2）主题

主题是事先设计的一组演示文稿的样式框架，规定了演示文稿的外观模式，包括配色方案、背景、字体样式和占位符位置等。在演示文稿中使用某种主题后，则该演示文稿中设置使用该主题的所有幻灯片都具有统一的颜色配置和布局风格。

制作演示文稿时，用户可以直接在主题库中选择使用，也可以通过自定义方式修改主

图 8-36 “蓝色波浪设计模板”的应用效果

题的颜色、字体和效果来形成自定义主题,如图 8-37 和图 8-38 所示。

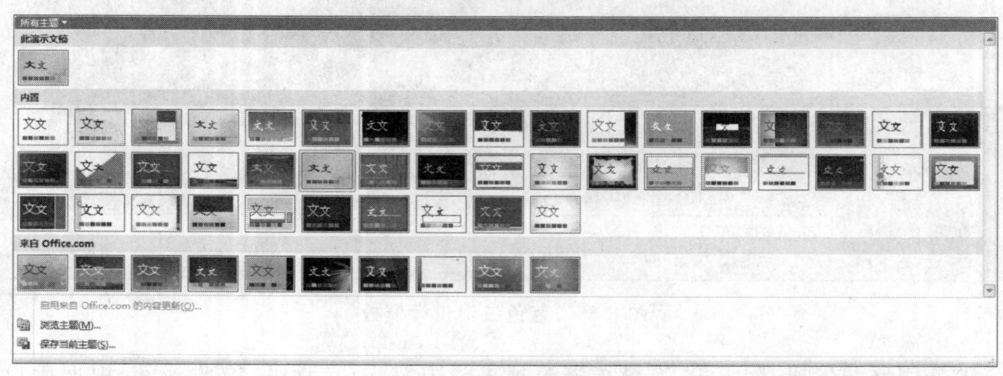

图 8-37 幻灯片主题

2. 操作技能

(1) 本部分用到的素材存放于“实验 8.2”文件夹中,如图 8-39 所示。

(2) 设置演示文稿“奥斯卡金像奖”的主题为“龙腾四海”,效果设置为“凤舞九天”。

① 打开素材文件夹下的演示文稿“奥斯卡金像奖.pptx”。

② 选择“设计”→“主题”组中“所有主题”列表中“内置”部分的“龙腾四海”主题类型,替换原有背景,如图 8-40 所示。

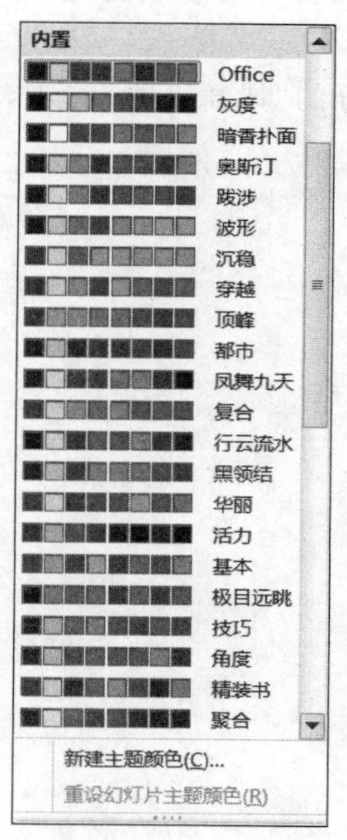

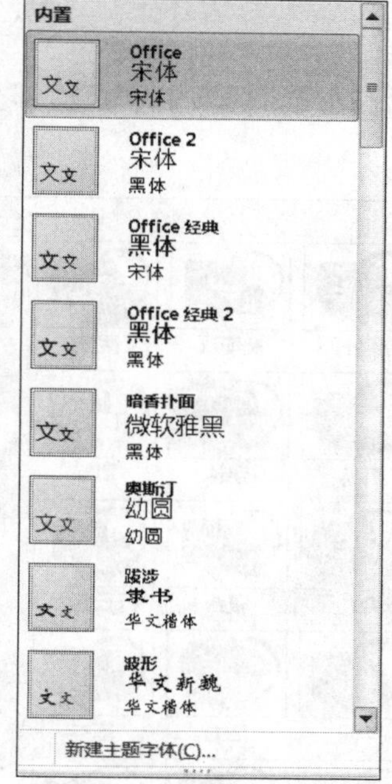

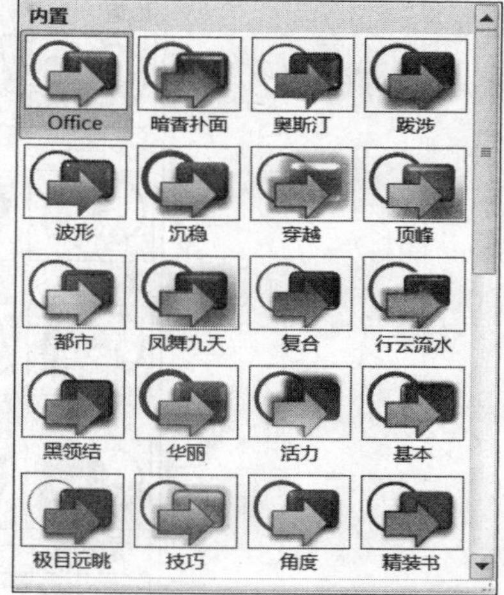

图 8-38　主题颜色、字体和效果

图 8-39　素材文件

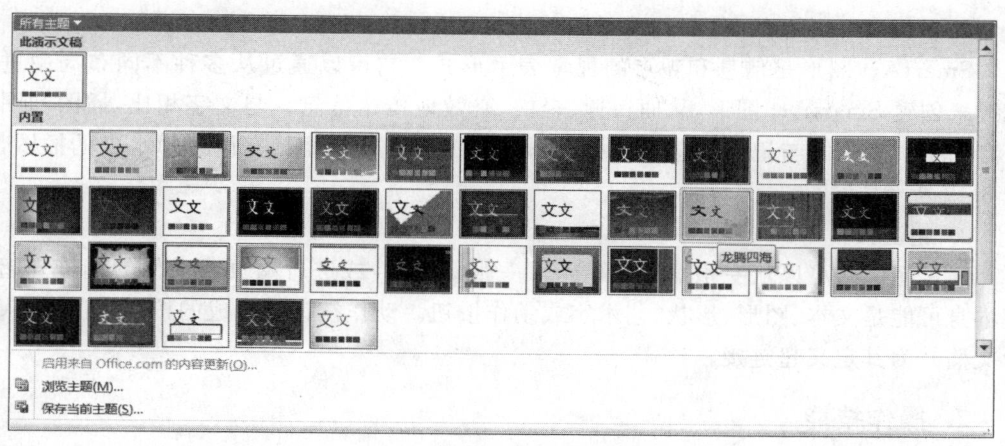

图 8-40　“龙腾四海”主题

③ 使用主题之后,原幻灯片的文字字体、大小及图片位置、页脚等会发生变化,对照图 8-31 进行适当调整。

④ 选择“设计”→“主题”组中“所有主题”列表中“内置”部分的“凤舞九天”选项,如图 8-41 所示,然后应用其效果。

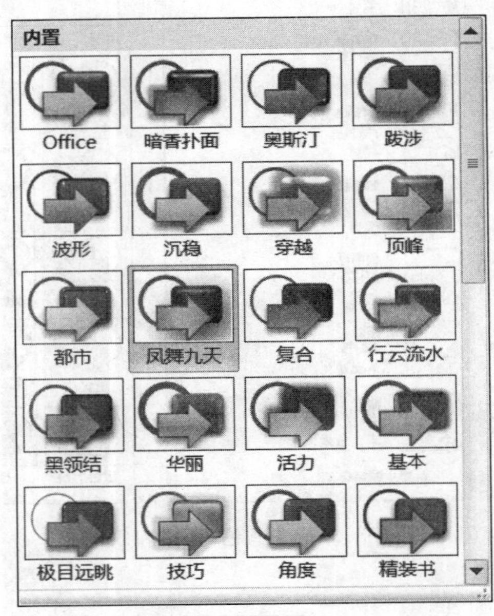

图 8-41 “凤舞九天”效果

8.2.2 设置目录幻灯片

1. 必备知识

1) SmartArt 图形

SmartArt 图形是信息和观点的视觉表示形式。它可以通过从多种不同布局中进行选择来创建 SmartArt 图形,从而快速、轻松、有效地传达信息。与文字相比,插图和图形更有助于读者理解与记住信息,使用 SmartArt 图形可以创建具有设计师水准的插图,如图 8-42 所示。

2) 超链接

通过超链接可以从一张幻灯片跳到另一张幻灯片,或进行网页或文件的链接。超链接本身可能是文本、图形、形状、艺术字或动作按钮。动作按钮是现成的按钮,可以插入演示文稿并为其定义超链接。

2. 操作技能

(1) 应用 SmartArt 图形中“垂直项目符号列表”来设置目录幻灯片,并更改颜色为“彩色范围—强调文字颜色 5 至 6”,如图 8-43 所示。

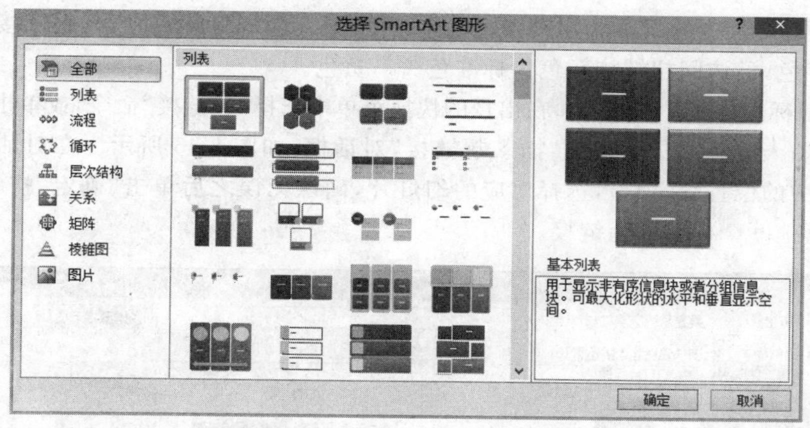

图 8-42　“选择 SmartArt 图形”对话框

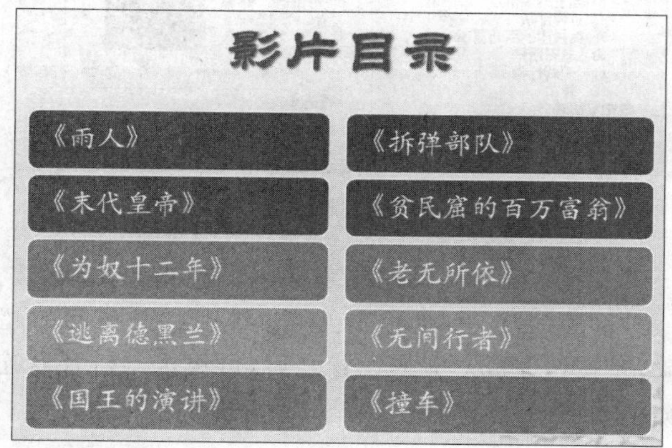

图 8-43　目录范例

用鼠标选中左边目录，右击并选择快捷菜单中的“转换成 SmartArt”命令，选中“垂直项目符号列表”，如图 8-44 所示。右侧目录也采用此种方法设置。

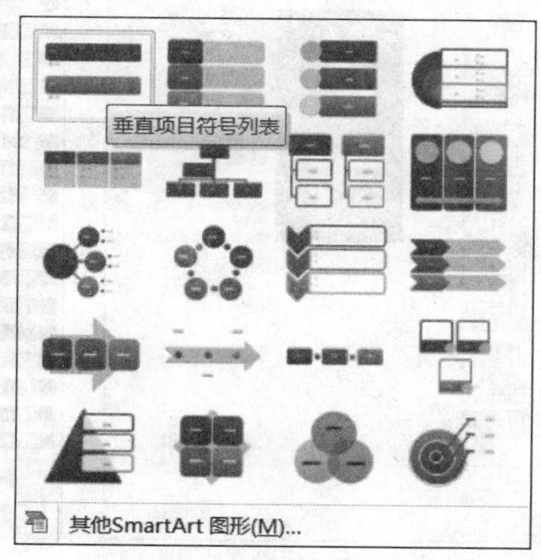

图 8-44　垂直项目符号列表

(2) 为幻灯片中的目录分别设置超链接，链接至对应幻灯片，并修改超链接颜色为标准色——红色，已访问超链接颜色为标准色——黄色。

① 用鼠标选中《雨人》，右击，在出现的快捷菜单中选择“超链接”命令，或单击“插入”→“链接”→“插入链接”按钮，弹出“插入超链接”对话框，如图 8-45 所示。在对话框左侧选择“本文档中的位置”选项卡，选择对应的幻灯片，确认无误之后单击“确定”按钮。同理，依次完成其他 9 个标题的超链接。

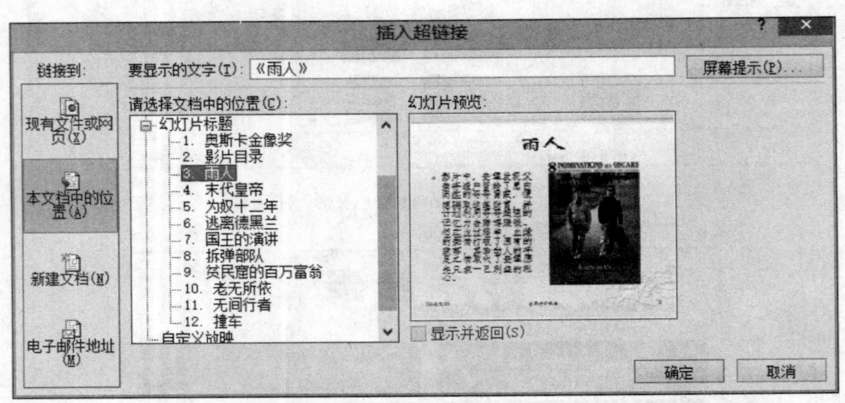

图 8-45 “插入超链接”对话框

② 选择“设计”→“主题颜色”→“新建主题颜色”选项，弹出“新建主题颜色”对话框，如图 8-46 所示。设置“超链接”颜色为标准色——红色，“已访问的超链接”颜色为标准色——黄色，单击“确定”按钮完成。完成设置之后，可单击幻灯片状态栏右侧的“幻灯片浏览”按钮进行预览，如图 8-47 所示。

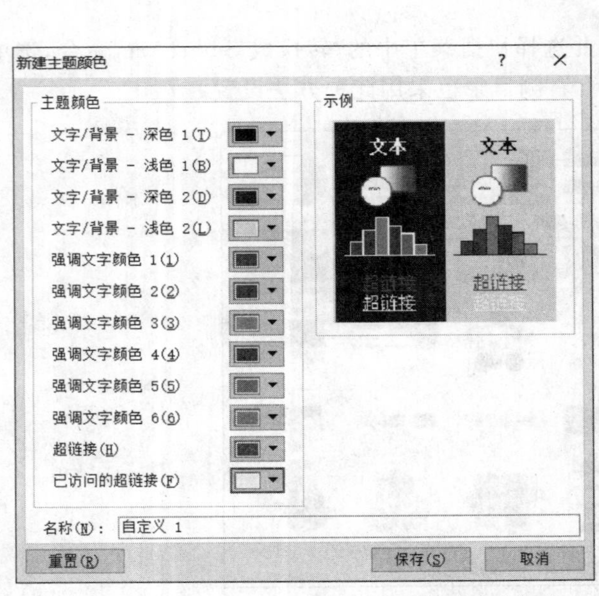

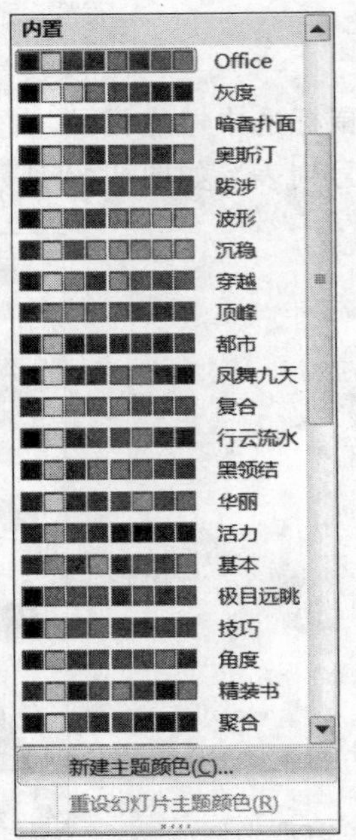

图 8-46 新建主题颜色

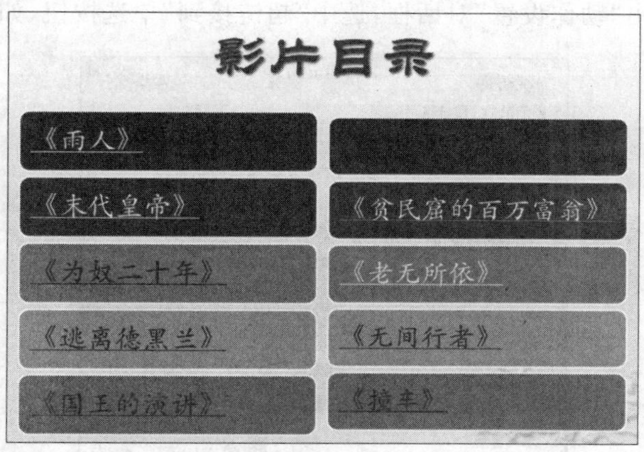

图 8-47　带超链接的目录

8.2.3　插入动作按钮

1. 必备知识

1）动作按钮

通过超链接的目录可以跳转至指定幻灯片，却不能返回目录页，从而不能进行其他页面的选取，因此必须有返回按钮，链接至目录页。这个返回按钮可以采用图片、文字、图标等，但是 PPT 自带了动作按钮，可以让用户统一格式，有“第一页”“上一页”“下一页”等，如图 8-48 所示。

动作按钮

图 8-48　动作按钮的类型

2）动作设置

“动作设置”对话框包含两个选项卡，“单击鼠标”和“鼠标移动”，代表两种动作方式。每个选项卡上使用最多的选项是“超链接到”，该选项下拉列表中有多种链接方式，如图 8-49 所示。其中，URL 称为统一资源定位器，用此选项来指向具体网址。

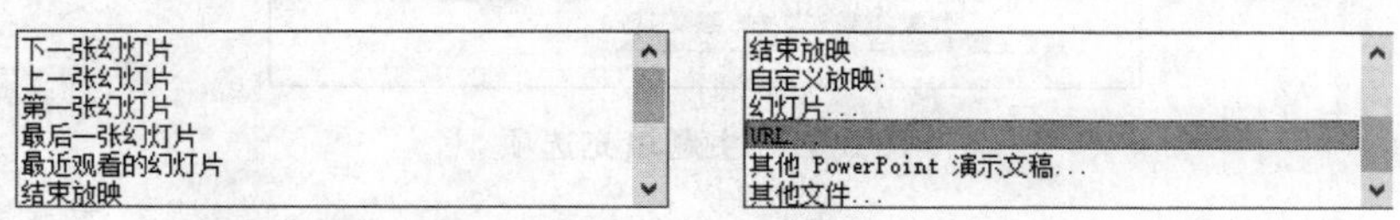

图 8-49　“超链接到”下拉列表

2. 操作技能

在 3～12 张幻灯片右下角添加“自定义”动作按钮，链接至目录幻灯片，形状样式为“强烈效果-蓝-灰，强调颜色 1”。

（1）选择“插入”→“形状”→“动作按钮”命令，选择“自定义”动作按钮，这时鼠标指针变成“＋”形，按住鼠标左键在第 3 张幻灯片右下角拖动，一个矩形框随即出现，当大小合适时,松开鼠标,弹出"动作设置"对话框,选中"超链接到"单选按钮,如图 8-50 所示。

图 8-50 "动作设置"对话框

(2) 选择"绘图工具"→"格式"→"形状样式"命令,选择"强烈效果-蓝-灰,强调颜色 1",如图 8-51 所示。

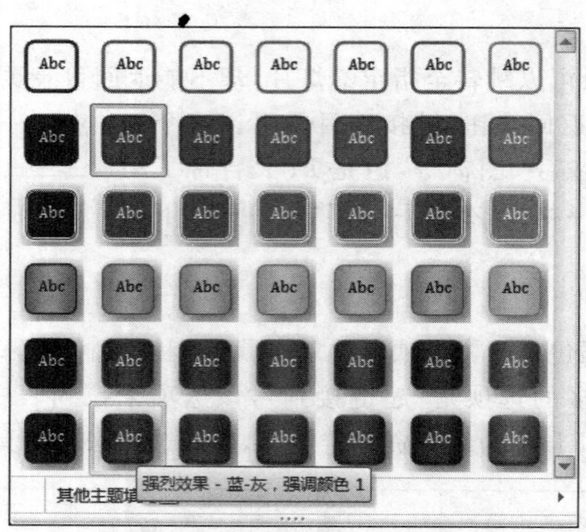

图 8-51 主题填充选项

(3) 复制该动作按钮,逐一粘贴至第 4～12 张幻灯片上。

8.2.4 幻灯片母版的使用

1. 必备知识

下面介绍幻灯片母版。

幻灯片母版是具有特定格式的一类幻灯片模板,它包含了字体、占位符的大小和位置、背景设计等信息。修改和使用幻灯片母版，可以对演示文稿中的每张幻灯片运用统一的样式更改。

PowerPoint 2010 共有幻灯片母版、讲义母版和备注母版 3 种母版，分别用于控制演示文稿中的幻灯片格式、讲义页格式和备注页格式。

(1) 幻灯片格式的母版如图 8-52 所示。在此种母版中可以统一设置各种“版式”的幻灯片样式，包括进行背景设置、对象动画设置等。

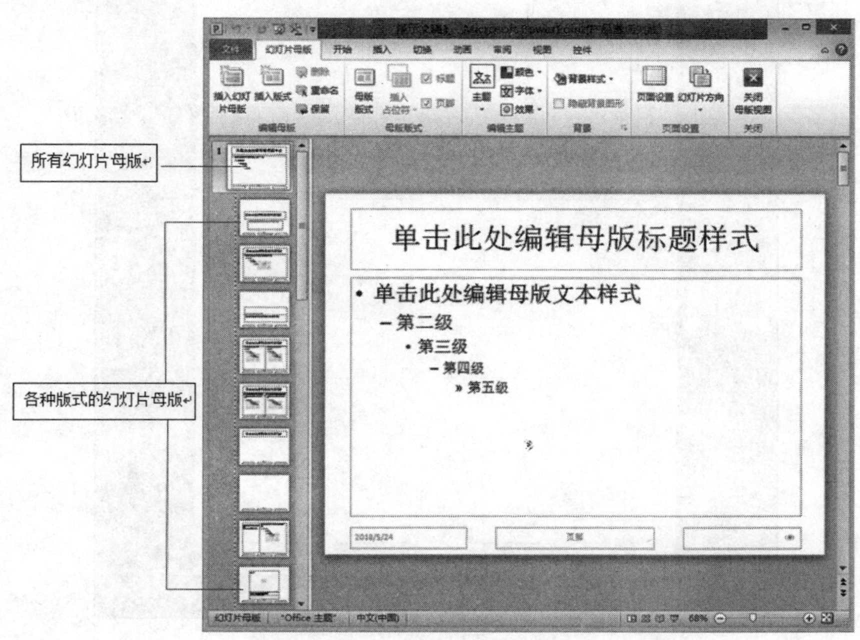

图 8-52　幻灯片母版

(2) 讲义格式的母版如图 8-53 所示。在此种母版下方可以统一设置讲义的页眉/页脚、背景等。

(3) 备注格式的母版如图 8-54 所示。在此种母版中可以统一设置备注的格式等。

2. 操作技能

利用幻灯片母版在第 3～12 张版式为“标题和内容”的幻灯片左上角插入图片“金像.jpg”，设置该图片的高为 3cm、宽为 1.5cm，并设置该图片链接至网页 http://oscar.go.com/。

(1) 选择“视图”→“幻灯片母版”选项，单击第 3 张“标题和内容　版式：由幻灯片 3-12 使用”，选择“插入”→“图片”→“来自文件”命令，找到素材文件夹下的“金像.jpg”，单击“插入”按钮，再调整图片的位置，完成图片的插入。注意，在图片大小设置过程中，默认的选项是“锁定纵横比”的，也就是意味着当用户改变图片高度时，宽度也会随着原始图片进行等比例的放大或缩小。如果要进行固定高度和宽度的设置，应先取消选中“锁定纵横比”复选框，如图 8-55 所示。

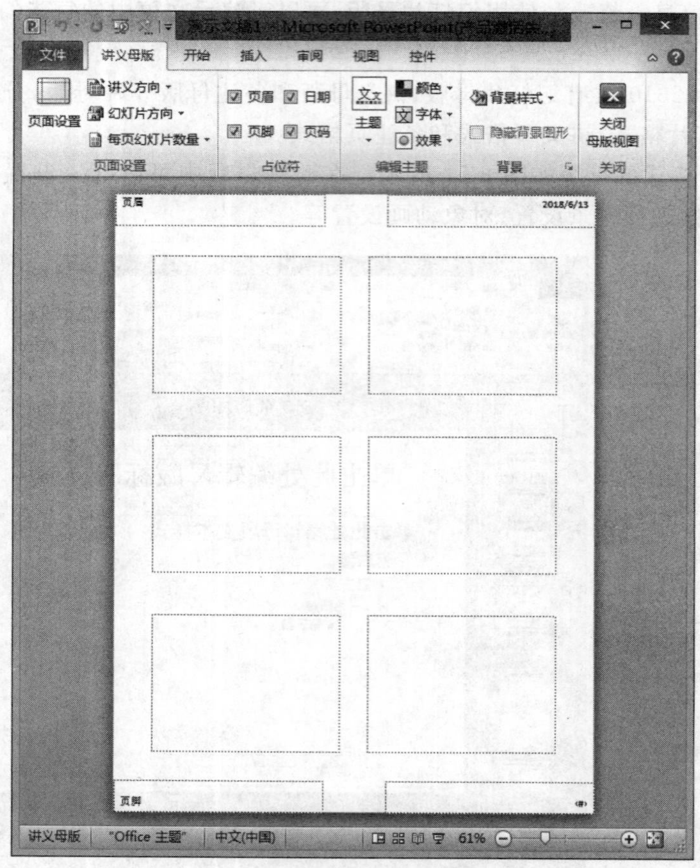

图 8-53　讲义母版

(2) 选中图片，右击并在弹出的快捷菜单中选择"超链接"命令，在"插入超链接"对话框的"地址"栏输入英文状态下的网址 http://oscar. go. com/，单击"确定"按钮，如图 8-56 所示。

(3) 选择"幻灯片母版"→"关闭母版视图"命令，关闭母版视图。

8.2.5　添加背景音乐

1. 必备知识

在 PowerPoint 2010 中添加背景音乐有以下两种方式。

(1) 选择"插入"→"音频文件"命令。此方法支持多种类型的音频文件，但与 PPT 文件是分开的，在复制粘贴过程中，音频文件和 PPT 文件必须同时复制，并放在同一路径下。

(2) 利用幻灯片切换插入音乐。此方法只支持 WAV 格式的声音，但与 PPT 文件可以融为一体，不用单独复制。

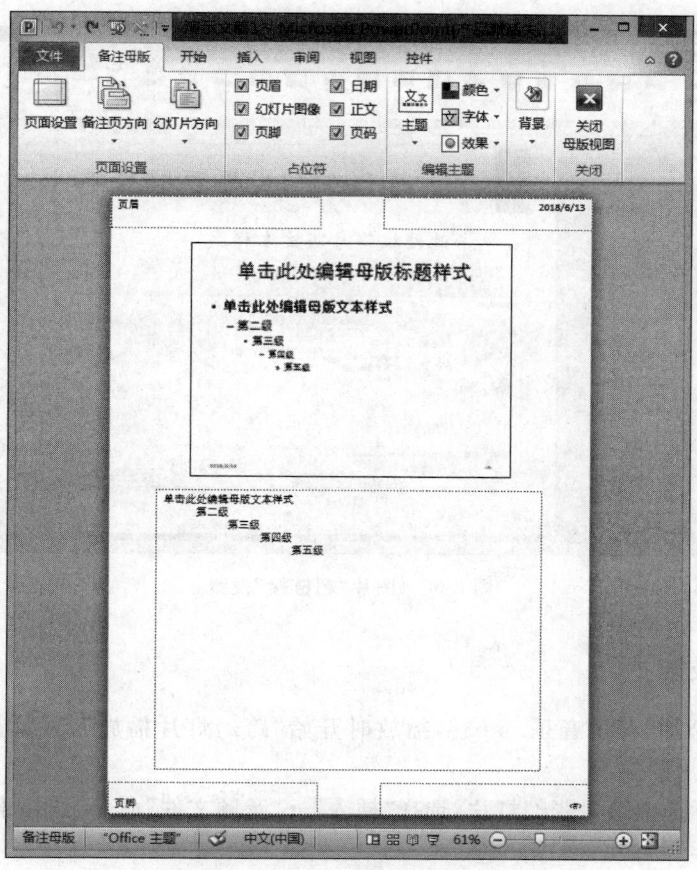

图 8-54　备注母版

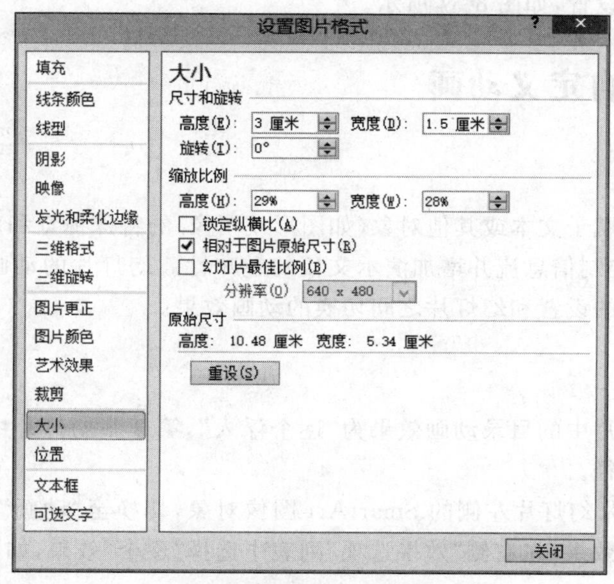

图 8-55　图片大小的设置

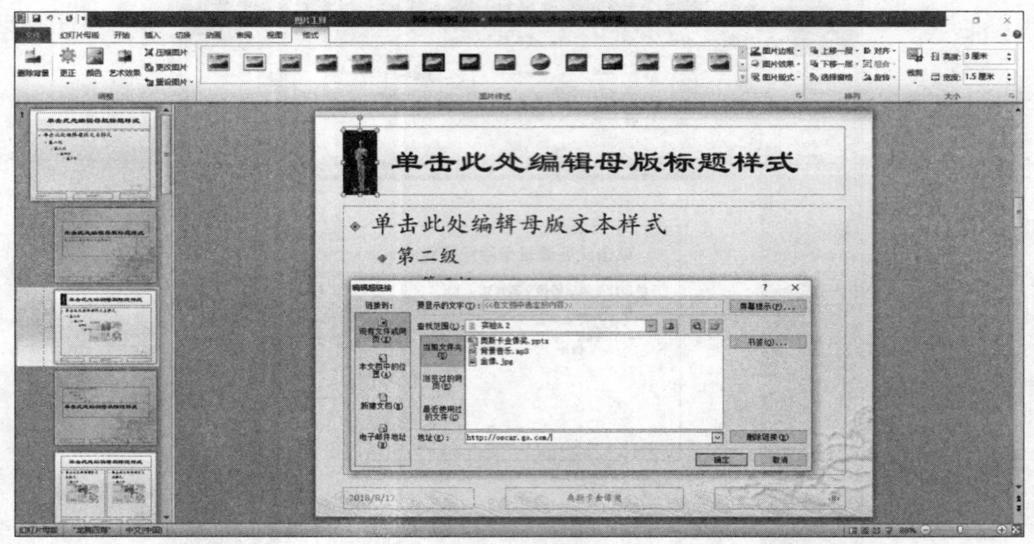

图 8-56　图片“超链接”设置

2. 操作技能

为幻灯片添加“背景音乐.mp3”，播放时开始“跨幻灯片播放”，并且循环播放，直到停止。

(1) 用鼠标选中第 1 张幻灯片，选择“插入”→“音频文件”命令，选择素材文件夹下的“背景音乐.mp3”。

(2) 用鼠标选中幻灯片中的喇叭，工具栏上自动出现“音频工具”→“播放”→“音频选项”组，按要求进行设置，如图 8-57 所示。

8.2.6　设置自定义动画

1. 必备知识

动画是指可以赋予文本或其他对象(如图形或图像)的特殊视觉和声音效果。利用动画可以突出重点、控制信息流并增加演示文稿的趣味性。幻灯片的动画效果包括幻灯片中的某个动画效果的设置和幻灯片之间切换的动画效果。

2. 操作技能

设置目录幻灯片中的目录动画效果为“逐个浮入”，第 3 张幻灯片中图片的动画效果为“五边形”动作路径。

(1) 选择第 2 张幻灯片左侧的 SmartArt 图像对象，切换至“动画”→“动画”组中，选择“进入”→“浮入”效果，在右侧“效果选项”列表中选择“逐个”效果，如图 8-58 所示。

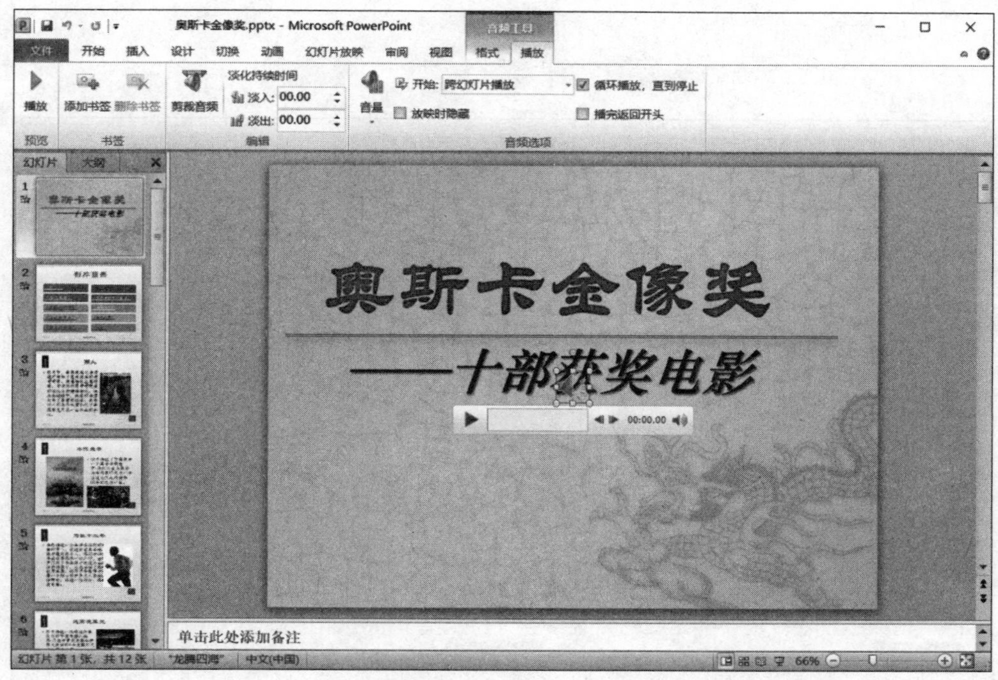

图 8-57　音频的设置

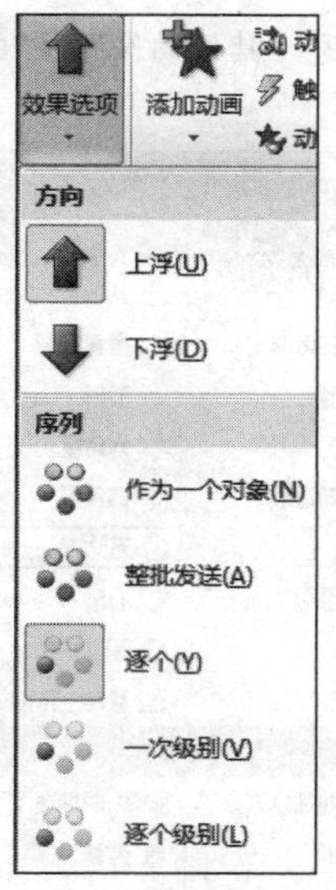

图 8-58　选择“逐个”效果

(2) 单击并选择第 3 张幻灯片的图片对象，选择“动画”→“动画”→“其他动作路径”选项，界面如图 8-59 所示。单击“其他动作路径”按钮，弹出“更改动作路径”对话框，选择“五边形”，如图 8-60 所示，单击“确定”按钮，完成设置。

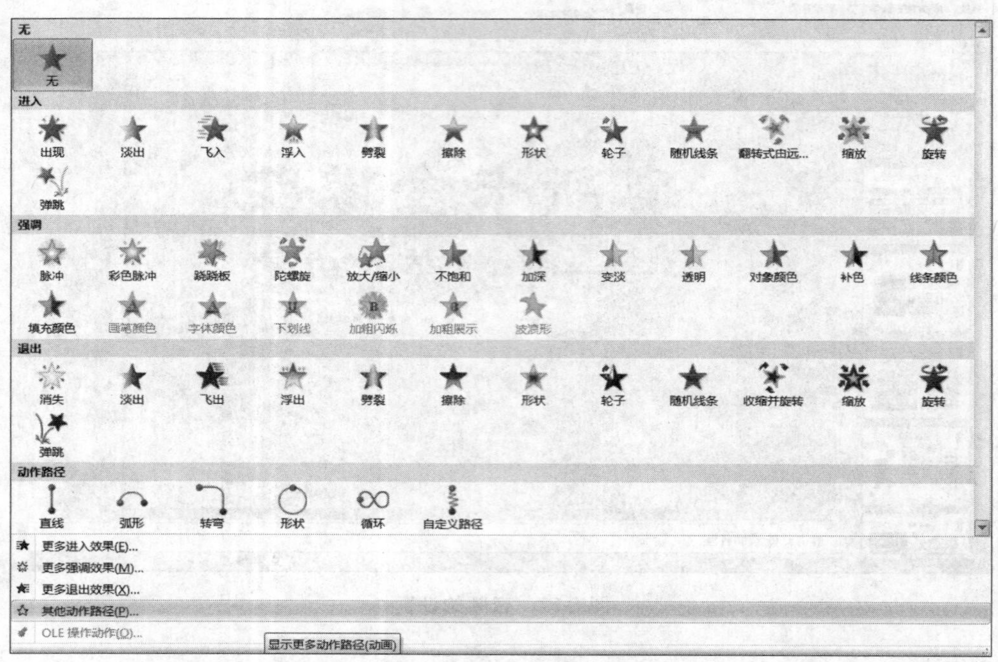

图 8-59 “其他动作路径”的设置

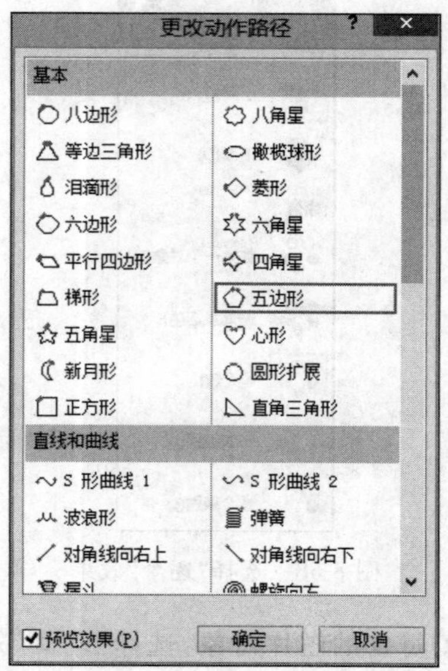

图 8-60 选择“五边形”

8.2.7 演示文稿的发布

1. 必备知识

当演示文稿制作完成后，可通过多种方式进行文档的保存并发送，如图 8-61 所示。用户可根据自己的需求把制作好的演示文稿制作成 MP4 视频文件，也可以制作成 CD 文件夹，还可以导出成讲义等，适合各种场合的应用与分享。

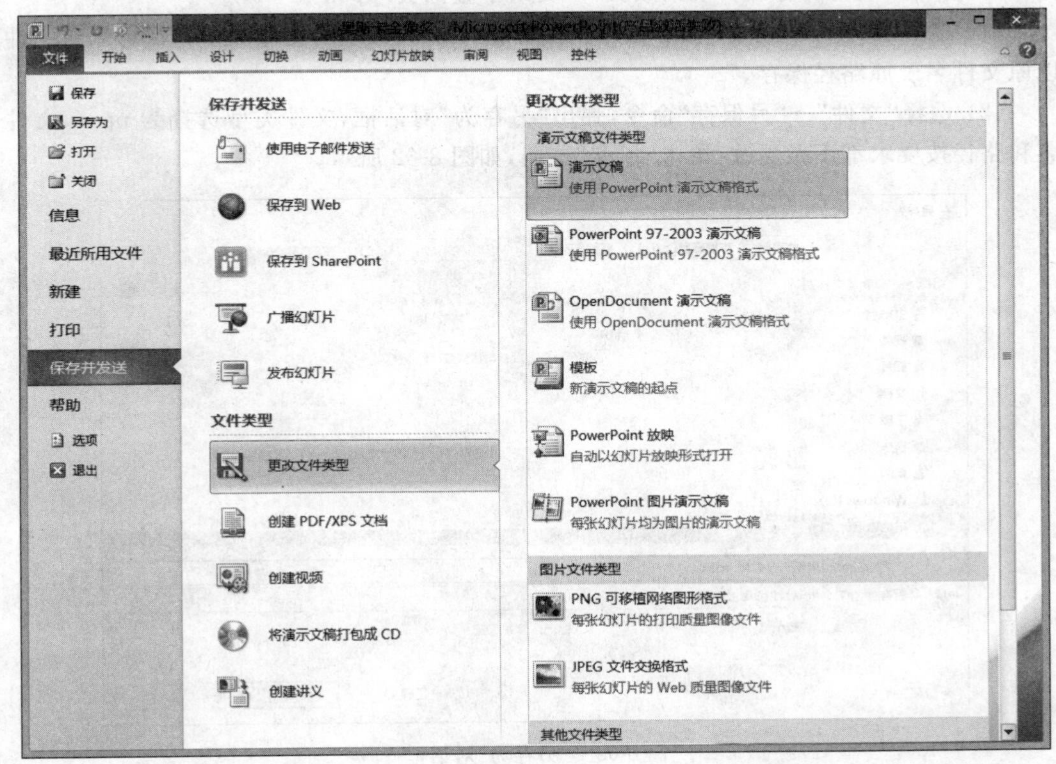

图 8-61 “保存并发送”选项卡

1）保存到网上

用户进行.net Passport 注册，可以将演示文稿保存到网上，其他人可以到 Skydrive 空间去查看你的共享文件。

2）将演示文稿打包成 CD 文件夹

由于制作完成的演示文稿多数是为了分享，所以会在多台计算机上进行播放或随时进行修改。如果某台机器上没有安装 PowerPoint 2010，就无法打开并播放演示文稿，因此可以将演示文稿打包成 CD 文件夹，这样就可以正常播放并随时修改了。

3）创建 PDF 文档

按指定字体、格式和图像等形式保存成 PDF 文档，必须通过 PDF 阅读软件打开，不得轻易更改内容。

4）创建视频

创建一个全保真视频，默认类型为MP4格式，可通过视频播放器播放，该视频包含所有录制的计时、旁白和激光笔势，也包含所有未隐藏的幻灯片及幻灯片上对象的动画设置、幻灯片切换方式和媒体等。

2. 操作技能

演示文稿的所有设置完成后，按快捷键F5进行预览，最后将原文稿保存为“奥斯卡金像奖.pptx”，同时再存成自动播放文件“奥斯卡金像奖.ppsx”。

（1）选择“文件”→“保存”命令或单击图标 保存 或按组合键Ctrl+S，都可以将文件以原文件名及原路径保存。

（2）选择“文件”→“另保存”命令，弹出“另存为”对话框，文件类型选择为ppsx，文件名和路径按要求都不做更改，单击“保存”按钮，如图8-62所示。

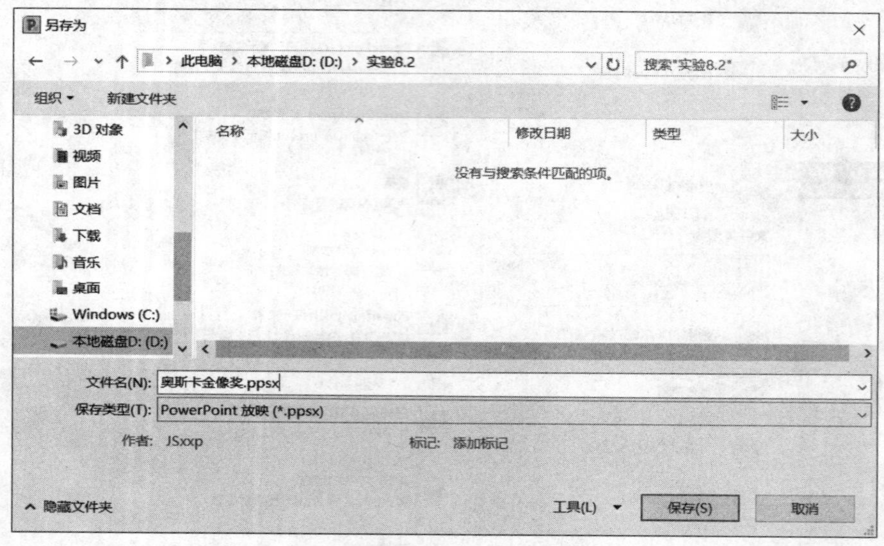

图8-62 “另存为”对话框

（3）演示文稿制作完成。

【思考与练习】

1. 请说明如何使用幻灯片模板。
2. 请简述插入SmartArt图形的方法。
3. 请简述幻灯片母版的使用方法。
4. 请简述添加背景音乐的方式。
5. 请简述发布演示文稿的方法。

参考文献

[1] 黄林国. 计算机应用基础项目化教程[M]. 北京：清华大学出版社，2013.

[2] 万雅静. 计算机文化基础（Windows 7＋Office 2010）[M]. 北京：机械工业出版社，2016.

[3] 邵燕，邢茹. 计算机文化基础[M]. 北京：清华大学出版社，2013.

[4] 郭艳华. 计算机基础与应用案例教程[M]. 北京：科学出版社，2013.

[5] 张静. 办公应用项目化教程[M]. 北京：清华大学出版社，2012.

[6] 张晓景. 计算机应用基础——Windows 7＋Office 2010 中文版[M]. 北京：清华大学出版社，2011.

[7] 冷淑君. 计算机应用基础（项目式教程）[M]. 北京：科学出版社，2011.

[8] 陆思辰，李政，等. Excel 2010 高级应用案例教程[M]. 北京：清华大学出版社，2016.